普通高等教育“十二五”创新型规划教材

工业电气控制技术教程

张鹤鸣 主 编
朱海燕 万卫强 副主编

北京理工大学出版社
BEIJING INSTITUTE OF TECHNOLOGY PRESS

内容简介

本书从生产实际与工程应用角度出发，重在使学生掌握基本原理、分析方法、实用技术，并培养学生初步设计能力。本书系统地介绍了工业电气控制的基本形式和典型生产机械电气控制分析以及工业电气控制的系统设计。针对工业电气控制的核心，即自动调速问题，系统地讨论了直流自动调速系统的控制和交流异步电动机变频调速控制。针对近代工业电气控制的高级阶段——可编程控制器，介绍了 PLC 基本原理以及在我国广泛应用的西门子、欧姆龙和三菱等 3 种典型 PLC 小型机及编程方法；最后介绍了 PLC 控制系统设计并进行了应用举例。

本书可作为高等学校机电类、自动化类及电学类专业的本科的教材，也可作为工程技术人员的培训教材及应用参考书。

图书在版编目（CIP）数据

工业电气控制技术教程/张鹤鸣主编．—北京：北京理工大学出版社，2010.7（2017.7 重印）

ISBN 978－7－5640－3521－1

Ⅰ.①工…　Ⅱ.①张…　Ⅲ.①电气控制－高等学校－教材　Ⅳ.①TM571.2

中国版本图书馆 CIP 数据核字（2010）第 148087 号

出版发行／北京理工大学出版社
社　　址／北京市海淀区中关村南大街 5 号
邮　　编／100081
电　　话／（010）68914775（办公室）　68944990（批销中心）　68911084（读者服务部）
网　　址／http：// www. bitpress. com. cn
经　　销／全国各地新华书店
印　　刷／北京九州迅驰传媒文化有限公司
开　　本／710 毫米×1000 毫米　1/16
印　　张／20.25
字　　数／381 千字
版　　次／2010 年 7 月第 1 版　2017 年 7 月第 8 次印刷
印　　数／8001～8500 册
定　　价／42.00 元

责任编辑／李志敏
王艳丽
责任校对／周瑞红
责任印制／边心超

图书出现印装质量问题，本社负责调换

前言

工业电气控制技术是综合计算机技术、自动化技术和通信技术的一门新兴技术，是工业生产自动化不可缺少的重要控制手段。其中，生产机械速度的控制是多年来国内外高校、科研机构多门学科研究的重点。近年来，可编程控制器（PLC）技术迅猛发展，现已成为工业电气控制技术的主流。PLC、机器人、CAD/CAM 技术已成为工业自动化的三大支柱，其应用几乎遍及工业生产的各个领域。本书由作者根据多年电气控制及 PLC 设计、应用实践和多年教学实践经验编写而成。

本书由 8 章组成：第 1 章介绍了工业电气控制的基本环节，第 2 章对典型生产机械的电气控制进行了分析，第 3 章讲解了工业电气控制系统的设计，第 4 章讲述了直流自动调速系统的控制，第 5 章介绍交流异步电动机变频调速控制，第 6 章是可编程控制器的简介，第 7 章讲解了三种典型 PLC 小型机及其编程指令，第 8 章为可编程控制系统设计及应用举例。

本书注重精选内容、结合实际、突出应用。在编排上循序渐进、由浅入深；在内容阐述上力求简明扼要、图文并茂、通俗易懂，以便教学和自学。教材特点：立足于新颖性（介绍新技术产品）、实践性（用较大篇幅介绍实际应用训练）、应用性（书中大量列举各种应用例题、方法、思考题与练习题）、创新性（重在介绍理论的思路和方法要点）。

全书按 60 授课学时编写，可作为高等学校机电类、自动化类及电学类专业的本科生的教材，也可作为工程技术人员的应用参考书。

本书由张鹤鸣主编，朱海燕、万卫强副主编。第 1 章由张华编写；第 2 章、第 8 章由朱海燕编写；第 5 章、第 6 章由万卫强编写；第 3 章、第 4 章、第 7 章由张鹤鸣编写；附录及部分插图由朱明负责绘制。全书由张鹤鸣负责统稿。

作者在编写本书过程中，得到了徐世廷教授的大力支持，在此深表谢意！由于时间紧、编者水平有限，书中难免有疏漏和不妥之处，敬请读者批评指正。编者电子信箱：hongduhe@ hotmail. com。

编　者

目录

第1章 工业电气控制的基本环节

内容提要

本章介绍工业电气控制的常用方法和常见线路，包括按各种联锁进行控制的基本环节，按过程参量进行控制的基本环节，三相交流异步电机的启动方法，三相交流异步电动机的制动方法，液压传动系统的电气控制，三相交流异步电动机的保护，变极调速方法原理等。介绍了工业电气控制的入门知识，常用低压电器的原理与功能，以及电气原理图的绘制方法。

1.1 常用低压电器原理与功能

低压电器在现代工业生产与日常生活中起着非常重要的作用，统计表明，发电厂发出的电能80%是通过低压电器来分配使用的，每新增加1万千瓦发电设备，需要4万件以上各类低压电器与之配套。在成套电器设备中，有的配套低压电器设备成本接近甚至超过主机成本。掌握好常用低压电器的功能、原理与使用方法，是学习电气控制的基础。

1.1.1 低压电器的功能与分类

1. 低压电器的功能

电器是一种根据外部信号要求，能手动或自动接通/断开电路以实现对电路或非电对象切换、控制、保护、检测变换和调节的元件或设备。低压电器是用于额定电压交流1 200 V，直流1 500 V及以下的电路中的电器。

低压电器的最基本功能就是控制，即按照预期要求手动或自动地接通或断开电路。完成对电路的“开”“关”控制。此外，还有对电路和设备的保护功能、检测功能、变换功能和调节功能以及能量分配功能等。

2. 低压电器的分类

低压电器常用分类方法是按动作原理分类及按用途分类。

1）按动作原理分类

（1）手动电器：通过人工操作发出动作指令的电器，如刀开关、按钮等。

（2）自动电器：不需人工操作，生产过程根据电量或非电量自动进行动作指令的电器，如接触器、继电器、电磁阀等。

2）按用途分类

（1）控制电器：在各种控制电路和控制系统中起控制作用的电器，如接触器、继电器等。

（2）主令电器：在自动控制系统中发送动作指令的电器，如按钮、行程开关等。

（3）保护电器：用于保护电路及用电设备的电器，如熔断器、热继电器等。

（4）配电电器：用于电能的输送和分配的电器，如刀开关、自动空气开关等。

（5）执行电器：用于完成某种动作或传送功能的电器，如电磁铁、电磁离合器等。

1.1.2 常用低压电器

电气控制中常用低压电器主要有接触器、熔断器、控制继电器、主令电器和开关电器5种（见下表1－1）。

表1－1 常用低压电器

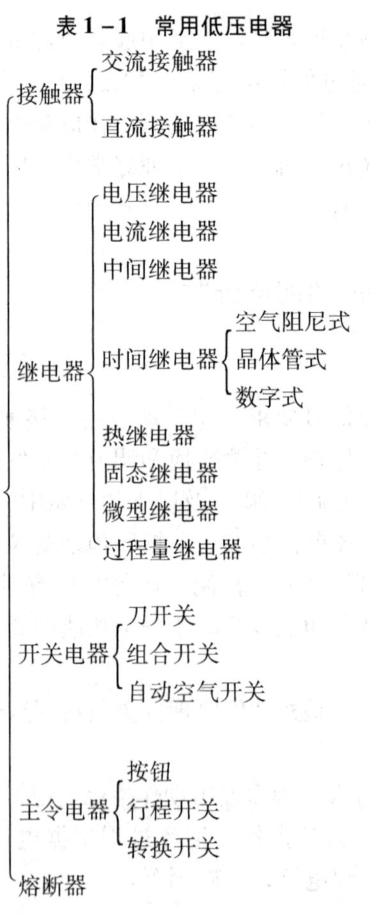

1. 接触器

接触器是一种可对交/直流主电路及大容量控制电路作频繁通/断控制的自动

电磁式开关，是电力拖动自动控制线路中应用最广泛的电器元件。接触器按照其主触点通、断电路的形式分为直流接触器和交流接触器两种。

交流接触器主要由电磁机构和触点两部分组成。电磁机构包括线圈、铁芯和衔铁等。触点分为两种：三对接在电动机的主电路中，通过的电流较大，称做主触点；两对接在控制电路中，通过的电流较小，称为辅助触点。主触点为动断（常开）触点，用于控制主电路的通与断；辅助触点包括动断（常开）、动合（常闭）两种，用于控制电路中，起电器联锁作用。其他部件还包括反作用弹簧、缓冲弹簧、触头压力弹簧、传动机构和外壳等。图 1－1 是 CJ20 系列交流接触器的主要结构及图形符号。

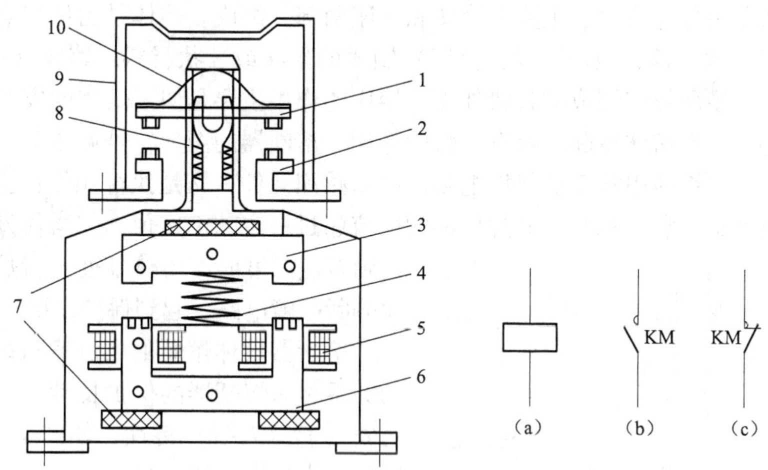

图 1－1　CJ20 系列交流接触器结构示意和图形符号

1—动触桥；2—静触点；3—衔铁；4—缓冲弹簧；5—电磁线圈；6—铁芯；
7—垫毡；8—触头弹簧；9—灭弧罩；10—触头压力弹簧

当电磁线圈通电后，在铁芯中产生磁通，该磁通对衔铁产生电磁吸力，使衔铁克服反作用弹簧力带动触点系统动作，使常开触点闭合，把主电路接通。注意其触点动作时，常闭触点先断开，常开触点后闭合，且主触点和辅助触点是同时动作的。当电磁线圈断电后，靠复位弹簧反作用力使衔铁释放，带动主触点切断主电路，同时使辅助触点复位。

主触点断开瞬间，触点间会产生电弧烧坏触点，因此交流接触器的动触点都做成桥式，有两个断点，以降低当触点断开时加在断点上的电压，使电弧容易熄灭。在电流较大的接触器的主触点上还专门装有灭弧罩，其外壳由绝缘材料制成，里面的平行薄片使 3 对主触点相互隔开，其作用是将电弧分割成小段，使之容易熄灭。

为了减小磁滞及涡流损耗，交流接触器的铁芯由硅钢片叠成。此外，由于交流电在一个周期内有两次过零点，当电流为零时，电磁吸力也为零，使动铁芯振动，噪声大。为了消除这一现象，在交流接触器铁芯的端面一部分嵌有短路环。

我国常用的交流接触器主要有 CJ20、CJX1、CJX2、CJ12 和 CJ10 等系列。引进产品中有施耐德公司的 LC1D/LP1D 系列，该系列产品采用模块化生产，产品本体上可以附加辅助触点、通电/断电延时触点和机械闭锁等模块，可以很方便地组合成可逆接触器、星－三角启动器。常用的交流接触器还有德国 BBC 公司的 B 系列，SIEMENS 公司的 3TB 系列等。这些产品结构紧凑，技术性能显著提高，多采用积木式结构，通过螺钉和快速卡装在标准导轨上。

2. 熔断器

1）熔断器的结构与原理

熔断器俗称保险丝，主要由熔体和熔座两部分组成。熔体是由低熔点的金属材料（铅、锡、锌、银、铜及合金等）制成的丝状或片状材料。熔座（或熔管）是由陶瓷、硬质纤维制成的管状外壳。熔座的作用主要是便于熔体的安装并作为熔体的外壳，在熔体熔断时兼有灭弧的作用。熔断器的图形符号见图 1－2（a）。

工作中，熔体串接于被保护电路，既是感测元件，又是执行元件；当电路发生短路或严重过载故障时，通过熔体的电流超过一定的额定值，使熔体发热，当达到熔点温度时，熔体某处自行熔断，从而分断故障电路，起到保护作用。

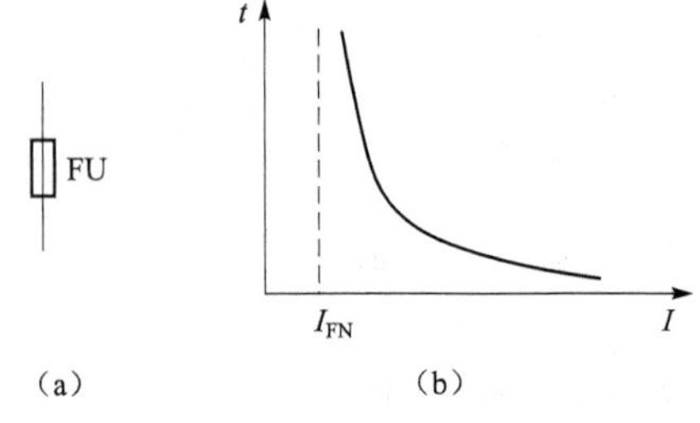

图 1－2 熔断器的安－秒特性和图形符号
（a）符号；（b）安－秒特性

熔断器熔体熔断的电流值与熔断时间的关系称为熔断器的保护特性曲线，又称为安－秒（$I-t$）特性，如图 1－2（b）所示。由特性曲线可见，流过熔体的电流越大，熔断所需的时间越短。图中，熔体的额定电流 I_{FN} 是熔体长期工作而不致熔断的电流。

熔断器的熔断电流与熔断时间的数值关系如表 1－2 所示。

表 1－2 熔断器的熔断电流与熔断时间的数值关系

熔断电流	1.25～1.3I_N	1.6I_N	2I_N	2.5I_N	3I_N	4I_N
熔断时间	∞	1 h	40 s	8 s	4.5 s	2.5 s

2）熔断器的类型

（1）瓷插式熔断器：多用于低压分支电路的短路保护，常见型号为 RC1A 系列，其外形结构及符号如图 1－3 所示。

（2）螺旋式熔断器：多用于机床电气控制线路的短路保护，其结构如图1－4 所示。此类熔断器在瓷帽上有明显的分断指示器，便于发现分断情况；换熔体简单方便，不需任何工具。目前常用螺旋式熔断器产品有 RL6、RL7 系列。

（3）封闭管式熔断器：此类熔断器可分为以下 3 种。

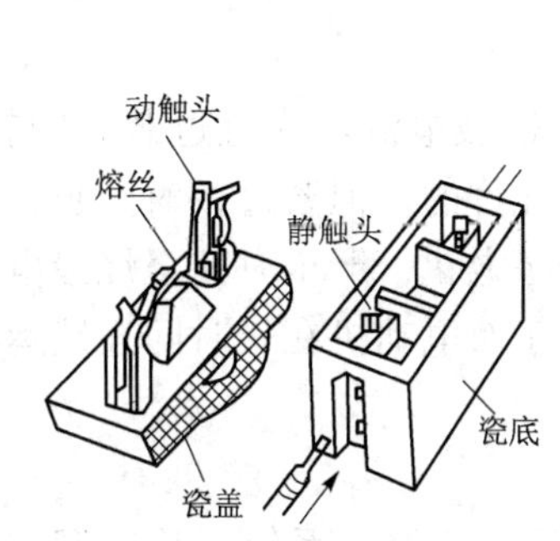

图 1-3 RC1A 系列瓷插式熔断器

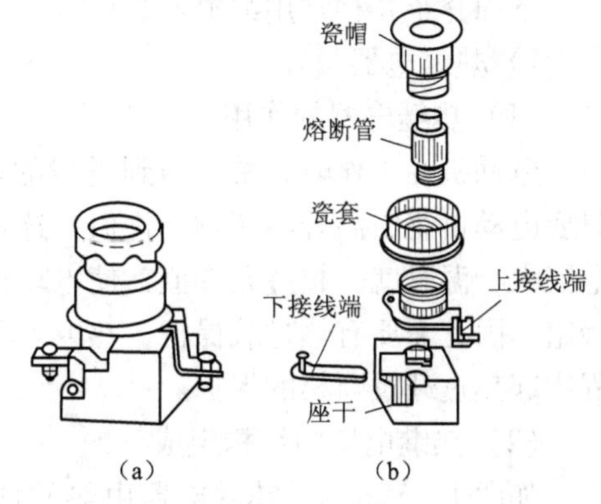

图 1-4 RL6 系列螺旋式熔断器
(a) 外形；(b) 结构

① 无填料：多用于低压电网、成套配电设备的保护，型号有 RM7、RM10 系列等。

② 有填料：熔管内装有 SiO_2（石英砂），用于具有较大短路电流的电力输配电系统，常见型号为 RT0 系列。

③ 快速熔断器：主要用于硅整流管及其成套设备的保护，其特点是熔断时间短、动作快，常用型号有 RLS、RSO 系列等。

(4) 自复式熔断器：该类熔断器的特点是能重复使用，不必更换熔体。其熔体采用金属钠，利用它常温时电阻很小，高温气化时电阻值骤升，故障消除后温度下降，气态钠回归固态钠，良好导电性恢复等特性制作而成。

3. 控制继电器

继电器是一种根据某种输入信号的变化来接通或断开控制电路实现控制目的的电器，其输入信号可以是电压、电流等电量，也可以是温度、压力、速度、液面等非电过程量。

继电器的种类很多，按输入信号的性质分为电流继电器、电压继电器、速度继电器、时间继电器、压力继电器、温度继电器等；按工作原理分为电磁式继电器、电动式继电器、热继电器、电子式继电器等；按用途分为控制继电器和保护继电器；按输出形式分为有触点继电器和无触点继电器。

继电器的结构和工作原理与接触器相似，它们的主要区别是：继电器可对多种输入量的变化做出反应，而接触器只有在电压信号下动作；继电器用于切断小电流（一般小于 5 A）的控制电路和保护电路，而接触器则用于控制大电流电路；继电器没有灭弧装置，也无主、副触点之分。

继电器主要用于进行电路的逻辑控制，它根据输入量（如电压或电流），利用电磁原理，通过电磁机构使衔铁产生吸合动作，从而带动触点动作，实现触点状态的改变，使电路完成接通或分断控制。

下面介绍几种常用继电器。

1）热继电器

（1）热继电器的作用。

电动机在工作时，常常遇到过载的情况，若过载电流不大且过载时间较短，只要电动机绕组温升不超过允许值，这种过载是允许的。但若过载时间长，过载电流大，温升就会超过允许值，使电动机绕组绝缘老化，严重时甚至烧毁电动机绕组。因此需要有热过载保护。热继电器就是用于对电动机在长时间连续运行过程中起热过载及断相的保护。

（2）热继电器的结构组成。

如图1－5所示，热继电器由热元件、双金属片、触头系统、整定调整装置和手动复位装置组成。其图形及文字符号见图1－6。

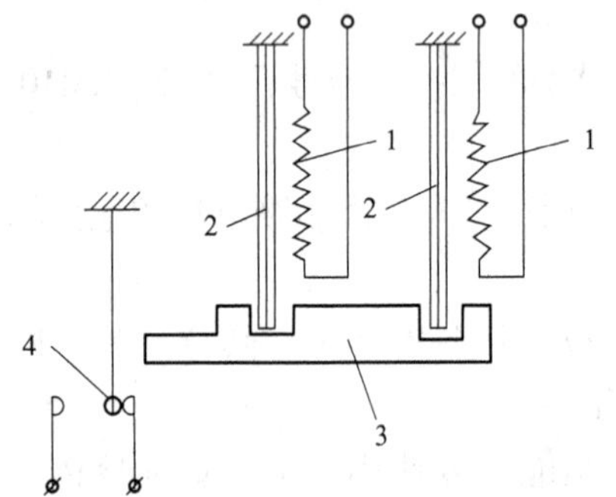

图1－5　热继电器工作原理示意

1—热元件；2—双金属片；3—导板；4—触头

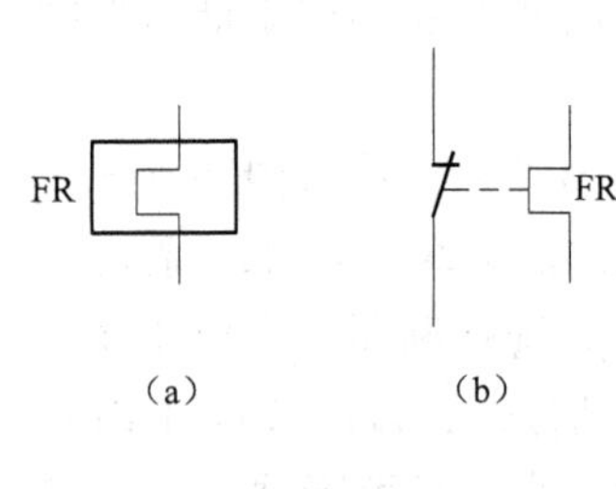

图1－6　热继电器的图形及文字符号

(a) 热元件；(b) 常闭触点

（3）热继电器的工作原理。

如图1－5所示，其工作原理是利用电流热效应使双金属片受热后弯曲，再通过联动机构使触点自动动作，切断控制电路电源进而切断主电路来进行保护的。

热元件是一段阻值不大的电阻丝，串接在被保护电动机的主电路中。电动机工作运行时，电流流过热元件，使之发热。紧靠热元件安装的双金属片由两种不同金属片辗压而成。被加热以前，两金属片长度基本一致，当电动机的电流通过热元件，产生的热量使两金属片伸长。由于线膨胀系数不同，且二者紧密结合在一起，导致双金属片受热弯曲。电动机正常运行时，双金属片的受热弯曲程度不足以使热继电器动作，当电动机过载较大，通过热元件的电流超过整定电流，加上时间效应，双金属片接受的热量大大增加，使弯曲程度加大，最终使双金属片推动导板导致触点系统动作，使其常闭触点断开。由于常闭触点是接在电动机的控制电路中的，它的断开使得与其串接的接触器线圈断电，从而断开接触器主触点，使电动机的主电路断电，实现了过载保护。热继电器动作后，双金属片经过一段时间冷却，按下复位按钮即可复位。

热继电器的主要技术数据是整定电流。整定电流是指长期通过发热元件而不致使热继电器动作的最大电流。当发热元件中通过的电流超过整定电流值的20%时，热继电器应在20分钟内动作。热继电器的整定电流大小可通过整定电流旋钮来改变。选用和整定热继电器时应使整定电流值与电动机的额定电流值一致。

目前我国生产并广泛使用的热继电器主要有JR16、JR20系列；引进产品有施耐德公司的LR2D系列，ABB公司T系列，西门子公司的3UA/3UW系列、3UB1系列等。

（4）热继电器的主要参数。

① 热继电器的整定电流：指热元件在正常持续工作中不引起热继电器动作的最大电流值。

② 热继电器额定电流：指热继电器中可以安装的热元件的最大整定电流值。

③ 热元件的额定电流：指热元件的最大整定电流值。

2）时间继电器

时间继电器是一种按时间原则进行控制的继电器。其感测元件得到动作信号后，其执行元件（触头）要延迟一段时间再动作。常用的时间继电器有空气阻尼式、电子式和数字式等。

时间继电器的延时方式有通电延时型和断电延时型两种：

① 通电延时型：线圈通电，延时一定时间后延时触点闭合或断开；线圈断电，触点瞬时复位。

② 断电延时型：线圈通电，延时触点瞬时闭合或断开；线圈断电，延时一定时间后延时触点复位。

时间继电器的图形符号如图1-7所示。

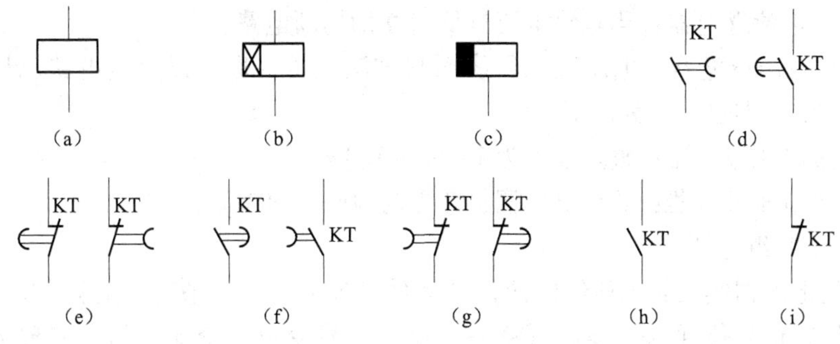

图1-7 时间继电器的图形符号

(a) 线圈一般符号；(b) 通电延时线圈；(c) 断电延时线圈；(d) 延时闭合常开触点；(e) 延时断开常闭触点；(f) 延时断开常开触点；(g) 延时闭合常闭触点；(h) 瞬时常开触点；(i) 瞬时常闭触点

空气阻尼式时间继电器的特点是延时范围较大，可达 0.4 ~ 180 s，且结构简单。但其延时误差较大，无调节刻度指示，难以确定整定延时值。适用于要求较低的延时场合。

数字式时间继电器的特点是延时范围广、精度高、体积小、便于调节、寿命长，是目前发展最快、最有前途的电子器件。其工作原理如下：时基电路通常由石英晶体振荡器或其他标准高频振荡器组成。接通电源后，经过时基电路分频将数字信号送到计数电路进行计数，当计数达到时限选择电路所整定的数字时，通过驱动电路使继电器 K 得电，带动其常开触头和常闭触头动作，闭合或分断控制电路，同时向显示器发出显示信号，完成一次延时控制。如图 1 - 8 所示的数字式时间继电器原理方框图。

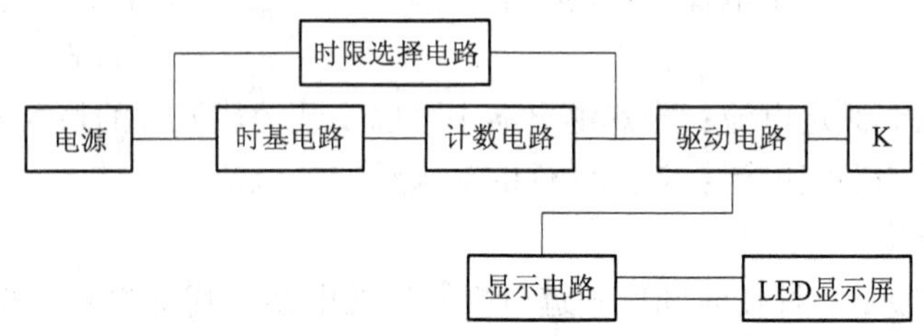

图 1 - 8　数字式时间继电器工作原理示意

3）电流、电压继电器

根据输入线圈电流（或电压）大小而动作的继电器称为电流（或电压）继电器。

（1）电流继电器。电流继电器线圈与被测电路串联，以反应电路电流的变化。电流继电器可分为以下两种：

① 过电流继电器：当电路过流或发生短路时立即切断电路。

② 欠电流继电器：当电路电流过低时立即切断电路。

（2）电压继电器。电压继电器线圈与被测电路并联，以反应电路电压的变化。电压继电器也可分为以下两种：

① 过电压继电器：整定范围为 105% ~120% U_N。

② 欠电压继电器：吸合电压调整范围为 30% ~50% U_N。

4）中间继电器

中间继电器实质是电压继电器，只是触点数量多（一般有 8 对），在电路中主要作用是信号传递与转换。可将一个输入信号变成多个输出信号实现多路控制，还可将小功率的控制信号转换为大容量的触点动作，以驱动电气执行元件工作。有时，也可用中间继电器控制单相小容量电动机的起停。

在电气逻辑控制电路中，中间继电器常作为记忆元件使用，其电路符号如图 1 - 9 所示。

5）固态继电器

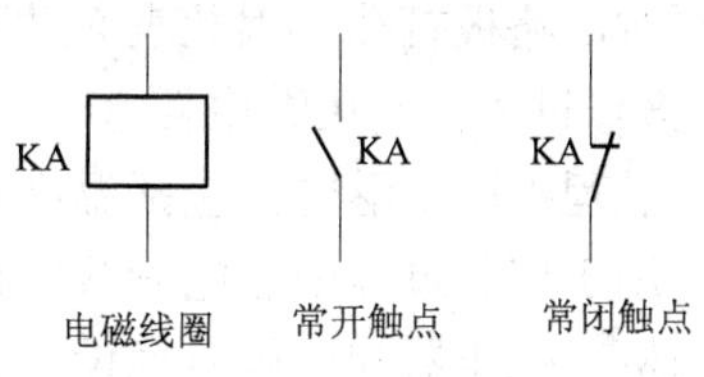

图1－9　中间继电器电路符号

固态继电器简称SSR，是一种由固态半导体元件组成的无触点开关元件。固态继电器与电磁式继电器相比具有无运动零件，动作速度快，接触可靠，抗震动、冲击性能好，无动作噪声；无燃弧触点，对其他电路干扰小，没有因火花而引起爆炸的危险；输入功率小，灵敏度高；容易做成多功能继电器；使用寿命长等一系列优点而被广泛应用，有逐步取代传统继电器之势，并进一步扩展到许多传统继电器所无法应用的领域，如计算机输入输出接口、外围和终端设备。在要求耐震、耐潮、耐腐蚀、防爆等特殊工作环境以及高可靠性工作场合，有传统继电器无可比拟的优越性。

固态继电器的缺点是过载能力低，易受温度和辐射影响，通断阻抗比小。固态继电器分为直流固态继电器和交流固态继电器，前者的输出采用晶体管，后者采用晶闸管。

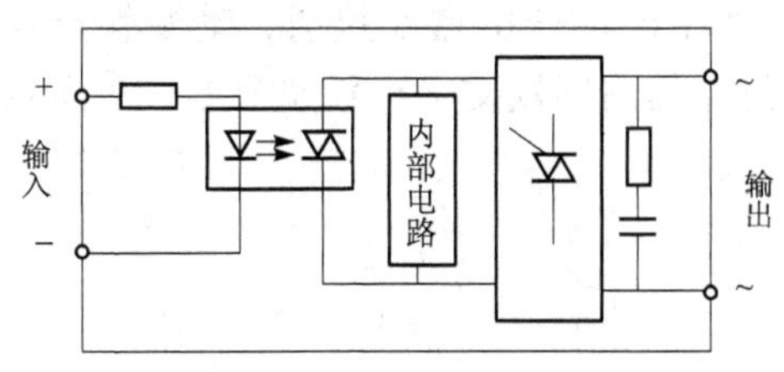

图1－10　交流固态继电器的结构

如图1－10所示是交流固态继电器的结构示意图，图示为4端有源器件，两个端子为输入扩展端，另外两个为输出端。器件采用光电耦合器来实现输入与输出间的电气隔离。当有信号输入时，输出呈导通态，否则呈阻断态。交流固态继电器的触发形式可分为零压型和调相型两种。

固态继电器的主要参数有输入电压、输入电流、输出电压、输出电流、输出漏电流等。

固态继电器按负载性质分为直流和交流两种；按输入与输出的隔离形式分为光电隔离（包括光电耦合和光控可控硅等）、变压器隔离和干簧继电器隔离等；按封装结构分为塑封型、金属壳全密封型、环氧树脂灌封型和无定型封装型等。

由半导体器件或电子电路功能块与电磁式继电器共同组成的固态继电器称为混合式固态继电器。

6）微型继电器

与普通继电器相比，微型继电器具有体积小、重量轻、容量大、可靠性高、功耗低、寿命长等优点，因此被广泛应用于电子设备、自动化仪表、计算机、电子回路的输入/输出接口和可编程控制器等方面。

7）表面贴装继电器简介

电子技术的飞速发展对印刷电路板的安装密度提出了新的要求，安装间隔为12.5 mm，甚至更小的插板式安装将为大多数整机所采用。由于表面贴装技术不需要对电路板打孔，因此表面贴装元件得到了长足的发展。

8）过程检测用继电器

过程检测用继电器包括温度继电器、压力继电器、速度继电器、液面继电器等，用于控制过程中非电参数的检测控制和报警，如温度继电器主要用于对由于电动机、变压器和一般电气设备的过载、堵转、非正常运行而引起的过热进行保护。使用时，将温度继电器埋入电机绕组或介质中，当绕组或介质温度超过允许温度时，继电器就快速动作发出信号，以控制电路动作，切断主电路，使电器不被损坏；当温度下降到复位温度时，继电器又能自动复位。温度继电器的作用与热继电器相同，但控制精度远高于热继电器。

4. 主令电器

主令电器是发布命令或信号的电器，主要用于接通、分断控制电路，以达到对系统的控制或程序的控制。主要有：

1）控制按钮

控制按钮简称按钮，是最常用的主令电器，可作远距离电气控制使用。按钮属于手动控制电器，如图 1 – 11 所示，按下时动合触点 5 接通，动断触点 4 分断；松开时在复位弹簧的作用下触点复位。其图形及文字符号如图 1 – 12 所示。

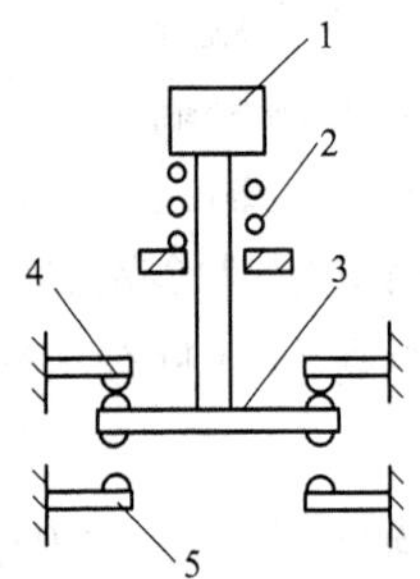

图 1 – 11　按钮结构示意

1—按钮帽；2—复位弹簧；3—动触头；4—常闭静触头；5—常开静触头

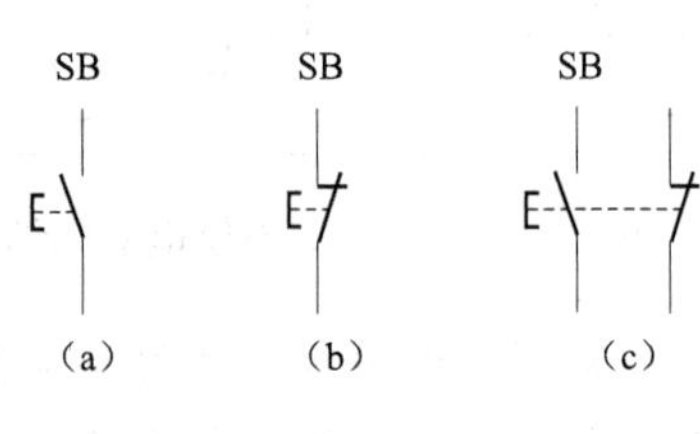

图 1 – 12　按钮的图形和文字符号

（a）常开触点；（b）常闭触点；（c）复式触点

按钮可根据实际工作需要组成多种结构形式，如 LA18 系列按钮采用积木式结构，触头数量按需要拼装，最多可至 6 对常开触点和 6 对常闭触点复合结构。工作中为便于识别按钮的不同作用，避免误操作，使用颜色区分，一般红色表示停止和急停按钮，绿色表示启动按钮。

2）行程开关

行程开关又称限位开关，用于机械设备运动部件的位置检测，是利用生产机械某些运动部件的碰撞来发出控制指令，以控制其运动方向或行程的主令电器。

行程开关从结构上可分为操作机构、触头系统和外壳 3 部分。图 1 – 13 为行程开关的外形及结构图，图中的单轮和径向传动杆式行程开关可自动复位，而双轮行程开关则不能自动复位。内部结构如图 1－13（b）所示。其工作原理与按钮的相同。行程开关属于自动电器，当移动物体碰撞推杆或滚轮时，通过内部传动机构使微动开关触头动作，即动合、动断触点状态发生改变，从而实现对电路的控制，其图形和文字符号如图 1－14 所示。

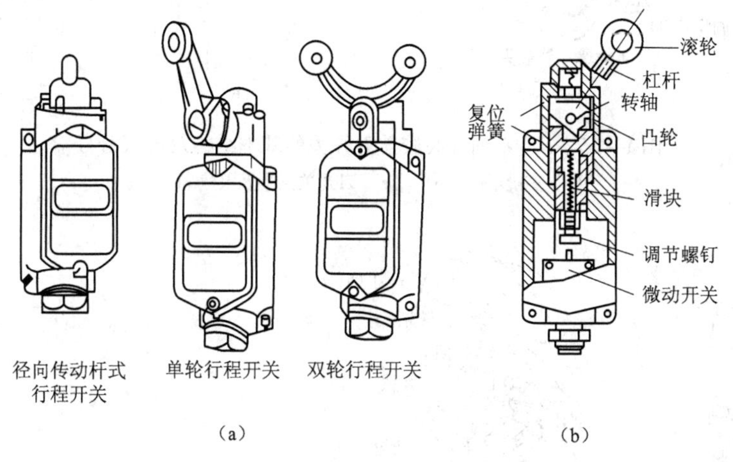

图 1－13　行程开关的外形及结构示意

（a）外形；（b）结构

5. 开关电器

1）刀开关

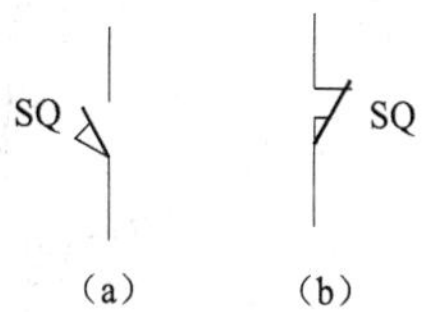

图 1－14　行程开关的图形和文字符号

（a）常开触点；（b）常闭触点

刀开关又称闸刀开关，是结构最简单的手动电器，由静触头、瓷手柄、动触刀、铰链支座和绝缘垫板组成。其主要类型有：带灭弧装置的大容量刀开关，带熔断器的开启式负荷开关（胶盖开关），带灭弧装置和熔断器的封闭式负荷开关（铁壳开关）等。带熔断器的开启式负荷开关（胶盖开关）结构及电路符号如图 1－15 所示。由于刀开关在将电源切断后，线路和电源有可见的隔离断口，可以保障检修人员的安全，故主要用于电源引入和电源隔离。有时也可用于不频繁接通和分断电路。按极数不同刀开关分单极（单刀）、双极（双刀）和三极（三刀）3 种。

2）组合开关

组合开关又称转换开关，它是一种凸轮式的做旋转运动的刀开关。组合开关主要用于电源引入或 5.5 kW 以下电动机的直接启动、停止、反转、调速等场合。按极数不同，组合开关有单极、双极、三极和多极结构，常用的为 HZ10 系列组合开关。HZ10 系列组合开关的结构如图 1－16 所示，其图形符号如图 1－17 所示。

3）自动空气开关

又称低压断路器。它可用于进行电能分配，不频繁地接通、分断三相交流异步电动机主电路，对电源线路及电动机实行保护。当电路发生严重过载、短路及

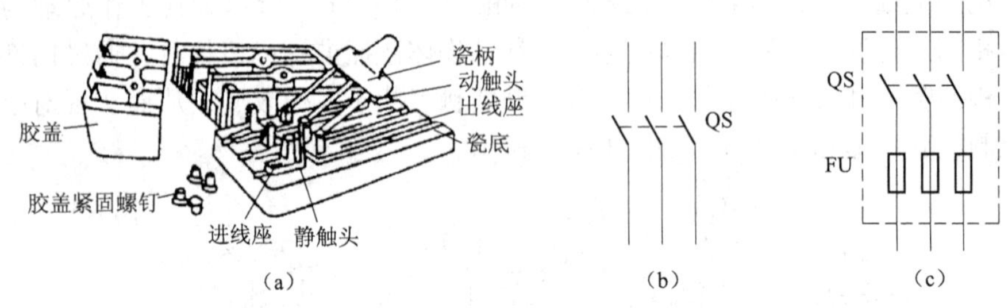

图 1-15　HK 系列瓷底胶盖刀开关的基本结构及电气符号

(a) 外形图；(b)、(c) 刀开关图形及文字符号

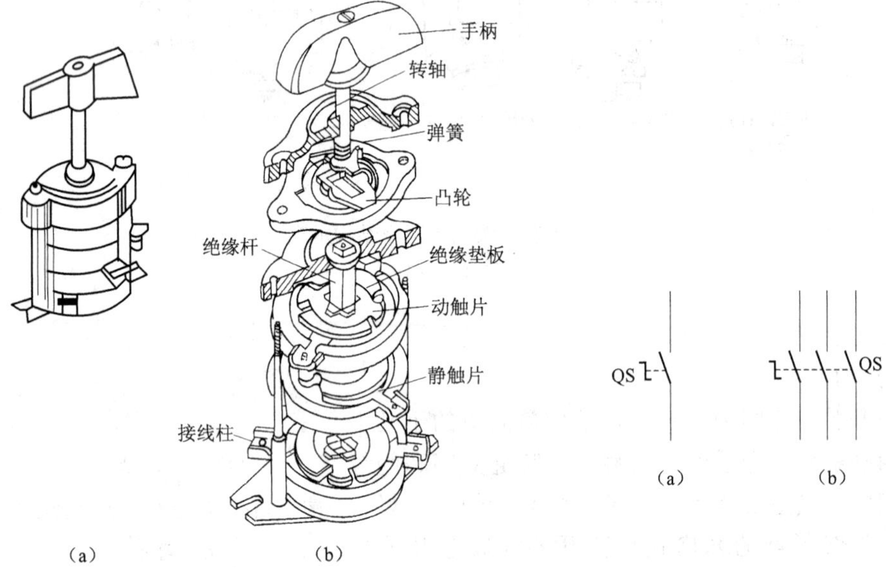

图 1-16　HZ10-10/3 型组合开关结构

(a) 外形；(b) 结构

图 1-17　组合开关的图形和文字符号

(a) 单级；(b) 三级

失压等故障时，能自动切断故障电路，有效保护串接在它后面的电气设备。其功能相当于熔断器式负荷开关与过流、欠压、热继电器等的组合，是一个多功能保护设备。而且在分断故障电流后一般不需要更换零部件，因而获得了广泛的应用。

自动空气开关的结构和原理如图 1-18 所示，它主要由触头系统、灭弧装置、各种脱扣器和自动、手动操作机构等部分组成。可根据不同功能要求，装配各种脱扣器。主要有电磁脱扣器（用于短路保护）、热脱扣器（用于过载保护）、欠压脱扣器、分励脱扣器以及由电磁和热脱扣器组合的复式脱扣器等。脱扣器是自动空气开关的重要部分，可人为整定其动作电流使之按要求进行动作。其中过流线圈具有反时限特性，用做短路保护；热元件用做过载热保护。发生故障时脱扣器动作，事故毕重合开关，线路可重新运行。

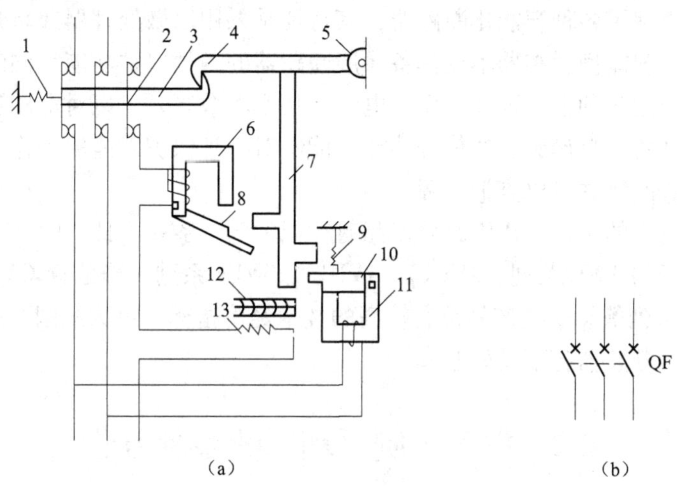

图 1－18　DZ 型自动空气开关工作原理图及其电路符号

(a) 结构原理图；(b) 电路符号

1—主弹簧；2—主触头；3—锁扣；4—跳扣；5—轴；6—电磁脱扣器；7—连杆；8—电磁脱扣器衔铁；9—弹簧；10—欠压脱扣器衔铁；11—欠压脱扣器；12—双金属片；13—热元件

当主触头 2 合闸时，与转轴相连的锁扣 3 扣住跳扣 4，使弹簧 1 受力而处于储能状态。正常工作时，热脱扣器的发热元件 13 温升不高，不会使双金属片弯曲到顶动 7 的程度；开关处于正常供电状态时，电磁脱扣器 6 的线圈磁力不大，不能吸住 8 去拨动 7。如果主电路发生过载或短路，电流超过热脱扣器或电磁脱扣器动作电流时，双金属片 12 或衔铁 8 将拨动连杆 7，使跳扣 4 被顶离锁扣 3，弹簧 1 的拉力使触头 2 分离，切断主电路。当电压失压和低于动作值时，线圈 11 的磁力减弱，衔铁 10 受弹簧 9 拉力向上移动，顶起 7 使跳扣 4 与锁扣 3 分开切断回路，起到失压保护作用。

低压断路器按其用途和结构特点可分为塑料外壳式低压断路器、框架式低压断路器、直流快速低压断路器和限流式低压断路器等。框架式低压断路器又叫万能式低压断路器，主要用于 40～100 kW 电动机回路的不频繁全压启动，并起短路、过载、失压保护作用。其操作方式有手动、杠杆、电磁铁和电动机操作 4 种，额定电压一般为 380 V，额定电流有 20～4 000 A 若干种。国产常用的框架式低压断路器有 DW 系列等，其所有零部件都安装在框架上，它的热脱扣器、电磁脱扣器和失压脱扣器等保护原理与塑壳式相同。

此外，有一种模块化小型断路器，由操作机构、热脱扣器、电磁脱扣器、触点系统、灭弧室等部件组成，所有部件都置于一个绝缘壳中。在结构上具有外形尺寸模块化（9 mm 的倍数）和安装导轨化的特点。常用于线路和交流电动机的电源控制开关及过载、短路等保护，常见型号有 C45、DZ47、S、DZ187、XA、

MC 等系列。

近年已出现了各种智能化断路器，其特征是采用以微处理器或单片机为核心智能控制器。智能型脱扣器不仅具备一般断路器的各种保护功能，同时还具有实时显示电路中的各种电参数如电压、电流、功率因数等，可以对电路进行在线监视、测量、试验、自诊断、通信等功能；能够对各种保护功能的动作参数进行显示、设定和修改，并可以查询故障。

目前市场上的引进低压断路器产品有德国的 ME 系列，日本的 AE、AH、TG 系列，西门子的 3WE 系列、3VU13、3VU16、3VF1 系列，施耐德 GV2 系列，梅兰日兰 C45 系列等。这些产品都有较高的技术经济指标，可为我国今后开发完善新一代智能型断路器打下良好基础。

1.2　电气控制原理图的绘制方法

用于描述电气控制设备结构、工作原理和技术要求的图叫电气图。电气图必须按国家电气制图标准及国际电工委员会（IEC）颁布的有关文件要求，用统一标准的图形符号、文字符号及规定画法绘制。常用电气设备的图形符号、文字符号见附录 1。

1.2.1　电气图的分类

电气图包括电气原理图、电气设备安装图和电气设备接线图。

电气原理图表示电气控制线路的工作原理、逻辑关系及各电气元件的作用和相互关系，是各种电气图的总纲。在原理图中不考虑电气元件的实际安装位置和实际连线情况，主要根据各元件之间逻辑关系和接线顺序在平面图上通过符号表达出来并用直线连接起来，如图 1－19 所示为某机床电气控制原理示意。

电气原理图一般分为主电路和辅助电路两个部分。主电路是电气控制线路中强电流通过的部分，由负载电动机以及与之相连的电器如刀开关、熔断器、接触器的主触点、热继电器的热元件等组成。辅助电路通过的电流较小，包括控制电路、照明电路、信号电路及保护电路。其中，控制电路由按钮、继电器和接触器的吸引线圈和辅助触点等组成。一般来说，信号电路是附加的，如将它从辅助电路中分开，并不影响辅助电路工作的完整性。从电气原理图能够清楚地表现电路的功能，对分析电路的工作原理十分方便。

电气设备安装图表示电气设备在机械设备和电气控制柜中的实际安装位置。一般由机械设备结构和工作要求确定，如电动机要与被拖动机械设备放在一起，行程开关放在能取得信号之处，操作元件放在方便操作之处，而一般电气元件应放在控制柜内。

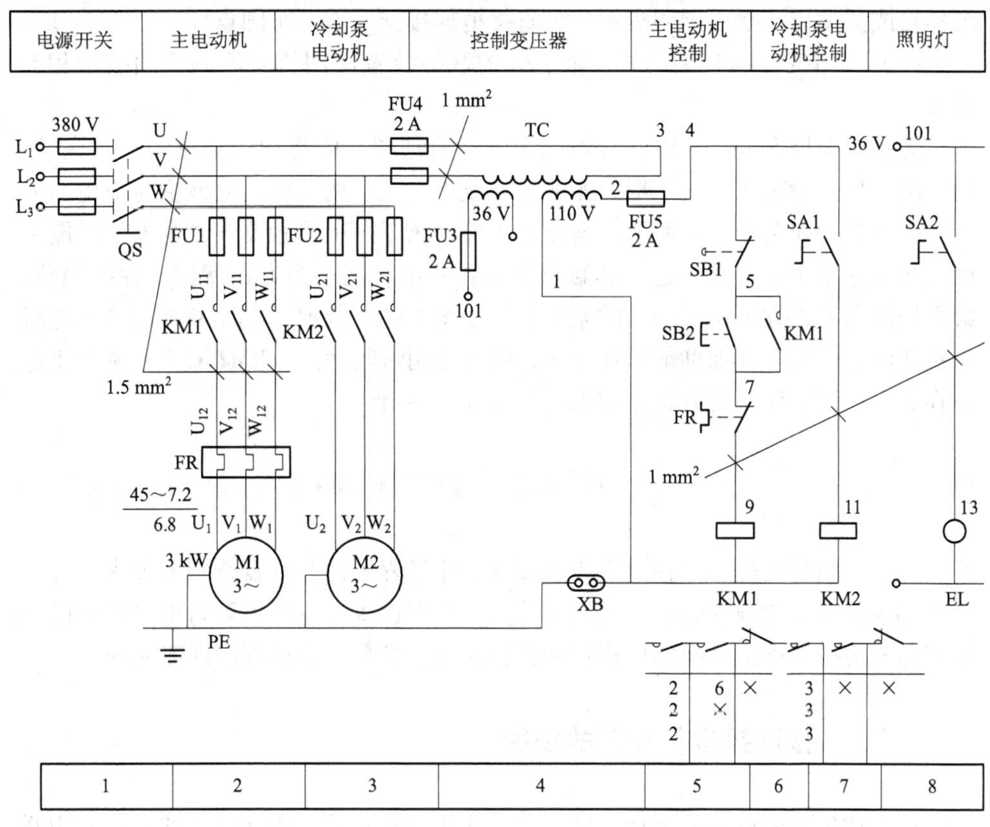

图 1－19　某机床电气控制原理示意

电气设备接线图表示各电气设备之间实际接线情况。绘制接线图时应把电气元件各部分（如触头和线圈）画在一起，而且文字符号、元件连接顺序、接线编号等必须与电气原理图一致。电气设备安装图和接线图一般用于电气施工安装、接线和检查维修。

1.2.2　电气原理图的绘制原则

（1）电气控制线路分主电路和控制电路。主电路可用粗线，控制电路可用细线画出。一般主电路画在左侧，控制电路画在右侧。各元件应按动作顺序从上到下、从左到右依次排列。

（2）同一电气元件的各个部件（如触头和线圈）可以不画在一起，但须用同一文字符号标明。多个同类元件可在文字符号后加数字序号区分。

（3）所有电气元件触头按未通电（如继电器、接触器）或未受外力（如按钮、行程开关）时其自然开闭状态绘出。

（4）尽可能减少线条和避免线条交叉。导线交叉连接点用实心圆点表示，可拆接或测试点用空心圆圈表示，无直接电连接交叉点不画圆点。

（5）与电气控制有关的机、液、气的联络装置应用符号绘制简图表示相互关系。

为了便于检索电气线路，方便阅读电气原理图，应将图面划分为若干区域，图区的编号一般写在图的下部。图的上方设用途栏，用文字注明该栏对应电路或元件的功能。如图 1－19 所示，划分为 8 个图区。由于接触器、继电器的线圈和触点在原理图中不画在一起，其触点分布在图中各区，为方便阅读，在接触器、继电器线圈的下方画出其触点的索引表。如图 1－19 所示，KM1 有 3 对常开主触点在 2 区，一对常开辅助触点在 6 区，没有使用常闭触点。KM2 有 3 对常开主触点在 3 区，没有使用常开常闭辅助触点（用 X 表示）。

1.3 电气控制的基本规律

电气控制是通过一定控制手段来实现工业过程中的各种复杂工艺要求。这些手段都遵循一定的规律并有着共同的特点，根据这些特点大致可将电气控制的基本规律分为按联锁进行控制的规律和按控制过程参量进行控制的规律两种。

1.3.1 按联锁进行控制的规律

在自动生产机械中各运动部件及其之间的相互联系、相互制约的关系称为联锁。联锁根据作用对象不同分为自锁与互锁。自锁是指运动部件为保持其运动效果对自身设置的电气联锁。互锁是指运动部件为保持其运动效果和安全对对方设置的电气联锁。联锁根据规律不同又可分为顺序控制和制约控制。

1. 自锁与互锁

1）自锁

如图 1－20（a）所示，通过接触器动合触点并联在启动按钮 SB2 两端，构成自锁环节。当启动按钮 SB2 按下时，KM 线圈得电使辅助动合触点闭合。当启动按钮 SB2 松开复位时，由于 KM 自锁接点已闭合，保证了接触器 KM 线圈持续通电。这种由 KM 动合触点并联构成逻辑“或”的环节称为自锁。由于自锁的记忆作用使 SB2 按下的效果即使在 SB2 再松开仍然得到保持，这样的控制方式称为长动控制。而没有自锁时，如图 1－20（b）所示，SB2 按下，KM 线圈得电，电动机 M 转动；SB2 松开，KM 线圈失电，电动机 M 停转。这样的控制方式称为点动控制。控制过程可用符号来表达，方法规定为：各种电器未受外力作用或未通电状态记为“－”，各种电器受外力作用或通电状态记为“＋”，相互关系用箭头“→”表示，箭头左边符号表原因，右边符号表结果，自锁状态用“自”表示，由此得控制过程：

长动启动过程：SB2 ±→KM + 自→M + （启动）

长动停止过程：SB1 ±→ KM −→M − （停止）

点动过程：SB2 ±→KM ±→M ±

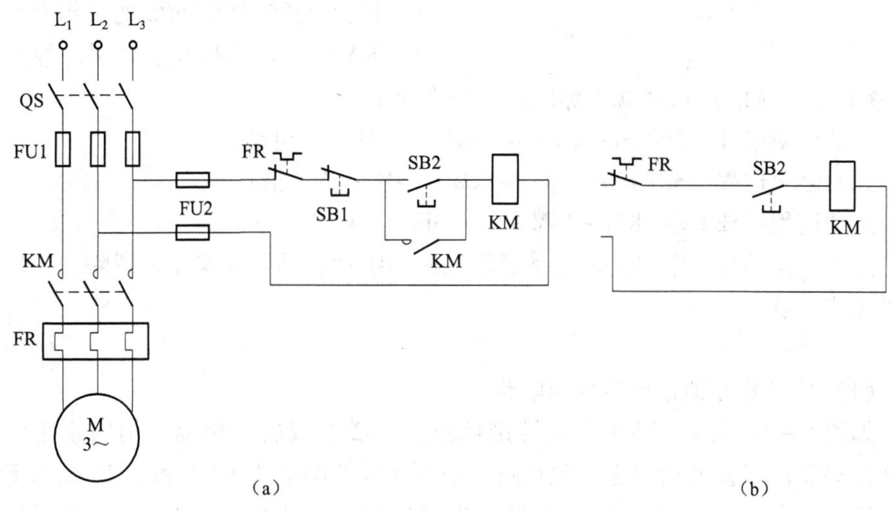

图1－20　电动机控制电路

（a）长动控制电路；（b）点动控制电路

生产机械经常要求控制电路既能长动也能点动工作。为解决二者过程的互非逻辑可采用以下3种方法：

① 复合按钮联锁控制电路，如图1－21所示，点动复合按钮SB3动断接点与KM自锁接点串联构成自锁环节，长动时点动按钮SB3无动作，效果与长动自锁一致；而点动时由于复合按钮SB3具有“先断后合”功能（动作时断开的接点先动作，接通的接点后动作）而使其可有效切断KM自锁，防止点动时出现长动。控制过程如下：

长动启动过程：SB2 ±→KM + 自→M + （启动）

长动停止过程：SB1 ±→ KM −→M − （停止）

点动过程：SB3 +→KM +→M +　SB3 −→KM −→M −

② 手动开关联锁控制电路，如图1－22所示，开关SA与KM自锁接点串联构成“与”逻辑，SA合上效果与长动自锁一致，而SA断开时起解除KM自锁作用，达到点动作用效果。

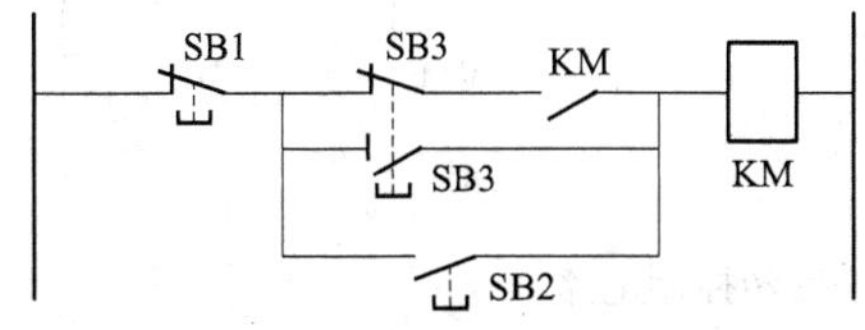

图1－21　复合按钮联锁控制电路

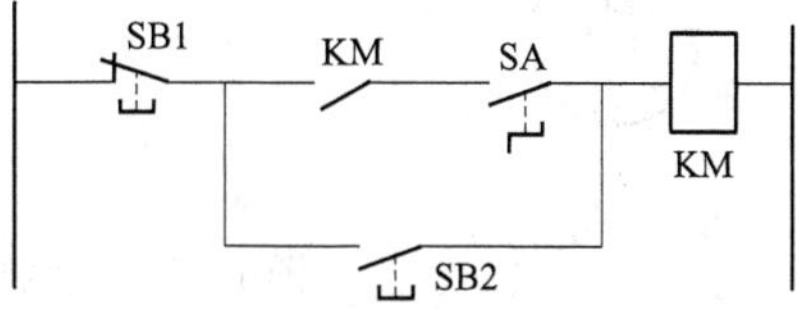

图1－22　手动开关联锁控制电路

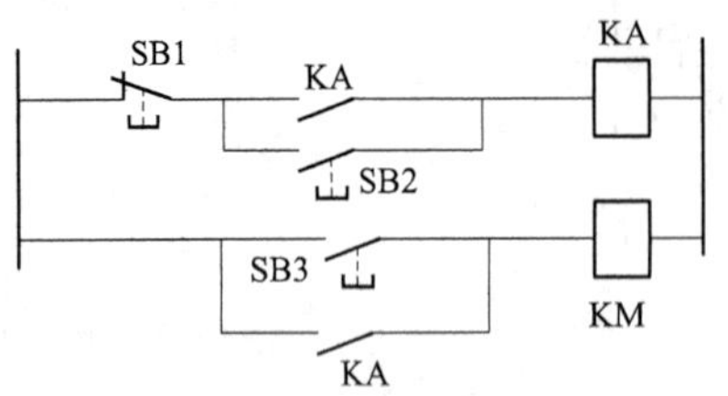

图 1－23　采用继电器联锁控制电路

③ 采用继电器联锁控制电路，如图 1－23 所示，点动按钮 SB3 与继电器 KA 接点并联构成“或”逻辑表示点动或长动控制，而长动按钮 SB2 的操作回路通过设置 KA 自锁来实现长动效果。控制过程如下：

长动启动过程：SB2 ±→KA＋自→KM＋→M＋（启动）

长动停止过程：SB1 ±→KA－→ KM－→M－（停止）

点动过程：SB3＋→KM＋→M＋　　SB3－→KM－→M－

注意：长动过程中要实现点动必须先按 SB1 使长动停止操作，解除自锁后点动操作才有效。

2）互锁

（1）接触器互锁正反转控制电路。

如图 1－24 所示，KM1 为正转接触器，KM2 为反转接触器。为防止主电路 KM1、KM2 同时接通会引起电源短路，必须保证控制电路 KM1 和 KM2 线圈不能同时通电。方法是在 KM1 和 KM2 线圈支路分别串联对方的动断触点，使任何一个接触器接通的条件是对方处于断电释放状态，二者之间这种联锁关系称为互锁。互锁是依靠电气元件来实现的，称为电气联锁。实现电气联锁的接点（如 KM1、KM2 辅助动断触点）称为互锁触点。动作原理为：

正转过程：SB2 ±→KM1＋自→ KM2－互→M＋（正转）

停止过程：SB1 ±→ KM1－（解锁）→M－（停止）

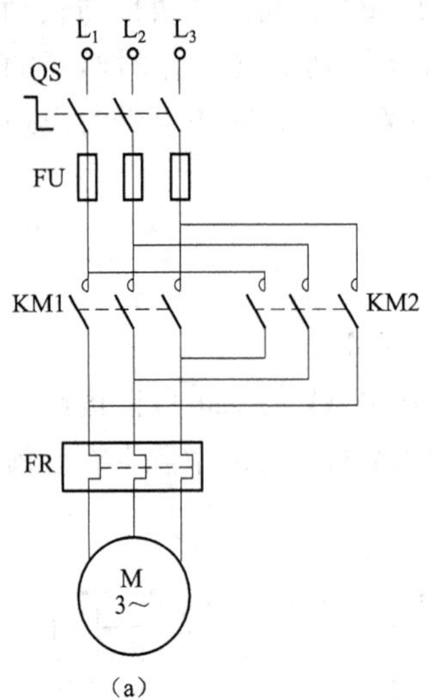

（a）

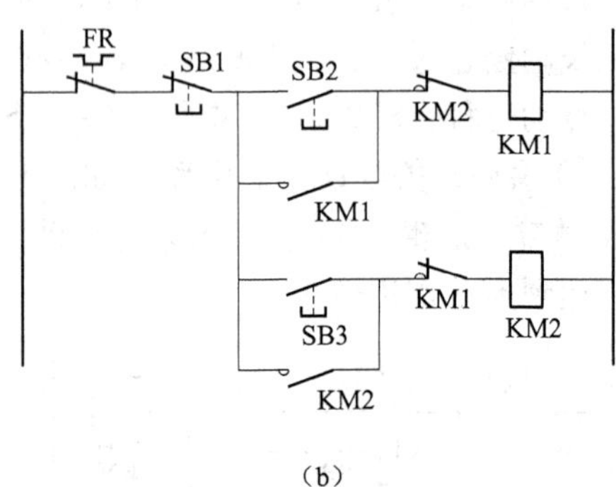

（b）

图 1－24　接触器互锁正反转控制电路

（a）主电路；（b）控制电路

反转过程：SB3 ± →KM2 + 自→ KM1 - 互→M + （反转）

（2）双重互锁正反转控制电路。

如图 1 - 25 所示，互锁触点除接触器 KM1、KM2 辅助动断触点互锁外，增加复合按钮 SB2、SB3 动断触点互锁实现双重互锁以提高电路安全可靠性，可用于互锁要求更高的场合。

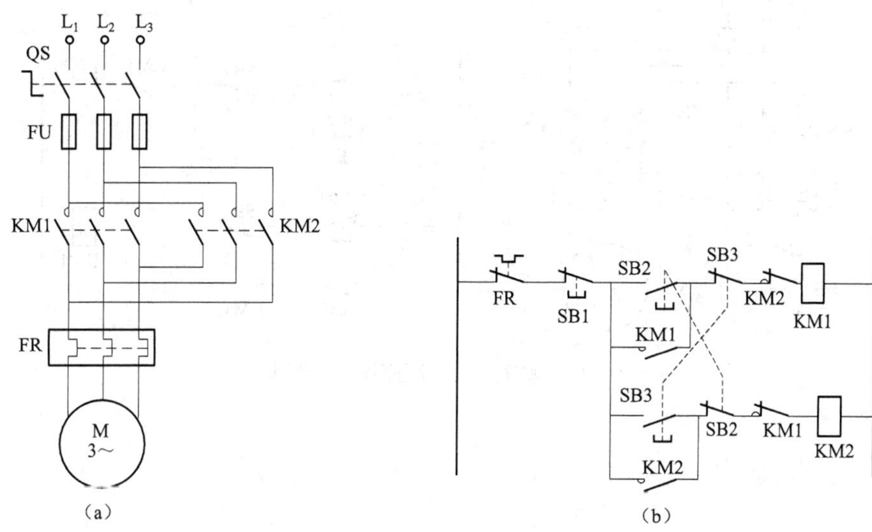

图 1 - 25 双重互锁正反转控制电路

（a）主电路；（b）控制电路

2. 顺序控制和制约控制

1）顺序控制

顺序启动控制方式要求 KM1 启动后 KM2 才能启动。设计方法是将 KM1 的辅助动合触点串接在 KM2 的线圈电路中，实现逻辑“与”的关系。如图 1 - 26 所示，只有当按下 SB2 启动 KM1 后，按下 SB4 才能启动 KM2。实际生产中车床主轴电机启动前必须先启动油泵，锅炉鼓风机启动前必须先启动引风机等均属此类。

顺序停止控制方式要求 KM2 停止后 KM1 才能停止。设计方法是将 KM2 的辅助动合触点并接在 KM1 的停止按钮 SB1 上，实现逻辑“或”的关系。如图1 - 26 所示，只有在先按下 SB3 停止 KM2 后，按下 SB1 才能停止 KM1。实际生产中锅炉鼓风机停止前必须先停止引风机等均属此类。

2）制约控制

指一方对另一方约束控制（单方互锁），如要求 KM1 动作时 KM2 不能动作，设计方法是将 KM1 的动断触点串接在 KM2 的线圈电路中，实现 KM1 对 KM2 的逻辑“非”关系。如图 1 - 27 所示，只有当未按 SB2 即未启动 KM1 时，按下

SB4 才能使 KM2 工作。实际中如龙门刨床工作台运动时不允许刀架移动等属于此类。

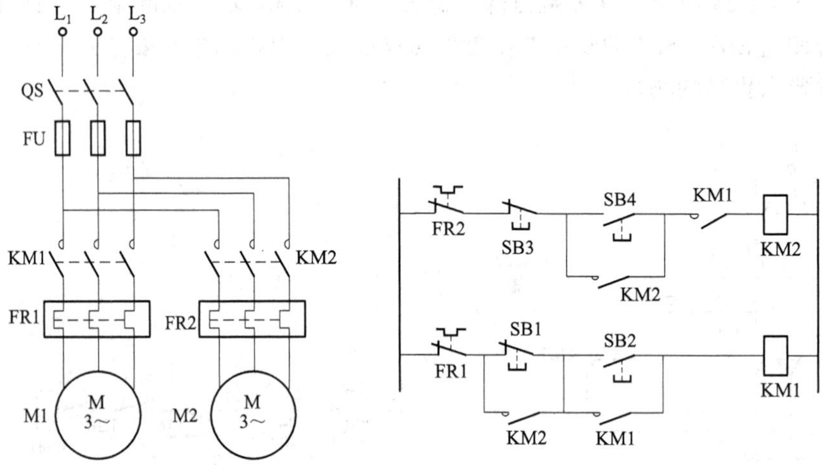

图 1－26　顺序启动和顺序停止控制电路

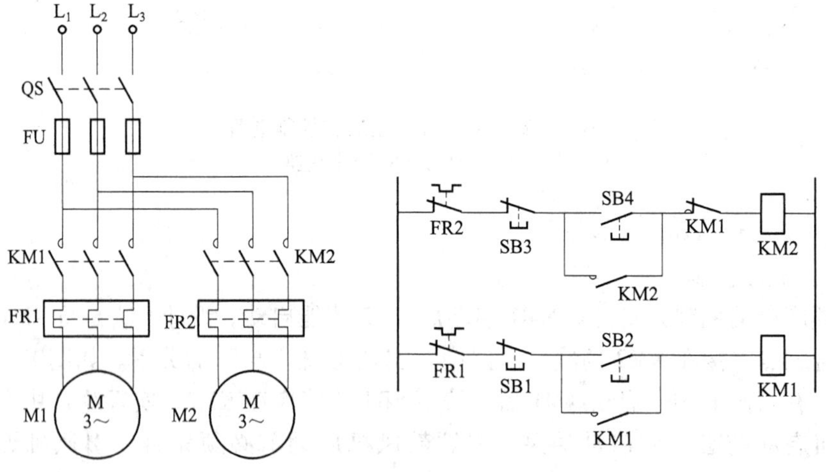

图 1－27　制约控制的控制电路

1.3.2　按控制过程参量进行控制的规律

现代化工业生产大多要求实现生产全过程自动化。如机床的自动进刀、自动退刀、工作台往复循环等加工过程自动化。由于自动化程度提高，只用简单的联锁控制已不能满足要求，需要根据工艺过程特点进行控制。如工作台左、右移动自动循环过程，其特点是工作过程参量由行程位置决定。用行程开关及时检测并发出信号来控制自动生产过程称为行程原则控制规律。如以时间作为控制变化参量，称为时间原则控制规律。此外，还有速度原则控制规律、行程原则控制规律等。

1. 行程原则控制规律

行程原则控制的特点是工作过程参量由行程位置决定。控制方法是以行程开关代替按钮来自动实现对电动机正反转或启动停止的控制。如图 1－28 所示为工作台自动往复循环控制电路，其中，限位开关 SQ1、SQ2 为自动终端停止及反、正向启动信号，限位开关 SQ3、SQ4 分别为左、右超限位保护，当工作台移动到左右极限位置时动作，切断 KM1 或 KM2 线圈电源，保护工作台不超出极限位置。

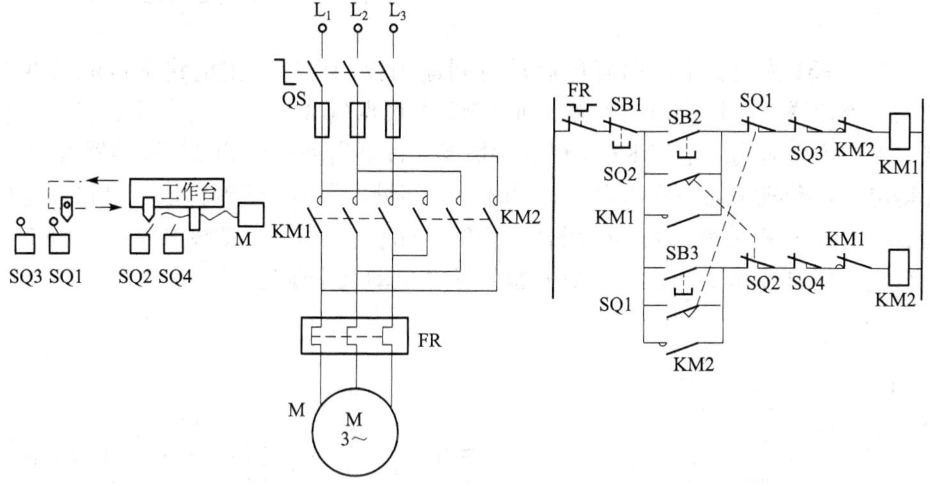

图 1－28　工作台自动往复循环控制电路

电路动作原理如下：

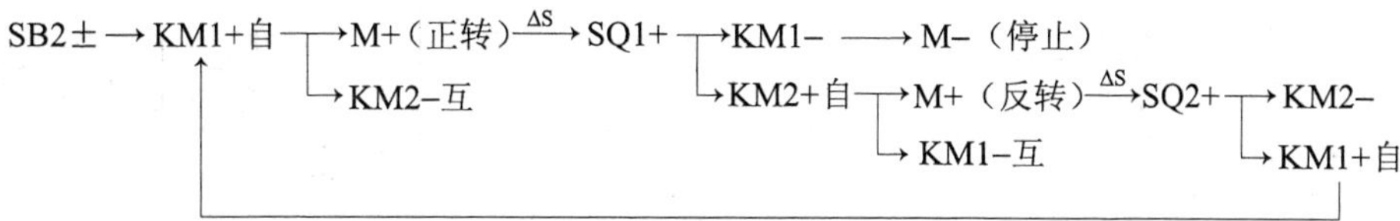

2. 时间原则控制规律

以时间作为控制变化参量，主要利用时间继电器的延时动作性能进行控制。由于时间继电器的动作分为通电延时和断电延时两类，因而控制电路也可分为通电延时控制电路和断电延时控制电路。

如图 1－29 所示为通电延时控制电路。按下启动按钮 SB2，中间继电器 KA 与时间继电器 KT 同时得电，经过一定延时 Δt 后，时间继电器 KT 动作，接通接触器 KM 线圈。

如图 1－30 所示为断电延时控制电路，按下启动按钮 SB2，中间继电器 KA 与时间继电器 KT 同时得电，其延时断开动合触点在 KT 线圈得电同时闭合；而当 KT 线圈断电后，经延时 Δt 后该触点断开。

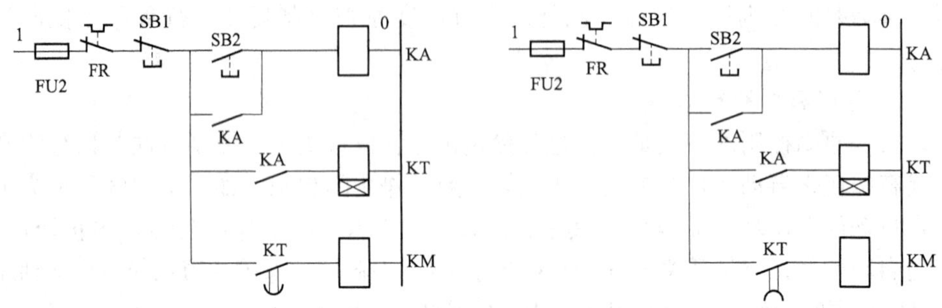

图 1－29　通电延时控制电路　　　　图 1－30　断电延时控制电路

图 1－31 为定子串电阻降压启动时间原则控制电路，主电路中接触器 KM1 的主接点串联电阻构成启动电路，而 KM2 主接点构成正常运行电路。二者工作状态的切换由时间继电器 KT 实现延时切换。按下启动按钮 SB2，接触器 KM1 线圈得电，电动机串电阻降压启动。同时，时间继电器 KT 线圈得电，经过一定时间 Δt，启动过程结束，其延时闭合动合触点闭合，KM1、KT 线圈失电，KM2 线圈得电，KM2 主触点闭合，电阻 R 被短接，电动机全压运行。

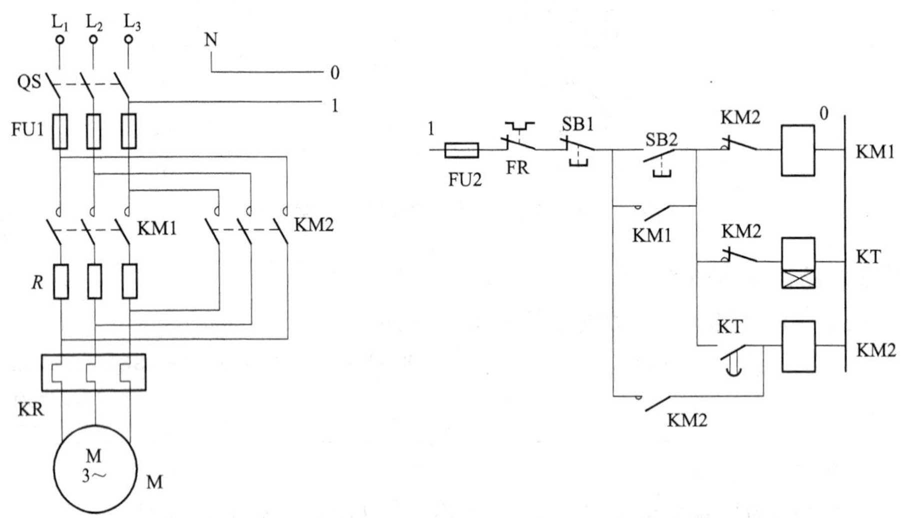

图 1－31　定子串电阻降压启动时间原则控制电路

时间原则控制多用于难以直接检测变化参量的自动控制中，由于时间继电器的通用性好，控制灵活方便，因而常用于代替某些原则控制。

3. 速度原则控制规律

以速度作为控制的过程变化参量，即主要采用速度继电器进行控制的方法称为速度原则控制。如图 1－47 异步电动机反接制动控制电路。电动机正向运转时，按下按钮 SB1，进行反接制动停车，KM1 断电，此时由于电动机的惯性，转速较大，故速度继电器 KS 闭合，KM2 线圈接通，主电路 KM2 主接点串电阻 R 进行反接制动。当速度降至零速时，速度继电器 KS 自动检测到零速信号，断开接点，自动使 KM2 线圈断电，制动结束，避免引起反向启动。

1.3.3 多地点控制

工业生产中，往往控制室离现场较远，为了方便操作，要求中央控制台能够任意操作每台设备，而现场也可以进行每台设备的开、停操作。当生产机械需要在两个或两个以上地点进行操作时，称为多地点控制。如龙门刨床要求既可在固定操作台上控制，也可在机床四周用悬挂按钮控制。如图 1－32 所示，进行两地控制，其开停控制按钮均有两组。线路设计的普遍规则是启动按钮（常开触点）并联，即逻辑“或”的关系；停车按钮（常闭按钮）串联，即逻辑“与”的关系。

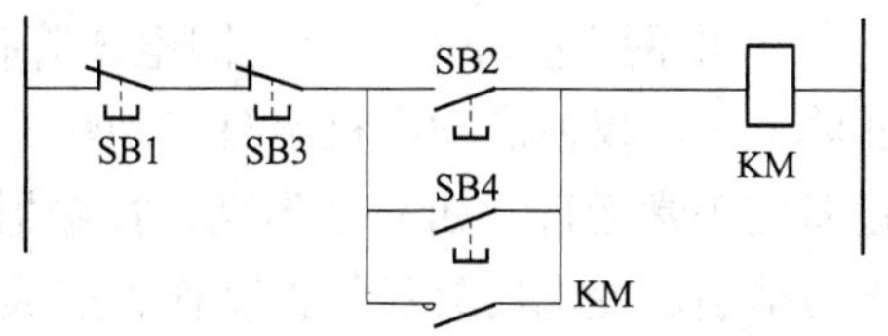

图 1－32 两地控制启动、停止电路

1.4 三相交流异步电动机的启动控制

1.4.1 三相交流异步电动机的启动性能

三相笼型异步电动机由于结构简单、价格便宜、坚固耐用等许多优点而获得广泛应用。电动机通电后转速从零逐渐加速至生产正常运转的过程叫启动。根据启动时带负载情况可分为空载启动、轻载启动和满载启动。

生产过程对电动机启动性能的要求如下：

① 启动转矩要大，以使生产机械启动迅速。

② 启动电流尽可能小。

③ 启动设备简单，控制方便。

④ 启动过程能量损耗小。

其中，①，②是衡量启动性能的主要技术指标。但三相笼型异步电动机启动时存在的问题恰好是启动电流大而启动转矩小。如图 1－33 所示。

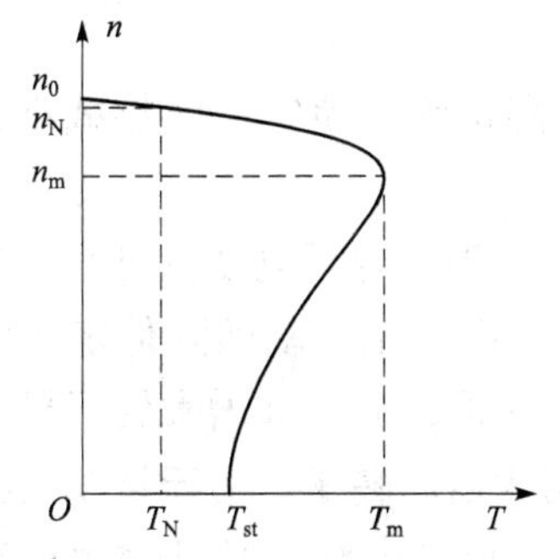

图 1－33 三相异步电动机的机械特性

1. 启动电流大

普通三相笼型异步电动机启动时由于旋转磁场对转子相对转速最大，磁通切割转子导条速度最快，因而使转子中感应电流很大，导致定子中启动电流很大，一般启动电流倍数如下：

$$K_I = I_{st}/ I_{1N} = 4—7 \tag{1-1}$$

式中 I_{st}——异步电动机直接启动时定子电流；

I_{1N}——异步电动机定子额定电流。

如果启动时间较短（几秒到十几秒），异步电动机本身可以承受一定的过流。但它造成的不良影响有如下几个方面。

① 对电网产生冲击，使电网电压降低。电动机容量越大，影响越坏：电网电压降低，不仅使启动电机本身启动转矩减小，难以启动，关键是会影响其他用电设备的正常运行。如电灯不亮，接触器释放，数控设备失常，重载设备停转，甚至可能引起变电所欠压保护动作，造成停电事故。

② 对频繁启动的电动机，会造成电动机过热，影响使用寿命，甚至烧毁电动机。

③ 电动机绕组端部在大电动力作用下会发生变形。

2. 启动转矩 T_{st} 不大

普通异步电动机，启动转矩倍数为：

$$K_t = T_{st}/T_N = 1—2 \tag{1-2}$$

式中 T_{st}——异步电动机启动转矩；

T_N——异步电动机额定转矩。

原因分析：异步电动机的转矩是由旋转磁场的每极磁通 Φ 与转子电流 I_2 相互作用产生，转子 I_2 比转子电动势 E_2 滞后 φ_2 角，电磁转矩 T 与电磁功率 P_φ 成正比，和讨论有功功率一样，也要引入 $\cos\varphi_2$，故得转矩公式

$$T = C_T \Phi I_2 \cos\varphi_2 \quad （C_T 为比例系数） \tag{1-3}$$

（1）启动时：转差率 $S=1$，转子电流 I_2 最大而功率因数 $\cos\varphi_2$ 最小，一般为 0.3 左右，从而使转子电流有功分量 $I_2\cos\varphi_2$ 不大。

（2）由于启动电流很大，定子绕组漏阻抗压降增大，使定子电势减小，导致主磁通 Φ 减小。启动时的 Φ 为额定值时的一半。

因此必须研究改进异步电动机的启动过程性能。除小容量电动机可直接启动外，对于大中型笼式异步电动机，传统的方法是采用降压启动即降低定子的电压，以减小启动电流。另外，有的在电动机结构上采取措施，如增大转子导条的电阻，改进转子槽形等方法，以减小启动电流和增大启动转矩。对于绕线式异步电动机，采用转子电路串电阻等方法，既可以减小启动电流，又可增大启动转矩。对于要求较高的调速控制系统，目前一般采用软启动的方法。

1.4.2 直接启动控制

直接启动就是将电动机通过开关或接触器直接接入电源，使电动机在额定电压下启动，又称为全压启动。由于启动时电流倍数大，故只适用于小容量电动机，一般小于7.5 kW或符合下列经验公式要求的电动机，可以直接启动。下式为经验公式：

$$K_1 = \frac{I_{1st}}{I_{1N}} \leqslant \frac{1}{4}\left[3 + \frac{\text{电源总容量（kVA）}}{\text{启动电动机容量（kW）}}\right] \tag{1-4}$$

直接启动电路如图1－20和图1－24所示。

1.4.3 降压启动控制

降压启动是指启动时降低加在电动机定子绕组上的电压，启动结束后再加入额定电压运行的启动方式。降压的目的是为了降低启动电流，以避免对电网和其他设备的影响。由于电压降低后转矩大大下降，因而这种启动方法只适用于空载或轻载的启动。常用的启动方法有定子串电阻（电抗）降压启动、自耦变压器降压启动和星－三角降压启动。

1. 定子串电阻（电抗）降压启动

如图1－34所示，启动时按下SB2，KM1得电，通过KM1主触点在电动机定子绕组中串接电阻R进行分压以减低定子电压。启动结束后，按下SB3，KM2得电，同时切除电阻R，电动机全压运行。此方案的优点是启动平稳，工作可

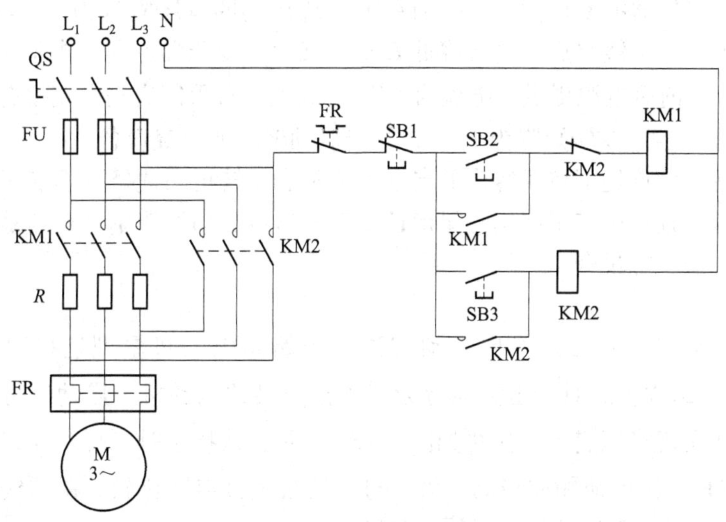

图1－34 按钮控制定子串电阻降压启动线路

靠，启动设备线路简单，功率因数高。缺点是使用电阻能耗大，温升高，不宜用于频繁启动场合。为了节省能源，一般用电抗代替电阻。

2. 自耦变压器降压启动

如图 1－35 所示，利用自耦变压器降低加在定子绕组上电压。启动时按启动按钮 SB2，则 KT、KM1（自锁）、KM3 得电，自耦变压器降压启动，启动完毕，KT 到达延时值，接通中间继电器 KA，KA 自锁并切断 KM1、KM3，切除自耦变压器，同时 KM2 得电，电动机全压运行。

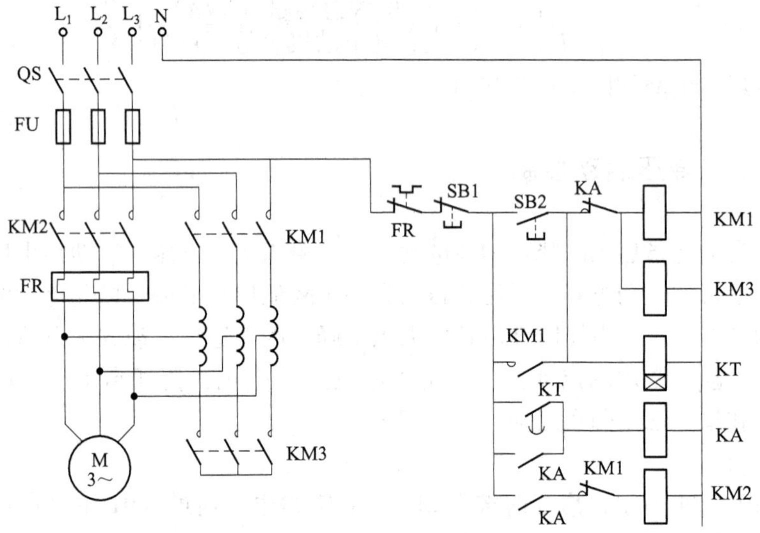

图 1－35　自耦变压器降压启动自动控制线路

设自耦变压器的变比为 K，则加在定子绕组上的电压降低为 $U_2 = U_1/K$，这使得付边加给定子绕组启动电流降低 K 倍，又由于变压器原付边电流关系为$I_1 = I_2/K$，故降压前后电源提供的电流为 $1/K^2$。故此法对限制启动电流很有效，但由于电压降低 K 倍，使转矩降为 $1/K^2$，只能启动轻载或空载设备。

本方案的优点是可按照容许的启动电流和启动转矩来选择自耦变压器不同抽头实现降压，且不论定子绕组是星形还是三角形接法均可使用。缺点是设备体积大、笨重，需一定投资。

3. 星－三角（Y－△）降压启动

星－三角（Y－△）降压启动方法的思路是电动机星型连接时，U 相 = $1/\sqrt{3}$U 线 = 220 V。故对于正常运行为三角型连接的电动机，启动时可通过改变为星形接法实现降压启动。接法如图 1－36 所示，△接法时，I 线 = $\sqrt{3}I$ 相，降压$\sqrt{3}$倍后，Y形接法电流相应降低$\sqrt{3}$倍。与△接法直接启动比较，所需线电流仅为直接启动的 1/3，其启动降电流效果明显。

如图 1－36 所示，通过 3 个接触器 KM1、KM2、KM3 主触点的通断实现

Y－△接法自动切换。其中Y接法时，主触点 KM1、KM3 通，KM2 断；△接法时主触点 KM1、KM2 通，KM3 断。为防止 KM2、KM3 同时导通造成电源短路，控制电路设置接触器辅助常闭接点互锁。启动时间由时间继电器 KT 延时数秒完成自动切换。切换后，KT 线圈因 KM2 互锁失电。

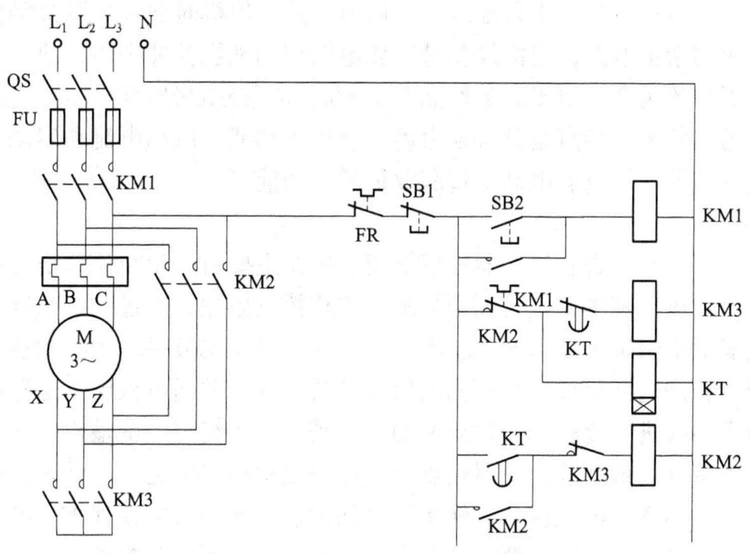

图 1－36 星－三角降压启动控制电路

工作原理如下：

SB2± ⟶ KM1$^{+}_{自}$ ⟶ M+(Y形接法启动)
⟶ KM3+
⟶ KT+ —ΔS⟶ KM2$^{+}_{自}$ ⟶ KT− ⟶ M+(△接法运行)
⟶ KM3−

本方法优点是所需设备少、价格低。缺点是启动转矩为直接启动的 1/3，且只适用于正常运行为三角形接法的电动机。因我国 JO2 系列、Y 系列、Y2 系列 4 kW 以上电动机正常运行大多采用三角形接法，故用此法启动应用较广泛。

表 1－3 是几种降压启动与直接启动的性能比较。

表 1－3 几种常用降压启动方式与直接启动的性能比较表

性能比较 / 启动方式	启动电流倍数 I_{st}/I_N	启动电流比较 I_{st}/I_{st}（直接）	启动转矩 T_{st}/T_{st}（直接）	启动级数
直接启动	5～7	100%	100%	1
定子串电阻启动	3～4	60% ～70%	40%	2～3
自耦变压器启动	1.5～2.5	30% ～40%	30% ～40%	3～4
Y－△启动	1.5	35%	35%	2

1.4.4 软启动控制

由上可见，传统启动方式启动电路较为简单，所需启动设备较少，但启动时电流冲击大，启动转矩较小且固定不可调节，开、停机时通过控制接触器主触点突然接通或切断主电源，自由停车易造成电网波动和机械冲击力，故只用于启动性能要求不高的场合。对于启动性能要求较高时，必须采用软启动方式。

软启动器的主要特点是具有软启动和软停车功能，启动电流和启动转矩可根据需要连续调节，还具有电动机过载保护等多功能。

1. 软启动器的工作原理

如图 1－37 所示为软启动器原理框图，电路主要由三相交流调压电路和控制电路两部分构成。基本原理是利用晶闸管移相控制原理，通过控制晶闸管的导通角，来改变输出给定子绕组的三相电压，以通过电压调节手段来控制启动电流和启动转矩。控制电路可设定各不同的启动方式曲线，并通过检测主电路的反馈电流来和预定曲线进行比较，通过调节加在电动机定子绕组上的输出电压，来实现不同的启动特性。最终软启动器输出全电压使电动机正常运行。装置还设置对电动机及软启动器本身的热保护、转矩限制保护、电流冲击限制保护、断相缺相及三相不平衡保护。可实时检测并显示电压、电流功率因素等参数。

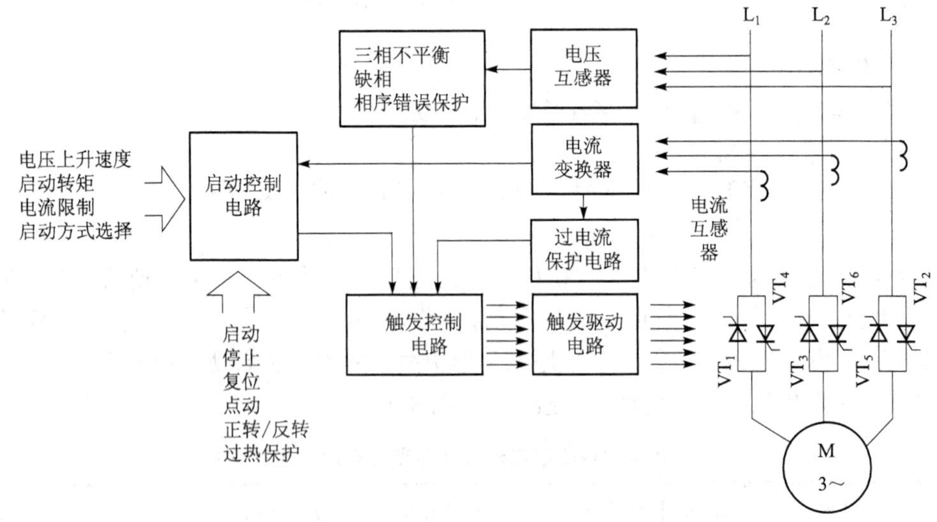

图 1－37　软启动器基本组成框图

2. 软启动器的启动特性

在软启动过程中，软启动控制器通过控制输出到电动机上定子电压 U_1 来控制启动电流 I_{st}和启动转矩 T_{st}。当 U_1 上升，则 T_{st}上升，转速 n 上升；反之，当

U_1 下降，则 T_{st} 下降，转速 n 下降。软启动控制器通过设定启动方式曲线来得到不同的启动特性，以满足不同负载特性的要求。

1）斜坡升压启动方式

斜坡升压启动方式特性曲线如图 1－38 所示，它的启动思路是使输出电压 U_1 由初始电压 U_{q0} 线性上升，并在规定时间内到达额定电压 U_n。该启动方式一般在开环控制时使用。一般使用前设定初始电压 U_{q0} 和启动时间 t_1。该启动方式适用于一台软启动器带多台电动机或电动机功率低于软启动器额定值场合。

2）控制转矩及限制启动电流启动方式

控制转矩及限制电流启动方式特性曲线如图 1－39 所示。这种方式引入了电流负反馈，属于闭环控制方式，但控制目标不是电流而是转矩，即通过转矩控制以获得最佳启动加速度，用最快时间完成平稳的启动，其最终效果是转速曲线为恒加速度上升曲线。由电工学可知，电动机启动时，转速 n 为零，旋转惯性转矩为零，此时如输出转矩大于阻转矩（即负载转矩加空载损耗转矩），电动机转速 n 加速上升。启动过程中如保持此输出转矩设定值 M_{L1} 不变，可保持启动的恒加速度不变，即电动机转速以恒定加速度上升，这样可实现电动机的平稳启动。转速到达目标值后如阻转矩等于输出转矩与惯性转矩之和，则电动机保持恒定转速 n 不变。由于控制目标为转矩，控制过程中即使电源电压发生波动，或负载发生变动，控制电路会自动调整启动器的输出电压以维持转矩在设定值不变即保持启动的恒加速度。

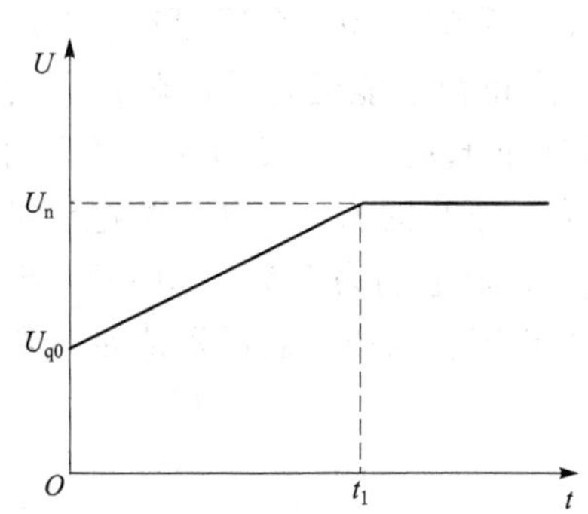

图 1－38　斜坡升压启动方式特性曲线

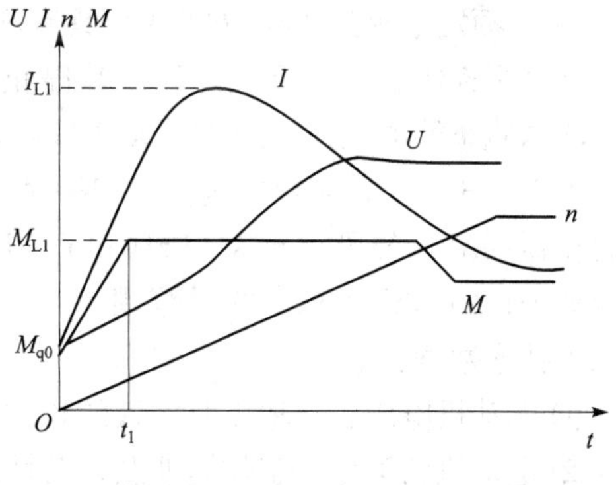

图 1－39　控制转矩及限制电流启动方式特性曲线

在电动机启动过程中，一般可设定启动初始转矩 M_{q0}，启动阶段限幅转矩 M_{L1}，转矩斜坡上升时间 t_1 和启动限幅电流 I_{L1}。转矩上升的速率可根据负载情况调整设定。斜坡陡，转矩上升速率大，即加速度上升速率大，则启动时间 t_1 短。当负载较轻或空载启动时，所需启动转矩较小，可使斜坡缓和一些。一般通过计算得到负载转矩。为防止过流设置电流限幅 I_{L1} 值。启动过程输出电压为非线性

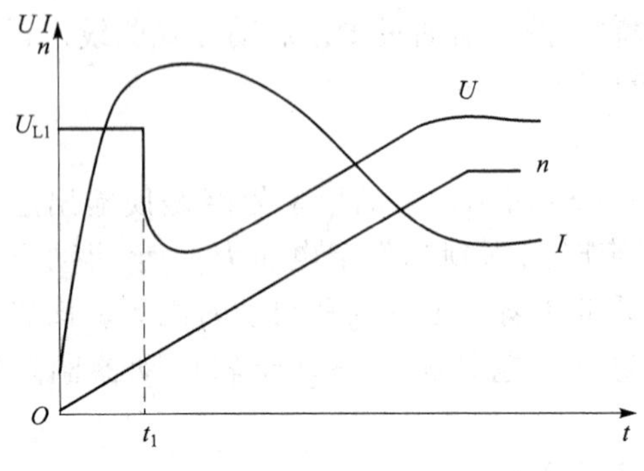

图 1 - 40 电压提升脉冲启动方式特性曲线

上升。由于本方法可使电动机在最短时间内完成平稳的启动，因而是应用最多的启动方式。

3）电压提升脉冲启动方式

电压提升脉冲启动方式特性曲线如图 1 - 40 所示，本法适用于重载及需克服较大静摩擦的场合，由于需较大启动转矩，在启动初始阶段，使晶闸管调压器在极短时间内按设定升压幅值启动。此阶段结束后，转入转矩控制及限制电流方式。一般设定电压提升脉冲限幅值 U_{L1}，升压脉冲宽度一般为 100 ms，即 5 个电源周波。

此外还有电流斜坡控制及恒流升压启动方式，通过控制电动机电流来达到控制转矩的目的。与转矩控制相比，控制较为简单但效果略差。

3. 软启动器产品简介与选用

目前，我国市场上的主要产品有国产 JKR 系列软启动器、JQZ 型交流电机固态节能启动器等，其最大容量可达 800 kW；西门子公司 3RW22 系列，有多种控制功能可改变电压上升变化率以适应不同场合要求，其额定电流范围为 7 ~ 1 200 A，400 V 以下电机额定功率范围为 3 ~ 560 kW；美国罗克韦尔公司的 STC、SMC - 2、SMC - PLUS 和 SMC Dialog PLUS 四个系列，额定电流为 24 ~ 1 000 A，额定电压为 200 ~ 600 V，具有斜坡启动、限流启动、全压启动、双斜坡启动、泵控制、预置低速运行、软停止、准确停止及节能运行及故障诊断功能；法国施奈德电气公司的 Altistart3 软启动 - 软停止单元，电压 380 V，额定功率范围 3 ~ 630 kW，额定电流 7 ~ 1 200 A，以及专用于泵的 1. 8 ~ 800 kW 电动机软启动器；ABB 公司的 PSA、PSD 和 PSDH 系列，容量范围为 7. 5 ~ 450 kW；英国欧陆公司的 MS2 系列，容量范围为 7. 5 ~ 800 kW 等。选用软启动器应重点考虑以下技术数据：

① 电动机电压、频率以及接入的相数。

② 电动机的类型、工作周期及负荷情况。

③ 电动机的转速、启动转矩、加速转矩及周期内不同阶段运行转矩。

④ 电动机拖动负载的最大输出功率。

⑤ 供电系统容量、功率因素等条件。

⑥ 电动机及软启动器的安装使用环境，如温度、湿度等。

4. 软启动器的连接和使用

软启动器的基本连接如图 1 - 41 所示，虽然软启动器内部有过流检测与限制，为防止过载造成损坏，仍需断路器、熔断器和过载继电器等保护电器作为后备保护。为防止软启动器启动完毕后晶闸管仍然通电发热，一般设置旁路接触器 KM2 进行正常生产运行供电，而将软启动器切除，既可节电、减少谐波污染，又可提供晶闸管冷却时间有利于再次投运。

用一台软启动器同时启动多台电动机，原理如图 1－42 所示，软启动器功率必须大于各电动机功率之和。如用一台软启动器分别顺序启动多台电动机，电路图如图 1－43 所示，首先主接触器 KM1、KM4 闭合，启动电动机 M1，启动完毕接通 KM2 同时断开 KM4，使 M1 全压运行，然后接通 KM5 启动电动机 M2，启动完毕接通 KM3 同时断开 KM5，使 M2 全压运行。多台电动机仿此顺序，启动完毕关闭 KM1。软启动器功率必须大于其中最大的电动机功率。

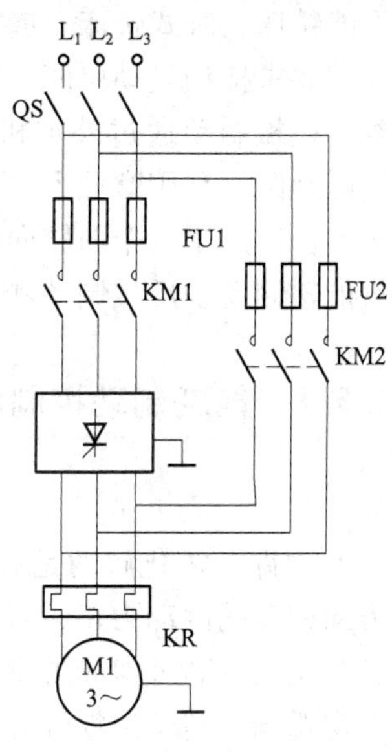

图 1－41　软启动器基本连接

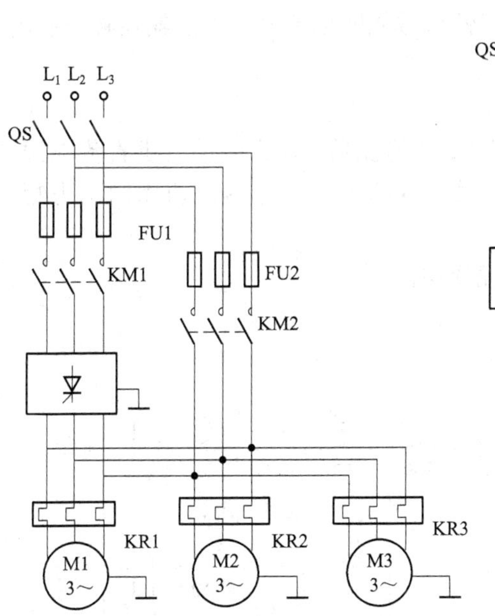

图 1－42　软启动器同时启动多台电动机

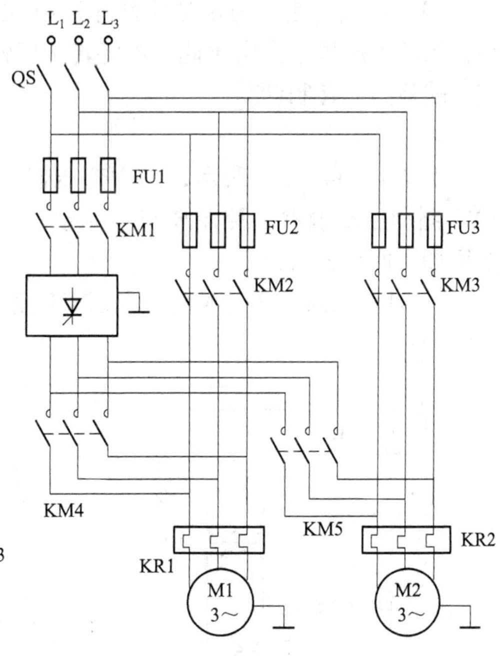

图 1－43　多台电动机的顺序软启动

1.5　三相交流异步电动机的制动控制

一般设备的停车方法是关掉电源，设备惯性减速直至停车。但生产中许多机械如万能铣床、卧式镗床、起重机械、搬运机械、电梯等要求立即停止和准确定位，这就要求拖动电动机能有效制动。一般制动停车的方式分机械制动和电气制动两类。机械制动通过外加机械作用力使电动机转子迅速停转制动，如机械抱闸、电磁抱闸，利用摩擦力进行制动。电气制动是在电动机断开电源的同时，在电动机上创造产生一个与转向相反的制动力矩来克服惯性转矩。常用的电气制动方法有能耗制动、反接制动和软制动。

1.5.1 能耗制动控制电路

1. 思路方法与特点

(1) 思路：需化解的是旋转惯性能量，如能在制动过程中产生一个与惯性旋转方向相反的制动力矩，可化解惯性能量。

(2) 方法：停车切断电源的同时，将一个直流电源接入定子绕组，可产生一个恒定磁场。转子沿惯性方向旋转切割磁场磁力线，产生反向电磁转矩，对转子起制动作用。

(3) 特点：制动力矩与惯性速度有关，速度越大，制动力矩越大；速度越小，制动力矩越小。由于此法可将转子惯性机械能转化为电能而消耗在转子制动上，故称为能耗制动。

2. 控制线路

如图1-44 (a) 所示，图中变压器 TC 和整流器 VC 为制动提供直流电源，KM2 制动用接触器。控制要点：制动过程基本结束后，应尽快切除制动力矩。常用如下两种方法：

- 时间原则：通过时间继电器 KT 完成切换。

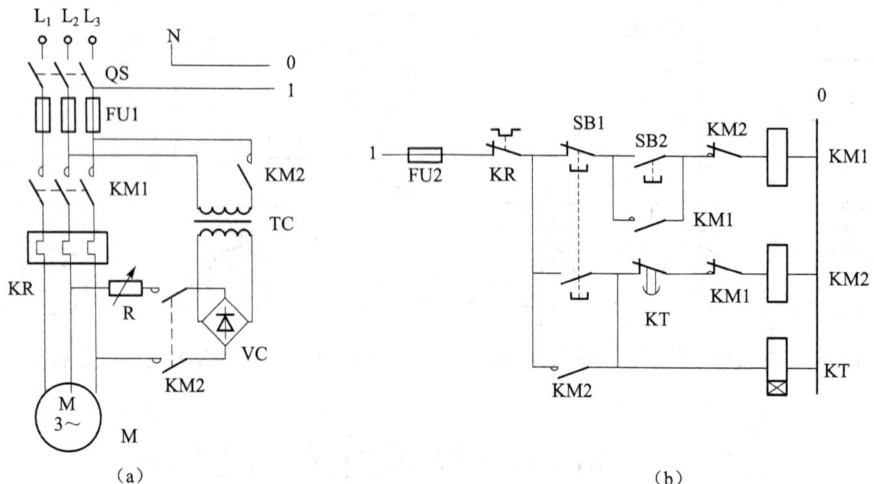

图1-44 时间原则能耗制动控制电路

(a) 主电路；(b) 控制电路

- 速度原则：通过速度继电器 KS 完成切换。

（1）时间原则控制工作原理：电路图如图 1－44（b）所示。

启动：SB2± ⟶ KM1$^{+}_{自}$ ⟶ M+（启动）

⟶ KM2−（互锁）

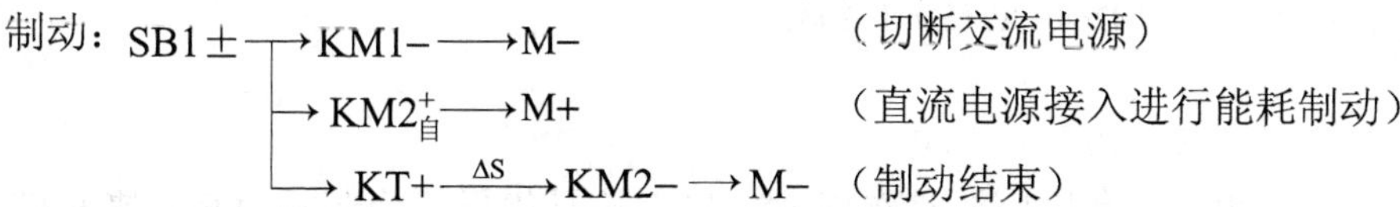

（2）速度原则的控制：

如图 1－45 所示，该控制电路与时间原则电路的不同点是功能切换由速度继电器代替时间继电器完成。速度继电器的结构由定子、转子和触点 3 部分组成，如图 1－46 所示。定子结构与笼型电机相似，是一个空心圆环，由硅钢片叠压而成，内装笼型绕组。转子为圆柱形永久磁铁，其轴与电动机轴相连。触点系统由两对触点组成，KS－Z 为动合 ，KS－F 为动断。当电机旋转时，带动 KS 磁极转动，在气隙中形成一个旋转磁场。定子绕组切割该磁场产生感应电流进而产生旋转力矩，使定子随转子转动方向偏摆，通过定子拨杆拨动触点动作，KS－Z 闭合，KS－F 断开。当电机速度低于 90 rpm，定子产生的转矩减小，动触点复位。如图 1－45 控制电路中，停车时，按 SB1，由于转速较高 KS－Z 合，故 KM2 得电自锁，接通能耗制动主电路，当转速低于 90 rpm 时，KS 复位，自动切断制动主电路，制动结束。

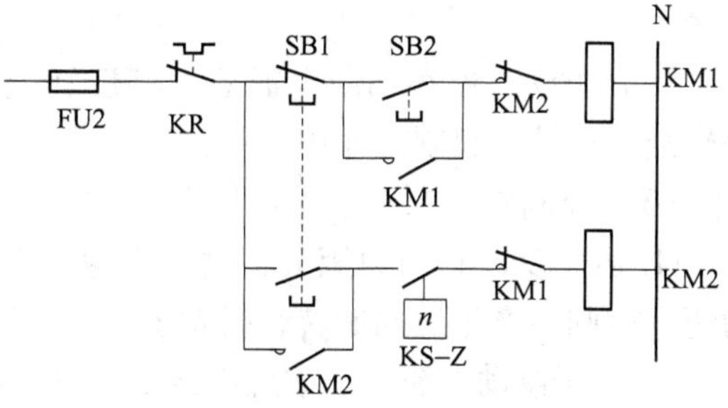

图 1－45　速度原则的能耗控制电路

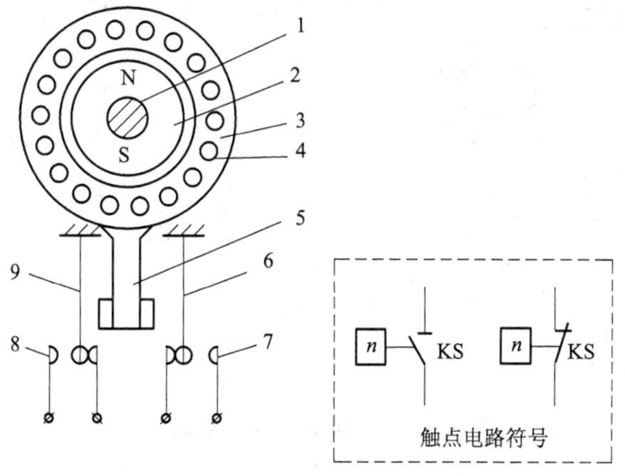

图 1－46　速度继电器动作原理

1—转轴；2—转子；3—定子；4—绕组；5—摆锤；6，9—簧片；7，8—静触点

3. 能耗制动的优缺点

电路优点是制动平稳、准确、能量消耗少，缺点是需整流设备，可用于要求制动准确、平稳启动频繁的场合。

1.5.2 反接制动控制电路

1. 思路方法与控制要点

（1）思路：利用反转时作用力矩与正转时相反作为制动力矩，来化解惯性能量。

（2）方法：停车切断电源后，将反转交流电源接入定子绕组，产生反向电磁转矩，对转子起制动作用。

（3）控制要点：

① 由于反向制动力矩大，制动迅速。在制动过程结束时，应立即切除制动力矩，否则会产生反向旋转，引发事故。一般采用速度继电器进行切换。

② 由于制动电流大，故应串接电阻进行限流。

③ 为防止电源短路，制动接触器 KM2 与正转接触器 KM1 应设置互锁。

2. 控制线路

1）单向运转反接制动控制

原理图如图 1－47 所示。

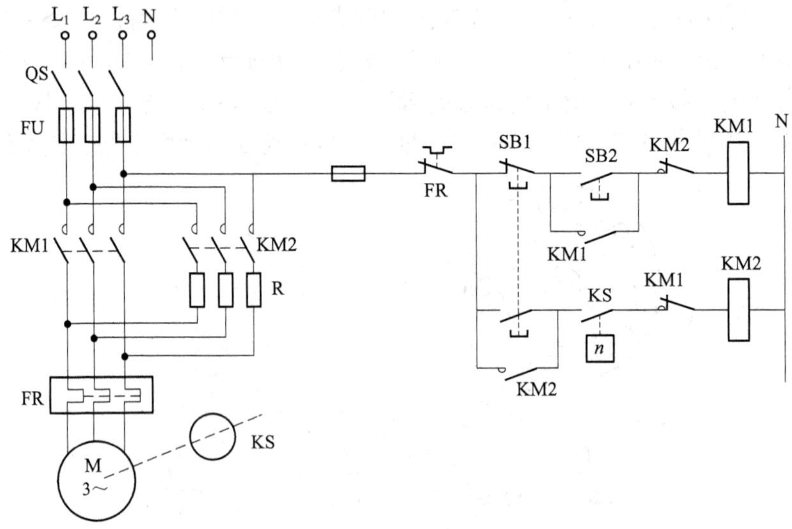

图 1－47　单向运转反接制动控制

控制原理如下：

SB1± → KM1− → M−（KM2解锁）

→ $\text{KM2}^{+}_{自}$（KM1−互锁）→ M+（串 R 制动）$\xrightarrow{n\downarrow}$ KS− → KM2− → M−

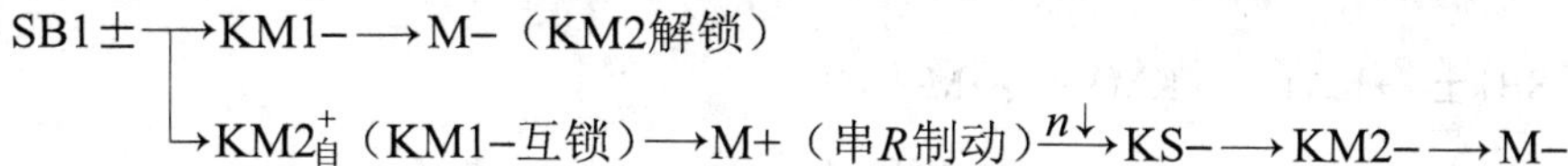

2）可逆运行反接制动控制线路

如图 1－48 所示。

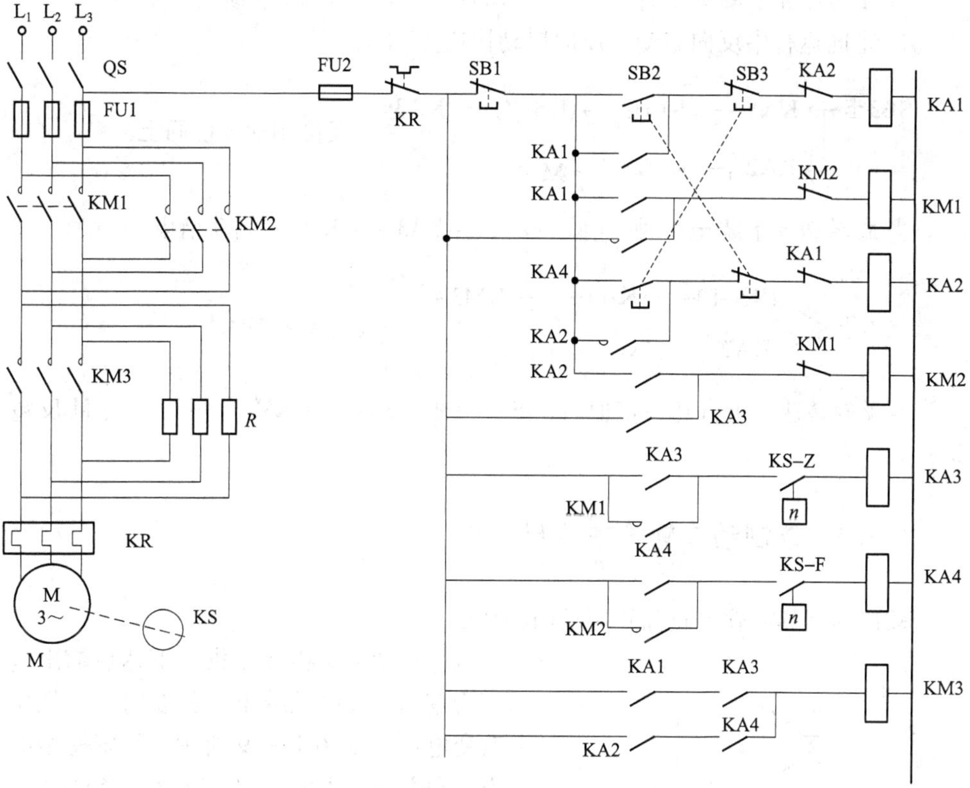

图 1－48　可逆运行反接制动控制线路

（1）控制要点：

① 由于速度继电器的触点具有方向性，KS－Z 与 KS－F 的动合触点分别代表正转与反转信号触点。

② 主电路定子电路中串入电阻 R 起正反转启动与反接制动双重限流作用。

③ 控制电路具有接触器和按钮双重互锁，安全可靠。

（2）工作原理：

① 正向启动：正向启动按钮为 SB2。

SB2 ± → $\text{KA1}^{+}_{自}$ → KM1 + → M + →（KS－Z）－ → KA3 － → KM3 － → 串 R 启动

当 M 转速 n 一定值 →（KS－Z）+ → $\text{KA3}^{+}_{自}$ → KM3 +（KA1 +，KM3 +）→ 短接 R 启动结束

② 反接制动：制动按钮为 SB1。

SB1±→KA1-→KM1-→M-
└→(KS-Z)+→KA3+→KM3-、KM2+ 〉串电阻R反接制动

当 M 转速 n 下降至 0 时，SB1 ±→KM1 -→M -（KM2 解锁）

③ 正向运行中反向启动：反向启动按钮为 SB3。

SB3±→KA1-→KM1-→(KS-Z)+→KA3+、M-；KA2$^{+}_{自}$→KM2+　反接制动过程同上

当 M 转速 n 下降至 0 时，（KS - Z）-→KA3 -→KM2 - 制动结束

但由于〈(KS-F)-→KA4-→KM3-、KA2$^{+}_{自}$→KM2+〉反向串R启动

当反向转速 n 上升达一定值时（KS - F）+→KA4 +→KM3 + 短接 R 后 M 反转运行。

1.5.3　软制动与软停车控制

软启动器具有软停止和软制动两种功能。

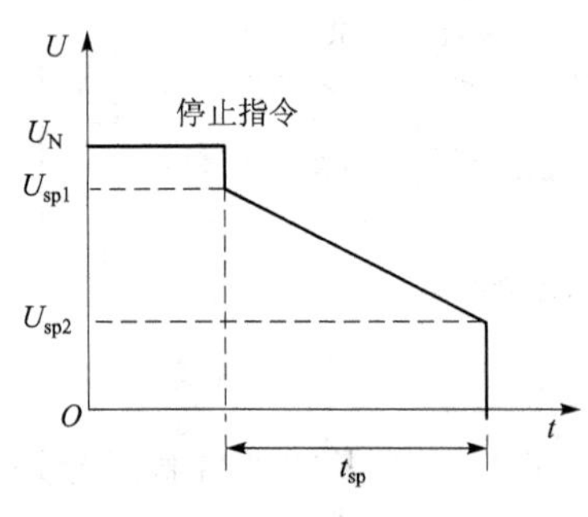

图 1 - 49　软停止功能

软停止功能是指停止指令下达后输出电压不为零而是按线性减小（斜坡向下）规律来改变电压。如图 1 - 49 所示，下降初始电压 U_{sp1} 和下降结束电压 U_{sp2} 以及下降时间 t_{sp} 均可通过电位器设定。软停止功能对水泵类负载有重要意义。由于离心泵惯性小，停车时泵迅速停转，排出口水量急剧减小，管道系统止回阀又迅速关闭，流体由于惯性在管道中产生水锤效应，损坏阀门和管道系统。使用软停止功能，逐步降下转速，就可解决此问题。

软制动特性如图 1 - 50 所示，其功能类似能耗制动原理。由于从晶闸管调压电路可以很方便得到直流电，即 6 个晶闸管只给 VT_1、VT_2 加触发脉冲，使其恒导通，而其余 4 个晶闸管不加触发脉冲使其恒关断，从而产生一个固定直流磁场。由于惯性转子绕组切割直流磁场，产生制动力矩，使电动机迅速停止。制动转矩和制动时间通常可通过电位器进行设定，且二者成反比。

图 1 - 51 为电动机自由停车、软停止和直流制动时的速度曲线比较。

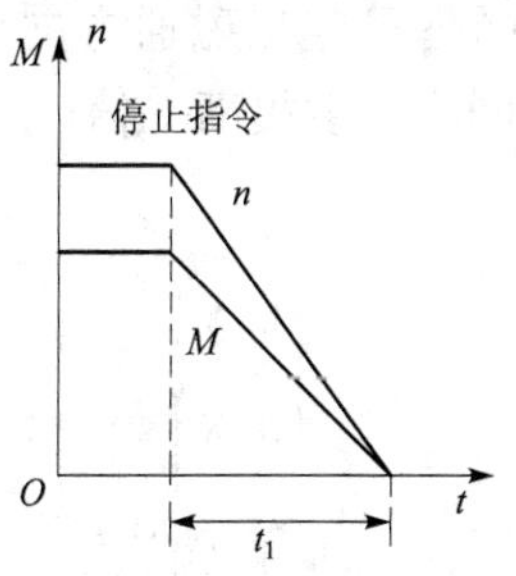

图 1 – 50　转矩控制软制动特性

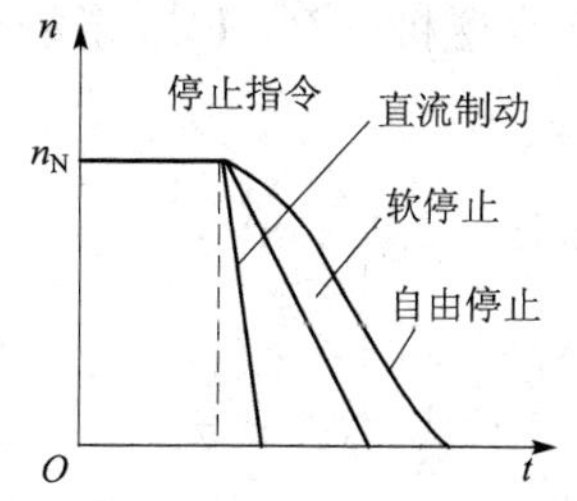

图 1 – 51　停止过程速度曲线比较

1.6　多速电动机高低速控制

1.6.1　三相交流异步电动机调速基本原理

所谓电动机的调速，是指通过人为改变电气参数，在负载转矩不变的条件下，得到不同的转速。由电工学可知，在负载转矩不变时，异步电动机转速为:

$$n = n_0(1-S) = 60\,f_1(1-S)/P \tag{1-5}$$

可见，异步电动机的调速方法有 3 种:

（1）变极调速：改变定子绕组的极对数 P。

（2）变频调速：改变供电电源的频率 f_1。

（3）变转差率调速：改变电动机运行的转差率 S，该法又分为以下 4 种:

① 调压调速——改变定子电压;

② 转子串电阻调速——绕线式电动机转子电路串电阻;

③ 串级调速——绕线式电动机转子串电势;

④ 电磁离合器调速——滑差电动机调速。

1.6.2　多速电机的变极调速

多速电动机一般有双速、三速、四速之分。双速电动机定子装有一套绕组，三、四速则为两套。其设计思路是通过改变电动机绕组接法来改变磁极对数进行变极调速。

1. 变磁极原理

图 1 – 52 是一个四极电机 A 相绕组中 2 个线圈示意图。每个线圈实际代表 A 相的半个绕组，称为半相绕组，图 1 – 52（a）中 2 个半相绕组头尾相接，称为顺向串联。每个半相绕组中电流方向均为头进尾出。由右手螺旋定则可见，定子绕组有 4 个磁极即 $P = 2$，如将 2 个半相绕组反向串联，如图 1 – 52（b）所示，

或2个半相绕组反向并联如图1－52（c）所示，同理可定出磁通方向后定子绕组具有2个磁极（$P=1$）。磁极数减少一半，可使同步速度提高一倍。

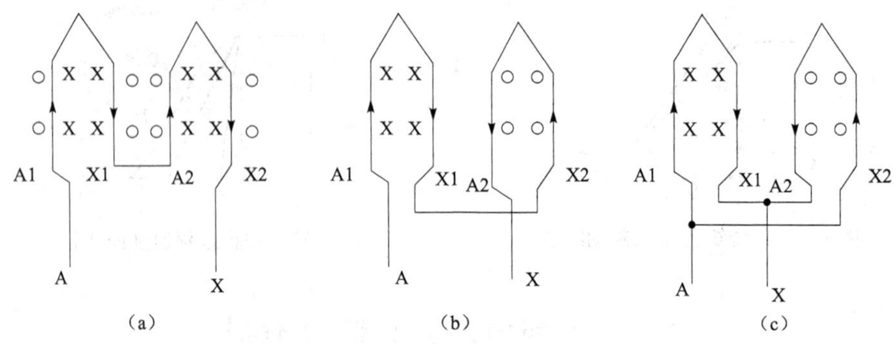

图1－52　变磁极原理图

（a）顺向串联；（b）反向串联；（c）反向并联

当2个半相绕组顺向串联时，$P=2$，同步速度 $no=1\ 500$ rpm，使用时可接成星形（Y）或三角形（△）连接。2个半相绕组反向并联，$P=1$，同步速度 $n_0=3\ 000$ rpm，使用时接成双星形（YY）连接。如图1－53所示，实际使用中，将Y接法变换为YY接法，适用于恒转矩负载，如起重机、运输机；将△接法变换为YY接法，适用于恒功率负载，如金属切削机床。

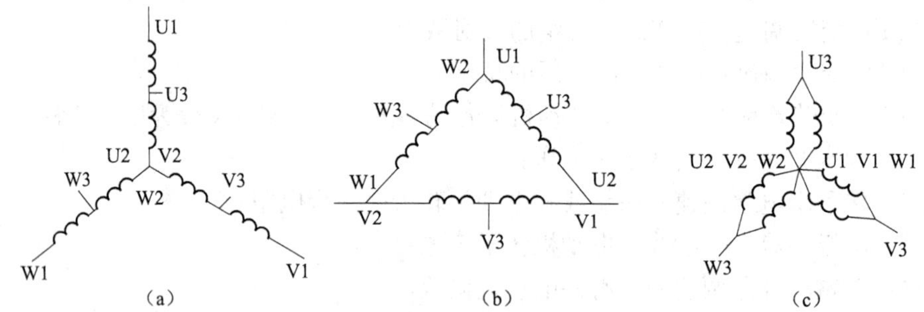

图1－53　多速电机三相绕组连接图

（a）Y形连接；（b）△形连接；（c）YY形连接

2. 变极调速的控制线路

如图1－54所示为△—YY变极调速控制电路。其工作原理如下：

（1）主电路：

① 当KM1主触点闭合，KM2、KM3主触点断开时，为△接法。

② 当KM1主触点断开，KM2、KM3主触点闭合时，KM3接入三相电源，KM2短接U1、U2、V1、V2、W1、W2构成YY接法。

（2）控制电路：转换开关S合向低速：KM1＋、KM2－、KM3－低速运行。

转换开关S合向高速：

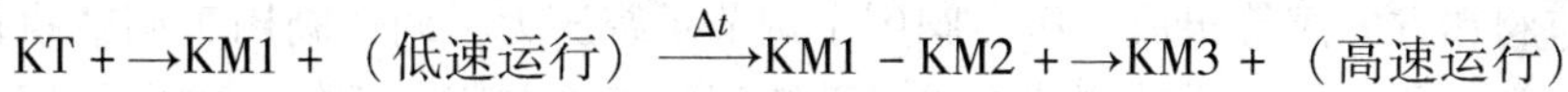

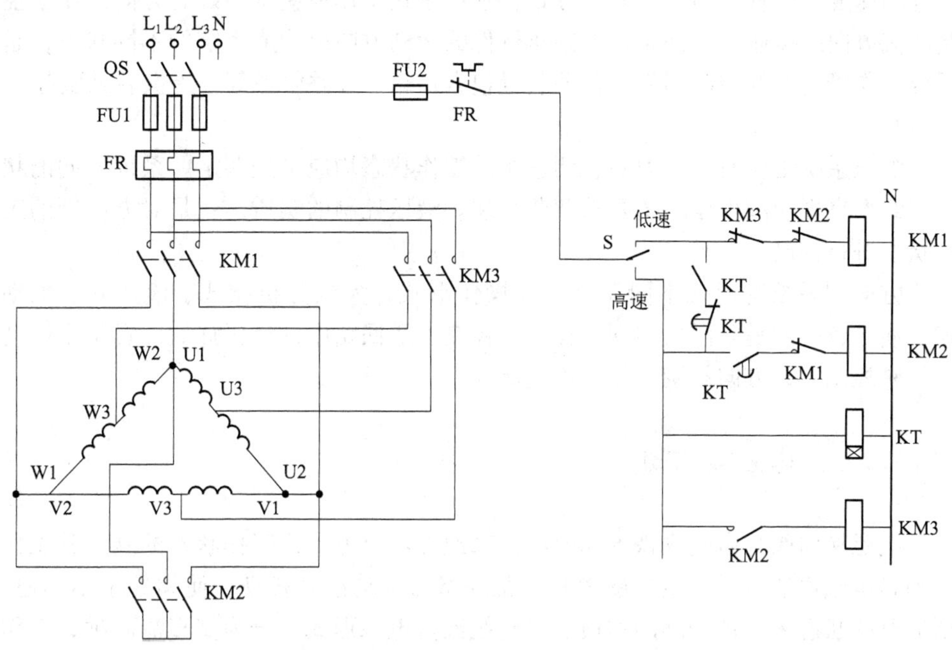

图 1 - 54　双速电机高低速变极调速控制电路

3. 变极调速的优缺点

变极调速的优点是改变接法即可完成，所需设备少，运行可靠，机械特性较硬，缺点是电动机绕组接线多，可调速度只能成倍增加，且可调级数少。因而此种调速方法在典型机床中有一些应用。

1.7　液压传动系统的电气控制

液压传动系统和电气控制线路相结合组成的电液控制系统由于驱动力大，运动传递平稳、均匀且准确可靠，控制方便，容易实现系统自动化生产或操作等特点，因而在组合机床、数控机床、自动化机床自动生产线中的应用越来越广泛。

1.7.1　液压传动系统的组成与液压控制的实质

1. 液压传动系统的组成

液压传动系统通常由动力装置、执行机构、控制调节装置和辅助装置 4 部分组成。动力装置由液压泵或驱动电机组成，执行机构由液压缸或液压电机组成，两者为系统提供压力油和输出动力。系统核心部分是控制调节装置，通常由压力阀、调速阀和方向阀等组成。压力阀用于调节系统压力，调速阀用于调节执行机构运动速度，两者均为手动调节方式，系统正式工作前应调整好。方向阀用于控制液流方向或接通断开油路，控制执行件的运动方向以构成系统的不同状态，是系统工作最主要的控制器件。辅助装置包含油箱、油路管道等，提供后勤服务。

2. 液压控制的实质

液压系统工作时，压力阀、调速阀的工作状态均应事先调定。系统不同的状态与结果靠方向阀根据系统要求调节实现。液压控制的实质，就是对方向阀的工作状态进行控制。

方向阀因结构形式不同而有不同操作形式，大致分机械式、液压式、电动式。使用较多的是电磁换向阀。在电气控制液压回路中，液压缸的位置是由微动开关来控制的，方向阀则一律采用电磁阀。

1.7.2 电磁换向阀

电磁换向阀是由电磁铁推动换向阀来改变液流方向或工作状态的阀，其工作原理是电磁铁通电时产生电磁力，克服弹簧力推动滑阀移动，使阀处于不同通、断油路的状态来实现油路的切换。电磁线圈按电源形式可分为交直流两种，工作电压有 220 V、24 V 等。所谓接口，是指阀上各种接油管的进、出口。进油口通常标为 P，回油口标为 R 或 T，出油口则以 A、B 来表示。如图 1 - 55 所示为各种换向阀的符号图，阀内阀芯可移动的位置数称为切换位置数，通常将阀芯的切换位置称为“位”，接口称为“通”。在图中用方格表滑阀的位，如左边 4 个阀为两个方格表两位，右边两个阀为三位。箭头表阀内液流方向，符号 ⊥ 表阀内通道堵塞。如图 1 - 56 所示为三位五通电磁换向阀结构图及符号图，该换向阀有 3 个切换位置，5 个接口，我们称该阀为三位五通换向阀。当左边电磁铁通电，右边电磁铁断电时，阀油口的连接状态为 P 和 A 通，B 和 T_2 通，T_1 堵死；当右边电磁铁通电，左边电磁铁断电时，P 和 B 通，A 和 T_1 通，T_2 堵死；当左右电磁铁全断电时，5 个油口全部堵死。这样改变了压力油进入液压缸的方向，实现了油路的换向。

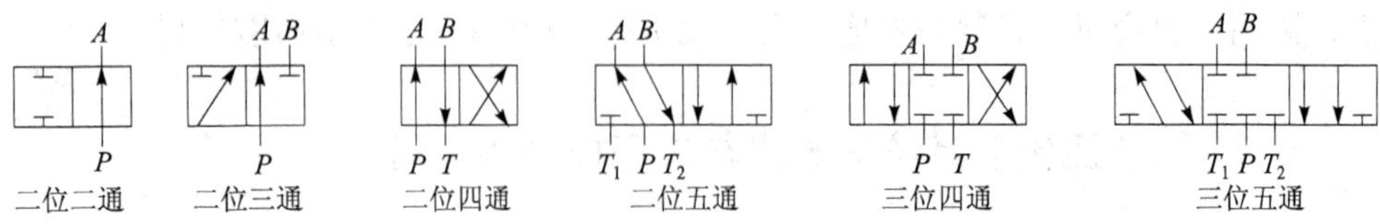

图 1 - 55　换向阀的“位”和“通”的符号

电磁换向阀的种类很多，例如，型号 23D - 10B 中，“23”表示二位三通，“D”表示直流电源，“10”表示流量为 10 L/min，“B”表示板式连接。

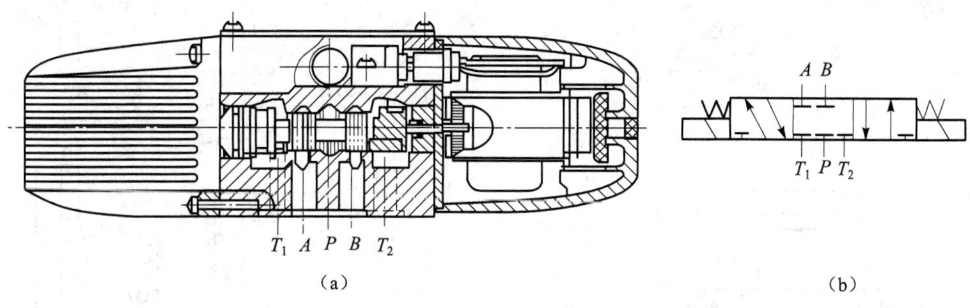

图 1－56　三位五通电磁阀结构及符号图

（a）结构图；（b）符号图

1.7.3　电液控制系统的分析

1. 电液控制系统的分析步骤

通常分为 3 步：

（1）工作过程循环图分析：用以确定工作步骤顺序及每步工作内容，并明确每两步的转换主令。

（2）液压系统分析：分析液压系统工作原理，用以确定每工步中应通电的电磁阀线圈，并将分析结果列出动作表（表中列出每工步内容、转换主令、电磁阀通电状态等）。

（3）控制电路分析——根据动作表给出条件要求，逐步分析电路如何在转换主令控制下完成电磁阀线圈（执行器）通电、断电的控制。

2. 实例分析

【例 1－1】组合机床液压动力头滑台自动工作循环过程电液控制分析，如图 1－57所示。

（1）工作过程循环图分析：工作过程分为 4 步：即快进、工进、快退、原位停。转换主令为按钮 SB1 和行程开关 SQ2、SQ3、SQ1，控制启动与工步切换。如图 1－57（a）所示。

（2）液压系统分析：对应以上 4 步，液压系统有 4 个工作状态：

① 快进：为左腔工作，右腔回油至左腔。因而要求电磁阀 YA1 在左位，可见 YA1 必须通电；压力油经液压泵通过 YA1－1 到达左腔。同时右腔经 YA1－1 和 YA2－1 对左腔回油，加快液压缸动作。可见 YA3 电磁阀也必须通电。

② 工进：为左腔工作，右腔回油至油箱。由此电磁阀 YA1 仍在左位（YA1 通电），压力油经 YB 通过 YA1－1 到达左腔不变，但右腔通过 YA1－1 到达 YA2 时要切断回油。只能经调速阀限速后到达油箱，可见 YA3 应断电不通。

③ 快退：活塞运动方向与快进相反，故 YA1 在右位，因而 YA2 通电，压力

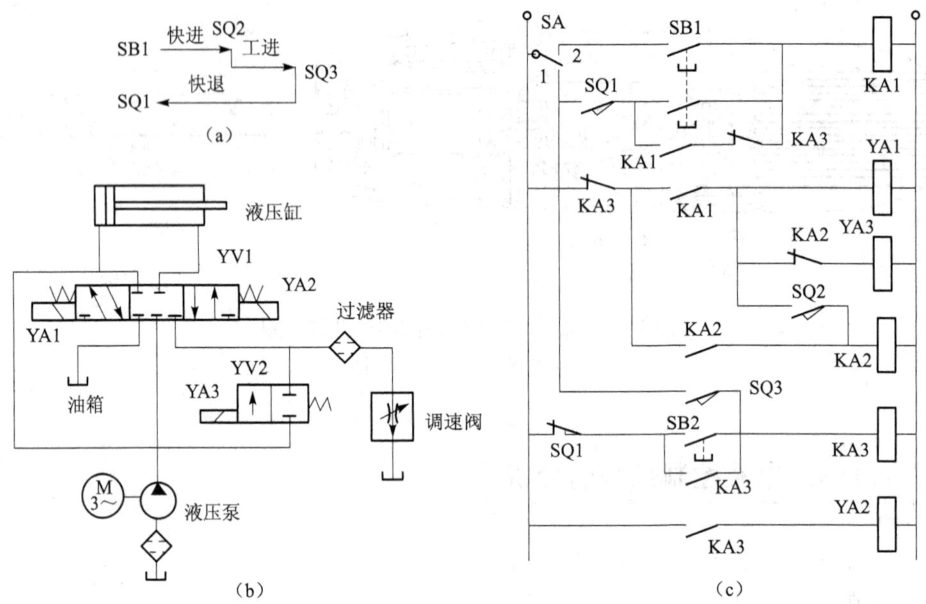

图 1-57　液压动力头滑台电液控制

(a) 循环工作过程图；(b) 液压系统图；(c) 控制线路图

油经 YA1-2 到达右腔；同时左腔经 YA1-2 对油箱回油，可见 YA1、YA3 均失电。

④ 停止：YA1 位于中间保持位，YA2 为右位，故 3 个线圈均失电。

由此得电磁阀线圈工作表 1-4。

表 1-4　电磁阀线圈工作表

滑台	转换主令	YA1	YA2	YA3
快进	SB1	+	−	+
工进	SQ2	+	−	−
快退	SQ3	−	+	−
停止	SQ1	−	−	−

(3) 控制电路分析：如图 1-57 (c) 所示，SA 为选择开关，用做手动-自动操作选择。

① 手动操作：SA 置手动 2 位，按 SB1，可点动接通 YA1-1 与 YA2 线圈进行快进。按 SB2 可使滑台快速复位。

② 自动操作：

SA→1，SQ1+，按 SB1±→$KA1^{+}_{自}$→YA1+YA3+(滑台快进)→SQ2+→K2+→YA3−(滑台工进)→SQ3+→K3+→YA2+(K3 互锁)→YA1−，YA3−(滑

台快退)SQ1→YA1 - ,YA2 - ,YA3 - (滑台停原位)

在上述控制线路基础上，加上一个延时元件，可以得到工进后延时快退的自动循环控制线路。如图 1 - 58 所示，当工进到终点后，压动 SQ3，时间继电器 KT 线圈通电，其瞬时动断触点断开，使 YA1、YA3 断电，动力头停止工进。延时一定时间，KA3 得电，YA2 得电开始快退。实现工进后延时快退的动作。

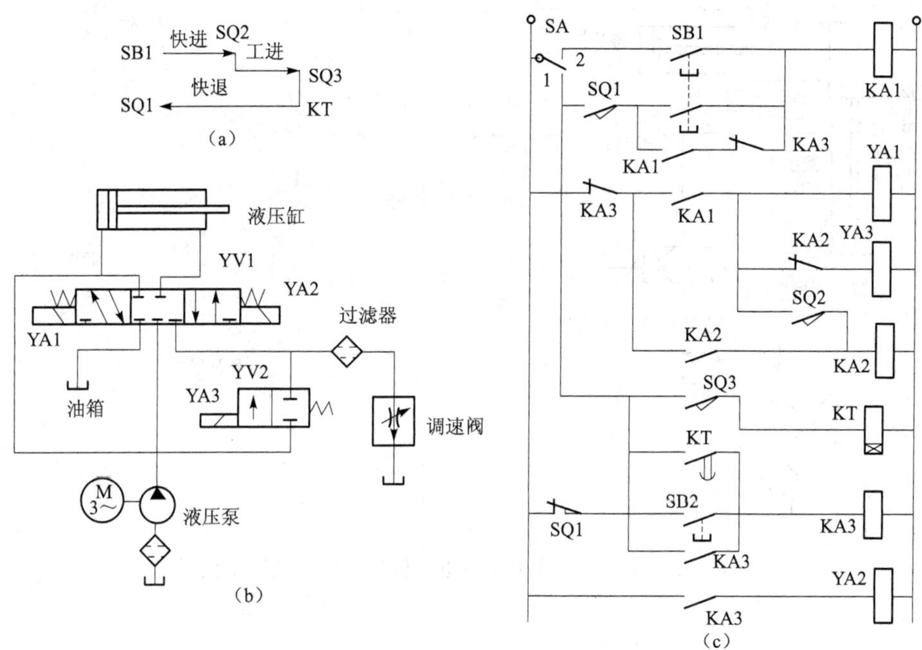

图 1 - 58　具有延时停留功能的液压动力头滑台电液控制

(a) 循环工作过程图；(b) 液压系统图；(c) 控制线路图

【例 1 - 2】半自动车床刀架纵进、横进、快退电液控制线路。

如图 1 - 59 所示是半自动车床刀架纵进、横进及快退液压控制系统图。图中 YG1、YG2 分别为纵向、横向液压缸，由电磁换向阀 YA1、YA2 控制，来实现刀架的纵向移动、横向移动和后退。图 1 - 60 是半自动车床刀架纵进、横进及后退电气控制线路图。M1 为液压泵电动机，M2 为主电动机，分别由接触器 KM1、KM2 控制。时间继电器 KT 为进行无进刀切削而设置。电气控制过程如下：

(1) 纵向移动：按 SB1 ± KM1 + →液压泵启动。

按SB4± →KA1+ →KM2+ →主轴转动，
　　　　　　　└→ YA1+ →刀架纵向移动

(2) 横向移动：刀架移动至预定位，SQ1 + →KA1 + →YA2 + 刀架横向移动。

(3) 定时切削：横向刀架移动至预定位 SQ2 + 开始切削加工。

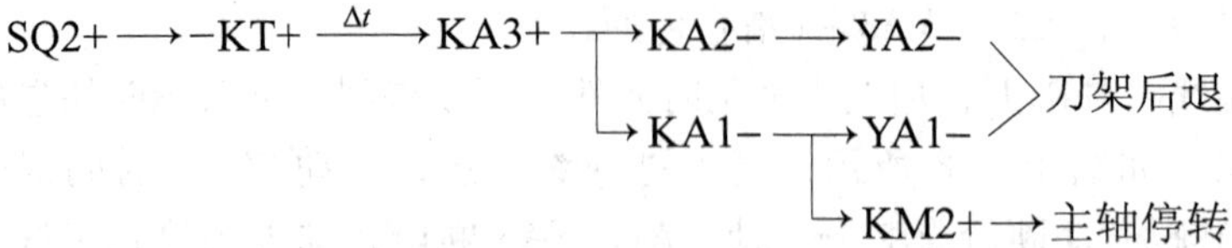

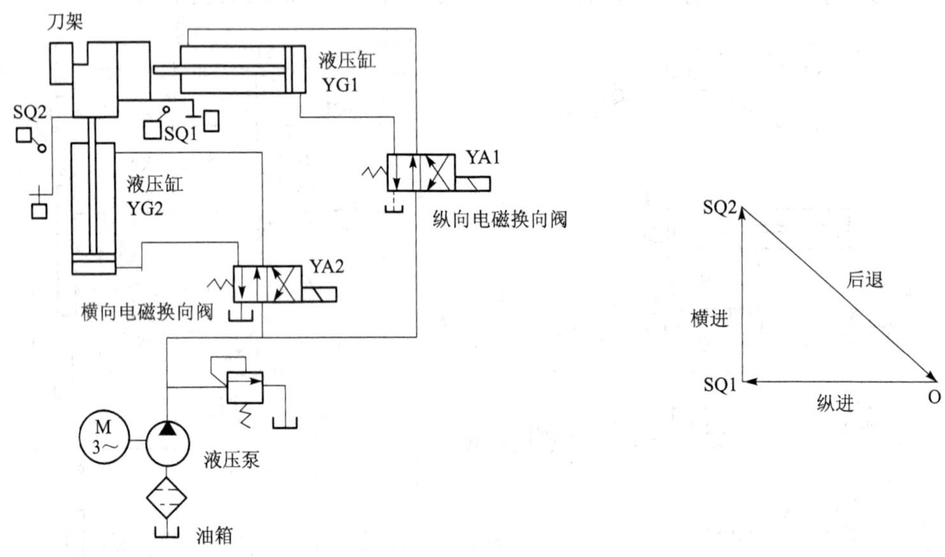

图 1－59　半自动车床刀架纵进、横进及后退液压系统图

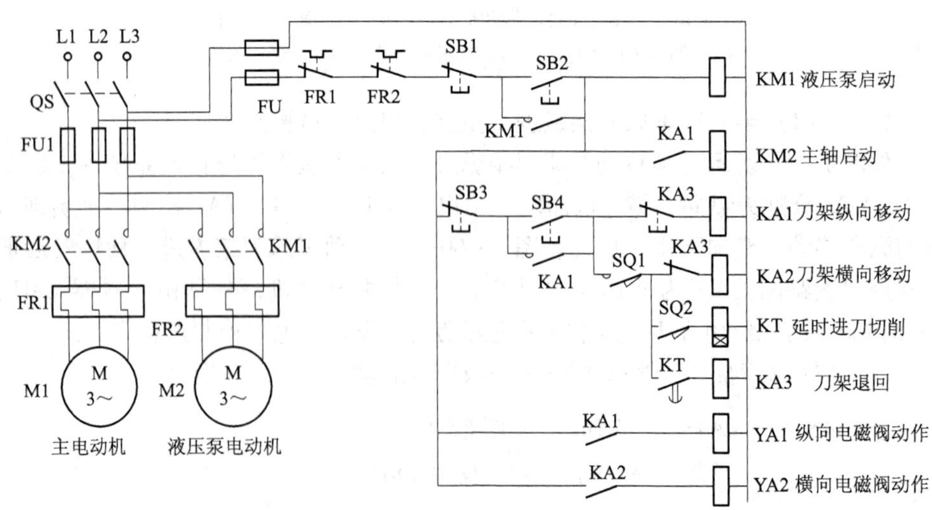

图 1－60　半自动车床刀架纵进、横进及后退电气控制线路图

1.8 电动机的保护

电气控制的功能除了能满足生产机械的工艺要求，能长期正常无故障地运行外，还必须有各种保护措施。保护环节是所有电气控制线路不可缺少的组成部分，它用于保护电动机、电网、电气控制设备以及操作人员的人身安全。

1.8.1 短路保护

电动机绕组的绝缘、导线的绝缘或线路发生故障时，经常造成短路现象。产生短路电流并引起电气设备绝缘损坏和产生强大电动力破坏电气设备。因此发生短路现象时，必须迅速切断电源。常用的短路保护装置有熔断器和空气自动开关。

1. 熔断器保护

熔断器通过把熔体串联在被保护的电路中，当电路发生短路或严重过载时，熔体迅速熔断，自动切断电路，达到保护电路的目的。

2. 自动开关保护

自动开关又称低压自动断路器，它兼有短路、过载和欠电压等多种保护功能，可在线路发生上述故障时脱扣器迅速脱扣，自动切断电源，是低压配电重要保护器件之一，常用作低压配电盘的总电源开关及电动机、变压器的合闸开关。

通常熔断器适用于动作准确度和自动化程度较差的系统中，如小容量笼型电动机、普通的交流负载电路。在发生短路时，可能造成一相熔断器熔断，造成缺相运行。而对于自动开关，只要发生短路就会自动跳闸，将三相同时切断。自动开关结构复杂，适用于要求较高的保护场合。熔断器动作后需更换熔体，自动开关动作后，事故处理完毕，只要重新合上开关，线路即可重新运行，无需更换器件。

1.8.2 过载保护

电动机长期超载运行，会使绕组温升增加，超过其允许值，会使绝缘材料变脆，减少使用寿命，严重时使电动机冒烟，造成短路，损坏电机。过载电流越大，达到允许温升的时间越短。常用的过载保护元件是热继电器。

由于热继电器是间接受热而动作的，热惯性较大，因而若通过发热元件的电流短时间内超过整定电流几倍，热继电器也不会立即动作。只有这样，在电动机启动时热继电器才不会因启动电流大而动作，否则电动机将无法启动。反之，如果电流超过整定电流不多，但时间一长也会动作。

由此可见，热继电器与熔断器的作用是不同的，由于热惯性的原因，热继电器无法对电动机短时过载冲击电流或短路电流进行动作，只能做过载保护而不能做短路保护，而熔断器则主要做短路保护，并且选做短路保护的熔断器熔体额定电流不应超过4倍热继电器发热元件的额定电流。

由于热继电器的工作环境和电动机的工作环境温度存在一定差异，使得这种热保护的可靠性受到影响。目前，生产的较大功率的电动机均带有热敏电阻作为测温元件的保护装置，当电动机温升超过一定值，可通过控制电路控制接触器自动切断电动机主电路。如西门子3UN2系列、3UP7系列热敏电阻式电动机热保护器，其保护的精度远强于热继电器。

1.8.3 过电流保护

过电流保护一般用于直流电动机或绕线转子异步电动机。对于三相笼型异步电动机，由于其短时过电流不会产生严重后果，故不采用过流保护而采用短路保护。

过电流大多是由于不正确的启动和过大的负载转矩引起的，一般比短路电流要小。但在电动机运行中产生过电流场合比短路更多，尤其是频繁正反转起、制动的重复短时工作电动机更是如此。过电流继电器在直流电动机和绕线转子异步电动机线路中也起短路保护作用，一般过电流动作值为启动电流的1.2倍左右。

1.8.4 零电压与欠电压保护

电动机正在运行时，电源电压因电网某种原因突然停电，当电源电压突然恢复时，如电动机自行启动，可能会造成生产设备的损坏，甚至造成人身事故；对电网而言，同时多台设备自行启动也会造成不允许过电流及瞬间电网电压下降。此时防止电动机自行启动的保护叫零电压保护。

电动机正常运转时，电源电压若过分降低会导致转速下降，某些电器释放，控制线路不正常，有的还可能产生事故。因此在电源电压降到允许值以下时应当切断电源，这就是欠电压保护。

一般欠电压保护采用欠电压继电器，而零电压保护采用按钮操作的控制电路。如图1-20，由于电源停电时线路有自动解除KM自锁功能的作用，当电源电压再次来到时，必须重新按启动按钮才能开机启动，防止了可能的事故发生。

1.8.5 其他保护

现代工业生产控制对象千差万别，所需保护名目繁多，如电梯控制系统必须有越限保护（防止电梯冲顶或撞底），高炉卷扬机或矿井提升机必须有超速保护来控制速度，机床或生产机械需要有动作行程的位置保护，生产过程中的温度、压力、流量、液面、运动速度等大多数都必须限制在一定范围内。直流电动机在运行时磁场突然减弱或消失，会使电动机转速迅速升高，甚至发生飞车。因此需要弱磁保护。一般在电动机励磁回路中串入弱磁继电器（电流继电器）来实现，若电动机运行中，励磁电流降低很多，弱磁继电器就释放，其触点切断接触器线圈电源，使电动机断电停车。

1.9 习题及思考题

1. 接触器与继电器有何异同？在电路中各起什么作用？

2. 叙述熔断器和热继电器的工作原理？熔断器和热继电器在电路中各起什么保护作用？电动机启动时，启动电流很大，二者是否会动作？为什么？

3. 叙述自动空气开关的工作原理。在电路中自动空气开关可起什么保护作用？优点是什么？

4. 什么是电气原理图、电气安装图和电气互联图？它们各起什么作用？

5. JS7 - A 时间继电器的触点有哪几种？画出它们的符号。

6. 试设计对同一台电动机可进行两处操作的长动和点动控制线路。

7. 某机床主轴和润滑油泵各有一台电动机带动，试设计其控制线路，要求主轴必须在油泵开动后才能启动；主轴能正反转并可单独停车；有短路、失压及过载保护。

8. 试分析图 1 - 61 中电动机有几种工作状态？各按钮开关触点的作用是什么？

9. 试设计某工作台在两个行程开关 SQ1（原位），SQ2（终点）之间自动往返循环控制电路。要求为：

（1）可自动循环运行，也可一次性前进—后退，停止到原位。

（2）工作台前进中能立即后退到原位。

（3）有终端保护。

10. 试设计某锅炉鼓风机和引风机电动机的启动和停止控制电路，要求启动时引风机启动后方可启动鼓风机，停止时必须先停鼓风机后方可停引风机。

11. 试用时间继电器、接触器等设计一个电动机自动循环正反转控制线路。

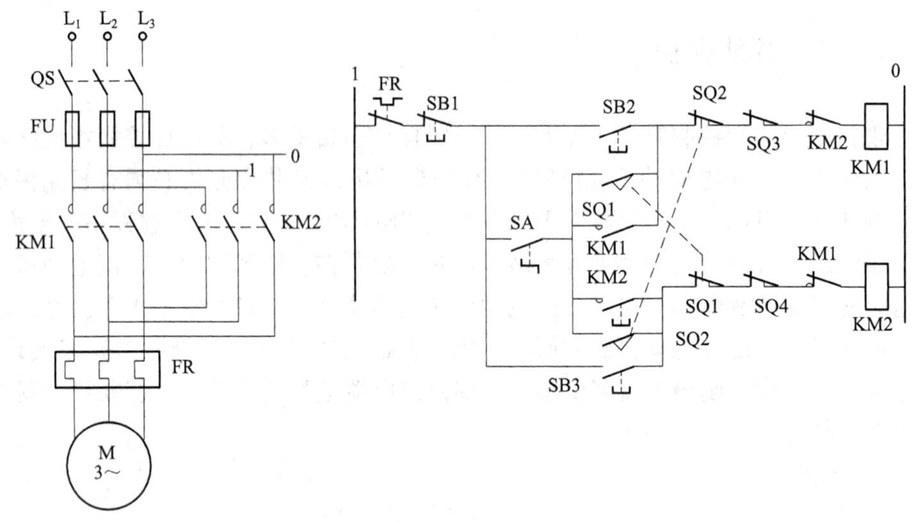

图 1-61 习题 8 的图

12. 三相异步电动机在什么情况下应采用降压启动？定子绕组运行时Y形接法的电动机可否采用Y-△降压启动？为什么？

13. 叙述传统启动方式的优缺点与软启动器特点与适用场合，并叙述软启动器工作原理。

14. 常用软启动器的启动控制方式有哪些？画出软启动器的基本连接图。

15. 电动机反接制动控制与正反转运行控制的主要区别是什么？

16. 电动机能耗制动与反接制动各有何优缺点？分别适用于什么场合？

17. 设计一个控制线路，要求第一台电动机 M1 启动 30 s 后第二台电动机 M2 自行启动，运行 30 分钟后 M1 停止同时第三台电动机 M3 自行启动，再运行 45 分钟全部停止。

18. 一台电动机为Y-△660/380 接法，允许轻载启动，试设计满足下列要求的控制线路：

（1）采用手动和自动控制降压启动。

（2）实现连续运转和点动工作，且点动工作时处于降压状态。

（3）具有必要的连锁和保护环节。

19. 设计一台双速电动机控制线路，要求为：

（1）分别用两个按钮操作高、低速启动和停止。

（2）启动高速时，必须先接成低速后经延时再换接到高速。

（3）有短路和过载保护。

20. 试设计深孔钻三次进给的控制线路，如图 1-62 所示，其中 SQ1、SQ2、SQ3、SQ4 为行程开关，YA 为电磁阀。

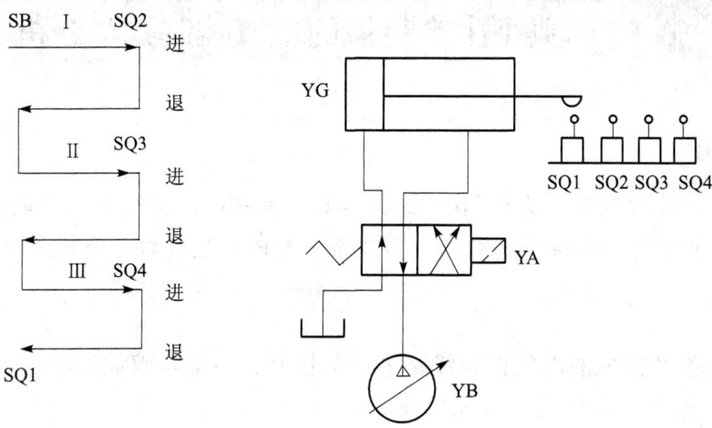

图 1-62　三次进给深孔钻工作示意图

第2章 典型生产机械的电气控制线路分析

内容提要

本章针对两种典型设备C650卧式车床、X－62W万能铣床的电气控制线路进行详细分析。介绍机床电气控制线路分析的一般步骤和分析方法。

对典型生产机械的电气控制线路进行分析时，一般步骤如下：

1. 了解设备运动情况及对电气控制的要求

（1）了解被控制设备的结构组成、工作原理、机械传动类型及驱动方式、运动要求。有液压和气动控制的要了解其工作原理和工作状态分析。

（2）确定机械与电气的连接部件的信息采集、传递、运动输出、信号检测、主令信号、执行器的机电对应关系等。

（3）根据运动要求列出对电气控制的要求。

2. 主电路分析

包括确定动力电路中电动机和用电设备数量、控制要求、接线情况、各控制执行件的设置及动作要求。如交流接触器的主触点相应位置，各组主触点分、合动作要求，启动时限流电阻接入与短接。各保护装置的形式。

3. 控制电路分析

根据主电路驱动设备完成设备运动要求过程，逐一对各驱动设备动作的控制电路进行分析。分析时，要结合说明书或有关的技术资料对整个电气线路划分成几个部分逐一进行分析，如各电动机的启动、停止、变速、制动、保护及相互间的联锁等。

2.1 C650卧式车床电气控制分析

车床是机床中应用最广泛的一种金属切削机床，主要用于加工各种回转表面、螺纹和端面，并可通过尾架进行钻孔、铰孔等切削加工。

车床的种类很多，有卧式车床、立式车床、仿形车床及多刀车床，还有单轴及多轴自动车床、专门货车床等，现以C650车床为例对其电气控制系统进行分析。

2.1.1 车床主要结构和运动形式

C650车床是卧式车床，主要由床身、主轴变速箱、进给变速箱、刀架、溜板箱等几部分组成，如图2－1所示。车床的切削加工运动要求如下。

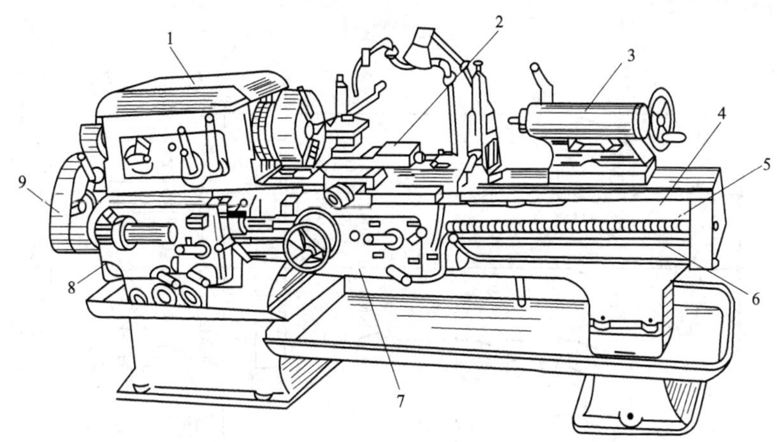

图 2－1 C650 卧式车床外形图

1—主轴变速箱；2—溜板与刀架；3—尾座；4—床身；5—丝杠；6—光杠；7—溜板箱；8—进给箱；9—挂轮箱

（1）主轴运动：为卡盘带动工件的旋转运动（切削运动）。

（2）进给运动：为溜板箱带动刀具的直线运动，为实现加工的同步，主轴和进给均由主电动机驱动，并通过各自的变速箱来调节主轴转速和进给速度。

（3）因加工中转动惯量大，如自由停车则时间长影响生产效率，要求有停车制动功能：采用反接制动方式，其制动力矩大、制动迅速。

（4）切削加工时温度高需冷却液，用冷却泵在工作时长期提供冷却液。

（5）加工中为节约辅助工作时间要求溜板箱（带刀架）能快速移动。

2.1.2 对电力拖动和控制要求

1. 主电动机 M1（30 kW）

主电动机负责主轴旋转及刀具进给的驱动，要求直接启动连续运行方式，并有点动的功能以便调整位置；能正、反转以满足螺纹加工需要，停车时带有电气反接制动。此外，还要显示电动机的工作电流以监视切削状况。

2. 冷却泵电动机 M2

冷却泵电动机在加工时用来提供切削液，采用直接启动，单向运行、连续工作方式。

3. 快速移动电动机 M3

快速移动电动机采用单向点动、间歇性工作方式。

4. 要求有局部照明装置和必要的保护与联锁环节

2.1.3 电气控制电路分析

图 2－2 为 C650 型普通车床的电气控制原理图，表 2－1 为 C650 型普通车床

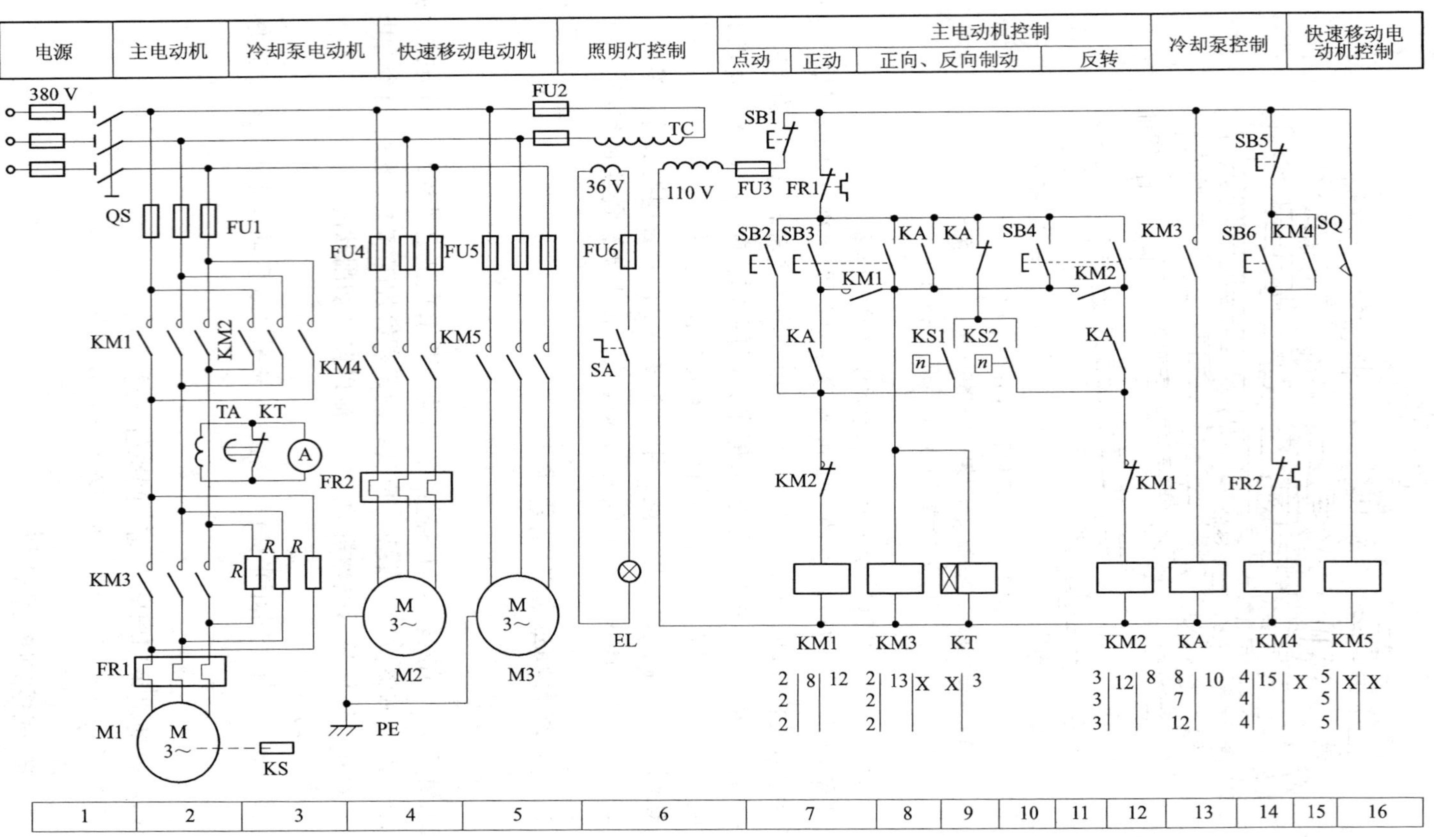

图2-2　C650型普通车床的电气控制原理图

电气元件符号与功能说明（见表2－1）。

表2－1　C650型普通车床电气元件符号与功能说明

符号	名称及用途	符号	名称及用途	符号	名称及用途
M1	主电动机	SQ	快移电动机点动行程开关	TC	控制变压器
M2	冷却泵电动机	SA	开关	FU1～FU6	熔断器
M3	快速移动电动机	KS	速度继电器	FR1	主电动机过载保护热继电器
KM1	主电动机正转接触器	A	电流表	FR2	冷却泵电动机保热继电器
KM2	主电动机反转接触器	SB1	总停按钮	R	限流电阻
KM3	短接限流电阻接触器	SB2	主电动机正向点动按钮	EL	照明灯
KM4	冷却泵电动机启动接触器	SB3	主电动正向启动按钮	TA	电流互感器
KM5	快移电动机启动接触器	SB4	主电动机反向启动按钮	QS	隔离开关
KA	中间继电器	SB5	冷却泵电动机停止按钮		
KT	通电延时继电器	SB6	冷却泵电动机启动按钮		

1. 主电路分析

隔离开关SQ将三相电源引入，FU1为主电动机M1的短路保护用熔断器，FR1为M1过载保护用热继电器。R为限流电阻，防止在点动时连续的启动电流造成电动机过载。通过互感器TA接入电流表A以监视主电动机绕组的电流。熔断器FU4、FU5为电动机M2、M3的短路保护。接触器KM1、KM2为电动机M1的正、反转接触器，KM3断开时将限流电阻接入主电路为M1点动时限流用。KM4、KM5为M2、M3启、停用接触器。FR2为M2的过载保护。因快移电动机M3短时工作，故不设过载保护。

速度继电器KS与主轴相连，停车初时，由于惯性主轴速度较高，其动合触点闭合，进行反接制动，当速度接近为0时，自动分断反接制动电路。

另外，由于启动时电流太大，为防止冲击损坏电流表，附设一个时间继电器延时动断触点进行保护。

2. 控制电路分析

1）M1的点动控制

调整刀架时，要求M1点动控制，工作过程如下：

（1）合上隔离开关 SQ→按启动按钮 SB2→接触器 KM1 通电→M1 串接限流电阻 R 低速转动，实现点动操作。

（2）松开 SB2→接触器 KM1 断电→M1 停转。

2）M1 的正、反转控制

（1）正转。合上隔离开关 SQ→按启动按钮 SB3→接触器 KM3 通电→中间继电器 KA 通电→接触器 KM1 通电→电动机 M1 短接电阻 R 正向启动。主回路中电流表 A 被时间继电器 KT 常闭触头短接→延时 t 秒后→KT 延时断开常闭触头断开→电流表 A 串接于主电路，监视负载情况。

└→ 时间继电器 KT 通电

主电路中通过电流互感器 TA 接入电流表 A，为防止启动时启动电流对电流表的冲击，启动时利用时间继电器 KT 常闭触头把电流表 A 短接，启动结束，KT 常闭触头断开，电流表 A 投入使用。

（2）反转。合上隔离开关 SQ→按启动按钮 SB4→接触器 KM3 通电→中间继电器 KA 通电→接触器 KM2 通电→电动机 M1 反接电源相序，短接电阻 R 反向启动。电流表 A 跟正转时作用相同。

└→ 时间继电器 KT 通电

（3）停车。按停止按钮 SB1→控制线路电源全部切断→电动机 M1 停转。

3）M1 的反接制动控制

C650 型车床采用速度继电器实现电气反接制动。速度继电器 KS 与电动机 M1同轴连接，当电动机正转时，速度继电器正向触头 KS2 动作；当电动机反转时，速度继电器反向触头 KS1 动作。

M1 反接制动工作过程如下：

（1）M1 的正向反接制动。电动机正转时，速度继电器正向常开触头 KS2 闭合。制动时，按下停止按钮 SB1→接触器 KM3、时间继电器 KT、中间继电器 KA、接触器 KM1 均断电，主回路串入电阻 R（限制反接制动电流）→松开 SB1→接触器 KM2 通电（由于 M1 的转动惯性，速度继电器正向常开触头 KS2 仍闭合）→M1 电源反接，实现反接制动，当速度 ≈ 0 时，速度继电器正向常开触头断开→KM2 断电→M1 停转，制动结束。

（2）M1 的反向反接制动。工作过程和正向相同，只是电动机 M1 反转时，速度继电器的反向常开触头 KS1 动作，反向制动时，KM1 通电，实现反接制动。

4）刀架快速移动控制

转动刀架手柄压下限位开关 SQ→接触器 KM5 通电→电动机 M3 转动，实现刀架快速移动。

5）冷却泵电动机控制

按启动按钮 SB6→接触器 KM4 通电→电动机 M2 转动，提供切削液。

按下停止按钮 SB5→KM4 断电→M2 停止转动。

此外，监视主回路的负载的电流表是通过电流互感器接入的。为了防止电动机启动电流对电流表的冲击，线路中采用一个时间继电器 KT。当启动时，KT 线圈通电，而 KT 的延时断开的动断触头尚未动作，电源互感器二次侧电流只流经触头构成闭合回路，电流表没有电流流过。启动后，KT 延时断开的动断触头打开，此时电流流经电流表，反映出负载电流大小。

2.2　X－62W 万能铣床电气控制分析

铣床是用铣刀进行铣削加工零件的平面、斜面、沟槽等型面的机床。装上分度头后，可以加工直齿或螺旋面，装上回转工作台可以加工凸轮和弧形槽。由于铣床的主运动是铣刀的旋转运动，切削速度高且为多刃的连续切削，所以它的生产效率高。

铣床的种类很多，有卧式铣床、立式铣床、仿形铣床和各种专门铣床。现以 X－62W 万能铣床为例对其电气控制系统进行分析，如图 2－3 所示是 X－62W 万能铣床的外观简图。

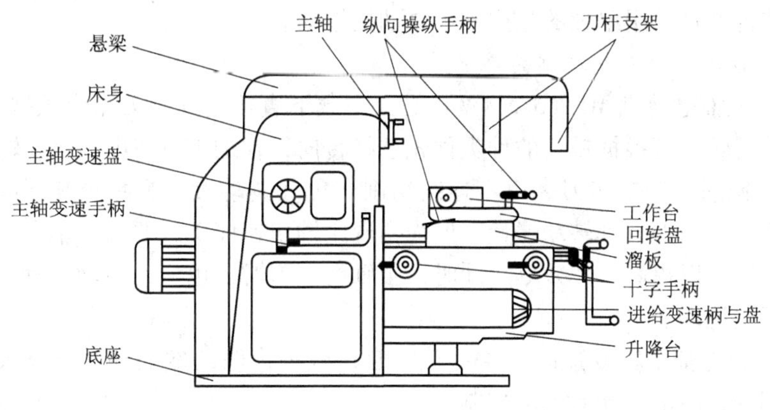

图 2－3　X－62W 万能铣床的外观简图

2.2.1　主要结构和运动形式

X－62W 万能铣床是卧式铣床，具有主轴转速高、调速范围宽、操作方便、工作台能自动循环加工等特点，主要由床身、悬梁、刀杆支架、工作台、溜板和升降台等几部分组成。箱形床身固定在底座上，它是机床的主要部分，用来安装和连接机床的其他部件，内装主轴传动机构和变速操纵机构。床身顶部有水平导轨，其上装有带一个或两个刀杆支架的悬梁，刀杆支架用来支撑铣刀心轴的一端，心轴的另一端固定在主轴上，并由主轴带动旋转。悬梁可沿水平导轨移动，以便调整铣刀的位置。床身的前侧面装有垂直导轨，升降台可沿导轨上下移动。

在升降台上面的水平的导轨上，装有可在平行于主轴轴线方向移动（横向移动，即前后移动）的溜板，溜板上部有可移动的回转台。工作台装在回转台的导轨上，可以做垂直于轴线方向上的移动（纵向移动，即左右移动）。工作台上有固定工件的 T 型槽。因此，固定于工作台上的工件可作上下、左右及前后 3 个方向的移动，便于工作调整和加工时进给方向的选择。

此外，溜板可绕垂直轴线左右旋转 45°，所以工作台还能在倾斜方向进给，以加工螺旋槽。该铣床还可以安装圆工作台以扩大铣削能力。

从上述分析可知，X－62W 万能铣床有 3 种运动，即主运动、进给运动和辅助运动。主轴带动铣刀的旋转运动称为主运动，加工中工作台带动工件的移动或圆工作台的旋转运动称为进给运动，而工作台带动工件在 3 个方向的快速移动属于辅助运动。

2.2.2 电力拖动和控制要求

X－62W 万能铣床的主运动和进给运动之间没有速度比例协调的要求，故主轴与工作台各自采用单独的笼型异步电动机拖动。

1. 主轴拖动对电气控制的要求

（1）主轴电动机 M1（5.5 kW）是在空载下直接启动，为完成顺铣和逆铣，要求能正反转。可根据铣刀的种类预先选择转向，在加工过程中不变换转向。

（2）铣削加工是多刀多刃不连续切削，负载波动大。为减轻其影响，主轴上装有飞轮，以加大其转动惯量。但为实现主轴快速停车，要求主轴电动机有停车制动控制，以提高工作效率。同时，主轴在上刀时，也应使主轴制动。停车制动采用反接制动。

（3）为保证主轴变速时齿轮易于啮合，减小齿轮的端面冲击，要求有变速冲动，即变速时电机能有点动控制。

（4）为便于操作者在铣床正面与侧面皆可操作，主轴电动机的启动、停止的控制均为两地操作控制。

2. 进给拖动对电气控制的要求

（1）为了实现工作台纵向、横向和垂直方向的进给运动，采用一台 1.5kW 交流电动机 M2 拖动，3 个方向的选择由机械手柄操纵，每个方向的正反向运动由电动机的正反转来实现，同一时间只允许工作台向一个方向移动，故 3 个方向的运动应有联锁保护。

（2）为了缩短调整运动的时间，提高生产效率，工作台应有快速移动控制。X－62W 万能铣床是采用快速电磁铁吸合改变传动链的传动比来实现的。

（3）为适应加工需要，主轴转速与进给速度要有较宽的调节范围。X－62W 万能铣床采用机械变速方法，改变变速箱传动比来实现。为保证变速时齿轮易于啮合，减小齿轮的端面冲击，要求变速时进给电动机有变速冲动环节。

(4) 使用圆工作台时，要求工作台的旋转运动与工作台的上下、左右、前后6个方向的运动之间有联锁控制，即圆工作台旋转时，工作台不能向其他方向移动。

(5) 根据工艺要求，主轴旋转与工作台进给应有顺序控制，即进给运动要在铣刀旋转后才能进行，加工结束必须在铣刀停转前停止进给运动。

(6) 为便于操作者在铣床正面与侧面皆可操作，进给电动机的启动、停止以及快速移动的控制均为两地操作控制。

(7) 工作台左右、前后、上下6个方向的运动应具有限位保护。

另外，冷却泵由一台0.125 kW交流电动机M3拖动，供给铣削用的冷却液。

2.2.3 电气控制线路分析

如图2-4所示是X-62W万能铣床的电气控制系统原理图，表2-2是其电气元件符号及功能说明。其电气线路可分为主电路、控制电路、照明电路等。现主要分析控制电路。

表2-2 铣床电气元件符号及功能说明

符　号	名称与用途	符　号	名称与用途
M1	主电动机	SQ6	进给变速冲动开关
M2	进给电动机	SQ7	主轴变速冲动开关
M3	冷却泵电动机	SA1	圆工作台转换开关
KM3	主电动机启、停控制接触器	SA3	冷却泵转换开关
KM2	反接制动接触器	SA4	照明灯开关
KM4、KM5	进给电动机正、反转接触器	SA5	主轴转换开关
KM6	快速移动接触器	SB1、SB2	分设在两处的主轴启动按钮
KM1	冷却泵接触器	SB3、SB4	分设在两处的主轴停止按钮
KS	速度继电器	SB5、SB6	工作台快速移动按钮
R	快速电磁铁丝圈	FR1	主轴电动机热继电器
SQ1	工作台向右进给行程开关	FR2	进给电动机热继电器
SQ2	工作台向左进给行程开关	FR3	冷却泵热继电器
SQ3	工作台向前、向下进给行程开关	TC	变压器
SQ4	工作台向后、向上进给行程开关	FU1~FU4	短路保护

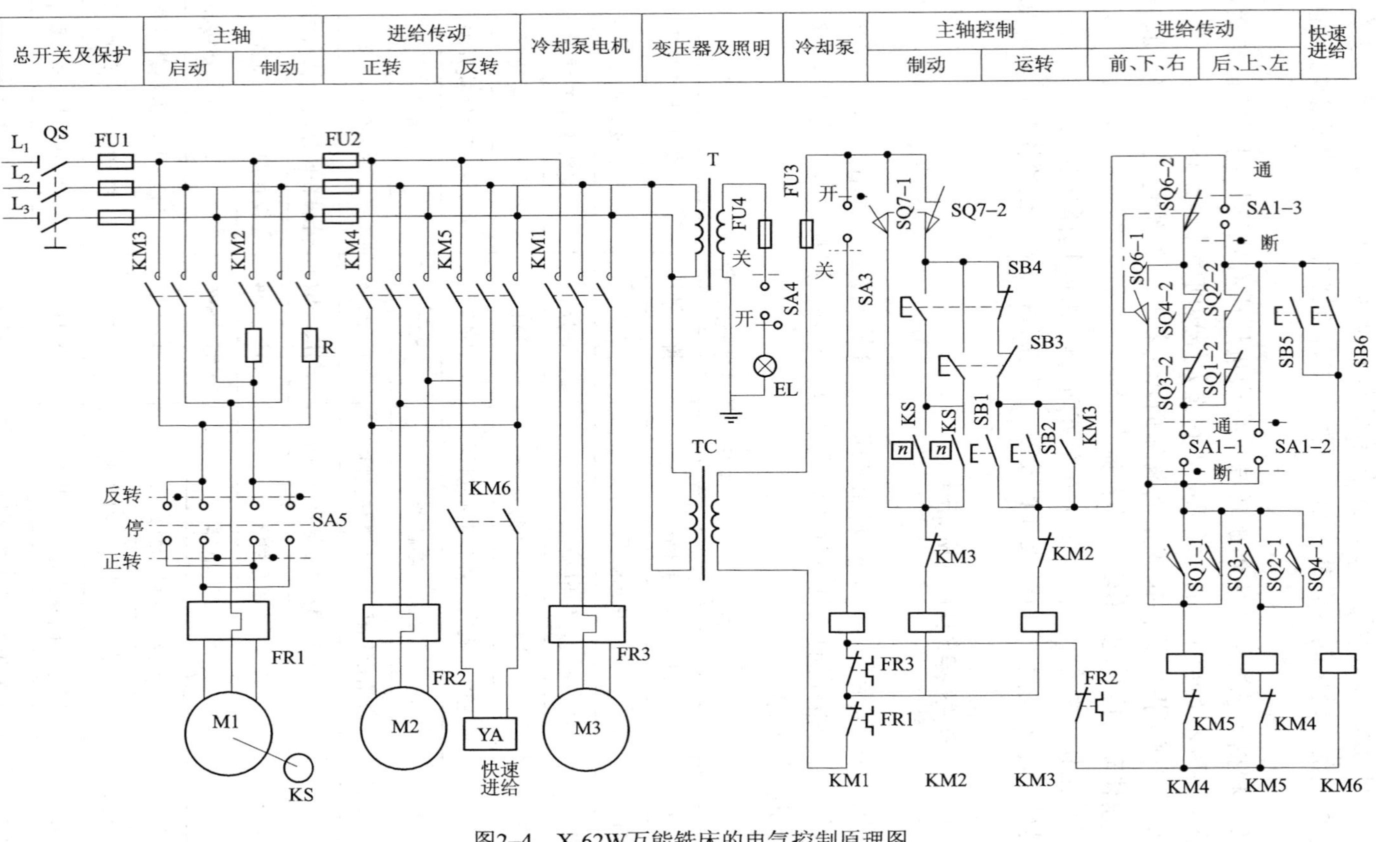

图2-4　X-62W万能铣床的电气控制原理图

1. 主电动机 M1 的控制

主电动机由接触器 KM3 的控制，其逻辑表达式为：

$$KM3=\overline{SQ7-2}\cdot\overline{SB4}\cdot\overline{SB3}(SB1+SB2+KM3)\cdot\overline{KM2}\cdot\overline{FR1} \qquad (2-1)$$

为方便操作，主轴电动机的启停按钮各有两个，可在两处中的任一处进行操作。启动前，先将换向开关 SA5 旋转到所需方向，然后按下启动按钮 SB1 或 SB2，接触器 KM3 线圈通电并自锁，主轴电动机 M1 启动。速度继电器 KS 的动合触头闭合，为停车时的反接制动做好准备。

主轴电动机制动时，按下停止按钮 SB3 或 SB4，其动断触点断开，切断 KM3 电源，主轴电动机 M1 的电源被切断，由于存在惯性，M1 会继续旋转。在速度继电器触点断开前，不应松开按钮 SB3 或 SB4，以保证在整个停车过程中进行反接制动。SB3 或 SB4 的动合触点断开，反接制动停止。

当主轴需要变速时，为保证变速齿轮易于啮合，需设置变速冲动控制，它是利用变速手柄和冲动开关 SQ7 通过机械上的联动机构完成的。变速冲动的操作过程是：先将变速手柄拉向前面，然后旋转变速盘选择转速，再把手柄快速推回原位。在手柄推拉过程中，凸轮瞬时压下弹簧杆，冲动开关 SQ7 瞬时动作，SQ7－1 闭合，SQ7－2 断开使接触器 KM2 短时通电，电动机 M1 反转一下，以利于齿轮啮合。为避免 KM2 通电时间过长，手柄的推拉操作都应以较快的速度进行。

2. 进给电动机 M2 的控制

1）工作台横向（前、后）和升降（上、下）进给运动的控制

先将工作台转换开关 SA1 扳在断开位置，这时 SA1－1 和 SA1－3 接通。

工作台的横向和升降控制是通过十字复式操作手柄进行的，该手柄有上、下、前、后和中间零位共 5 个位置。在扳动手柄时，通过联动机构将控制运动方向的机械离合器合上，并压下相应的行程开关 SQ3（向下、向前）或 SQ4（向上、向后）。比如欲使工作台向上运动，将手柄扳到向上的位置，压下 SQ4，接触 KM5 线圈通电，M2 电动机反转，工作台向上运动，其控制逻辑如下：

$$KM5=\overline{SQ7-2}\cdot\overline{SB4}\cdot\overline{SB3}\cdot KM3\cdot SA1-3\cdot\overline{SQ1-2}\cdot\overline{SQ1-2}\cdot SA1-1\cdot SQ4-1\cdot\overline{KM4}\cdot\overline{FR2}\cdot\overline{FR3}\cdot\overline{FR1}$$

工作台上、下、前、后运动的终端限位，是利用固定在床身上的挡铁撞击手柄，使其回复到中间零位加以实现的。

2）工作台纵向（左右）运动控制

首先将工作台转换开关 SA1 扳到断开位置，然后通过纵向操作手柄控制工作台的纵向运动。该手柄有左、右、中间 3 个位置，扳动手柄时，一方面合上纵向进给的机械离合器，同时压下行程开关 SQ1（向右）或 SQ2（向左）。

例如，欲使工作台向右运动，将手柄扳到向右位置，SQ1 被压下，接触器 KM4 线圈通电，进给电动机 M2 正转，工作台向右移动。停止运动时，只要将手

柄扳回中间位置即可。工作台向左、右动运动的终端限位，也是利用床身上的挡铁撞动手柄使其回到中间位置实现的。接触器 KM4 线圈的逻辑表达示如下：

$$KM4=\overline{SQ7-2}\cdot\overline{SB4}\cdot\overline{SB3}\cdot KM3\cdot\overline{SQ6-2}\cdot\overline{SQ4-2}\cdot\overline{SQ3-2}\cdot\overline{SA1-1}\cdot SQ1-1\cdot\overline{KM5}\cdot\overline{FR2}\cdot\overline{FR3}\cdot\overline{FR1}$$

3）工作台的快速移动控制

工作台上述 6 个方向的快速移动也是由 M2 拖动，通过上述两个操作手柄和快速移动按钮 SB5 和 SB6 实现控制。当按下 SB5 和 SB6 时，接触器 KM6 线圈通电，快速进给电磁铁 YA 线圈接通电源，通过机械机构将快速离合器挂上，实现快速进给。由于 KM6 线圈控制电路中没有自锁，所以快速进给为点动工作，松开按钮，仍以原进给速度工作。

4）进给变速时冲动控制

由变速手柄与冲动开关 SQ6 通过机械上的联动机构进行控制。其操作顺序是：变速时，将蘑菇形进给变速手柄向外拉一些，转动该手柄选择好进给速度，再把手柄向外一拉并立即推回原位，在拉到极限位置瞬间，其连杆机构推动冲动开关 SQ6，其动断触点 SQ6－2 断开一下，动合触点 SQ6－1 闭合，接触 KM4 线圈短时通电，进给电动机 M2 瞬时转动一下，完成了变速冲动。

5）圆工作台回转运动控制

圆工作台的回转运动由进给电动机 M2 经传动机构拖动。在机床开动前，先将圆工作台转换开关 SA1 扳到接通的位置，SA1－1 和 SA1－3 断开，SA1－2 闭合，工作台操作手柄于中间位置，行程开关 SQ1～SQ4 均不受压。这时按主轴电动机启动按钮 SB1 或 SB2，主轴电动机启动，进给电动机 M2 也因接触器 KM4 线圈通电吸合而开始转动，从而拖动工作台转动。此时 KM4 线圈逻辑表达式如下：

$$KM4=\overline{SQ7-2}\cdot\overline{SB3}\cdot\overline{SB3}\cdot KM3\cdot\overline{SQ6-2}\cdot\overline{SQ4-2}\cdot\overline{SQ3-2}\cdot\overline{SQ1-2}\cdot\overline{SQ2-2}\cdot SA1-2\cdot\overline{KM5}\cdot\overline{FR2}\cdot\overline{FR3}\cdot\overline{FR1}$$

电动机 M2 正向旋转，圆工作台只能单方向旋转。由于圆工作台控制电路中串接了 SQ1～SQ4 的动断触点，所以只要扳动工作台任一进给手柄，都会使圆工作台停止工作，这就起到了工作台的进给运动与圆工作台联锁保护作用。

6）进给的联锁

进给运动控制中联锁保护如下：

（1）只有主轴电动机启动后，进给电动机才能启动，这是因为进给控制的电源需经接触器 KM3 的辅助动合触点才能形成通路。

（2）工作台在同一时刻只允许一个方向的进给运动，这是通过机械和电气的方法实现联锁的。如果两个手柄都离开中间零位，则行程开关 SQ1～SQ4 的 4 个动断触点全部断开，接触器 KM4、KM5 的线圈电源全部断开，进给电动机 M2 不能转动，达到联锁的目的。

（3）进给变速时，两个操作手柄都必须在中间零位，即进给变速冲动时，不能有进给运动。4 个行程开关的 4 个动断触点 $\overline{SQ1-2}$、$\overline{SQ2-2}$、$\overline{SQ3-2}$、$\overline{SQ4-2}$串联后，与冲动开关 SQ6 的动合触点 SQ6－1 串联，形成进给冲动控制电路。只要有任一手柄离开中间零位，必有一行程开关被压下，使冲动控制电路断开，接触器 KM4 不能吸合，M2 就不能转动。

3. 冷却泵电动机 M3 的控制

冷却泵电动机由转换开关 SA3 控制，当接通 SA3 时，接触器 KM1 通电吸合，冷却泵电动机 M3 转动。其逻辑表达式如下：

$$\mathrm{KM1} = \mathrm{SA3} \cdot \overline{\mathrm{FR1}} \cdot \overline{\mathrm{FR3}}$$

在主电动机 M1 和冷却泵电动机 M3 中，任一个电动机过载发热都会使 KM1 断电，达到过载保护的目的。

4. 照明控制

机床照明灯由变压器 T 将 380 V 交流电压变为 36 V 安全电压供电，由转换开关 SA4 控制，熔断器 FU4 做短路保护。

5. X－62W 万能铣床的电气控制线路特点

（1）电气控制线路与机械操作配合相当密切，因此分析中要详细了解机械结构结构与电气控制的关系。

（2）运动速度的调整主要是通过机械方法，因此简化了电气控制系统中的调速控制线路，但机构结构相对比较复杂。

（3）控制线路中设计了变速冲动控制，从而使变速顺利进行。

（4）采用两处控制，操作方便。

（5）具体完善的电气联锁，并具有短路、零电压、过载及超行程限位保护环节，工作可靠。

2.3　习题及思考题

1. 分析机械电气控制时有哪些内容，应注意些什么？

2. 从主电路的结构组成说明 C650 的车床主电动机 M1 的工作状态和控制要求是什么？

3. 如果将 C650 卧式车床（图 2－2）电气原理图中的 KS1 和 KS2 触点位置对调，还有没有反接制动的作用？为什么？

4. 说明 X－62W 万能铣床工作台各方向运动，包括慢速和快速移动的控制过程，说明主轴变速及制动的控制过程，主轴运动与工作台运动的联锁关系是什么？

5. 在 X－62W（图 2－4）电气图中，进给电机的过载保护热继电器 FR2 的触点为什么把它放在主电动机接触器 KM1 的下面？能够移到上面吗？

第3章 工业电气控制系统的设计

内容提要

本章首先介绍工业电气控制系统设计的基本内容和基本原则，接着系统地介绍了电气设计的基本程序：包括拟定设计任务书、确定电力拖动方案、电动机的选择、电气控制方案的确定、控制方式的选择等。然后结合实例介绍了电气控制设计的两种实用方法：经验设计法和逻辑设计法。为了加强实际设计能力培养，最后介绍了常用电气元器件的选择和工业电气控制系统设计举例。

3.1 工业电气控制系统设计的基本内容和基本原则

尽管工业生产中使用的机电控制设备各不相同，但其电气控制系统的设计原则和方法却基本相同。机电设备的设计包括机械设计和电气设计两部分，二者同时开始，交叉进行。一台先进的机电设备其使用效能与电气自动化的程度密切相关。作为一名电气工程技术人员，应当了解电力拖动系统设计的基本内容和一般原则，掌握电气控制线路设计的基本规律和注意事项，并不断总结经验，掌握电气控制线路图的绘图方法，做出合格的电气设计。

3.1.1 工业电气控制系统设计的基本内容

设计一台新设备的电气控制系统，一般需要进行如下设计：

（1）拟定电气设计任务书（技术条件）。

（2）选择电气传动形式与控制方案。

（3）确定电动机的容量。

（4）设计电气控制原理图。

（5）选择电气元件，制定电机与电气元件明细表。

（6）画出电动机、执行部件、电气控制部件及检测元件的总布置图。

（7）设计电气控制柜、操作台、电气安装板及非标准电器和专用安装零件。

（8）绘制装配图和接线图。

（9）编写设计计算说明书和使用说明书。

根据机电设备的总体技术要求和电气系统的复杂程度不同，以上步骤可有增有减，某些图纸或技术文件的内容可适当合并或增删。

3.1.2 工业电气控制系统设计的基本原则

当机械设备的电力拖动方案和控制方案确定后，就可以进行电气控制线路的设计。电气控制线路的设计是电力拖动方案和控制方案的具体化实施，一般设计时应遵循以下原则：

1. 最大限度地满足生产机械和工艺对电气控制的要求

控制线路是为整个设备和工艺服务的，因此设计前，电气设计人员应调查清楚生产要求，对机械设备的工作性能、结构特点和实际加工情况有充分的了解。同时应深入现场调查研究，搜集资料，并结合技术人员及现场操作人员的经验，来考虑控制方式，设置各种联锁及保护装置，最大限度实现生产机械和工艺对电气控制的要求。

2. 控制线路力求简单、经济

（1）尽量选用标准的、常用的或经过实际考验的典型环节和基本控制线路。

（2）尽量减少电气元件品种、规格和数量，尽可能选用价廉物美的新型器件和标准件，同一用途尽量选用相同型号的电气元件。

（3）尽量减少不必要的触点以简化电路，降低故障几率，提高可靠性。

① 合并同类触点：如图3－1所示，在获得相同功能情况下，图3－1（b）比图3－1（a）少用了一对触点，但要注意触点容量要大于两个线圈电流之和。

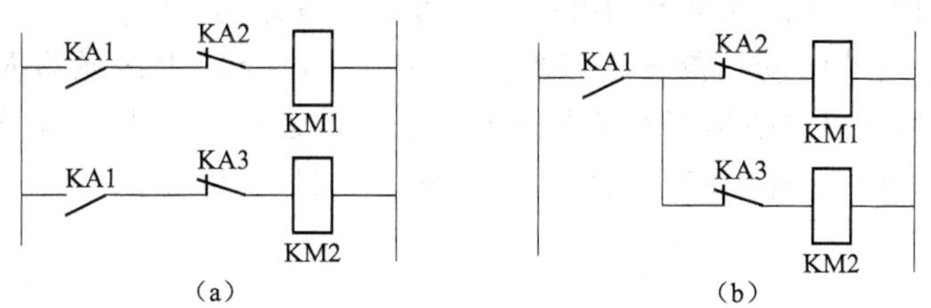

图3－1 合并同类触点
（a）合并前电路；（b）合并后电路

② 在弱电直流电路中利用半导体二极管的单向导电性有效减少触点数量，如图3－2（a）和图3－2（b）所示，图3－2（b）的设计既经济又可靠。

③ 设计完成后，利用逻辑代数对电路进行化简，得到最简化的线路。

（4）尽量缩短连接导线的数量和长度。设计控制线路时，应合理安排各电器的位置，尽可能合理安排电器柜、操作台、限位开关、按钮等设备之间的连线。如图3－3所示，虽然原理上图3－3（a）和图3－3（b）两图相同，但由于按钮安装在操作台上，而接触器安装在控制柜内，图3－3（a）从控制柜到操作台要引4根导线，而图3－3（b）由于启动按钮和停止按钮相连，保证了两个按钮之间导线最短，且从控制柜到操作台只要3根导线。

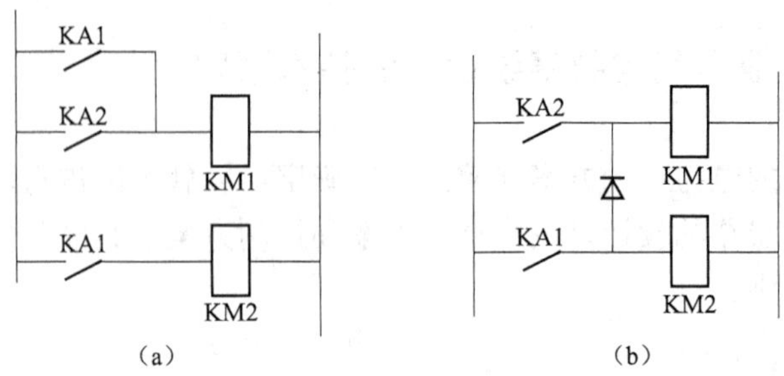

图 3－2　利用二极管减少触点

（a）使用前电路；（b）使用后电路

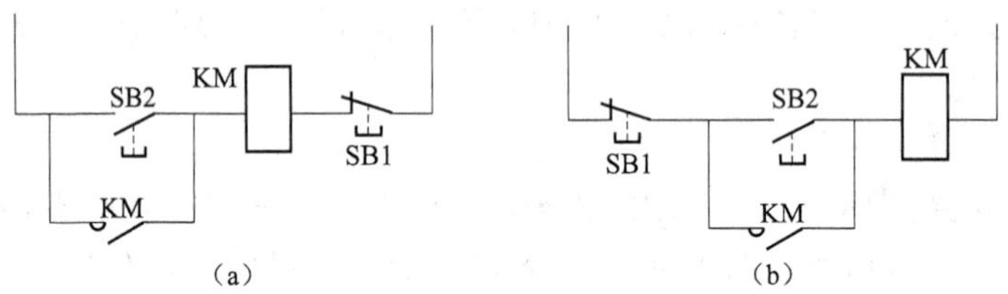

图 3－3　电气原理图中元件的位置

（a）不合理接法；（b）合理接法

（5）尽量减少电器不必要的通电时间，使电气元件只在必要时通电，不必要时尽量不通电，这样既可节约电能，又可延长电器的工作寿命。如图 3－4 所示是以时间原则的电动机降压启动线路。图 3－4（a）中接触器 KM2 得电后，接触器 KM1 和时间继电器 KT 就失去了作用，不必继续通电，但仍处于带电状态。图 3－4（b）合理，KM2 得电后，切断了 KM1 和 KT 的电源。

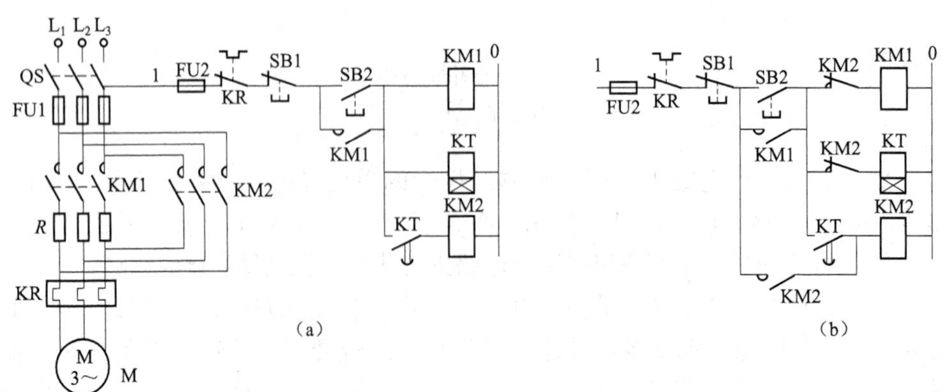

图 3－4　减少电器不必要的通电时间

（a）存在不必要通电；（b）合理控制电路

3. 保证电气控制电路工作的可靠性

(1) 选用的电器元件要可靠、牢固、动作时间短、抗干扰性能好。

(2) 电器元件的线圈应正确进行连接。在交流控制电路中，必须按照电器元件的额定电压对线圈进行供电，即使外加电压是两个线圈额定电压之和，也不允许两个线圈串联使用。如图3－5所示，由于两个电器动作有先后，不可能同时吸合，先吸合者电压会显著增加，远大于额定值，造成烧毁线圈；后吸合者线圈电压达不到动作电压，触点不能动作。因此，若两个电器同时动作，其线圈应当并联。

(3) 正确连接电器元件的触点。同一电器元件的常开和常闭触点靠得很近，若分别接在电源不同的相上，由于各相电位不等，当触点断开时，会产生电弧形成短路，称为飞弧现象。如图3－6（a）所示，若将其改接为如图3－6（b）所示，由于SQ1两个触点间的电位相同，就不会产生飞弧，且可减少导线的数量。

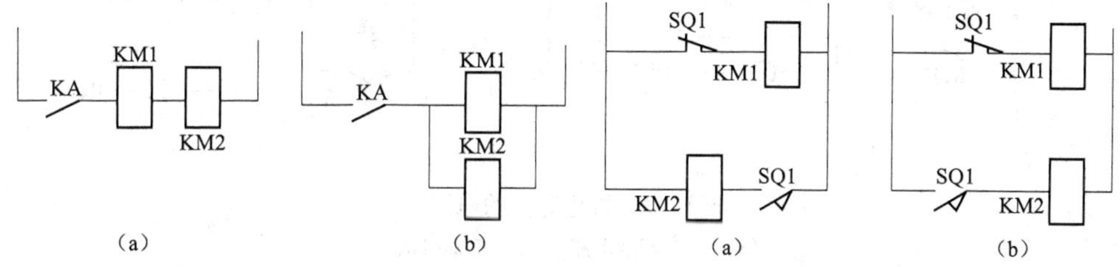

图3－5 同时动作线圈的正确连接
（a）不合理接法；（b）合理接法

图3－6 产生飞弧和消除飞弧的接法
（a）不合理接法；（b）合理接法

另外应尽量避免多个元件触点依次动作才能接通某线圈，以增加可靠性，如图3－7所示。

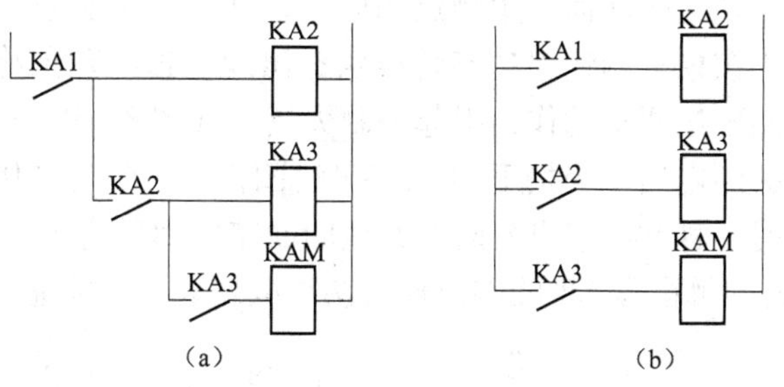

图3－7 避免多个元件的触点依次动作的接法
（a）不合理接法；（b）合理接法

(4) 在控制线路中，采用小容量继电器的触点来接通或断开大容量接触器线圈时，要计算接点容量是否足够，不够时必须加中间继电器或小型接触器转换，以免造成工作不可靠。

(5) 防止产生寄生电路。在电气控制线路的动作过程中，意外接通的电路称为寄生电路。寄生电路将破坏电气元件和控制线路的工作顺序或造成误动作。如图 3 - 8 所示，电路正常工作时，热继电器 FR 不动作，能够满足正反转工作需要，但当热继电器动作时，便出现图中带箭头直线所示的寄生回路使信号灯和接触器错误通电。

避免产生寄生电路的方法是在设计电气控制线路时，按照“线圈、耗能元件左边接控制触点，右边接电源零线”的原则，如改为图 3 - 8（b）所示电路。还可以采用联锁接点进行隔离消除寄生电路。

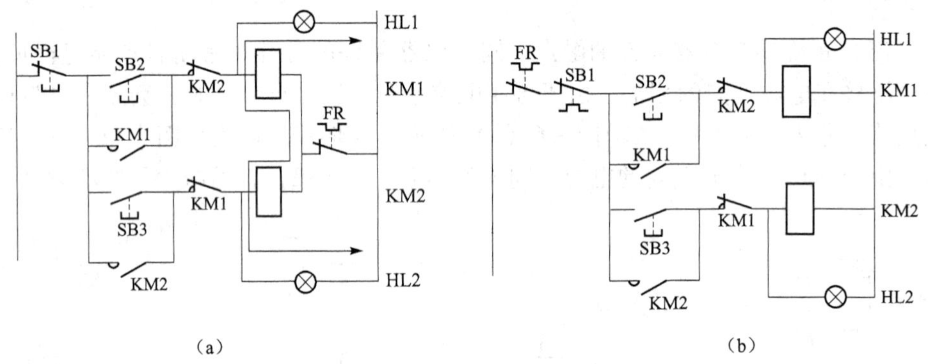

图 3 - 8 防止寄生的电路

（a）存在寄生电路；（b）正确接法

（6）避免发生触点“竞争”与“冒险”现象。通常分析控制电路电器的动作及触点的接通或断开，都是指静态分析的逻辑关系，而未考虑电器的动作时间。电磁线圈的通断过程固有时间一般为几十毫秒到几百毫秒，其时间是不确定、不可调的。电路从一个状态转换到另一个状态时，常常有几个电器的状态发生变化，有的未按预定时序而发生触点的争先动作，称为触点的“竞争”。若结果导致开关电器不按要求的逻辑功能转换状态出现，这种现象称为“冒险”。竞争与冒险导致控制不按要求动作，引起控制失灵。如图 3 - 9（a）所示为时间继电器组成的反身关断电路。当按下 SB2，KT 线圈得电，瞬时动作触点 KT 经 t_1 秒吸合自锁，经延时 t_S 秒常闭接点延时断开线圈回路实现反身关断并解除自锁。若出现 $t_S < t_1$，则时间继电器 KT 线圈出现振荡得电现象，不能完成反身关断。

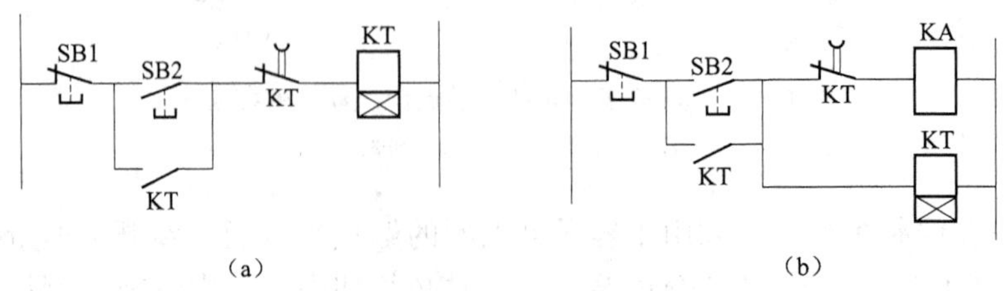

图 3 - 9 反身关断电路

（a）触点竞争与冒险电路；（b）消除触点竞争与冒险电路

避免发生触点“竞争”与“冒险”现象的方法是尽量避免具有相互矛盾逻辑关系的触点同时出现或相邻出现；当多个电器依次动作才接通另一个电器的控制线路时，要防止因电器元件固有特性引起的动作时间影响控制线路的动作程序。应将可能产生触点“竞争”与“冒险”的触点加以联锁隔离。如图3－9（b）所示，采用中间继电器KA代替时间继电器的瞬时触点就可消除触点“竞争”与“冒险”现象。

4. 操作、维修方便

选用的电气设备应力求使用安全，维修方便。电气元件应留有备用触点，必要时应留有备用电气元件，以便检修、修改接线用。应设置电气隔离，避免带电检修。控制结构应操作简单，能迅速、方便地实现控制方式的切换，如自动控制和手动控制的切换。

3.2 工业电气控制系统设计的基本程序

3.2.1 拟定电气设计任务书

电气控制系统设计的技术条件通常以设计任务书的形式表达。它是整个电气设计的依据，是由参加设计的各方面人员根据所需设计的机电设备总体技术要求共同讨论拟定的。在任务书中，应简要说明所设计的机械设备型号、用途、工艺过程、技术性能、传动方式及现场环境条件等。此外，应重点说明以下技术指标及要求：

（1）控制精度要求及生产效率要求。

（2）用户供电电网的种类、电压等级、频率及容量。

（3）电力拖动的基本特性，如电动机的数量、用途、负载特性、调速范围以及对启动、制动反向等要求。

（4）有关电气控制的特性，如电气控制的基本方式、工作自动循环的组成、动作过程程序、电气保护及联锁条件等。

（5）有关操作方面的要求，如操作台的布置、测量和信号指示、故障报警及照明等。

（6）机床主要电气设备（如电动机、执行电器、行程开关等）的参数及布置草图。

3.2.2 电力拖动方案的选择

电力拖动方案的选择是以后各部分设计内容的基础和先决条件。

电力拖动方案是指根据工艺生产要求，生产机械的结构、工作效率、精度及运动部件的数量、运动要求、负载性质、调速要求及投资额等条件来确定电动机的类型、数量、传动方式及电动机的启动、运行、调速、转向、制动等控制要求，是电气设计的主要内容，也是电气控制原理图及电器元件选择的依据。

1. 确定拖动方式

电动机的拖动方式有单独拖动和分立拖动两种形式，单独拖动指一台设备只用一台电动机拖动，通过机械传动链连接到各个工作机构。分立拖动指一台设备的各个工作机构由多台电动机分别驱动。电气传动的发展趋势是缩短机械传动链，电动机逐步接近工作机构，以提高传动效率。也便于实现自动控制，缩小机械总体结构和传动累计误差。具体选择时应根据工艺、机械结构具体情况进行选用。

2. 确定调速方案

不同的控制对象有不同的调速要求，为了达到一定的调速范围和调速精度，一般机械调速可采用齿轮变速箱、液压调速装置；电气调速可采用双速或多速电动机变极调速以及各种电气无级调速方法（详见第 4、5 章）。在选择调速方案时，可参考以下几点：

（1）重型或大型设备主运动及进给运动，尽可能采用无级调速。有利于简化机械结构，缩小体积，重量，降低制造成本。

（2）精密机械设备如坐标镗床、精密磨床、数控机床以及某些精密机械手，为了保证加工精度和动作的准确性，便于自动控制，也应采用电气无级调速方案。

（3）一般中小型设备如普通机床无特殊要求时，可选用坚固耐用、可靠性高、价廉物美的三相鼠笼式交流异步电动机，配适当级数的齿轮变速箱。若需扩大调速范围，也可采用双速或多速电动机。

在选择调速方案时，要保证电动机的调速性能与负载特性相适应，否则会引起拖动工作不正常，电动机不能充分合理使用。例如，对于双速鼠笼式异步电动机，当定子绕组由△连接改接成YY连接时，转速增加一倍，而功率却增加很少，因此适应于恒功率传动，而定子绕组由低速Y连接改接成YY连接时，转速和功率都增加一倍，而电动机的输出转矩却保持不变，因此适应于恒转矩传动。

3. 电动机的启动、制动和正反转要求

由于由电动机来完成设备的启动、停止、制动和正反转要比机械方法简单容易，因此机电设备主轴的启动、停止、制动、正反转和调整操作，只要条件允许均由电动机完成。

机械设备主运动传动系统的启动转矩一般都比较小，原则上可采用任何一种启动方式，对于其辅助运动，在启动时往往要克服较大的静转矩，故必要时可选用高启动转矩的电动机，或采用提高启动转矩的措施。另外还要考虑电网容量，对电网容量不大而启动电流较大的电动机，一定要采取限制电流的措施，如星－三角降压启动，串电阻或电抗降压启动等，以免电网电压波动较大造成事故。

传动电动机是否需要制动，取决于机电设备工艺要求。对于某些高速高效金属切削机床加工过程，常采用电动机制动方式。要求制动迅速往往采用反接制动，而要求制动平稳、准确定位则一般采用能耗制动。

启动和制动性能要求更高时往往采用软启动和软停止。有的高动态性能设备往往需要采用闭环控制系统、步进电机伺服控制系统、变频调速系统及其他复杂手段来满足更高性能要求。详见第4、5章内容。

3.2.3 电动机的选择

电动机的选择包括电动机的种类、结构形式、额定转速和额定功率的选择。电动机的种类和额定转速是根据生产机械的调速要求来选定，一般均采用感应电动机。仅在启动、制动和调速不满足要求时才考虑使用直流电动机。电动机的结构形式取决于机械结构和现场环境，可根据情况选用开启式、封闭式、防护式、防腐式、防爆式电动机。电动机的额定功率可根据生产机械的功率负载或转矩负载进行选择，使电动机容量得到充分利用。

（1）对于恒定负载长期工作制的电动机，其容量的选择应保证电动机的额定功率等于或大于负载所需的功率。

（2）对于变动负载长期工作制的电动机，其容量的选择应保证当负载变到最大时，电动机仍能给出负载所需的功率。同时电动机的温升不超过允许值。

（3）对于短时工作制的电动机，其容量的选择应按照电动机的过载能力来选择。短时过载系数为 λ，可选电动机的额定功率为生产机械所要求功率的 $1/\lambda$。

（4）对于重复短时工作制的电动机，其容量的选择原则上可按照电动机在一个工作循环内的平均功耗来选择。

一般情况下为了避免复杂的计算过程，电动机的容量选择往往采用统计类比或根据经验采用工程估算方法，但此法通常有较大裕量。

电动机电压的选择应根据使用地点电源电压来决定，常用为380 V、220 V。

3.2.4 电气控制方案的确定

合理选择电气控制方案是安全、可靠、优质、经济地实现工艺要求的重要步骤。确定控制方案必须综合考虑各方案的性能、设备投资、使用周期、发展趋势、维护检修等各方面因素。选择电气控制方案遵循的主要原则如下：

（1）自动化程度与国情相适应。既要尽可能选用最新科技成果，又要与企业自身经济实力、人才素质相适应。

（2）控制方案与设备的通用化及专用化相适应。对于工作程序简单的一般普通机床和专用机械设备，可采用继电－接触器控制系统，其控制方法简单，价格便宜。对于工作程序复杂的控制对象或经常变换工序和加工对象的机械设备，可根据情况采用可编程控制器、数控系统、微机控制系统等。

（3）控制方案随控制过程的复杂程度而变化。根据控制要求及控制过程的复杂程度不同，可采用分散控制、集中控制，或集中－分散控制。但应尽量使各台单机的控制方案和基本控制环节一致以简化设计和制造过程。

（4）控制系统的工作方式，应在经济、安全前提下，最大限度地满足工艺要求。设计工作方式应考虑采用自动循环或半自动循环，还要考虑进行手动调整的需要。还应考虑工序变更、系统检测、各个运动之间的联锁、各种安全保护、故障诊断、信号指示、照明及人机关系等。

3.3 电气控制线路的设计方法

电气控制线路的设计常用两种方法：一是经验设计法，二是逻辑设计法。

3.3.1 经验设计法

所谓经验设计法，就是根据生产机械对电气控制的要求，适当选用现有的典型环节，将它们有机组合起来，综合成所需的控制线路；然后根据工艺要求确定各环节之间的相互关系，添加联锁及辅助电路；最后再考虑精简电器与触点数量以取得好的经济效果。这种方法比较简单，容易掌握，但要求设计人员必须熟悉控制线路，掌握较多典型控制线路，并有丰富的设计经验。由于设计过程需反复修改以求最佳方案，因此设计速度较慢，必要时还要对整个电器控制线路进行模拟实验。

1. 经验设计法的基本步骤

一般生产机械电气控制线路设计包括主电路、控制电路和辅助电路等设计。

（1）主电路设计：主要考虑电动机的启动、点动、正反转、制动和调速。

（2）控制电路设计：主要考虑如何满足电动机的各种运转功能及生产工艺要求，包括基本控制和特殊控制，以及选择控制参量和确定控制原则，还应考虑满足整机各单元的连接，实现生产过程自动化或半自动及调整的控制电路。

（3）联锁保护环节和辅助电路设计：主要考虑如何完善整个控制线路设计，包括各种联锁环节及短路、过载、过流、失压等保护环节，以及所需辅助电路（如辅助照明、声光报警电路等）。

（4）线路的综合审查：反复审查所设计电路是否满足要求，条件允许可进行模拟实验，直至电路动作准确无误。

2. 经验设计法举例

【例 3-1】 下面以一个龙门刨床的横梁机构升降电气控制线路设计为例来说明经验设计法的设计过程。

1）控制系统的工艺要求

在龙门刨床上装有横梁机构，刀架装在横梁上，用来加工工件。为了适应不同高度工件加工对刀的需要，要求横梁能通过丝杆传动快速沿着立柱上下移动，横梁的上下移动由一台三相交流异步电动机 M1 拖动。为了保证零件的加工精度，当横梁点动到需要的高度时，应立即通过夹紧机构将横梁夹紧在立柱上，而每次移动前先松开夹紧结构。因此，为实现横梁移动前的放松和到位后的夹紧动作，设置另一台三相交流异步电动机 M2 拖动夹紧放松机构。

横梁机构对电气控制有如下要求：

（1）保证横梁能沿着立柱上下移动，夹紧机构能实现横梁的夹紧或放松。

（2）横梁夹紧与横梁移动之间必须按照一定的顺序操作，即当横梁上下移动时，能自动按照放松横梁→横梁上下移动→夹紧横梁→夹紧电动机自动停止运动的顺序动作。

（3）横梁在上升和下降时应设置限位保护。

（4）横梁夹紧与横梁运动之间及正反向运动之间应设置必要的联锁。

2）设计步骤

（1）主电路设计：由于升降电动机 M1 和夹紧放松电动机 M2 都要求正反转，故采用 KM1、KM2、KM3、KM4 四个接触器分别进行控制，据此设计出主电路如图 3-10 所示。

（2）基本控制电路设计：由于横梁的升降和夹紧放松均为调整运动，故都用点动控制。用两个点动按钮 SB1、SB2 分别控制升降和夹紧放松运动。由于两个按钮控制 4 个接触器，故需增加两个中间继电器 KA1、KA2，根据工艺可设计出控制电路如图 3-10 所示。

经仔细分析，该控制线路存在如下问题：

① 按上升点动按钮 SB1 后，接触器 KM1、KM4 同时得电吸合，横梁上升与放松同时进行，按下降点动按钮 SB2 与上相同，不满足“夹紧机构先放松，横梁后移动”工艺要求。

② 放松线圈 KM4 持续通电会使夹紧机构持续放松，没有设置横梁放松程度检测元件。

③ 松开按钮 SB1、SB2，横梁不能移动；夹紧线圈 KM3 得电吸合时，夹紧电动机持续旋转，不能在夹紧后自动停止。

因此，需要选择控制过程变化参量，来满足工艺要求。

（3）选择控制参量，确定控制原则。

① 反映横梁放松程度的参量。采用行程开关 SQ1 来检测放松程度，如

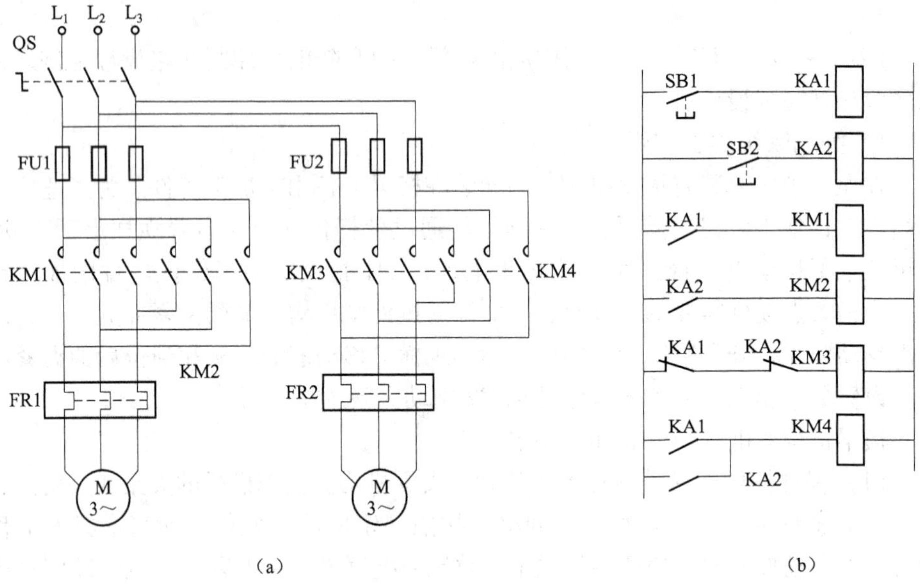

(a) (b)

图 3－10　横梁机构控制电路图

(a) 主电路；(b) 控制电路

图 3－11所示，横梁放松到一定程度时，其压块压动 SQ1，使 SQ1 常闭触点断开，KM4 线圈失电；同时 SQ1 常开触点闭合，使升降接触器 KM1、KM2 通电，横梁上下移动。

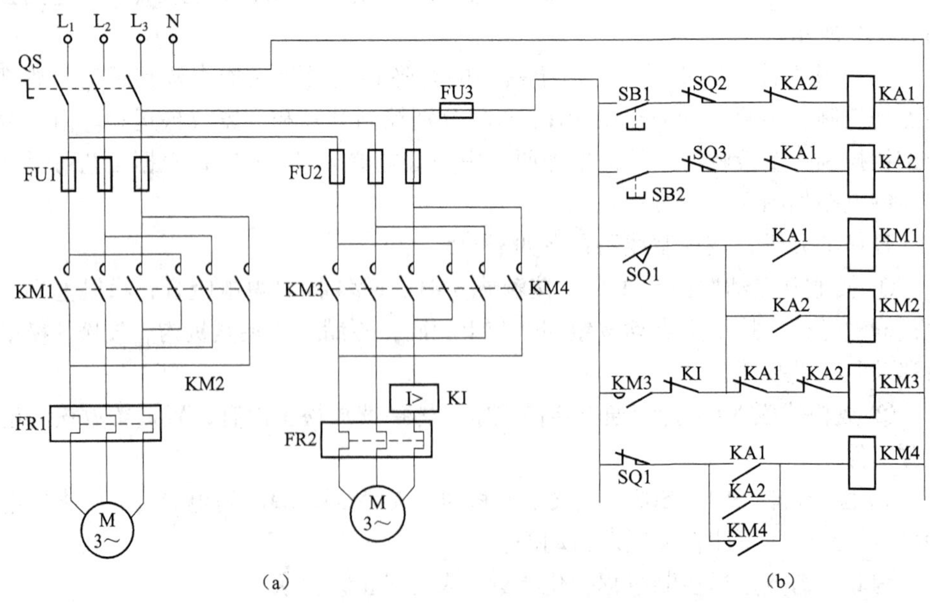

(a) (b)

图 3－11　完善的横梁机构控制电路图

(a) 主电路；(b) 控制电路

② 反映横梁夹紧程度的参量。由于夹紧力与电流量有关，夹紧力大，则电流也大。故用电流继电器来反映夹紧程度。将其动作电流整定在额定电流的 2 倍左右，当超过整定值，电流继电器 KI 的常闭触点断开，KM3 线圈失电，自动停止夹紧电动机工作。

（4）设计联锁保护环节。

行程开关 SQ2 和 SQ3 分别实现横梁上下行程的限位保护。行程开关 SQ1 不仅反映了放松信号，还起到了横梁移动和横梁夹紧之间的联锁作用。设置中间继电器 KA1、KA2 的常闭触点作为互锁保护触点实现横梁上升与下降、横梁移动与横梁夹紧之间联锁保护。

熔断器 FU1、FU2、FU3 用做短路保护。

（5）线路的完善与校核：线路设计完成后，往往还有不合理的地方，或者需进一步简化，应认真仔细校核。完善有关电气控制的特性，如电气控制的基本方式、工作自动循环的组成、动作过程程序、电气保护及联锁条件等。

3.3.2 逻辑设计法

逻辑设计法是根据生产工艺要求，利用逻辑代数来分析、化简、设计线路的方法。方法要点是将控制电路中的继电器、接触器线圈的通断、触点的闭合和断开看成逻辑变量，这样可以用逻辑函数关系式来表达控制要求逻辑关系，并可以按逻辑运算规律进行化简，根据最简式来设计控制电路。因此，生产自动线、组合机床等控制线路设计，采用逻辑设计法比经验设计法更为合理。

1. 机床电器逻辑电路的表示方法

在继电接触器控制线路中逻辑代数规定：继电器、接触器线圈得电状态为 1，线圈失电状态为 0；继电器、接触器触点闭合状态为 1，触点断开状态为 0；控制按钮、开关触点闭合状态为 1，触点断开状态为 0；

为清楚反映元件状态，元件线圈、常开触点（动合触点）的状态用相同字符（如继电器为 KA）表示，而常闭触点（动断触点）的状态以 $\overline{KA}$ 表示。若 KA 为 1 状态，表示继电器线圈得电吸合，其常开触点闭合，常闭触点断开；若 KA 为 0 状态，则与上述相反。

基本逻辑关系有逻辑或、逻辑与、逻辑非。如图 3－12 所示，逻辑或表示触

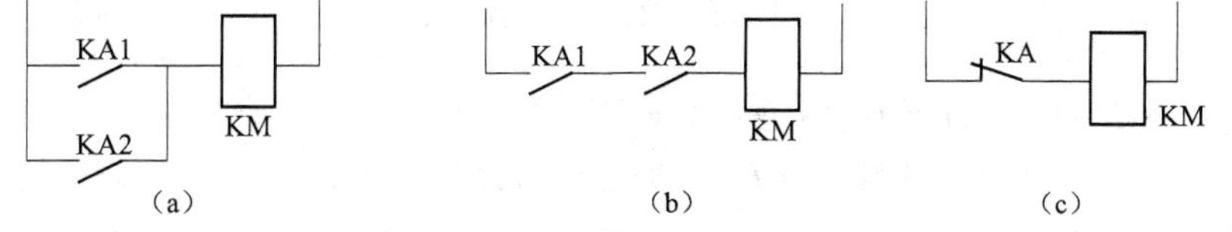

图 3－12 基本逻辑运算电路

（a）逻辑或电路；（b）逻辑与电路；（c）逻辑非电路

点的并联，逻辑与表示触点的串联，逻辑非表示状态相反。由此得逻辑式如下：

逻辑或：KM = KA1 + KA2

逻辑与：KM = KA1 · KA2

逻辑非：KM = $\overline{\text{KA}}$

2. 控制电路逻辑函数的化简

一般按生产工艺要求列出的原始逻辑式较为繁琐，涉及的变量较多，由此绘出的电气控制线路图也较复杂。在保证逻辑功能不变的前提下，应用逻辑代数的定律将原始逻辑式进行化简，可以得到简化的电气控制线路图。

逻辑代数的基本运算定律如下：

（1）0－1 律：$A \cdot 0 = 0, A + 1 = 1$。

（2）自等律：$A \cdot 1 = A, A + A = A$。

（3）互补律：$A \cdot \overline{A} = 0, A + \overline{A} = 1$。

（4）交换律：$A \cdot B = B \cdot A, A + B = B + A$。

（5）结合律：$A \cdot (B \cdot C) = (A \cdot B) \cdot C, A + (B + C) = (A + B) + C$。

（6）分配律：$A \cdot (B + C) = A \cdot B + A \cdot C, A + B \cdot C = (A + B)(A + C)$。

（7）吸收律：$A + A \cdot B = A, A(A + B) = A$,

$A + \overline{A}B = A + B, \overline{A} + AB = \overline{A} + B$。

（8）重叠律：$A \cdot A = A, A + A = A$。

（9）非非律：$\overline{\overline{A}} = A$。

（10）反演律（摩根定理）：$\overline{A + B} = \overline{A} \cdot \overline{B}, \overline{A \cdot B} = \overline{A} + \overline{B}$。

【例 3－2】 如图 3－13（a）所示为一个控制电路，用逻辑代数的基本定律化简该电路。

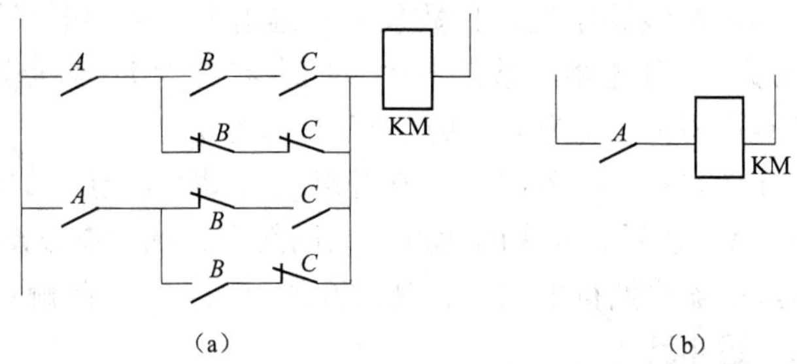

图 3－13　例 3－2 化简前后控制电路

（a）化简前电路；（b）化简后电路

解： 图 3－13（a）的逻辑表达式如下：

$$KM = A(BC + \overline{B}\,\overline{C}) + A(\overline{B}C + B\,\overline{C})$$

化简后如下：

$$KM = ABC + A\overline{B}\,\overline{C} + A\overline{B}C + AB\overline{C} = AB(C + \overline{C}) + A\overline{B}(C + \overline{C}) = AB + A\overline{B} = A$$

化简后控制电路如图 3－13（b）所示。

【例 3-3】 如图 3-14（a）所示为控制电路，用逻辑代数的基本定律化简该电路。

解： 图 3-14（a）的逻辑表达式如下：

$$KM = A\overline{B}C + A\overline{B}\,\overline{C} + \overline{B}\,\overline{C} + AC + \overline{B}C$$

化简后如下：

$$KM = AC(1+\overline{B}) + \overline{B}\,\overline{C}(1+A) + \overline{B}C = AC + \overline{B}\,\overline{C} + \overline{B}C = AC + \overline{B}$$

化简后控制电路如图 3-14（b）所示。

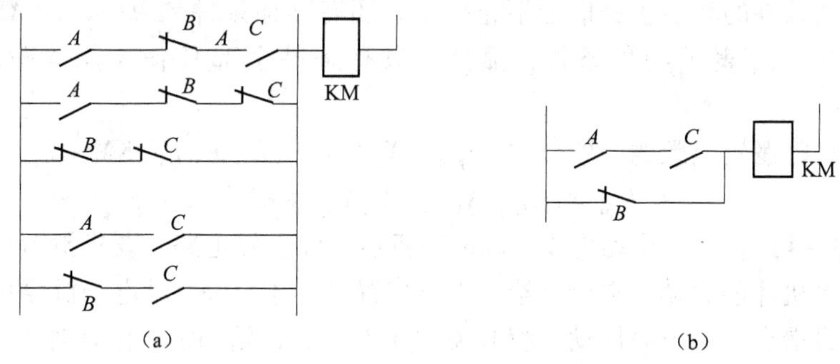

图 3-14　例 3-3 化简前后控制电路图

（a）化简前电路；（b）化简后电路

3. 继电-接触器控制线路逻辑函数的一般形式

如图 3-15 所示为电动机启、保、停控制电路，对应图 3-15（a）和图 3-15（b），可分别写出逻辑函数为：

$$f_{\mathrm{KM}} = \mathrm{SB1} + \overline{\mathrm{SB2}} \cdot \mathrm{KM} \qquad (3-1)$$

$$f_{\mathrm{KM}} = \overline{\mathrm{SB2}} \cdot (\mathrm{SB1} + \mathrm{KM}) \qquad (3-2)$$

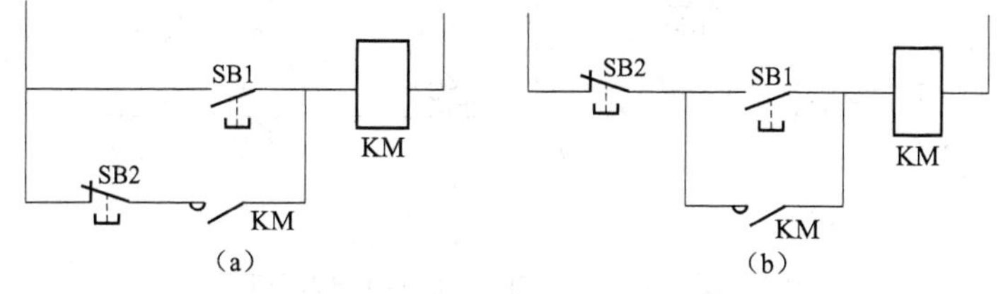

图 3-15　电动机启、保、停控制电路

（a）开启从优形式；（b）关断从优形式

式中，SB1 为开启条件，$\overline{\mathrm{SB2}}$为关断条件，KM 为自锁信号。两个电路图启、保、停功能相似，但从逻辑函数表达式看却有本质区别。在式（3-1）中 SB1 = 1 时，$f_{\mathrm{KM}}=1$，这时按钮$\overline{\mathrm{SB2}}$不起控制作用，因此这种电路称为开启优先形式。式（3-2）中，$\overline{\mathrm{SB2}}=0$ 时，$f_{\mathrm{KM}}=0$，这时 SB1 不起控制作用，因此这种电路称为关断优先形式。一般情况下，为了安全起见，均选择关断优先形式。

实际的启、保、停电路往往存在许多联锁条件，例如，铣床的自动循环工作必须在主轴旋转条件下进行；动力头主轴电机必须滑台停在原位时才能启动；滑台进给到需要位置时，才允许主轴电动机停止。因此，对开启信号及关断信号都存在一些约束条件。

当开启条件的转换主令信号不止一个，还有其他条件约束时，用 X_K 表示开启信号，用 X_{KY} 表示约束条件；显然，只有条件全部具备才能开启，由此，$X_{开}=X_K\cdot X_{KY}$。

当关断条件的转换主令信号不止一个，还有其他条件约束时，用 X_G 表示关断信号，用 X_{GY} 表示约束条件；显然，只有条件全部具备才能关断，由此，$X_{关}=X_G+X_{GY}$。

由此可得逻辑函数的一般形式：$f_{KM}=X_K X_{KY}+(X_G+X_{GY})\mathrm{KM}$　　(3-3)

$$f_{KM}=(X_G+X_{GY})(X_K X_{KY}+\mathrm{KM}) \tag{3-4}$$

【例3-4】 设计一个动力头主轴电动机启、保、停电路，要求滑台停在原位时主轴电动机才能启动；滑台进给到需要位置时，才允许主轴电动机停止。

解： 设滑台在原位时压动行程开关 SQ1 输入，进给到需要位置时压动行程开关 SQ2，启动按钮为 SB1，停止按钮为 SB2，则 $X_K=\mathrm{SB1}$，$X_G=\overline{\mathrm{SB2}}$，$X_{KY}=\mathrm{SQ1}$，$X_{GY}=\overline{\mathrm{SQ2}}$，按开启优先模式可得：

$$f_{KM}=\mathrm{SB1}\cdot\mathrm{SQ1}+(\overline{\mathrm{SB2}}+\overline{\mathrm{SQ2}})\mathrm{KM}$$

按关断优先模式可得：

$$f_{KM}=(\overline{\mathrm{SB2}}+\overline{\mathrm{SQ2}})\cdot(\mathrm{SB1}\cdot\mathrm{SQ1}+\mathrm{KM})$$

对应控制电路如图 3-16 所示。

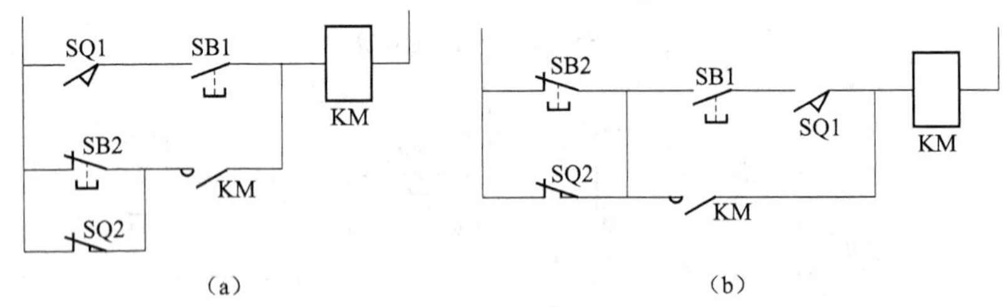

图 3-16　动力头主轴电动机控制电路设计
(a) 开启从优形式；(b) 关断从优形式

应用逻辑设计方法可以十分容易地解决较为复杂的逻辑连锁问题。

4. 逻辑设计方法的一般步骤

逻辑设计法的一般步骤如下：

(1) 根据加工工艺过程，绘出工作循环图或工作示意图。

(2) 按工作循环图确定逻辑变量，作出主令元件、检测元件及输出执行元件状态表。

为区分所有状态，而增设必要的中间状态记忆元件（中间继电器）。

（3）根据状态表，列出输出执行元件的逻辑函数表达式。

（4）简化逻辑表达式，据此绘出控制线路。

（5）进一步完善电路，增加必要的联锁、保护等辅助环节，检查电路是否符合控制要求，有无寄生回路，是否存在触点竞争现象等。

完成以上5步，可得到完整的控制原理图。

5. 用逻辑设计法进行线路设计举例

【例3－5】 某机床动力头滑台进给移动需进行正向快进、正向工进、反向工进、快退移动4步动作，工艺要求如下：

（1）采用双电机驱动：M1为工进电动机，M2为快进电动机。

（2）SB1为启动按钮，SQ1为原位行程开关，SQ2为快进转工进行程开关，SQ3为进给终点行程开关。在原位时按SB1，滑台快进，至SQ2，改为工进，至SQ3，改为反向工进，至SQ2改为快退，滑台运动到SQ1，电动机M1、M2停止。

（3）通过接触器KM1、KM2来控制两台电动机M1、M2的正反转，KM3控制快速进给电动机M3的运转。

试按要求设计滑台进给移动控制电路。

解：（1）按照工艺要求作出工作循环图如图3－17所示。

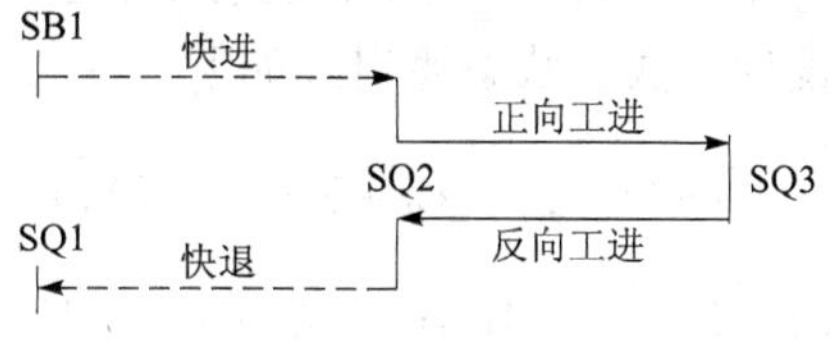

图3－17　动力头滑台工作循环图

（2）可确定逻辑变量如下：

① 主令元件：SB1—启动，SQ1—原位，SQ2—工进位，SQ3—末位。

② 输出执行元件：KM1—前进（正转），KM2—后退（反转），KM3—加速。

③ 中间记忆元件：设置中间继电器KA1、KA2、KA3、KA4分别对应4个工作状态：快进、工进、反向工进、快退。

列出逻辑状态表如表3－1所示，并确定状态转换的激励信号，表中的1/0表示短信号，如按钮SB1的按下与松开，行程开关SQ的接通与断开。

表3－1　动力头滑台逻辑状态表

序号	程序	激励信号	主令　元件				中间记忆　元件				执行　元件		
			SB1	SQ1	SQ2	SQ3	KA1	KA2	KA3	KA4	KM1	KM2	KM3
0	原位	0	0	1	0	0	0	0	0	0	0	0	0
1	快进	SB1	1/0	0	0	0	1	0	0	0	1	0	1

续表

序号	程序	激励信号	主令　元件				中间记忆　元件				执行　元件		
			SB1	SQ1	SQ2	SQ3	KA1	KA2	KA3	KA4	KM1	KM2	KM3
2	正向工进	SQ2	0	0	1/0	0	0	1	0	0	1	0	0
3	反向式进	SQ3	0	0	0	1/0	0	0	1	0	0	1	0
4	快退	SQ2	0	0	1/0	0	0	0	0	1	0	1	1
5	原位	SQ1	0	1	0	0	0	0	0	0	0	0	0

（3）给出逻辑表达式：

① 输出和中间记忆元件的关系：

$$\mathrm{KM1} = \mathrm{KA1} + \mathrm{KA2}$$

$$\mathrm{KM2} = \mathrm{KA3} + \mathrm{KA4}$$

$$\mathrm{KM3} = \mathrm{KA1} + \mathrm{KA4}$$

② 对于中间记忆单元的逻辑设计，方法也有多种。本工作流程属于单向步进控制，因此采用步进设计方法，状态逻辑式如下：

$$\mathrm{KA}i = [\mathrm{KA}(i-1) \cdot \mathrm{C}i + \mathrm{KA}i] \cdot \overline{\mathrm{KA}(i+1)} \qquad (3-5)$$

式中，$\mathrm{KA}(i-1) \cdot \mathrm{C}i$ 为启动条件，其中，$\mathrm{KA}(i-1)$ 是确保步进继电器依次动作条件，$\mathrm{C}i$ 为步进转换条件。$\mathrm{KA}(i+1)$ 为停止条件，括号中的 $\mathrm{KA}i$ 为自锁逻辑。以上逻辑式可确保任一时刻只有一个步进继电器工作。由于步进逻辑工作时有关断上一道工序的能力，因此可允许转换条件 $\mathrm{C}i$ 重复使用。

本例中，当动力头滑台采用单周期运行方式时，应用关断优先模式，KA2 至 KA4 增加约束条件 SQ2、SQ3、SQ2，可得逻辑式如下：

$$\mathrm{KA1} = (\mathrm{SB1} + \mathrm{KA1}) \cdot \overline{\mathrm{KA2}}$$

$$\mathrm{KA2} = (\mathrm{KA1} \cdot \mathrm{SQ2} + \mathrm{KA2}) \cdot \overline{\mathrm{KA3}}$$

$$\mathrm{KA3} = (\mathrm{KA2} \cdot \mathrm{SQ3} + \mathrm{KA3}) \cdot \overline{\mathrm{KA4}}$$

$$\mathrm{KA4} = (\mathrm{KA3} \cdot \mathrm{SQ2} + \mathrm{KA4}) \cdot \overline{\mathrm{SQ1}}$$

若动力头滑台采用自动循环工作方式，则中间记忆元件 KA1 的启动条件增加自动循环条件 KA4 · SQ1，其余不变。由此可得：

$$\mathrm{KA1} = (\mathrm{SB1} + \mathrm{KA4} \cdot \mathrm{SQ1} + \mathrm{KA1}) \cdot \overline{\mathrm{KA2}}$$

$$\mathrm{KA2} = (\mathrm{KA1} \cdot \mathrm{SQ2} + \mathrm{KA2}) \cdot \overline{\mathrm{KA3}}$$

$$KA3 = (KA2 \cdot SQ3 + KA3) \cdot \overline{KA4}$$

$$KA4 = (KA3 \cdot SQ2 + KA4) \cdot \overline{KA1}$$

（4）按动力头滑台采用单周期运行方式，根据 3 个接触器和 4 个中间继电器的逻辑表达式，可绘出控制线路如图 3－18 所示。

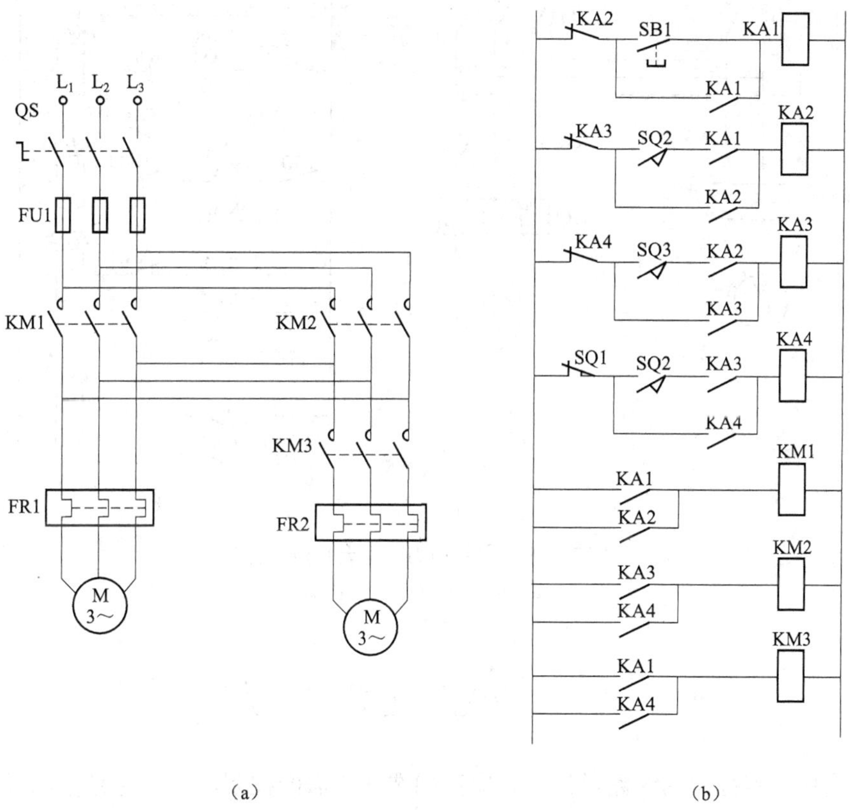

图 3－18　逻辑设计法单周期运行动力头滑台控制电路图

（a）主电路；（b）控制电路

（5）检查、完善电路。加上必要的联锁保护等措施。如接触器 KM1、KM2 的互锁，短路保护、过载保护以及超行程保护措施 SQ4 等，最后得到完整的控制电路如图 3－19 所示。

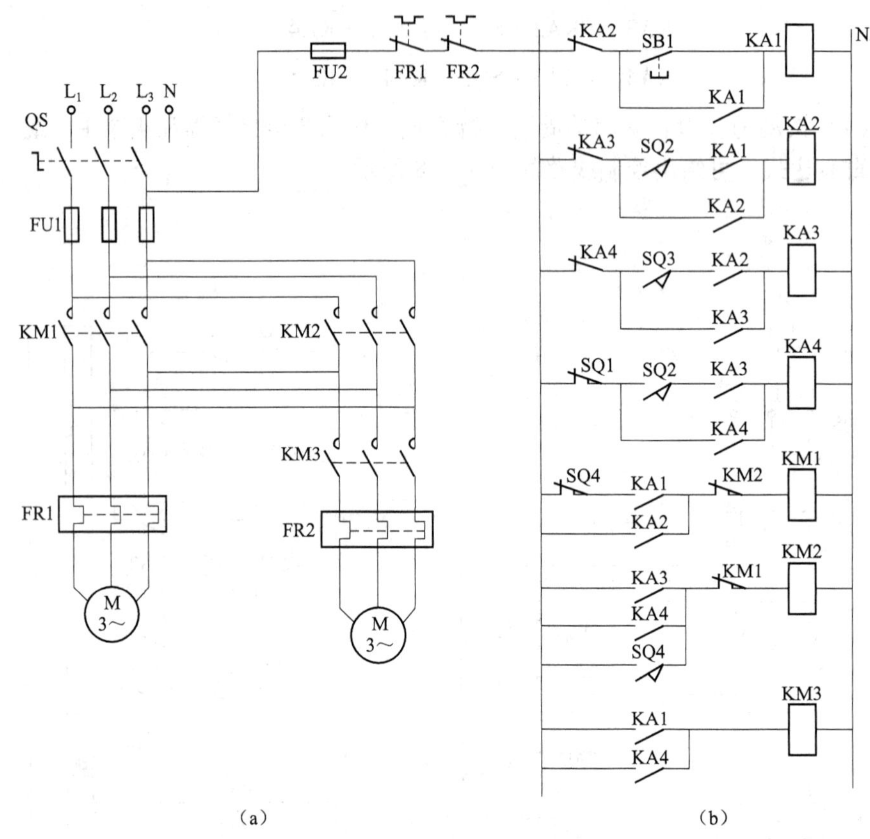

图 3－19　完善动力头滑台控制电路

（a）主电路；（b）控制电路

3.4　常用电气元器件的选择

完成电器控制的线路设计后，应正确选择所需的控制电器，它是控制线路安全、可靠工作的重要条件。常用低压电器的选择，主要根据电器产品目录的技术指标来进行。

3.4.1　按钮、低压开关的选用

1. 按钮

按钮通常用于短时接通或断开小电流的控制电路。按钮主要根据使用场合、所需触点数、触点形式及颜色来选用，常用按钮为 LA 系列。按钮在结构上有多种形式，例如，旋钮式可用手扭动旋转进行操作；指示灯式在按钮内装入信号灯显示信号；紧急式表示紧急操作，常装有蘑菇形钮帽。

2. 刀开关

刀开关又称闸刀开关，因其有可见分断口，主要用于电源以下设备的检修。有时也用于不经常启动、制动容量小于 7.5 kW 的异步电动机。此时，其额定电流要大于电动机额定电流 3 倍以上。刀开关主要根据电源种类、电压等级、电动机容量、所需极数及使用场合来选用。

3. 自动空气开关

自动空气开关又称自动空气断路器。由于它既能接通与分断正常工作电流，也能自动分断过载或短路电流，分断能力大，兼有欠压和过载、短路保护多种功能，常用于代替刀开关加熔断器加热继电器。由于性能卓越，因而在电气控制实用中应用极其广泛。

选择自动开关主要考虑的参数是额定电压、额定电流和允许切断的极限电流等。自动开关脱扣器的额定电流应大于或等于负载允许的长期平均电流；自动开关的极限分断能力要大于、至少等于最大短路电流。

自动开关脱扣器电流整定的原则是：欠电压脱扣器额定电压应等于主电路额定电压；热脱扣器的整定电流应与负载额定电流相等；电磁脱扣器的瞬时脱扣整定电流应大于负载正常工作时的尖峰电流；当保护电动机时，电磁脱扣器的瞬时脱扣整定电流为电动机启动电流的 1.7 倍。

常用自动空气开关有施耐德 GV2 系列，梅兰日兰 C45N 系列，西门子 3VU13、3VU16、3VF1 系列，浙江嘉控电气 JXM25 系列、国产 DZ 系列、DW 系列等。

3.4.2 熔断器的选择

熔断器的选择主要是选择其种类、额定电压、熔断器额定电流等级和熔体的额定电流。

额定电压是根据所保护电路的工作电压来选择的。熔断器的额定电流应大于或等于所装熔体的额定电流。熔体电流的选择是熔断器选择的核心：

（1）对于电阻性负载、照明线路等应选择：

$$I_R \geq I_N \tag{3-6}$$

式中，I_R——熔体额定电流；

I_N——负载额定电流。

（2）对于单台异步电动机，应选择：

$$I_F \geq (1.5 \sim 2.5) I_N \tag{3-7}$$

式中，I_F——熔体额定电流；

I_N——电动机额定电流。

（3）对于多台电动机由一个熔断器保护，不同时启动，应选择：

$$I_F \geq (1.5 \sim 2.5) I_{N\max} + \sum I_N \tag{3-8}$$

式中，I_F——熔体额定电流；

$I_{N\max}$——容量最大一台电动机额定电流；

$\sum I_N$——其余各台电动机额定电流总和。

【例 3-6】 两台电动机，不同时启动，一台电动机额定电流为 15.4 A，另一台为 4.64 A，试选择熔断器。

解： $I_F \geq (1.5 \sim 2.5) I_{N\max} + \sum I_N = 2.5 \times 15.4 + 4.64 = 43.14$ （A）

可选用 RL-60 型熔断器，配用 50 A 熔体。

熔断器种类很多，有螺旋式（型号有 RL6、RL7）、插入式、填料密封管式（型号有 RT12/14/15 等）及快速熔断器（型号有 RLS2）等。

3.4.3 接触器的选用

接触器用于带负载主电路的自动接通与分断，起控制逻辑的最后执行作用。按其主触点控制的电流种类分为交流和直流两种。应用最多的是交流接触器。

接触器的选择主要考虑以下技术数据：

（1）接触器类型选择：按其所控制的负载性质分为交流和直流。

（2）主触点额定电压：接触器的额定电压应大于或等于所控制线路的电压。

（3）主触点额定电流的选择：接触器的额定电流应大于或等于所控制线路的额定电流。对于电动机负载一般按经验公式计算：

$$I_C = \frac{P_N}{KU_N} \tag{3-9}$$

式中，I_C——接触器主触点电流，单位 A；

P_N——电动机额定功率，单位 kW；

U_N——电动机额定电压，单位 V；

K——经验系数，一般取 1 ~ 1.4。

（4）电磁线圈额定电压选择：根据控制电路的电压选用一般选 380 V、220 V。

（5）接触器触点数量、种类选择 ：应满足主电路和控制电路对触点的要求。

常用的接触器产品有上海机床电器厂的西门子 3TB 系列，上海人民电器厂的 ABB 公司 B 系列，施耐德电气的 D2 系列和 N 系列接触器，CJX、CJ10、CJ12、CJ20 系列交流接触器和 CZ0 系列直流接触器等。

3.4.4 热继电器的选用

热继电器用于电动机的过载保护。热继电器选择的原则为：根据电动机的额定电流来确定热继电器的型号及热元件的额定电流等级。一般情况下，可选用两相结构的热继电器；对于电网电压严重不平衡、工作环境恶劣条件下工作的电动机，则应选用三相结构的热继电器；对于三角形连接的电动机，为了实现断相保护，应选用带断相保护装置的热继电器。

热继电器中热元件的额定电流原则上按被保护电动机的额定电流来选取，即热元件的额定电流应接近或略大于被保护电动机的额定电流。例如，电动机额定电流为15.4 A，可选用JR16B20/3型热继电器，热元件电流等级为16 A，其电流调节范围10~16 A，可将电流调至15.4 A。

常用热继电器型号有JR16、JR20等。

3.4.5 中间继电器的选用

中间继电器主要在电路中起信号传递与转换作用，利用它可实现多路控制，并可将小功率的控制信号转换为大容量触点的动作，以驱动电气执行元件进行工作。由于中间继电器触点多，可扩大其他电器的控制作用。

选用中间继电器，主要根据控制电路电压等级、触点数量、种类及容量以满足控制线路要求。

常用中间继电器型号有JZ7系列、JZ8系列，西门子3TH系列，施耐德CA2-D系列，无锡机床电器厂的富士HH5、HH6系列等。

3.4.6 时间继电器的选用

选用时间继电器主要根据工艺要求考虑通电延时型还是断电延时型，还要考虑瞬时触点的数目和延时精度要求，一般延时时间较短，精度较低可选电磁式或空气阻尼式，要求延时准确度高，时间较长，选用电子时间继电器。

常用时间继电器型号有西门子7PU系列、7PR系列，无锡机床电器厂的富士ST系列和国产JS7-A系列等。

3.4.7 控制变压器的选用

当控制线路中所用电器较多、线路较复杂时，可能需要采用控制变压器进行变压来提供多种电源电压，以提供线路的安全可靠性。控制变压器的选择主要根据变压器容量及一次侧、二次侧电压等级来选。容量大小可根据下列两种方法计算确定：

(1) 根据控制线路最大工作负载所需的功率计算，一般根据下式：

$$P_B \geqslant K_B \sum P_m \tag{3-10}$$

式中，P_B——所需变压器的容量（VA）；

K_B——变压器容量储备系数：$K_B=1.1\sim1.25$；

$\sum P_m$——控制线路负载满负荷工作时电器的总功率（VA）。对于交流电器，如交流接触器、交流中间继电器、交流电磁铁等，P_m应取吸持功率。

（2）变压器容量应满足已吸合的电器在启动吸合另一些电器时仍能保持吸合态。可用下式计算：

$$P_B \geqslant 0.6\sum P_m + 1.5\sum P_Q \tag{3-11}$$

式中，$\sum P_Q$——同时启动电器的总吸持功率。

所需控制变压器容量，是根据式（3－10）和式（3－11）中所计算出的最大值选取。

表 3－2 表示常用交流电器的启动与吸持功率数值。

控制变压器有国产 BK 系列、西门子 4AM/4AT/ 4BT 系列等。

表 3－2　常用交流电器的启动与吸持功率表（均为有效功率）

电器名称	电器型号	启动功率 P_m/VA	吸持功率 P_q/VA
交流接触器	CJ10－10	65	5
交流接触器	CJ10－20	140	9
交流接触器	CJ10－40	230	12
交流接触器	CJ10－100	760	27
磁力启动器	QC10－10	65	11
磁力启动器	QC10－20	140	22
磁力启动器	QC10－40	230	31
磁力启动器	MQ1－5101	450	50
牵引电磁器	MQ1－5111	1 000	80
牵引电磁器	MQ1－5121	1 700	95
牵引电磁器	MQ1－5131	2 200	130
牵引电磁器	MQ1－5141	10 000	480

3.5　电气控制线路设计举例

设计一个 CW6163 卧式车床的电气控制线路。

3.5.1　CW6163 卧式车床电气传动的特点及控制要求

（1）车床主运动和进给由电动机 M1 集中传动，主轴的正反向（满足螺纹加工要求）由两组摩擦片离合器来完成。

（2）主轴制动采用液压制动器。

（3）冷却泵由电动机 M2 拖动。

（4）刀架快速移动由单独的快速移动电动机 M3 拖动。

（5）进给运动的纵向左右运动、横向前后运动以及快速移动都集中由一个手柄操纵。

3.5.2 电动机的选择

由工艺及控制要求选择电动机如表 3－3 所示。

表 3－3 电动机列表

	符号	型 号	功率/kW	额定电压/V	额定电流/A	转速/(r · min^{-1})
主电动机	M1	Y160M－4	11	380	23.0	1 460
冷却泵电动机	M2	JCB－22	0.15	380	0.43	2 790
快速移动电动机	M3	Y90S－4	1.1	380	2.8	1 400

3.5.3 电气控制线路设计

1. 主电路设计

根据电气传动的要求，考虑由 3 个接触器 KM1、KM2、KM3 分别控制电动机 M1、M2、M3，如图 3－20（a）所示。

机床的三相电源由开关 QS 引入。主电动机 M1 的短路保护，由熔断器 FU1 完成；过载及缺相保护由热继电器 FR1 实现；冷却泵电动机 M2 的过载保护由热继电器 FR2 实现；快速移动电动机 M3 由于是短时工作，故不设过载保护；电动机 M2、M3 共同设短路保护为熔断器 FU2。

2. 控制电路设计

如图 3－20（b）所示，考虑到操作方便，主电动机 M1 可在床头操作板上和刀架拖板上分别设启动按钮 SB1、SB2，停止按钮 SB3、SB4 进行两地控制操作。接触器 KM1 线圈与控制按钮 SB1～SB4 组成带自锁的起、保、停控制线路。

冷却泵电动机 M2 由按钮 SB5、SB6 进行起、停操作，按钮装在床头操作板上。

快速移动电动机 M3 由于工作时间短，为了操作灵活，设计由按钮 SB7 组成点动控制。

3. 信号指示与照明电路

考虑安全警示，设置电源指示灯 HL2（红色），再设置主电动机工作指示灯

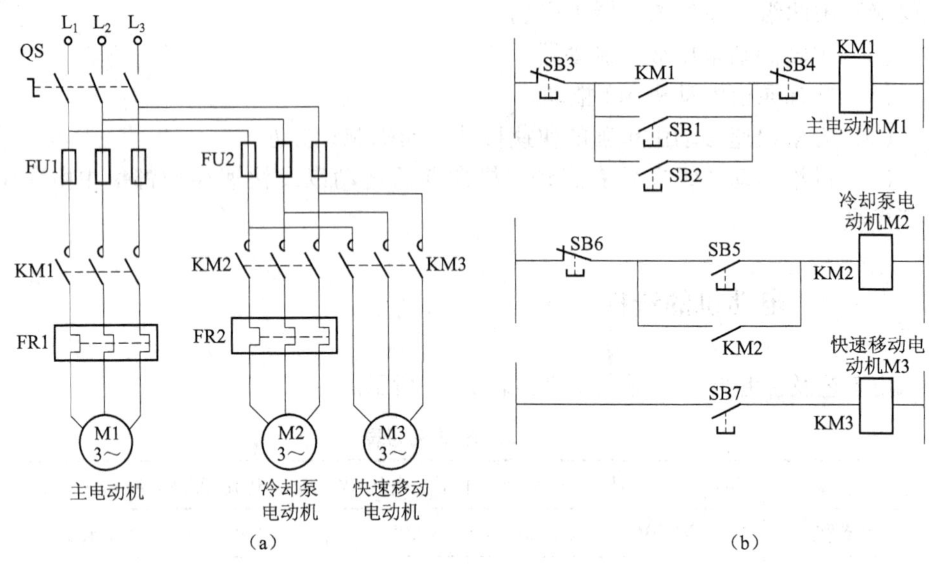

图 3－20 控制电路设计

(a) 主电路；(b) 控制电路

HL1（绿色），由 KM1 辅助触点进行控制，并设置带钮子开关机床安全照明灯 FL（36 V 安全电压）。

在操作板上设置交流电流表 A，它串联在电动机主电路中，用以指示电动机的工作电流。这样操作人员可根据电动机工作电流来调整切削用量，使电动机尽量满载运行，提高劳动生产率，同时还能提高电动机功率因素。

4. 控制电路电源

考虑安全可靠及满足控制电路及照明指示灯的要求，采用控制变压器对控制电路和照明供电。供电电压为控制线路 127 V，车床照明 36 V，指示灯 6.3 V 。

5. 绘制电气原理图

根据控制要求及设计选择，画出电气原理图，如图 3－21 所示。

3.5.4 选择电器元件

1. 电源引入开关 SQ

SQ 起电源引入隔离开关作用，不能用来直接起、停电动机。选择时可按 3 台电动机的额定电流来选择。中、小型机床常用组合开关，选用 HZ10－25/3 型，额定电流 25 A，三极组合开关。

2. 热继电器 FR1、FR2

主电动机 M1 额定电流为 23.0 A，FR1 应选用 JR16－60/3 型热继电器，热元件电流为 32 A，整定电流调节范围为 20～32 A，工作时将额定电流调整为

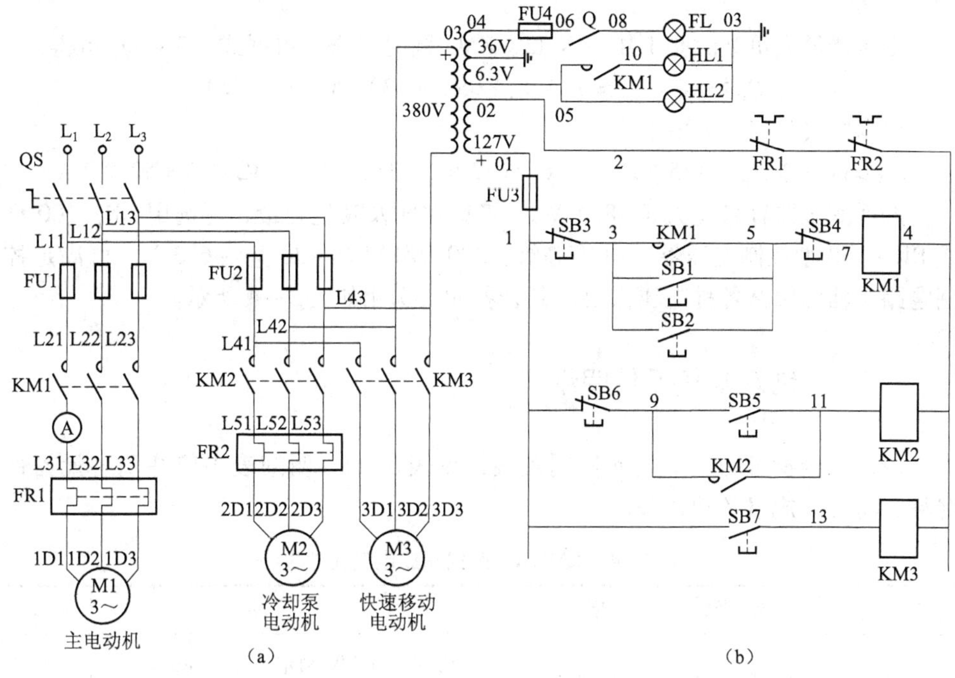

图3－21 CW6163卧式车床电气原埋图

(a) 主电路；(b) 控制电路

23.0 A。

同理，FR2选用JR16－20型热继电器，热元件电流为0.5 A，整定电流调节范围为0.32～0.5 A，工作时将额定电流调整为0.43 A。

3. 熔断器FU1、FU2、FU3、FU4

FU1用于对电动机M1进行短路保护，其熔体电流

$$I_F \geqslant (1.5\sim2.5)I_N = 2.0\times23\text{A} = 46\ \text{A}$$

可选择RL6－63型熔断器，熔体电流50A。

FU2用于对电动机M2、M3进行短路保护，其熔体电流

$$I_F \geqslant (1.5\sim2.5)I_N = 2.5\times(2.8+0.43)\text{A} = 8.1\ \text{A}$$

可选择RL6－25型熔断器，熔体电流10A。

4. 接触器KM1、KM2、KM3

接触器KM1根据主电动机M1的额定电流23 A，控制回路电压127 V，需主触点3对，动合辅助触点2对，动断辅助触点1对。可选用CJ10－40型接触器或其他同类产品，线圈电压127 V。

由于M2、M3电动机额定电流很小，故KM2、KM3可选用JZ7－44交流中间继电器代替，线圈电压为127 V，触点额定电流5 A，4对动合触点，4对动断触点，可完全满足要求。一般对小容量电动机的控制常用中间继电器充任接触器。

5. 控制变压器 TC

变压器最大负载时是 KM1、KM2、KM3 同时工作，根据式（3-9）可得：

$$P_B \geqslant K_B \sum P_m = 1.2 \times (12 \times 2 + 33) \text{ VA} = 68.4 \text{ VA}$$

根据式（3-10）可得：

$$P_B \geqslant [0.6 \sum P_m + 1.5 \sum P_Q = 0.6 \times (12 \times 2 + 33) + 1.5 \times 12] \text{VA} = 52.2 \text{ VA}$$

选择变压器容量应大于 68.4 VA，考虑照明及其他容量，可选用 BK-100 型或 BK-150 型控制变压器。电压等级：380 V/127 V-36 V -6.3 V。可满足控制电路与辅助回路各种电压需要。其余各元件选用如表 3-4 所示。

3.5.5 制定电气元件明细表

由以上分析可制定电气元件明细表，见表 3-4，明细表中应注明各元器件名称、型号、规格及数量等。

表 3-4 CW6163 卧式车床电气元件表

符 号	名 称	型 号	规 格	数量
M1	异步电动机	Y160M-4	功率：11 kW 额定电压：380 V 转速 1 460 r/min	1
M2	冷却泵电动机	JCB-22	功率：0.125 kW 额定电压：380 V 转速：2 790 r/min	1
M3	异步电动机	JO2-21-4	功率：1.1 kW 额定电压：380 V 转速：1 410 r/min	1
Q	组合开关	HZ10-25/3	额定电压：500 V 额定电流：25 A 极数：3 极	1
KM1	交流接触器	CJ10-40	额定电流：40 A 线圈电压：127 V	1
KM2，KM3	交流中间继电器	JZ7-44	额定电流：5 A 线圈电压：127 V	2
FR1	热断电器	JR16-60/3	额定电流：32 A 熔体电流：23 A	1
FR2	热继电器	JR16-20	额定电流：0.5 A 熔体电流：0.43 A	1
FU1	熔断器	RL6-63	额定电压：500 V 熔体电流：50 A	3
FU2	熔断器	RL6-25	额定电压：500 V 熔体电流：10 A	3
FU3	熔断器	RL1-15	额定电压：500 V 熔体电流：2 A	2
TC	控制变压器	BK-100	额定电压：10 VA 380 V/127 V-36 V-6.3 V	1

续表

符 号	名 称	型 号	规 格	数量
SB3，SB4，SB6	控制按钮	LA25－01	红色	3
SB1，SB2，SB5	控制按钮	LA25－10	绿色	3
SB7	控制按钮	LA25－10	黑色	1
HL1，HL2	信号指示灯	XD9	6.3 V 红色、绿色各一个	2
A	交流电流表	62T2	电流：0～50 A，直接接入	1

3.5.6 绘制电气元件安装布置及接线图

电气元件布置图用于表示各种电器设备在机械设备或电气控制柜中的实际安装位置。绘制时注意体积大和较重的电器安装在控制柜下方；发热元件应留有足够的空间散热，必要时采用风冷；为提高电子设备的抗干扰能力，弱电部分应加屏蔽与隔离。需经常维护、检修及调整的电器安装位置不宜过高或过低；外形及结构相同的电器元件应安装在一起等。

电气接线图是按照电气原理图及安装布置图来绘制的。接线图要表示出各电器元件的相对位置及各元件的相互接线关系，因此同一电器的各元件应画在一起。还要求各电器元件的文字符号与原理图一致。而各部分线路之间接线和对外部接线都应通过端子板进行，而且应该注明外部接线的电线电缆的去向。

为了看图方便，对导线走向一致的多根导线合并画成单线，可在元件的接线端再标明接线的编号和去向。接线图还应标明接线用导线的种类和规格，以及电线穿管的管型号、规格尺寸。成束的接线应说明接线根数及其接线号。限于篇幅，本书不作详解，可参阅各有关设计规程。

3.6 习题及思考题

1. 电气控制线路设计应遵循的原则是什么？设计内容包括哪些主要方面？

2. 如何根据设计要求选择电力拖动方案和控制方式？

3. 在电力拖动中电动机的选用原则是什么？

4. 电气原理图的设计方法有几种？常用什么方法？绘制原理图的要求有哪些？

5. 有三台交流电动机 M1～M3，要求 M1 启动 5 s 后，M2、M3 同时启动，当

M2 或 M3 停止 10 s 后 M1 停止。3 台电动机均为直接起、停。试用经验设计法设计主电路和控制电路，并要求带有短路和过载保护。

6. 某机床主电动机 M1 和液压泵电动机 M2 的运行情况如下：

① 必须先启动 M1 然后才能启动 M2；

② M2 可以单独停转；

③ M1 停转时，M2 也应自动停转。

试用经验设计法画出主电路和控制电路。

7. 某小车运行情况如图 3－22 所示，要求按下 SB1 后，小车由 SQ1 处前进到 SQ2 处停留 5 s，继续前进到 SQ3 处停留 10 s，再后退到 SQ1 处停止。试用经验设计法设计其主电路和控制电路。

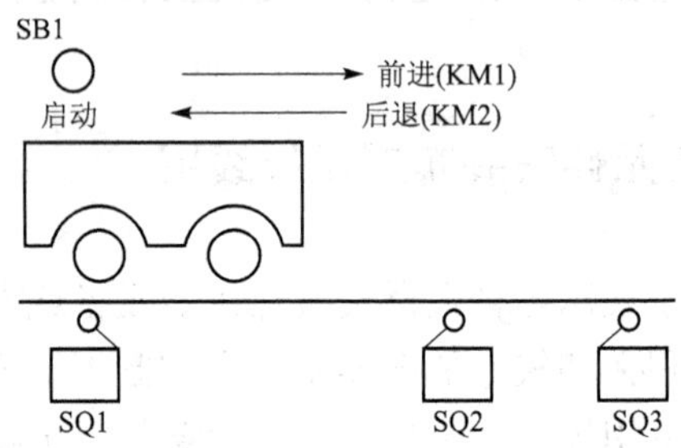

图 3－22　小车自动往返示意图

8. 化简图 3－23 所示控制线路。

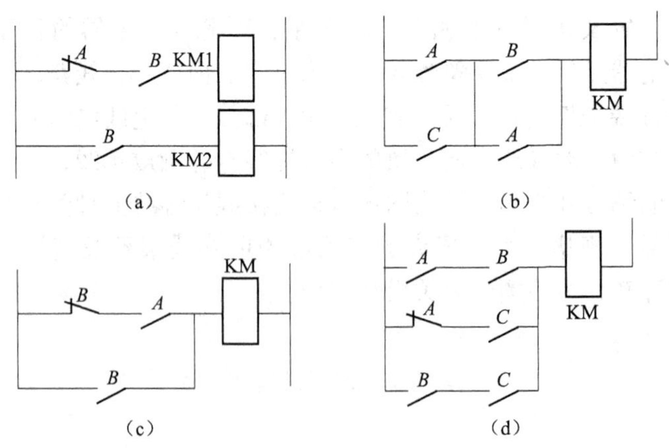

图 3－23　触点未简化的控制电路图

9. 某电动机要求只有在中间继电器 KA1、KA2、KA3 中任何两个动作时才能运转，而在其他条件下都不运转，试用逻辑设计法设计其控制电路。

10. 设计一个符合下列条件的卧室照明控制线路。卧室进门处装有一个开关 K1，室内两张床头分别装有开关 K2、K3，晚上进入卧室时，按下 K1，灯 HL

亮；上床后按下 K2 或 K3，灯 HL 灭。以后再按下 K1、K2、K3 中的任何一个，灯 HL 都亮。试用逻辑设计法设计该控制线路。

11. 设计一个小型吊车的控制线路。其中，小型吊车有 3 台电动机，横梁电动机 M1 带动横梁在车间前后移动；小车电动机 M2 带动提升机构在横梁上左右移动；提升电动机 M3 升降重物。3 台电动机都采用直接启动，自由停车。控制要求如下：

（1）3 台电动机都能正常启、保、停。

（2）在升降过程中，横梁与小车不能动。

（3）横梁具有前、后极限保护，提升有上、下极限保护。

12. 试设计一个加工零件的孔和倒角的机床控制线路。其加工过程为：快进→工进→停留光刀→快退→停。该机床有 3 台电动机：M1 主电机 4 kW；M2 工进电机 1.5 kW；M3 快进电机 0.8 kW。控制要求如下：

（1）工作台工进到终点或返回到原位后，有行程开关使其自动停止，设限位保护，为保证工进准确定位，需采取制动措施。

（2）快进电机可进行点动调整，但在工作进给时点动无效。

（3）设急停按钮。

（4）应有短路和过载保护。

13. 设计一个用按钮、接触器来控制异步电动机启、停控制线路，要求设有过载和短路保护。异步电动机额定功率 5.5 kW，额定电压 380 V，额定电流 11.25 A，试选择接触器、熔断器、热继电器及电源开关。

第4章 直流自动调速系统的控制

内容提要

本章介绍直流电动机调速的基本概念、性能指标与调速方法；机械特性分析；开环与闭环调速特性比较；讨论了转速负反馈单闭环自动调速系统组成与原理，静态特性分析与计算，抗扰动性能，电流截止负反馈保护，稳态无静差控制。并讨论了转速电流负反馈双闭环自动调速系统组成与原理，静态特性分析与动态分析。

4.1 直流调速的基本概念

各种生产机械，由于生产工艺不同，均有工艺所需的最佳速度。速度控制在最佳值上是个永恒的目标。调速可以采用机械和电气两种方法，机械调速通常通过改变齿轮箱变速比实现，是传统有级调速、较落后的方法。电气调速是控制调节电动机的转速，是近年来各种高精度控制方法的重点。本书仅讨论电气调速。用人为的方法改变电气参数在负载转矩不同条件下得到不同的转速称为调速。对直流电动机的调速称为直流调速。如图4－1所示为人为改变电枢两端电压由 U_N 至 U_1（$U_N > U_1$），在 T_L 为常数时，稳态运转速度由 n_a 降为 n_b 就称为调速。而 $U = U_N$ 不变，负载转矩由 T_L 增至 T_{L1}，稳态速度由 n_a 降至 n_c 则不能称为调速，而称为由负载变化引起的转速变化。

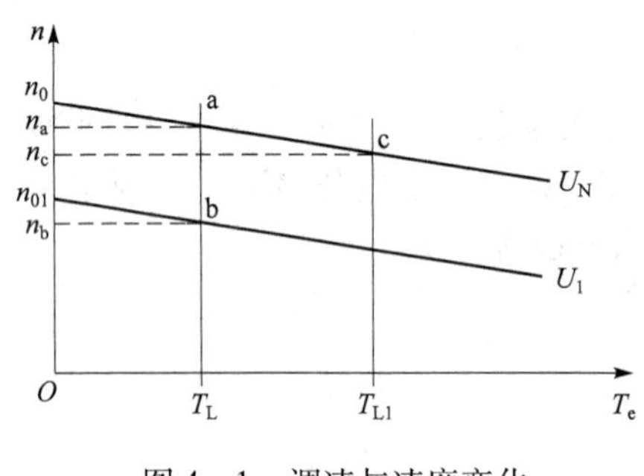

图4－1 调速与速度变化

4.1.1 电气传动调速的性能指标

电气传动系统的调速性能一般用静态指标和动态指标两个方面进行评价。

1. 调速性能的静态指标

指系统处于稳定运行时的性能指标。主要有调速范围 D、静差率 S、调速的平滑性 Φ、调速方法与负载的配合等。

1）调速范围 D

额定负载下调速时，电动机允许的最高转速 n_{max} 与最低转速 n_{min} 之比，即

$$D=\frac{n_{max}}{n_{min}} \tag{4-1}$$

其中 n_{max} 受电动机机械强度及换向条件限制；n_{min} 受相对稳定性即静差率限制。各种生产机械都有一定的调速范围 D 的要求，例如，一般车床主轴调速范围 20～50，而精密镗床的进给机构要求 1 000 以上。

2）静差率 S

静差率是指在电动机的某一条机械特性上，负载由理想空载增加到额定负载时的转速降落 Δn_N 与理想空载转速 n_0 之比，即

$$S=\frac{n_0-n_N}{n_0}=\frac{\Delta n_N}{n_0} \tag{4-2}$$

静差率 S 反映了调速的相对稳定性，静差率越大，相对稳定性越差。由上式，同样的转速降落 Δn_N，理想空载转速 n_0 越小，则静差率越大；因此对一个系统的静差率要求，就是指最低转速时的静差率。

由式（4－2）可知，n_0 相同时，Δn_N 越小，则静差率 S 越小，电动机的相对稳定性越高，则带负载能力越强，机械特性越硬。如图 4－2 所示，特性 1 比特性 3 硬，故 $S1<S3$。但静差率除与硬度有关外，还与 n_0 成反比，如图 4－2 所示，特性 1 与特性 2 硬度相同（转速降落相同）而 n_0 不同，则静差率不同 $S1<S2$。

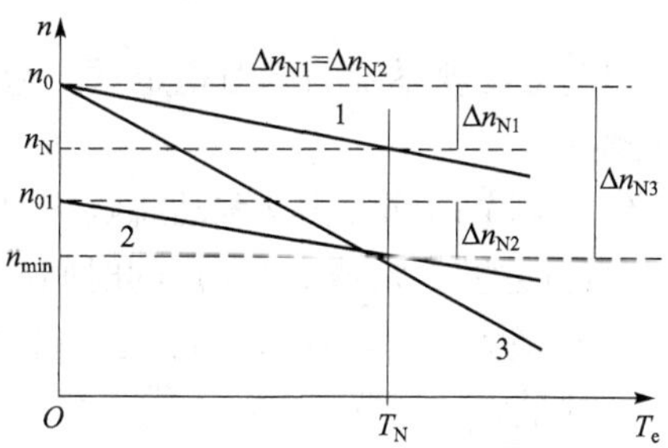

图 4－2　不同机械特性的静差率

各种生产机械对静差率有不同要求。如一般车床主传动要求 $S=0.2\sim0.3$，龙门刨工作台传动要求 $S=0.1$，精加工机床要求 $S=0.05\sim0.1$。静差率不合格，不仅影响加工产品质量，还影响生产效率。

调速范围 D 与静差率 S 的关系：由图 4－2 中特性 1 和特性 2 可见

令 $\Delta n_{N1}=\Delta n_{N2}=\Delta n_N$ 则

$$D=\frac{n_{max}}{n_{min}}=\frac{n_{max}}{n_{01}-\Delta n_N}=\frac{n_{max}}{n_{01}\left(1-\dfrac{\Delta n_N}{n_{01}}\right)}=\frac{n_{max}}{\dfrac{\Delta n_N}{S}(1-S)}=\frac{n_{max}S}{\Delta n_N(1-S)} \tag{4-3}$$

式中：S——要求的静差率；

Δn_N——额定负载时低速的转速降。

由式（4－3），对于调速要求较高的生产机械，当 n_{max} 和 S 一定时，往往通过减小 Δn_N 的途径来提高 D，此时必须采用闭环控制系统，见 4.2 节。

3）调速的平滑性

指相邻两级转速的接近程度。用平滑系数 Φ 来衡量，即

$$\Phi = \frac{n_i}{n_{i-1}} \tag{4-4}$$

Φ 越接近 1，说明调速的平滑性越好。如转速连续可调，其级数接近无穷大，称为无级调速；如调速不连续，级数有限，称为有级调速。

4）调速方法与负载的配合性

指调速方法与负载类型的配合。

2. 动态指标

指调速动态过程性能。评价给定输入时跟随性能指标主要为超调量 $\sigma\%$，调节时间 t_s，评价扰动输入时抗干扰性能指标为最大动态转速降 Δn_{max} 和恢复时间 t_v。

（1）超调量 $\sigma\%$：指外加单位阶跃信号作用时输出响应的最大值 C_{max} 与稳态值 C_∞ 之差与稳态值 C_∞ 的百分比。即

$$\sigma\% = \frac{C_{max} - C_\infty}{C_\infty} \times 100\%$$

超调量反映系统的相对稳定性。超调量越小，动态响应过程越平稳，相对稳定性越好。

（2）调节时间 t_s：又称动态响应时间。指从信号加入起，至系统稳定时（即进入允许误差 ±5% 或 ±2%）的时间。它反映系统的快速性。

（3）最大动态转速降 Δn_{max}：指在稳定运行中，系统突加一个负载转矩干扰所引起的最大转速降。

（4）恢复时间 t_v：从扰动作用开始，到被调量进入稳定时（即进入允许误差带 ±5% 或 ±2%）经历的时间。

最大动态转速降 Δn_{max} 和恢复时间 t_v 越小，表示系统抗干扰能力越强。

此外还要考虑调速的经济性。主要指设备投资费用及运行费用（包括电能损耗及维修费用）等。

4.1.2 直流电动机的调速方法

如图 4－3 所示，由电工学已知，

$U_D = E_D + R_D I_D$ ①

$E_D = C_e \Phi n$ ②

$T = C_M \Phi I_D$ ③

②代入①得：$U_D = C_e \Phi n + R_D I_D$

由此可得直流电动机机械特性方程：

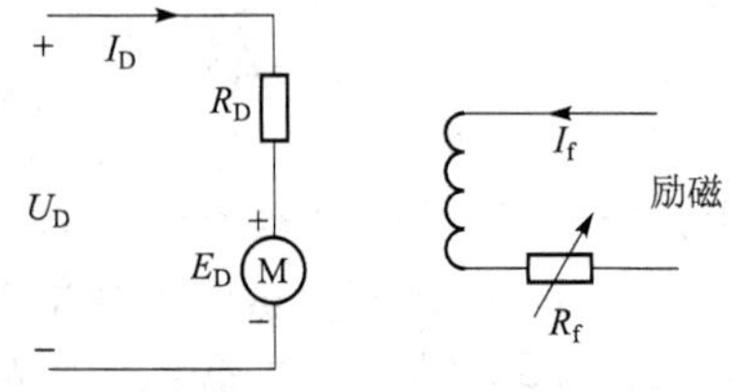

图 4－3　直流他励电动机特性图

$$n = \frac{U_D - I_D R_D}{C_e \Phi} = \frac{U_D}{C_e \Phi} - \frac{R_D T}{C_e C_M \Phi^2} = n_0 - \Delta n \tag{4-5}$$

式中，当空载时，$T=0$，$n=n_0=\dfrac{U_D}{C_e\Phi}$称为理想空载转速。

$\Delta n=\dfrac{R_\Sigma T}{C_e C_M \Phi^2}$称为电动机转速降。

由上式可见：① 当 U_D、C_e、Φ、R_Σ、C_M 为常数时，转速 n 与转矩 T 为线性关系。

② 调速方法：改变 R_Σ——变阻调速；改变 U_D——变电压调速；改变 Φ——弱磁调速。

1. 电枢串电阻调速

思路是保持电源电压 U_D 及主磁通 Φ 为额定值不变，在电枢回路串入电阻 R_a 来改变 R_Σ，实质改变电动机转速降或机械特性曲线的斜率，如图 4－4 所示。

方法特点：

① 负载力矩不变时，R_a 越大，转速降 Δn 越大，则 n 越低，故本法只能在额定转速 n_N 以下调速。

② R_a 越大，机械特性斜率 β 越大，机械特性越软。负载变化引起转速变化越大。

③ 由于空载或轻载时 T_L 很小，Δn 很小，因而调速范围小。

方法优缺点：

① 调速范围小，只有 1.5 左右，且只能从额定转速向下调速。

② 由于机械特性变软，使调速的稳定性变差。

③ 能量损耗大，不经济。但方法简单，故小容量电动机仍有采用。

2. 改变电源电压调速

方法思路是保持磁通 Φ 不变，改变电枢电压从而改变 n_0 值进行调速。如图 4－5所示。

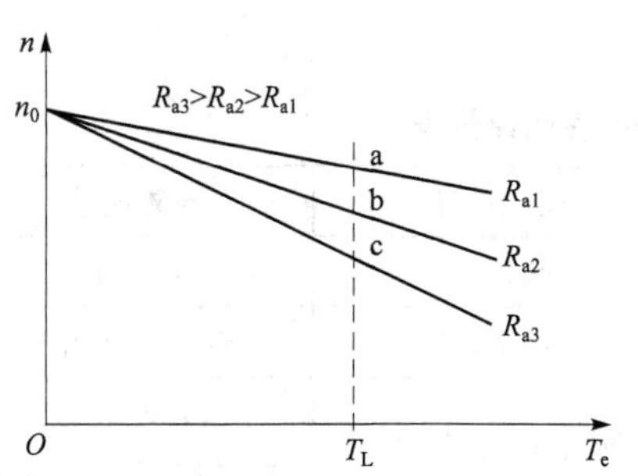

图 4－4　改变电枢回路电阻时的机械特性曲线

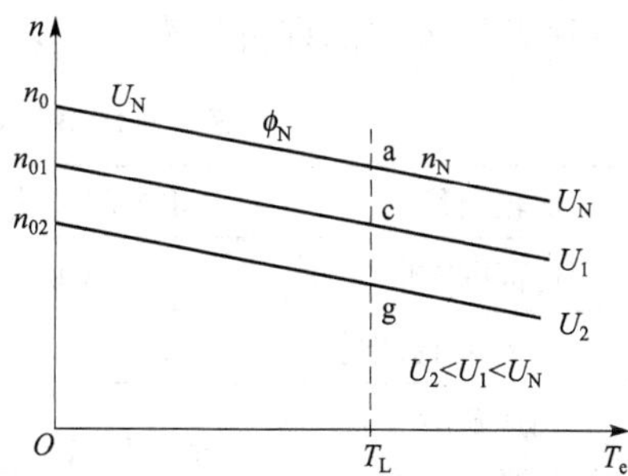

图 4－5　改变电枢电压 U_D 时的机械特性曲线

方法特点：

① 由于最大电压受 U_N 限制，只能在以下进行调速，如图所示$n_g<n_c<n_a$。

② 负载 T_L 不变时，改变电压过程 Δn 不变，即机械特性硬度不变。

方法优缺点：

① 调速范围较大可达6～8，但只能在额定转速以下调速。

② 机械特性硬度大，电压降低后硬度不变，稳定性好。

③ 通过控制晶闸管整流装置输出给电枢的电压，可实现平滑的无级调速。

由于调速过程中 Φ 不变，如负载转矩不变，则电枢电流 I_D 也不变，故此法适用于恒转矩调速。

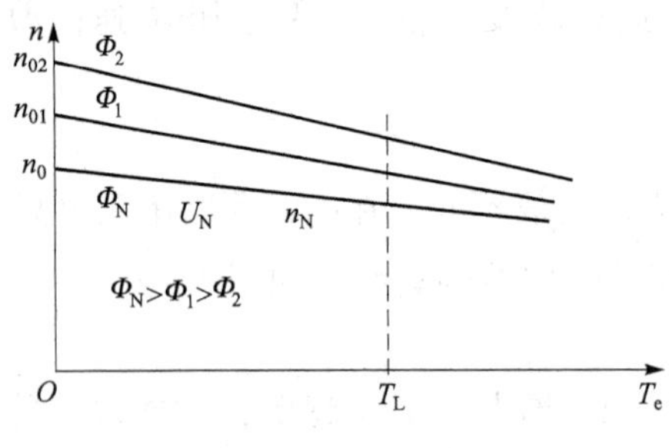

图4－6 改变磁通 Φ 时机械特性曲线

3. 改变磁通 Φ 调速（弱磁调速）

方法思路是保持电枢电压 U_N 不变，改变励磁电流 I_f 使 Φ 变化。由于电动机设计中 Φ_N 已近饱和，无法再升高，故只有在 Φ_N 以下减小 Φ 实现弱磁调速。具体方法对小容量电动机在励磁电路串可调电阻改变 I_f；大容量电机用晶闸管整流装置V向励磁回路供电可连续改变 I_f，见图4－6。

方法特点：由特性方程式4－5，此时 $U_D = U_N$，改变 Φ 时，理想空载转速 n_0 和转速降 Δn 均发生变化。

① 当 Φ 下降时，n_0 上升，Δn 同时上升，由于 R 很小，故 n_0 比 Δn 增加更快，使得变速效果为转速升高，即在 n_N 以上调速。

② 由于减小磁通 Φ 时，斜率 β 加大，使机械特性变软。

方法优缺点：

① 调速在电流较小的励磁电路里进行，控制容易，能量损失小，较为经济。

② 调速的平滑性好，可实现无级调速。

③ 调速后的机械特性仍较硬，运行的稳定性仍较好。

3种调速方法的评价见表4－1。

表4－1 3种调速方法的性能评价表

比较项目	串电阻调速	调压调速	弱磁调速
调速范围方向	n_N 以下	n_N 以下	n_N 以上
静差率（相对稳定性）	大（差）	小（好）	较小（较好）
调速范围（满足静差率下）	小（$D=2\sim3$）	较大（$D=4\sim8$）	小（$D=1.2\sim2$） 特殊电机 $D=3\sim4$
调速平滑性	差（有级调速）	好（无级调速）	好（无级调速）
适应负载类型	恒转矩	恒转矩	恒功率
设备投资	少	多	较少
电能损耗	大	较少	小

4.1.3 直流电动机调速时的转矩与功率

1. 电动机允许输出的转矩与功率

电动机长时间运行允许输出的转矩与功率取决于电动机的发热程度，而发热的原因取决于电枢电流 I_D，其额定电流 I_N为长时间运行允许电流值。

1）电枢串电阻和调压调速

这两种调速方法都是使 $\Phi=\Phi_N=$ 常数，故 $T_{允}=C_m\Phi_N I_N=T_N=$ 常数

$$P=\frac{T_{允}\,n}{9\ 550}=\frac{T_N n}{9\ 550}=Cn \qquad \left(式中\ C=\frac{T_N}{9\ 550}为比例常数\right) \tag{4-6}$$

可见此两种调速方法，电动机允许输出的转矩 $T_{允}=$ 常数，而输出功率 P 与转速 n 成正比，属于恒转矩调速方式。

2）弱磁调速

此时，$U=U_N$，$I_{允}=I_N$，

$$则\ \Phi=\frac{U_N-I_N R_D}{C_e n}=\frac{C_2}{n}\left(其中\ C_2=\frac{U_N-I_N R_D}{C_e}为比例常数\right) \tag{4-7}$$

$$所以\ T_{允}=C_m\Phi I_N=C_m\frac{C_2}{n}I_N=\frac{C_3}{n}\ （式中比例常数\ C_3=C_m C_2 I_N） \tag{4-8}$$

$$而 \qquad P_{允}=\frac{T_{允}\,n}{9\ 550}=\frac{\frac{C_3}{n}n}{9\ 550}=\frac{C}{9\ 550}=常数 \tag{4-9}$$

可见弱磁调速时输出功率恒定而转矩与转速成反比，属于恒功率调速方式。

2. 调速方式与负载类型的配合

（1）恒转矩调速方式配恒转矩负载，恒功率调速方式配恒功率负载：

如图4-7（a）和图4-7（b）所示，短斜线表示长期运行，显然在任何转速下，都满足 $T_{允}=T_L$，$P_{允}=P_L$，这样电动机既满足生产机械要求，又能得到充分利用。这样的配合是合适的。

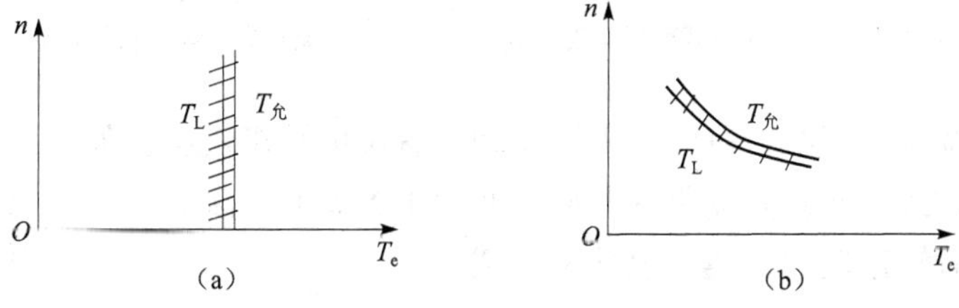

图4-7 恒转矩/恒功率调速方式配恒转矩/恒功率负载

（a）恒转矩调速方式配恒转矩负载；（b）恒功率调速方式配恒功率负载

（2）恒转矩调速方式配恒功率负载：

如图4-8（a）所示，为使电机在最低转速 n_{min}时能满足负载要求，应使

$T_{允|n=\min}=T_L$，则在其余转速下 $T_{允}>T_L$，$P_{允}>P_L$。显然，这种配合不好，造成电动机的浪费。

(3) 恒功率调速方式配恒转矩负载：

如图 4－8 (b) 所示，为使电动机最高转速 $n_{\max}$ 时满足负载需要，应使 $T_{允|n=\max}=T_L$，则在其余转速下 $T_{允}>T_L$，$P_{允}>P_L$。显然，这种配合也不好，同样造成电动机的浪费。

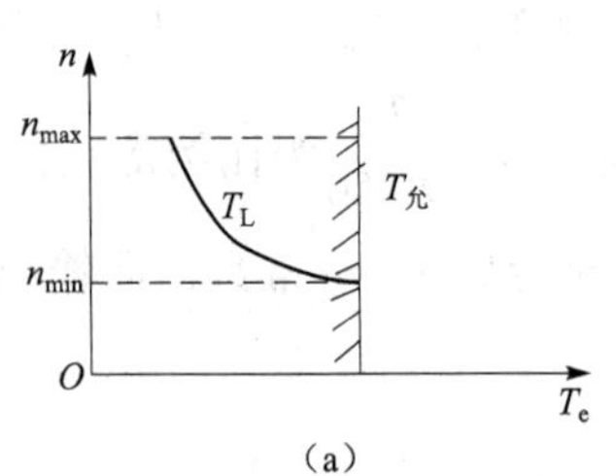

(a)

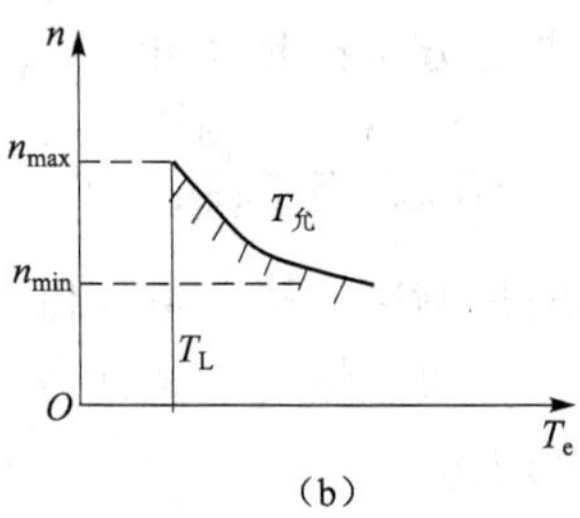

(b)

图 4－8　恒转矩/恒功率调速方式配恒功率/恒转矩负载

(a) 恒转矩调速方式配恒功率负载；(b) 恒功率调速方式配恒转矩负载

(4) 恒转矩调速与恒功率调速方式配风机类负载：

如图 4－9 (a) 和图 4－9 (b)，为使电机在最高转速 $n_{\max}$ 时满足负载需要，应使 $T_{允|n=\max}=T_{L|n=\max}$，则在其余转速下 $T_{允}>T_L$，$P_{允}>P_L$。显然，这两种配合也不好，风机类负载配恒转矩调速方式浪费小些。

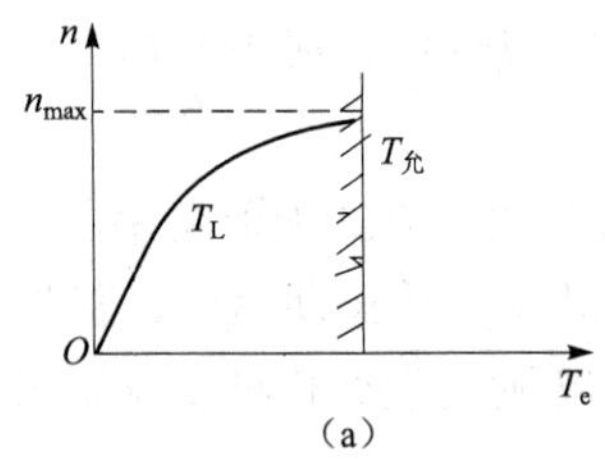

(a)

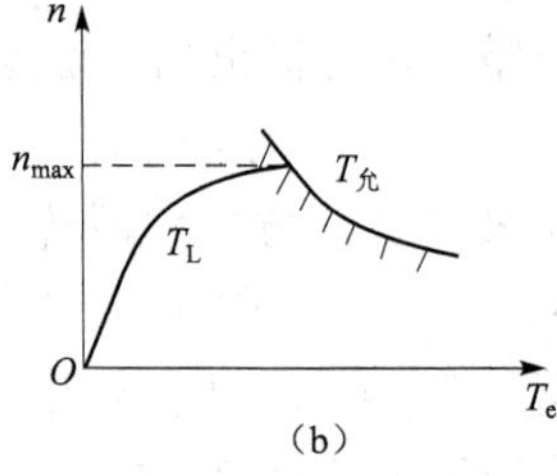

(b)

图 4－9　恒转矩/恒功率调速方式配风机类负载

(a) 恒转矩调速方式配风机类负载；(b) 恒功率调速方式配风机类负载

在机床调速控制中，机床的进给运动可看做恒转矩负载，如卧式车床刀架进给，无论高速或低速，其克服的摩擦力变化不大。而车床的主轴要求高速时转矩较小，低速时转矩较大，属于恒功率负载。

4.1.4　开环调速与闭环调速系统

1. 开环调速系统

从式 4－5 可知，如供给电枢的直流电压连续可调，则能实现直流电动机的平滑调速。由晶闸管等电力电子器件组成的变流装置，可将单相或三相交流电转换成连续可调的直流电压供给电枢。如图 4－10 所示，该系统没有实际转速的测量与反馈，称为开环直流调速系统。

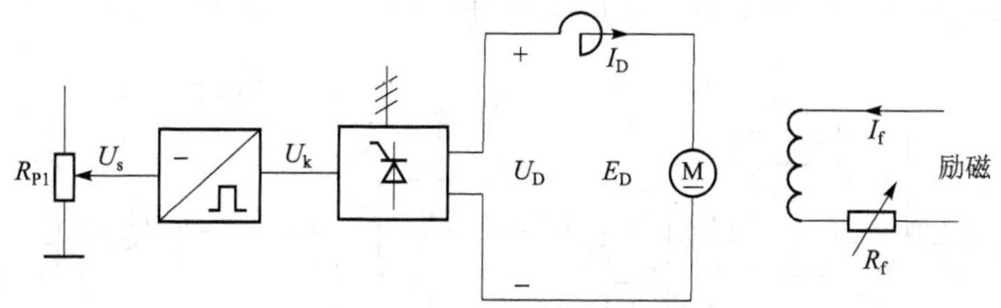

图 4－10 开环直流调速系统原理图

本系统可实现在一定范围内无级调速，且结构相对简单。主要缺点是抗干扰性能差，控制各环节出现干扰都直接影响输出速度。而且生产实际中许多要求无级调速的生产机械常常对静差率有一定要求。例如，龙门刨床由于毛坯表面不平，加工时负载常有波动，为保证加工精度速度不允许有较大变化，一般要求调速范围 $D=20\sim40$，静差率 $S\leqslant5\%$。又如热连轧机要求调速范围 $D=10$，静差率 $S\leqslant0.5\%$。开环调速系统难以满足要求。

【例 4－1】 某龙门刨床工作台拖动采用直流电动机，其额定参数为：60 W、220 V、305 A、1 000 rpm。要求 $D=25$，$S\leqslant5\%$。已知主回路总电阻 $R=0.2\ \Omega$，$C_e\Phi=0.22$ V min/r，求额定参数时转速降落及静差率。

解：由公式（4－5），可求得转速降落：

$$\Delta n=I_d R/C_e\,\Phi=305\times0.2/0.22=277\ (\text{rpm})$$

由公式（4－2）静差率为：

$$S=\Delta n/n_0=\Delta n/(n_N+\Delta n)=277/(1\,000+277)=21.7\%$$

由此看出，额定时静差率已大大超过指标 5%，最低速时的静差率就更不能满足要求。由公式（4－3）得，若要满足要求 $D=25$，$S\leqslant5\%$，额定负载时转速降落应为：

$$\Delta n_N=\frac{n_N S}{D(1-S)}=\frac{1\,000\times0.05}{25\times(1-0.05)}=2.1\ (\text{rpm})$$

显然开环系统无法将转速降落 277 rpm 降低到 2.1 rpm，只有采用闭环控制系统。

2. 闭环调速系统

如图 4－11 所示，闭环调速系统与开环调速系统的主要区别如下：

（1）组成结构不同：开环系统没有转速的测量与反馈；闭环系统有转速的测量，并反馈到系统输入与给定转速进行比较，根据其偏差大小来进行调节。闭环系统不断测量偏差，纠正偏差。

（2）抗干扰能力不同：开环系统抗干扰能力差，闭环系统抗干扰能力强。

闭环系统由于负反馈的不断纠正偏差作用，使扰动所引起被控量的偏差值，闭环后都会得到减小或消除，从而使系统被控量基本不受扰动影响。

（3）在同样负载变化扰动下，闭环系统静态特性转速降落 Δnb 比开环系统静态特性转速降落 Δn 小得多，即机械特性要硬得多（详见4-2节分析）。

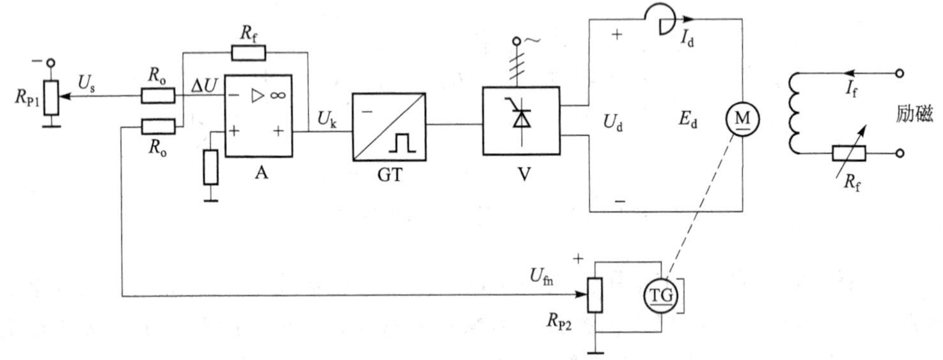

图4-11 转速负反馈直流调速系统图

4.2 转速负反馈单闭环自动调速系统

4.2.1 系统组成及工作原理

1. 系统组成

如图4-11所示，系统由他励直流电动机M，晶闸管相控整流器V，永磁式测速发电机TG，比例运算放大器A，相控触发器GT等环节组成。由反馈原理，引入哪个物理量的负反馈，就可以有效稳定这个物理量。引入转速负反馈组成闭环调速系统是最基本最常用的反馈形式。系统中他励直流电动机M是被控对象，转速为被控量；直流电机调速控制方式是恒磁、（稳定励磁）调压、（调节电枢电压）的调速方式。晶闸管相控整流器V及相控触发器GT为执行环节；测速发电机TG和电位器 R_{P2} 为检测与反馈环节，R_{P2} 调节反馈量大小；比例运算放大器A构成反向加法运算，进行比较放大，其控制规律为比例调节器；R_{P1} 为给定电位器。由图可见，转速负反馈电压 U_{fn} 与给定电压极性相反，为负反馈。

2. 工作原理

闭环反馈控制系统是按照被调量给定值与实际值的偏差来进行控制的系统，只要被调量出现偏差，系统自动产生纠正偏差的作用。转速降落正是由于负载变化引起的转速偏差，因而闭环调速系统可以大大减少转速降落。

自动调节过程如下：

$$T_L\uparrow\rightarrow n\downarrow\rightarrow U_{fn}\downarrow\rightarrow\Delta U\uparrow\rightarrow U_k\uparrow\rightarrow U_d\uparrow\rightarrow I_d\uparrow\rightarrow T_e\uparrow\rightarrow n\uparrow$$

从上分析可见，当负载增加时，闭环系统会自动增加输出电磁转矩使转速自动稳定在给定值上，因而使转速降落大大减小。

4.2.2 系统静态特性分析与计算

1. 系统静态特性分析

系统静态特性如图4－12所示。n_1 为闭环系统的机械静态特性。当负载电流 $I_L=I_{d1}$ 时，电动机工作在 U_{d1} 决定的工作点 a 处，转速为 n_1；当负载转矩加大时，负载电流加大到 I_{d2}，相应电枢回路电阻压降增大，转速随之下降；若是开环系统，则稳定运行于 U_{d1} 决定的特性工作点 b_1 处；但闭环系统由于转速测量值下降，使偏差电压 ΔU 增加，调节器输出 U_k 增大，晶闸管触发装置移相角减小，整流装置输出电压 U_d 加大，足以补偿电枢回路电阻压降增大部分，而使系统工作在 U_{d2} 决定的特性工作点 b 处。所以其稳态速度降落比开环系统小得多。

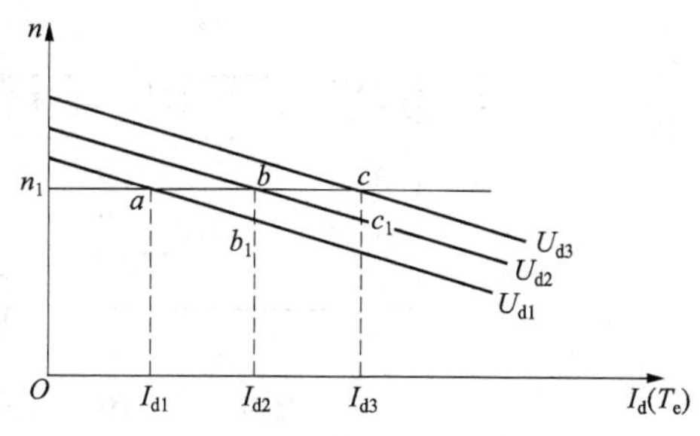

图4－12 闭环系统的静态特性

闭环系统的这种自动调节作用表明，增减负载，闭环系统会自动相应增减晶闸管装置整流输出平均电压即改变电枢电压，从而自动改变开环机械特性。所以闭环系统的静态特性就是由相应一组开环机械特性上的工作点集合而成。

以下定量分析闭环系统静态性能。为分析方便，假定各环节输入输出是线性关系，电动机的磁场不变。由图4－11可知，各环节传递函数如下：

（1）电压比较环节：$\Delta U=U_s-U_{fn}$ ①

（2）调节器A：是由运放组成的反相加法器作为比例调节器使用，

$$U_k=-\frac{R_f}{R_0}(U_s-U_{fn})=-K_p(U_s-U_{fn})=-K_p\Delta U \qquad (K_p=R_f/R_0) \qquad ②$$

由上述分析可看出，调节器的输入输出极性相反，如晶闸管触发电路所需控制电压为正电压，则给定电压需取负电压，而负反馈需取正电压。

（3）晶闸管触发与整流装置：通常将二者看成一个整体。触发电路输入信号 U_k 和整流输出平均电压即电枢电压 U_d 近似为线性关系：

$$U_d=K_sU_k \qquad ③$$

K_s 为晶闸管装置放大系数。

（4）整流输出——电动机主回路：

由 $U_d = E_d + I_d R = C_e n + I_d R \rightarrow n = \frac{U_d - RI_d}{C_e}$ ④

式中，$C_e = E_d / n$ 指磁通稳定时的反电势系数。

（5）测速发电机——转速检测环节：

$$U_{fn} = \alpha n \quad ⑤$$

式中，α 为速度负反馈系数。

由此可作出静态结构图如图 4－13 所示。

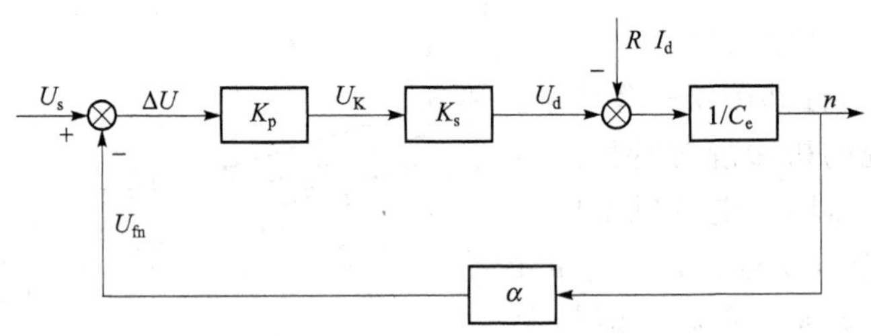

图 4－13　闭环系统静态结构框图

消去中间变量可求得闭环系统静态特性方程：

$$n = \frac{K_p K_s U_s - RI_d}{C_e(1 + K_p K_s \alpha / C_e)} = \frac{K_p K_s U_s}{C_e(1+K)} - \frac{RI_d}{C_e(1+K)} = n_{0b} - \Delta n_b \quad (4-10)$$

式中　$K = K_p K_s \alpha / C_e$——闭环系统开环放大倍数；

n_{0b}——闭环系统理想空载转速；

Δn_b——闭环系统转速降落。

2. 开环系统的机械特性和闭环系统静态特性的比较

由图 4－12 可知，断开反馈回路即去掉测速发电机，则系统成为开环系统，如图 4－10 所示，其相应机械特性为：

$$n = \frac{U_d - RI_d}{C_e} = \frac{K_p K_s U_s}{C_e} - \frac{RI_d}{C_e} = n_{0k} - \Delta n_k \quad (4-11)$$

比较式（4－10）和式（4－11）可得：

（1）闭环系统静态特性比开环系统机械特性要硬得多，因为在同样负载变化扰动下，闭环系统转速降落是开环系统的 $1/(1+K)$。

$$\Delta n_k = \frac{RI_d}{C_e}, \Delta n_b = \frac{RI_d}{C_e(1+K)} \quad \rightarrow \quad \Delta n_b = \frac{\Delta n_k}{1+K} \quad (4-12)$$

可见当开环放大倍数 K 较大时，Δn_b 比 Δn_k 小得多。

（2）当理想空载转速 $n_{0k} = n_{0b}$ 时，闭环系统静差率比开环系统小得多。

因为 $$S_k = \frac{\Delta n_k}{n_{0k}}, S_b = \frac{\Delta n_b}{n_{0b}}，所以\ S_b = \frac{\Delta n_b}{\Delta n_k} S_k = \frac{S_k}{1+K} \quad (4-13)$$

可见当开环放大倍数 K 较大时，S_b 比 S_k 小得多。

（3）当要求的静差率相同，且最高转速相同时，闭环系统的调速范围 D 是开环系统的（1+K）倍。即闭环系统可达到的最低转速要比开环系统小得多。

因为 $$D_k=\frac{n_{max}S}{\Delta n_k(1-S)},\ D_b=\frac{n_{max}S}{\Delta n_b(1-S)},$$

所以 $$D_b=\frac{\Delta n_k}{\Delta n_b}D_k=(1+K)D_k \tag{4-14}$$

可见当开环放大倍数 K 较大时，D_b 比 D_k 大得多。

3. 转速负反馈调速系统的稳态参数计算

【例4-2】 某转速负反馈调速系统如图4-11所示，已知直流电动机 $P_N=2.5\ kW$，$U_N=220\ V$，$I_N=15\ A$，$n_N=1\ 500\ r/min$，电枢电阻 $R=2\ \Omega$，晶闸管整流装置 $K_s=30$，测速发电机 $P_N=22\ kW$，$U_N=110\ V$，$I_N=0.2\ A$，$n_N=1\ 880\ r/min$，设计要求稳态指标为调速范围 $D=10$，静差率 $S\leqslant 0.05$。

求：

① 额定负载时闭环系统稳态转速降 Δn_b 与开环系统稳态转速降 Δn_k；

② 闭环系统应有的开环放大倍数 K；

③ 确定速度反馈系数 K_n；

④ 确定比例调节器 K_p 值。

解：（1）按要求的稳态指标，可算出：

$$\Delta n_b=\frac{n_NS}{D(1-S)}=\frac{1\ 500\times 0.05}{10(1-0.05)}r/min=7.9\ r/min$$

而开环系统稳态转速降 Δn_k 为：

$$\Delta n_k=\frac{I_NR}{C_e}=\frac{15\times 2}{0.127}r/min=236.22\ r/min$$

式中， $$C_e=\frac{U_N-I_NR}{n_N}=\frac{220-15\times 2}{1\ 500}V/(r\cdot min^{-1})=0.127\ V/(r\cdot min^{-1})$$

显然，开环系统不能满足稳态转速降的要求。

（2）由 $\Delta n_b=\frac{\Delta n_k}{1+K}$ 得：$K=\frac{\Delta n_k}{\Delta n_b}-1=\frac{236.22}{7.9}-1=28.9$

（3）测速发电机电势常数

$$C_f=\frac{U_N}{n_N}=\frac{110}{1\ 880}V/(r\cdot min^{-1})=0.058\ 5\ V/(r\cdot min^{-1})$$

取分压比(1/20~1/10)为1/15,则

$$K_n=(1/15)\times 0.058\ 5=0.003\ 9\ V/(r\cdot min^{-1})$$

由 $K=K_pK_sK_n\frac{1}{C_e}$ 得 $K_p=\frac{KC_e}{K_sK_n}=\frac{28.9\times 0.127}{30\times 0.003\ 9}=31.4$

4.2.3 转速负反馈系统的抗扰动性能

当给定电压不变时，作用在系统前向通道上所有会引起被调量转速 n 变化的

因素统称为干扰量。如图 4－14 所示，比例调节器参数变化会改变 K_p；交流电源电压波动会引起晶闸管装置放大系数 K_s 变化；由温升引起主回路电阻变化会改变转速降落；电动机励磁变化会改变系数 C_e。但由于闭环系统负反馈的作用，可将这些干扰作用抑制到 $1/(1+K)$。但是闭环系统对给定电源和检测装置（测速发电机）中的扰动不能加以克服。这是因为给定电压的细微变化，或检测装置本身的测量误差，都会引起虚假偏差而影响系统调速精度。所以为了确保系统的调速精度，应当采用高精度的稳压电源和测速发电机。

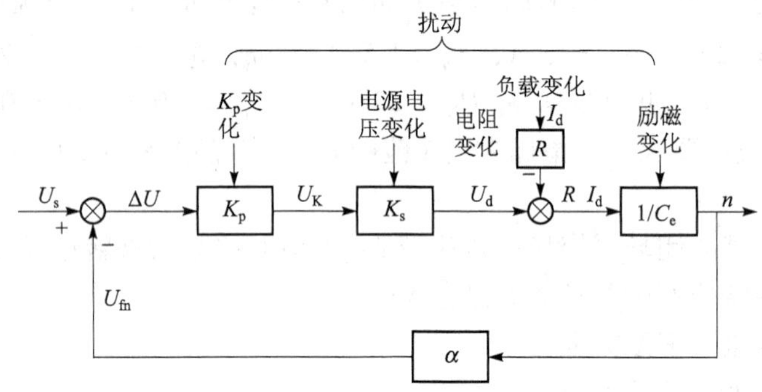

图 4－14　转速负反馈系统的给定作用和扰动作用

4.2.4　单环控制调速系统的限流保护——电流截止负反馈

直流电动机启动时，如无专门限流措施，冲击电流会很大。这不仅对电动机不利，更不利于过载能力低的晶闸管元件。采用转速负反馈的单环调速系统启动时突加给定电压，由于惯性，电动机转速为零，因而转速负反馈电压为零。这使得全部给定电压加在放大器输入端，由于放大器和触发器惯性小，使晶闸管整流输出电压迅速达到最高值，相当于满电压直接启动电动机，使得主回路电流大大超过允许值。此外，电动机故障卡轴堵转时，若无限流措施，电流也会大大超过允许值。常用的自动限制电枢电流方法是采用电流截止负反馈。

1. 电流截止负反馈原理

电流截止负反馈调速系统如图 4－15 所示，电流截止负反馈信号取自电动机电枢主回路串入的电阻 R_s，使 R_s 正比于电枢电流 I_d。U_b 为独立电源，通过 R_{P3} 可调节比较电压 U_{bj}，相当于调节截止电流。在 R_s 与比较电压间接入二极管 VD，当 $R_sI_d<U_{bj}$时，二极管 VD 截止，U_1 消失，电流负反馈不能形成通路因而不起作用。当 $R_sI_d>U_{bj}$时，二极管 VD 导通，电流负反馈信号 U_1 加在调节器输入端。主回路电流 I_d 越大，负反馈作用越强。由负反馈控制原理，引入电流负反馈可稳定电枢电流，使之在截止电流允许范围内。二极管 VD 有时也可使用稳压管 U_z 代替。

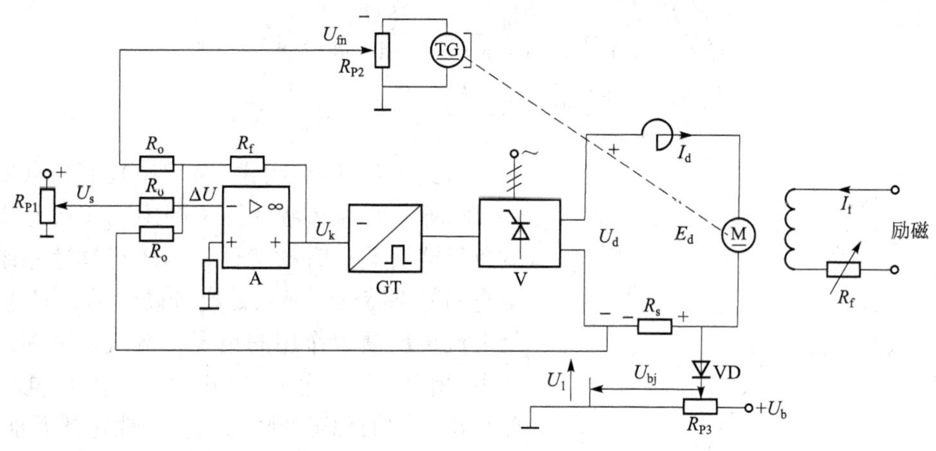

图 4－15　电流截止负反馈调速系统图

电流截止负反馈环节的输入输出特性如图 4－16 所示，特性表明：当输入信号（$R_sI_d - U_{bj}$）>0 时，输出 $U_1 = R_sI_d - U_{bj}$；当输入信号 $R_sI_d - U_{bj} < 0$ 时，输出 $U_1 = 0$。因此，它是一个非线性环节。

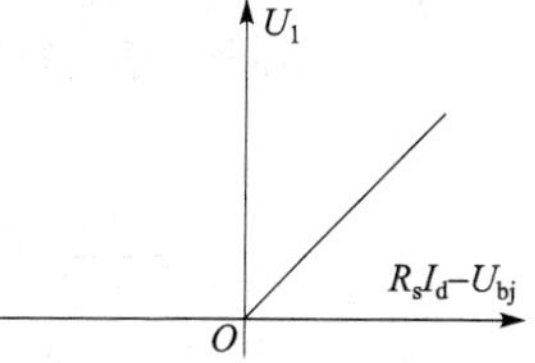

图 4－16　电流截止负反馈环节的输入输出特性

2. 带电流截止负反馈调速系统的稳态分析

将电流截止负反馈环节画入图 4－13 中所示的方框图中，可得带电流截止负反馈的单闭环调速系统的稳态结构图 4－17，图中 U_1 表示电流负反馈信号电压。

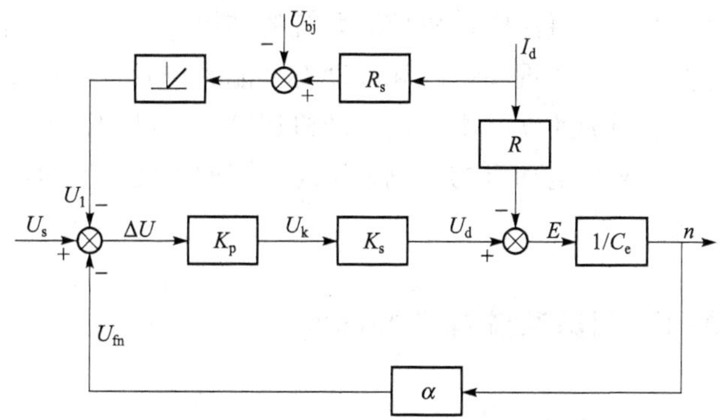

图 4－17　带电流截止负反馈的单闭环调速系统稳态结构图

该闭环系统的静态特性由两段构成：当 $I_d R_s \leqslant U_{bj}$时，电流负反馈被截止：

$$n = \frac{K_pK_sU_s}{C_e(1+K)} - \frac{RI_d}{C_e(1+K)} \tag{4-15}$$

当 $I_dR_s \geqslant U_{bj}$时，电流负反馈起作用：

$$
\begin{aligned}
n &= \frac{K_pK_sU_s}{C_e(1+K)} - \frac{RI_d}{C_e(1+K)} - \frac{K_pK_s}{C_e(1+K)}(I_dR_s - U_{bj}) \\
&= \frac{K_pK_s(U_s+U_{bj})}{C_e(1+K)} - \frac{R+K_pK_sR_s}{C_e(1+K)}I_d = n'_{0b} - \Delta' n_b \qquad (4-16)
\end{aligned}
$$

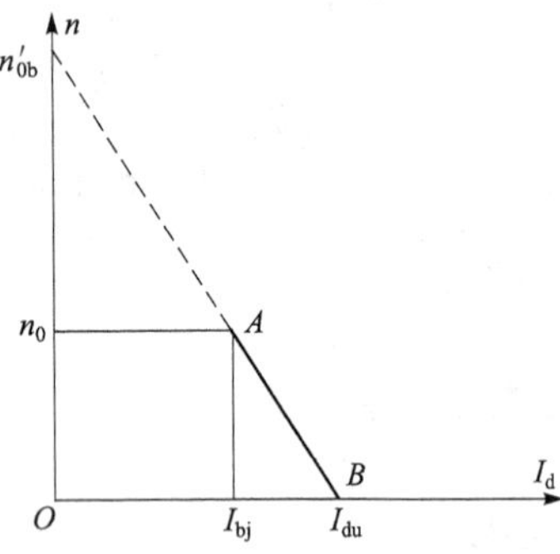

图 4－18　带电流截止负反馈的闭环调速系统静态特性

由式（4－15）和式（4－16）画出如图4－18所示的静态特性图，图中 n_0A 段是电流负反馈被截止时的特性，即闭环调速系统本身的静态特性，显然是比较硬性的；AB 段是电流负反馈起作用的情况，电流负反馈的作用相当于在电路中串入一个大电阻 $K_pK_sR_s$，因而稳态速降极大，特性急剧下垂。这种两段式特性称为下垂特性或挖土机特性。当挖土机遇到坚硬石块而过载时，电动机停止，电流等于堵转电流 I_{du}，在式（4－16）中，令 $n=0$，得：

$$
I_{du} = \frac{K_pK_s(U_s+U_{bj})}{R+K_pK_sR_s} \qquad \text{一般 } K_pK_sR_s \geqslant R \rightarrow I_{du} = \frac{U_s+U_{bj}}{R_s},
$$

临界截止电流 I_{bj} 的选择应大于电动机的额定电流，一般取 $I_{bj}=(1\sim1.2)I_N$。

4.3　转速、电流负反馈双闭环自动调速系统

从运动的角度来讨论直流电动机控制系统的结构，就会发现前述单闭环速度控制系统是不完美的。要实现高精度和高动态性能的控制，不仅要控制速度，还应控制速度的变化率即加速度。由直流电动机运动方程可知，加速度与电动机的转矩成正比，而转矩又与电动机的电流成正比，因此需要同时对电动机的速度和电流二者进行控制。

4.3.1　单闭环调速系统存在的问题

1. 最佳过渡过程的概念

很多生产机械，如龙门刨床、可逆轧钢机那样经常正反转运行调速系统，尽量缩短启动、制动过程时间是提高生产效率的重要因素。要达到过渡过程时间最短，关键是保持电流最大值 I_{dm} 有个恒流过程。以使电动机在过渡过程中产生最大的转矩，使电动机转速快速上升，最大转矩大小是由电动机的过载能力所决定。为实现系统的快速启动升速或降速，必须充分利用电动机的过载能力，也就是在过渡过程中保持电动机电枢电流为最大允许值 I_{dm}。充分利用电动机这个极

限值，使过渡过程时间最短，以获得最高生产效率的过渡过程称为最佳过渡过程。

要实现最佳过渡过程，必须满足下列要求：

（1）电动机在启动过程中，电枢电流应一直保持在最大容许电流 I_{dm} 上，而过渡过程结束到达稳态转速时，电流应立即降至负载电流值 I_{dL} 上。使转矩和负载相平衡，如图 4－19（b）所示，电流波形近似为矩形。电流的充满系数可接近 1。

（2）电动机转速 n 按照线性上升（即最大恒加速度）到达给定转速，加速度大小除与动态加速电流（$I_{dm}-I_{dL}$）成正比外，还与机电时间常数 T_M 成反比。

（3）为使启动过程中电枢电流 I_d 立即由 0 上升至 I_{dm}，晶闸管整流器输出整流电压平均值 U_{do} 必须立即为 RI_{dm}，以后按线性上升，当转速达到给定稳态转速时，U_{do} 应立即下降至稳态所需电压值 U'_{do} 上。

实际上由于主电路电感的影响，电流 1 不可能突跳，实际电流波形如图 4－19（c）所示。

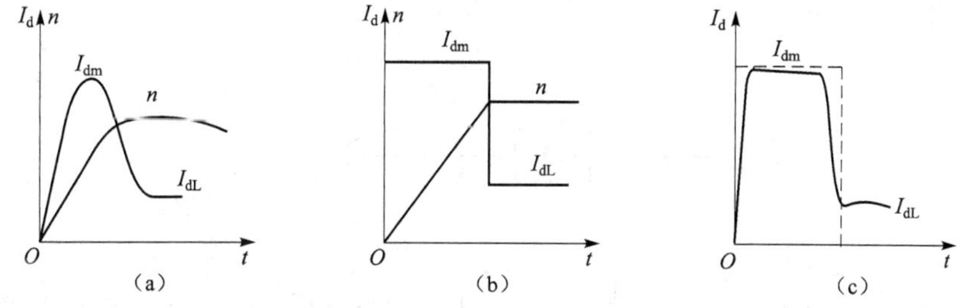

图 4－19　调速系统启动过程的电流和转速波形

（a）带电流截止负反馈的单闭环调速系统启动特性；

（b）理想快速启动过程；（c）实际启动过程电流波形

2. 单闭环调速系统存在问题及原因

4.2 节讨论的带有一个 PI 调节器的单环系统，可以在保证系统稳定条件下实现转速无静差。但若要求系统动态性能高，如要求快速启动、制动、突加负载、动态速降小等，单闭环系统就难以满足需要。这主要是因为在单闭环系统中不能按需要来控制动态过程的电流或转矩。

采取前述的电流截止负反馈环节，虽可限制最大电流，但在启动全过程中却无法使电枢电流始终保持在最大值上。该环节靠强烈的负反馈作用限制电流的冲击，在过渡过程中，由于电流是变化的，达到最大值后，由于负反馈的加强，以及随转速升高电动机反电势的增长，会使电流迅速减小［电流的波形如图 4－19（a）所示，电流的充满系数小于 1］，使得电动机的转矩也随之减小，故使启动加速过程延长。究其原因，是由于在单闭环系统中，电流反馈信号与速度反馈信号同时作用于同一个调节器的入口端，启动过程中，电流反馈形成电流闭环调整的同时，速度反馈信号也一直存在，从而破坏了电流负反馈的调整作用使电枢电流无法维持在最大值上。

4.3.2 转速、电流双闭环调速系统组成

为了实现转速和电流两种负反馈分别起作用，在系统中设置了两个调节器，分别调节转速和电流，二者之间实行串级连接，以转速为主环（外环），电流为副环（内环）构成转速、电流双闭环串级调速系统。如图 4 - 20 所示，电动机的转速由转速给定电压 U_n^* 确定，转速给定电压 U_n^* 与转速反馈电压 U_n 比较后，加在转速调节器的输入端；转速调节器 ASR 输出电压作为电流给定电压 U_I^*，它与电流反馈信号 U_i 比较后加在电流调节器的输入端。电流调节器 ACR 的输出电压 U_{ct} 作为控制信号加到晶闸管装置的触发器上，使晶闸管装置输出整流电压 U_d 以控制电动机在给定转速下运转。根据反馈控制规律，采用转速负反馈闭环控制，可稳定保持转速 n 恒定不变。采用电流负反馈闭环控制，可稳定电流，保持 I_{max} 恒定不变。

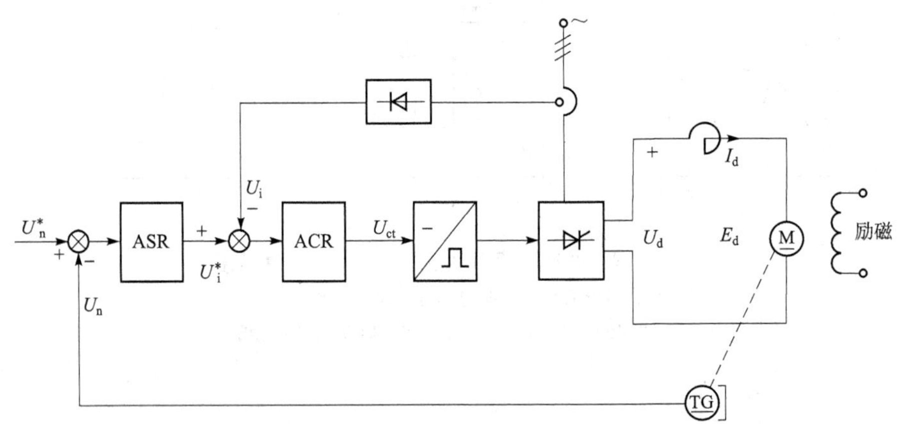

图 4 - 20 转速、电流双闭环调速系统原理图

为使转速、电流双闭环调速系统具有良好的启动、制动性能，转速和电流两个调节器都采用 PI 调节器。两个调节器的输出都是带限幅的，转速调节器 ASR 的输出限幅值对应为最大电流给定值，这取决于电动机的过载能力和系统对最大加速度的需要。电流调节器输出电压的正限幅值限制输出电压最大值，即主要是限制最小移相角 α。

4.3.3 系统静态特性分析

为了分析双闭环调速系统的静态特性，必须画出它的稳态结构图，如

图4－21所示，一般来说，PI调节器的稳态特征为两种状况：饱和——输出达到限幅值；不饱和——输出未达到限幅值。也就是说，当调节器饱和时，调节器的输出为恒值，输入量的变化不再影响输出，就暂时隔断了输入和输出间的联系，相当于该调节器开环；只有在输入端加反向的ΔU，才可使调节器退出饱和。当调节器不饱和时，输出小于限幅值，由于PI的作用使输入偏差电压ΔU在稳态时总是为0。在正常运行时，电流调节器是不饱和的，因此，对于静特性来说，只有转速调节器的饱和与不饱和两种情况。

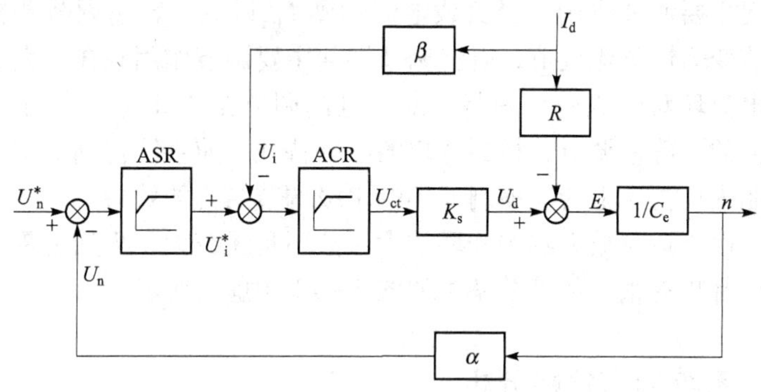

图4－21　转速、电流双闭环调速系统稳态结构图

1. 转速调节器ASR不饱和

由于两个调节器都不饱和，稳态时，它们的输入偏差电压都为0，于是有：

$$U_n^* = U_n = \alpha n$$

$$U_i^* = U_i = \beta I_d$$

由于稳态下偏差为0，转速n等于给定值，从而可得到图4－22所示静态特性n_0A段。静态特性从$I_d = 0$（理想空载状态）一直延续到$I_d = I_{dm}$，一般I_{dm}都大于额定电流。这就是静态特性的运行段。

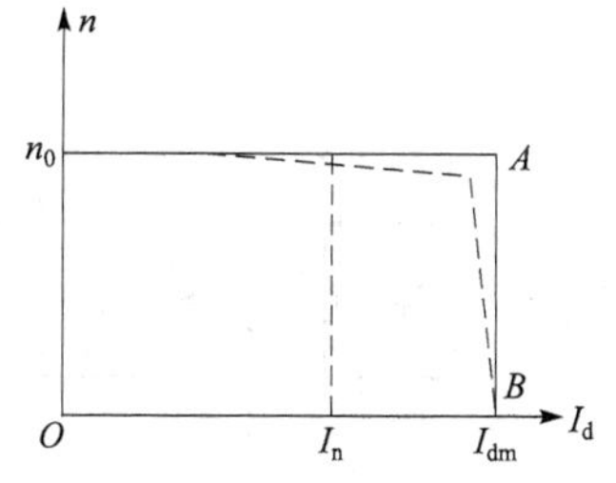

图4－22　双闭环调速系统的静特性

这时，双闭环调速系统稳态参数计算和单闭环无静差系统的稳态参数计算相似，可根据各调节器的给定与反馈值，计算速度反馈系数公式如下：

$$\alpha = \frac{U_{nm}^*}{n_{max}}\ （U_{nm}^*为电压给定信号最大值）。$$

电流反馈系数如下：

$$\beta = \frac{U_{im}^*}{I_{dm}}\ （U_{im}^*为电流给定的最大值）$$

2. 转速调节器饱和

当转速调节器饱和时，ASR的输出达到限幅值U_{im}^*，转速环失去调节作用，呈开环状态。转速的变化对系统不产生影响，双闭环系统变成一个电流无静差的单闭环系统。静态特性如图 4－22 中的 AB 段所示。稳态时：

$$I_{\mathrm{d}}=I_{\mathrm{dm}}=\frac{U_{\mathrm{im}}^{*}}{\beta}$$

式中，最大电流 I_{dm} 是由设计者选定的，它取决于电动机的允许过载能力和拖动系统允许的最大加速度。

双闭环调速系统的静特性在负载电流小于 I_{dm} 时表现为转速无静差，这时，转速负反馈起主要调节作用。当负载电流达到 I_{dm} 以后，转速调节器饱和，系统由恒转速调节变为恒电流调节，电流调节器起主要调节作用，在最大给定电流作用下，依靠电流环对电流进行调节，由于电流调节器 ACR 也是一个 PI 调节器，故可实现电流的无静差调节，得到理想的下垂特性，使系统得到保护。这便是采用了电流控制内环再套上转速控制外环的串级调节结构的效果。

实际上，由于运算放大器的开环放大系数不是无穷大，再加上零点漂移，故静特性的两段都略有很小的静差率，如图 4－22 中虚线所示。

4.3.4 系统动态性能分析

1. 双闭环调速系统动态数学模型

双闭环调速系统的动态数学模型，可在单闭环调速系统动态数学模型的基础上，再考虑双闭环控制的结构绘出，如图 4－23 所示。

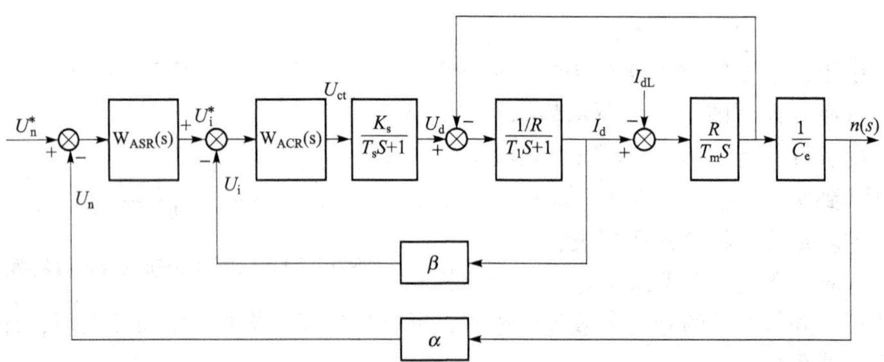

图 4－23　双闭环调速系统的动态结构图

2. 双闭环系统的启动过程

通过启动的动态过程分析，可更清楚地了解转速调节器 ASR 及电流调节器 ACR 是如何起调节作用的。若配合得当，便可得到近似理想的过渡过程。

双闭环调速系统启动过程中突加给定电压 U_{n}^{*} 由静止状态启动时，转速和电流的瞬态过程如图 4－24 所示。由于在启动过程中转速调节器 ASR 经历了不饱和、饱和、退饱和三个阶段，整个瞬态过程也就可按电流波形分为Ⅰ、Ⅱ、Ⅲ三个阶段。

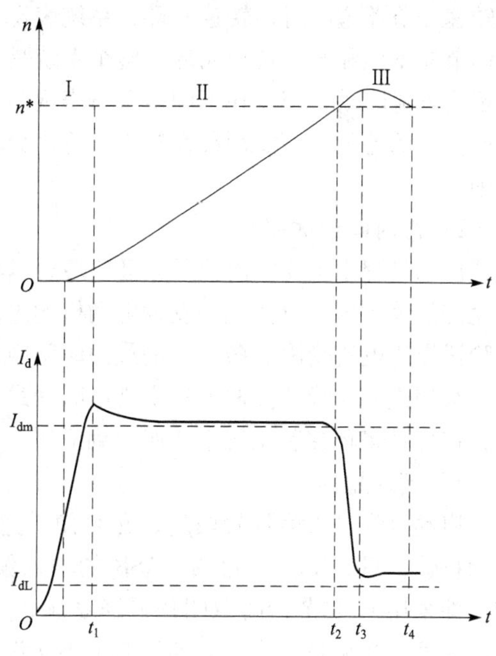

图4－24 双闭环调速系统启动过程的转速和电流波形图

第Ⅰ阶段（$0-t_1$）电流上升阶段：启动时，转速调节器ASR的输入端突加给定电压U_n^*，通过两个调节器的控制作用，使U_{ct}、U_d、I_d都上升，当$I_d \geqslant I_{dL}$时，电动机开始转动。由于电动机惯性较大的作用，转速及转速反馈电压增长较慢，转速调节器ASR的输入偏差电压$\Delta U=U_n^*-U_n$数值较大，使转速调节器输出很快达到限幅值U_{im}^*，迫使电流I_d迅速上升。由于电流的上升是个电磁过程，电磁时间常数较小，故ACR一般不会饱和，以保证电流环的调节作用。当$I_d \approx I_{dm}$时，$U_d \approx U_{dm}$，电流调节器的作用使I_d不再增长，标志第Ⅰ阶段结束。

第Ⅱ阶段（$t_1 \sim t_2$）是恒电流等加速度升速启动阶段：这是双闭环系统启动过程的主要阶段。在这段时间内，转速调节器ASR仍处于饱和状态，相当于开环。系统表现为给定电压U_{im}^*作用下的恒电流调节系统，只有电流调节器ACR起调节作用，基本上保持电流为I_{dm}，因此获得了启动时间最短的启动过程。电动机在这个阶段中，以恒定的加速度线性上升，直到转速达到给定值。随着转速及反电势E线性上升，产生偏差电压ΔU，ACR就起调节作用，使输出按线性增长，电流调节器在此阶段起恒流调节作用。

第Ⅲ阶段（t_2以后）是转速调节阶段：在这阶段开始时，转速已达到给定值，转速调节器的给定电压与反馈电压相平衡，输入偏差为0，但其输出却由于积分作用还维持在限幅值U_{im}^*，所以电动机仍在加速，使转速超调。转速调节器ASR输入端出现负偏差电压，使它退出饱和状态，也一起参与调节。系统进入双闭环调节阶段。ASR处于主导地位，而ACR的作用是使电流I_d跟随ASR的输出而变化，即电流内环是一个电流随动子系统。经过ASR、ACR两个调节器的调节最终使转速、电流达到稳定。

综合以上分析，得出双闭环调速系统启动过程有3个特点：

1）饱和非线性控制

转速调节器ASR的饱和与不饱和，决定整个系统处于两种完全不同的状态。

当转速调节器饱和时，转速开环，系统表现为恒值电流调节的单闭环系统；当速度调节器不饱和时，转速闭环，整个系统是一个无静差调速系统，而电流内环则表现为电流随动系统。在不同情况下表现为不同结构的线性系统，这就是饱和非线性控制的特征，不能用线性控制理论来分析设计，而应用分段线性化方法进行处理。

2）准时间最优控制

启动过程中主要的阶段是第Ⅱ阶段，其特征是电流保持恒定，一般电流选择为允许的最大值，以便充分发挥电动机的过载能力，使启动过程尽可能最快。这个阶段属于电流受限制条件下的最短时间限制，或称为“时间最优控制”。

采用饱和非线性控制方法实现准时间最优控制是一种很有实用价值的控制策略，在各种多环控制系统中普遍得到应用。

3）转速超调

启动过程进入第Ⅲ阶段后，必须使转速调节器退出饱和状态。按照 PI 调节器的特性，只有使转速超调，ASR 的输入偏差电压为负值，才能使 ASR 退出饱和。即采用 PI 调节器的双闭环调速系统，其转速动态响应必然有超调。一般情况转速略有超调是允许的，如工艺上不允许，可引入转速微分负反馈。

3. 两个调节器的作用

一般来说，采用转速电流双闭环的调速系统具有比较好的动态性能。两个调节器在系统中的作用如下：

1）转速调节器作用

（1）使转速 n 跟随给定电压 U_n^* 变化，稳态无静差。

（2）抗负载变化扰动作用。

（3）其输出限幅值决定允许的最大电流。

2）电流调节器作用

（1）对电网电压波动起抗扰动作用。

（2）启动时保证获得允许的最大电流。

（3）在转速调节过程中，使电流跟随其给定电压 U_i^* 变化

（4）当电动机过载甚至堵转时，限制电枢电流的最大值，从而起到快速的安全保护作用。如故障消失，系统能够自动恢复正常。

4.4 习题及思考题

1. 简述直流电动机有几种调速方法？各自有哪些特点？

2. 什么是调速范围？什么是静差率？调速范围与静差率及额定负载下的转速降落之间的关系是什么？如何在满足静差率要求前提下扩大调速范围？

3. 开环系统与闭环系统有何区别？举例说明。

4. 某直流调速系统，其高、低速静态特性如图 4－25 所示，n_{01} = 1 450 r/min，n_{02} = 145 r/min，试问系统的调速范围有多大？允许的静差率是多少？

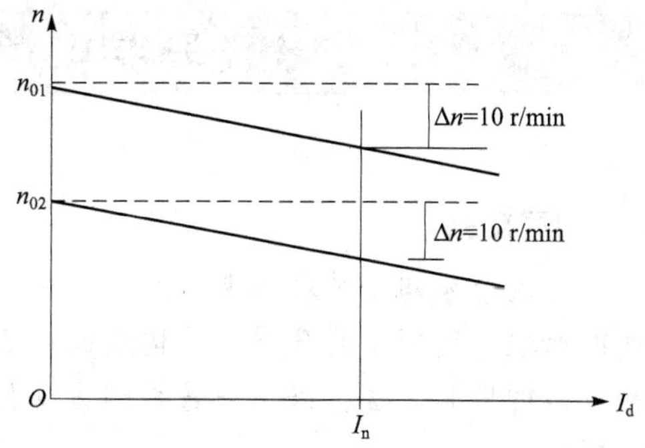

图 4－25 某直流调速系统的静态特性

5. 某直流电动机参数如下：P = 10 kW，U = 220 V，I = 55 A，n = 1 000 r/min，R = 0.1 Ω。若采用开环控制，且仅考虑电枢电阻影响，试计算：

（1）额定负载时的静态速降是多少？

（2）若要求静差率为 10%，求系统调速范围是多少？

（3）若要求调速范围为 10，求系统允许的静差率。

（4）若要求调速范围为 10，静差率为 10%，求系统允许的静态速降。

6. 某调速系统的调速范围为 100～1 500 r/min，要求静差率为 2%，求：系统允许的静态速降是多少？如开环系统的静态速降为 100 r/min，则采用转速负反馈时闭环系统的开环放大倍数应为多少？

7. 某直流闭环调速系统的速度调速范围为 D = 1∶10，额定转速 n = 1 000 r/min，开环转速降为 100 r/min，如要求系统的静差率由 15% 减到 5%，则系统的开环放大倍数如何变化？

8. 某闭环直流调速系统的调速范围为 150～1 500 r/min，要求静差率为 5%，求：系统允许的静态速降是多少？如开环系统的静态速降为 80 r/min，则采用转速负反馈时闭环系统的开环放大倍数应为多少？

9. 简要分析转速负反馈单闭环调速系统的基本性质。说明单闭环调速系统能减少稳态速降的原因。改变给定电压或者调整转速反馈系数能否改变电动机的稳态转速？为什么？

10. 针对一个转速、电流双闭环调速系统，回答下列问题：

（1）在该系统中，ASR 和 ACR 各起什么作用？如果 ASR 和 ACR 都采用 PI 调节器，它们的输出限幅值应如何整定？在稳定运行时 ASR 和 ACR 的输入偏差是多少？

（2）如果要调节转速，可调节什么参数？如要改变系统启动电流，应调节什么参数？

（3）系统在恒转矩负载下运行，如果调节转速反馈系数使其逐渐减小，系统中各环节的输出量将如何变化？

第5章 交流异步电动机变频调速控制

内容提要

交流变频调速是近年来工业应用中最重要的方法。本章主要介绍变频调速的原理，变频器的分类、结构组成和工作原理，脉冲宽度调制（PWM）变频电路的控制方法，以及矢量控制方法原理，最后介绍变频器的使用和参数设置。

5.1 变频调速的基本原理

从调速性能来说，直流电动机调速具有调速精度高，调速范围宽，动态性能好，启动制动灵活等优点，但由于直流电动机内部有碳刷和换向片，使用时需要经常检修，不适用于恶劣的工业环境，耐电压和电流容量也受限制，使直流调速系统的应用受阻。

随着电力电子技术、微电子技术与微机控制技术的迅速发展，以及现代控制理论向交流电气传动领域的不断深入，变频器的控制性能不断获得提高，使得以变频器应用技术为代表的交流电动机调速技术取代了直流调速，成为电气传动调速的主流。由变频器－交流电动机为主题组成的调速系统，由于变频器具有升速快、调速范围宽、静态稳定性好、运行效率高等优点，而交流异步电动机又具有环境适应性强、坚固耐用、运行可靠、维修简单、价格低等优势，因而在工业中获得极其广泛的应用。

众所周知，电网提供的交流电是恒压恒频的，变频器的作用是改变输出给电动机的频率和电压，对交流异步电动机实现无级变速。由第1章第1.6.1小节知道，异步电动机的转速表达式为：

$$n = n_0(1-S) = 60f_1(1-S)/P \tag{5-1}$$

因此，只要平滑地调节异步电动机的定子供电频率 f_1，就可以实现异步电动机转速的无级平滑调速。

表面看来，只要改变定子电压的频率 f_1 就可以调节转速的大小，但是事实上，只改变 f_1 并不能正常调速。这是因为定子电压 U_1，频率 f_1 和磁通 Φ 三者之间有一定的制约关系。由异步电动机的电压方程

$$U_1 = E_1 = 4.44f_1N_1k_1\Phi \tag{5-2}$$

可知假设只改变 f_1 进行调速，而供电电压 U_1 不变时，因 K_1N_1 为常数，则异步电动机的主磁通 Φ 必将改变：如 f_1 向上调，则 Φ 会下降，导致磁通太弱，铁芯利用不充分，在同样转子电流下，输出电磁转矩小（由式1－3，转矩 $T = C_T\Phi I_2\cos\varphi_2$），

这使得电动机带负载能力下降，如果是恒转矩负载会因拖不动而发生堵转；反之 f_1 向下调节，则 Φ 会增强，可能带来更大的危险。因为电机铁磁材料的磁化曲线具有饱和特性，设计电机时为充分利用铁芯能力，其工频下的工作点已经接近磁饱和。调速时磁通太强，处于过励磁状态，会使电动机铁损耗增加，引起励磁电流急剧升高，使电动机迅速发热导致停机或烧坏电机。

由上可知，只改变频率 f_1 实际上并不能正常调速。因此，要求在调节定子供电频率 f_1 的同时调节定子供电电压 U_1 的大小，通过 U_1 和 f_1 的不同配合来实现安全的变频调速。

5.1.1 基频以下恒磁通变压变频调速

当变频的范围在基频（电动机额定频率）以下时，为了保持电动机的带负载能力，应当保持气隙磁通不变，要求降低供电频率的同时降低感应电动势，保持 $E_1/f_1=$常数，由于 $\Phi \propto E_1/f_1 \approx U_1/f_1$，故调节三相异步电动机的供电频率 f_1 时，按比例调节供电电压 U_1 的大小可以近似实现 Φ 为常数，这就是恒压频比控制方式。以星形接法的电机为例，变频调速时，如供电 50 Hz 对应 220 V 相电压（一般为额定点），则 25 Hz 需提供 110 V 相电压，10 Hz 需提供 44 V 相电压。

但是，$U_1/f_1=$常数的恒压频比调速方式并不是真正的恒磁通调速，这是因为电动机的主磁通 Φ 严格意义上不是与 U_1/f_1 成正比，而是与 E_1/f_1 成正比例，外加电压 U_1 只是在不计定子内阻时才近似等于反电势 E_1。当供电频率和电压变得较低时，定子内阻的影响增大，不可忽略。此时，可采用低频段电压补偿法，人为地适当提高定子电压以补偿定子电阻压降的影响，来使气隙磁通大体保持不变。补偿曲线有多条，可以根据负载性质和运行状况加以选择。在额定工作点附近（50 Hz）则由于内阻压降较小，可不加补偿。定子电压和频率的关系曲线称为电压、频率曲线，如图 5－1 所示。图中 U_{1N} 和 f_{1N} 分别为电动机的额定电压和额定频率。

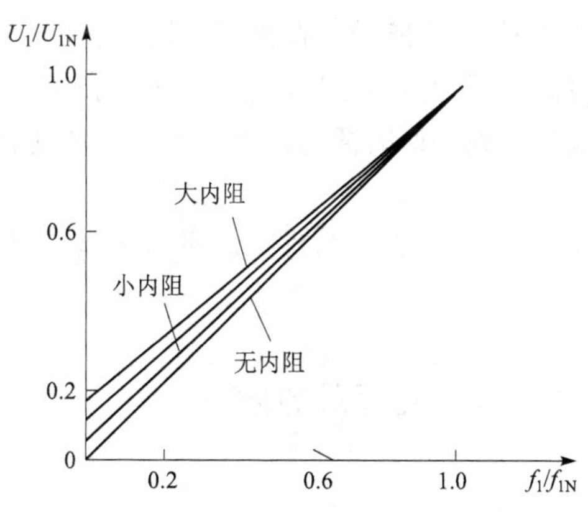

图 5－1 保持恒磁通的 U_1 与 f_1 配合关系曲线

5.1.2 基频以上恒电压弱磁变频调速

当变频的范围在基频以上时，频率由额定值向上增大，但电压 U_1 受额定电

压 U_{1N}的限制不能再升高，只能保持 $U_1 = U_{1N}$不变。这样必然会使主磁通随着 f_1 的上升而减小，相当于直流电动机弱磁调速的情况，属于近似的恒功率调速方式。如图 5－2 所示。

由以上讨论可知，异步电动机的变频调速必须按照一定的规律同时改变其电压和频率，即必须通过变频器获得电压频率均可调节的供电电源，实现所谓的 VVVF（Variable Voltage Variable Frequency）调速控制。

用 VVVF 变频器对异步电动机进行变频控制时的控制特性如图 5－2 所示，机械特性如图 5－3 所示。

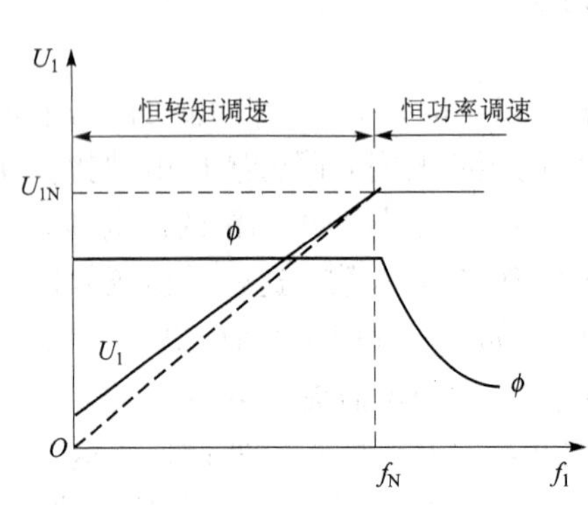

图 5－2　VVVF 变频调速的控制特性

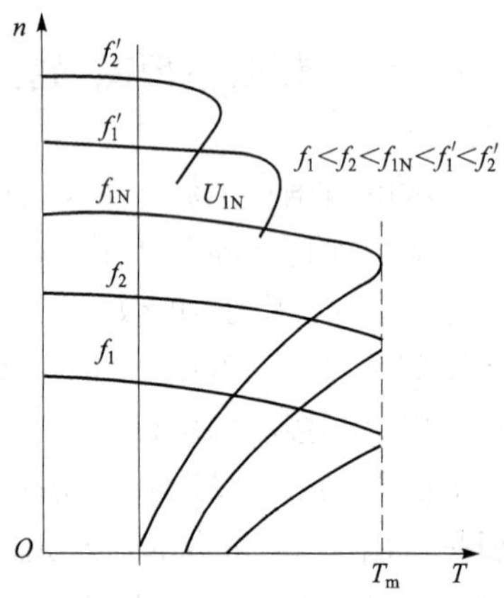

图 5－3　VVVF 控制方式的机械特性

如图 5－2 所示，在控制特性上，保持 U_1/f_1 = 常数的恒磁通控制方式的特性曲线族体现为恒转矩性质，而 U_1 保持 U_{1N}不变，而 Φ 逐步减小的控制特性曲线表现为弱磁调速的情况，属于恒功率调速性质。

5.2　变频器的分类、基本组成和工作原理

5.2.1　变频器的分类

1. 按变换环节分

1）交－交变频器

交－交变频器又称直接式变频器，如图 5－4（a）所示。它是把频率固定的交流电源直接变换成频率连续可调的交流电源。其主要优点是没有中间环节，故变换效率高，但其连续可调的频率范围窄，且只能在工频以下范围内调节，一般在额定频率的 1/2 以下，故只能用于低速拖动系统。

2）交－直－交变频器

交-直-交变频器又称为间接式变频，如图5-4（b）所示。它是先把频率固定的交流电整流成直流电，再把直流电逆变成频率连续可调的交流电。由于把直流电逆变成交流电的环节较易控制，因此，在频率的调节范围以及变频后电动机的特性等方面，都具有明显的优势，通用变频器就属于这种形式。

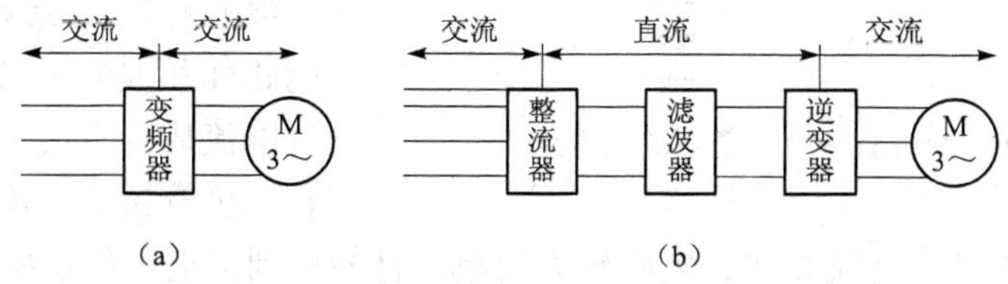

图5-4 按变换环节分的变频器

(a) 交-交变频器；(b) 交-直-交变频器

2. 按直流环节储能方式分

1）电流型

中间直流环节的储能元件是大电感线圈 $\dot{L}$，如图5-5（a）所示。

2）电压型

中间直流环节的储能元件是大电容元件 C，如图5-5（b）所示。

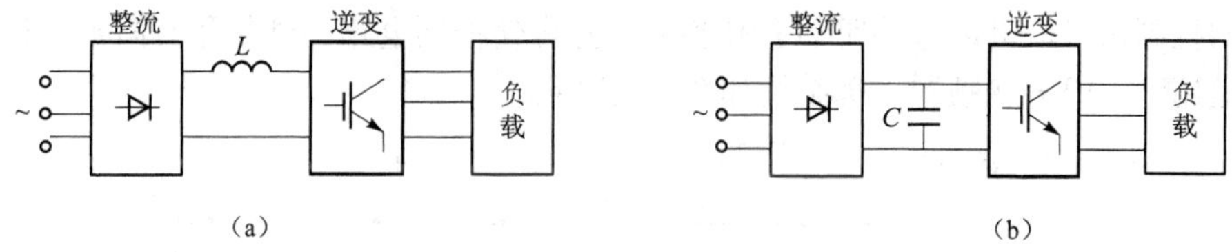

图5-5 按直流环节储能方式分变频器

(a) 电流型变频器；(b) 电压型变频器

3. 按输出电压的调制方式分

1）PAM（脉冲幅度调制）

通过改变直流电压的大小来调制变频器输出电压的大小。在中小容量变频器中，这种方式已很少采用。

2）PWM（脉冲宽度调制）

通过改变输出脉冲的占空比来调制变频器输出电压的大小。目前普遍应用的是占空比按正弦规律安排的正弦波脉宽调制（SPWM）方式。

5.2.2 变频器的基本组成

目前通用变频器产品最常用的是交-直-交电压型电路形式，其结构如图5-6所示。由图可见，通用变频器基本组成由主电路和控制电路两部分组成。

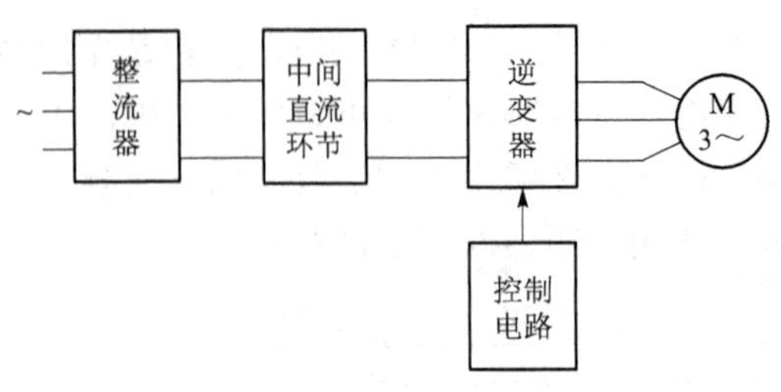

图5－6　交－直－交变频器的基本组成

1. 变频器的主电路

主电路包括整流器、中间直流环节和逆变器3部分组成。

1）整流器

电源侧的变流器是整流器，该电路作用是把三相（或单相）交流整流成为直流。整流器采用三相二极管桥式整流电路，与三相晶闸管桥式可控整流相比，电路较为简单，且能得到接近1的功率因数。

2）逆变器

负载侧的变流器为逆变器，其作用是将直流能量逆变成可以调频调压的新交流电。在变频器中，逆变电路是变频器的核心。最常见的结构形式是利用6个半导体开关器件组成三相桥式逆变电路。通过有规律地控制逆变器中主开关的通与断，可以得到任意频率的三相交流输出。随着功率电子器件集成化水平和智能化程度的提高，目前变频器的主回路已经非常简单。整流环节采用6单元的不可控桥式功率模块，而逆变环节一般采用智能功率模块IPM。IPM的内部集成了6单元的低功耗的IGBT元件及其驱动电路，还包括高效短路保护电路。采用TTL电平的控制信号就可以直接驱动IPM模块，这样使控制电路的硬件非常简单。目前的通用型VVVF变频器内部结构如图5－7所示。

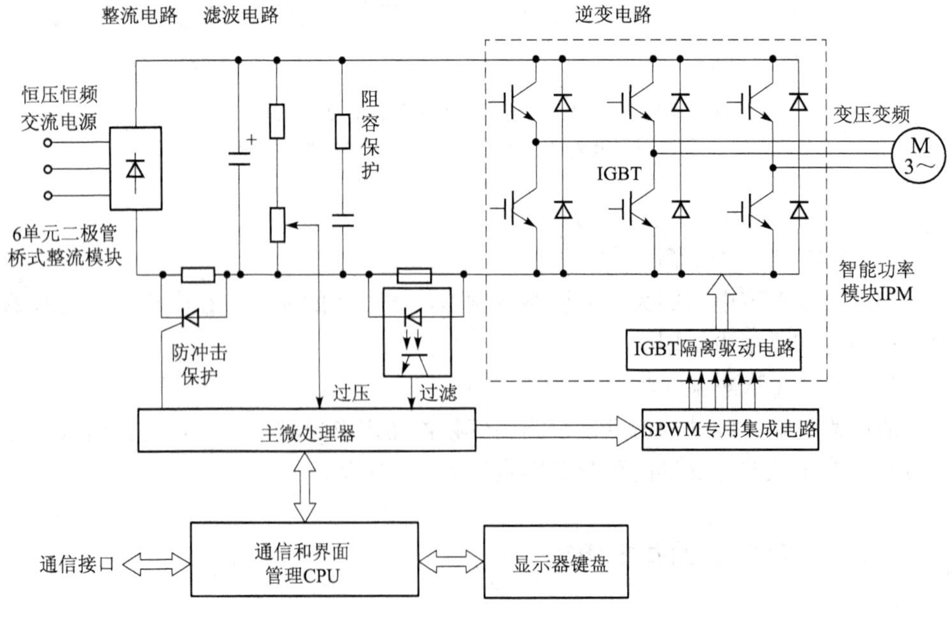

图5－7　通用变频器的内部结构

3）中间直流环节

由于逆变器的负载为异步电动机，属于感性负载。无论电动机处于电动或发电制动状态，其功率因数总不为1。因而在中间直流环节和电动机之间总存在无功功率的交换。这种无功能量要靠与中间直流环节的储能元件交换能量来缓冲。而根据储能元件特性变频器可分为电流型变频器和电压型变频器。

电流型变频器的特点是以大电感作为中间直流环节的储能元件，无功功率由该电感来缓冲。由于电感有阻碍电流变化的能力，使逆变器输出直流电流平稳，近似为恒流源。故逆变后电动机的电流波形为方波（或阶梯波），电压波形接近于正弦波。

电压型变频器的特点是以大电容作为中间直流环节的储能元件，无功功率由该电容来缓冲。由于电容有阻碍电压变化的能力，使逆变器输出的直流电压更平稳，近似为恒压源。故逆变后电动机的电压波形为方波（或阶梯波），电流波形接近于正弦波。

目前，工业使用的通用变频器大多属于电压型变频器，且一般采用正弦波脉冲宽度调制（SPWM）控制方式。主电路器件以自关断器件为主，其中大功率IGBT或GTR应用最多，特大容量的则采用门极可关断晶闸管GTO，其主电路如图5－7所示。由于变频器的输出频率和输出电压均可通过PWM方式进行连续调节，故整流器能采用不可控的二极管桥式整流。

2. 控制电路

控制电路可看做该变频器的司令部，其主要任务是对逆变器进行各种模式的开关控制，以及输出频率和输出电压的控制，还要对电路主要器件进行各种保护。控制模式可采用模拟控制或数字控制。高性能变频器基本采用微机进行全数字控制，并依靠软件来完成各种功能。可大大简化硬件电路，由于软件的灵活性，数字控制可以完成模拟控制难以完成的控制任务。

在图5－7中，实际通用变频器的控制电路一般由两片微处理器构成，一片是主微处理器，主要作用是实时产生PWM波形，完成对电动机的实时控制，同时还要实时检测电动机的电流和直流母线电压，完成欠电压保护、过电流保护、过流失速保护和过压失速保护。主微处理器带有16位定时器，定时产生PWM波形。有的微处理器带有自己的“事件处理单元”，可以直接产生中心对称的PWM波形。目前，随着16位数字信号处理器DSP的应用日渐普及，有的通用VVVF变频器也采用16位DSP控制。

为了控制上的方便，另外采用一片8位单片机，主要用于完成键盘和显示器的管理、系统控制参数的存储与上位机的通信等工作，有的还具有网络功能。这片8位的单片机一般具有非易失性的存储器，用以存储系统控制参数，一般采用串行通信的方式和主控微处理器交换信息。

微机系统还设置故障显示和处理环节，系统出现故障后，进行正确快速的判断、处理和报警。显示电路可进行多种显示，如对用户设置的电机参数、运行频率、运行模式等进行参数或模式显示，运行时显示当前的频率、电压、电流等数据，故障时显示故障代码等。

随着电力电子技术、微处理技术和电动机控制技术的不断发展，现代通用变频器也在不断发展。目前的通用变频器大体分为普通的开环变频变压控制（VVVF）型和高性能的闭环矢量控制型。开环型的变频器是指不带速度反馈的变频器。在交流调速领域中，大量的负载如风机、水泵等，对调速的要求不是太高，一般采用开环型的 VVVF 变频器完全可以满足要求。而在要求优良动态性能的场合则使用闭环矢量控制。

5.2.3　通用变频器的基本工作原理

1. 主电路分析

如图 5－8 所示是三相交－直－交电压型变频器的主电路。

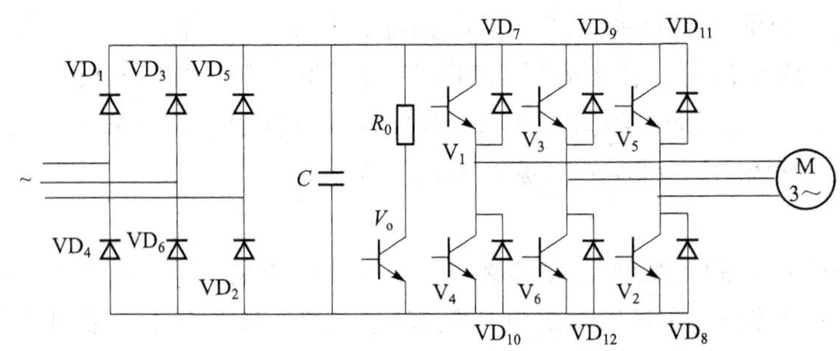

图 5－8　交－直－交变频电路的主电路

1）交－直部分

（1）$VD_1 \sim VD_6$ 组成三相整流桥，将电源的三相交流电全波整流为直流电。如电源线电压为 U_L，整流后直流平均电压为：$U_D = 1.35\ U_L$

（2）滤波电容 C 的作用是滤平全波整流后的电压波纹，并当负载变化时，使直流电压保持平稳。由于 C 容量较大，一般采用电解电容。实际应用中可根据容量或耐压需要多个串、并联组成。

2）直－交部分

（1）逆变管 $V_1 \sim V_6$ 组成逆变桥，把 $VD_1 \sim VD_6$ 整流滤波后的直流电逆变为频率可调的交流电，常用逆变开关管有绝缘栅双极晶体管 IGBT、电力晶体管 GTR 等。

（2）续流二极管 $VD_7 \sim VD_{12}$，其主要作用是：由于电动机为电感性，电流中存在无功分量，$VD_7 \sim VD_{12}$ 为无功电流返回直流电源提供通路；其次，当频率下降，电动机处于再生制动状态时，$VD_7 \sim VD_{12}$ 为再生电流返回直流电源提供通路。其三，由于逆变过程同一桥臂两个逆变管处于不停地交替导通、截止状态。换相过程需要 $VD_7 \sim VD_{12}$ 提供电流通路。

（3）为了限制泵升电压，在电路中的直流侧并联了电阻 R_0 和可控晶体管 V_0，当泵升电压超过一定数值时，使 V_0 导通，让 R_0 消耗掉多余的电能。

2. 逆变器原理分析

1）电压型单相全桥逆变电路原理

如图5－9（a）所示，开关管 V_1、V_4 构成一对桥臂，而 V_2、V_3 构成另一对桥臂。成对的桥臂同时导通，两对桥臂交替各导通180°。其输出电压、电流波形如图5－9（b）所示。当 V_1、V_4 导通时，负载电压 $u_o = U_d$；当 V_2、V_3 导通时，负载电压 $u_o = -U_d$。故输出电压为矩形波。将 u_o 展开成傅立叶级数得：

$$u_o = \frac{4U_d}{\pi}\left(\sin \omega t + \frac{1}{3}\sin 3\omega t + \frac{1}{5}\sin 5\omega t + \cdots\right) \tag{5-3}$$

其中，基波的幅值 U_{01m} 和有效值 U_{01} 分别为：

$$U_{01m} = \frac{4}{\pi}U_d = 1.27U_d \tag{5-4}$$

$$U_{01} = \frac{4U_d}{\pi\sqrt{2}} = 0.9U_d \tag{5-5}$$

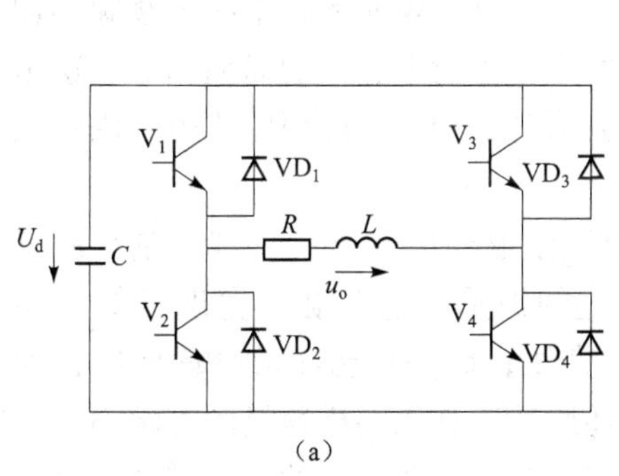

（a）

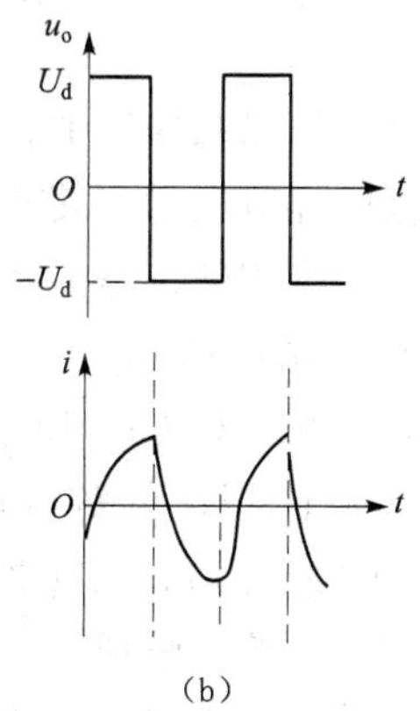

（b）

图5－9 单相全桥逆变电路及其工作波形

（a）单相全桥逆变电路；（b）单相全桥逆变电路工作波形

2）电压型三相全桥逆变电路

图5－8右半部分是电压型三相全桥逆变电路，电路由三个半桥电路组成，开关器件 $V_1 \sim V_6$ 为电力晶体管，二极管 $VD_7 \sim VD_{12}$ 为续流二极管。采用180°导电方式则同一相上下桥臂交替导电，各相开始导电时间依次相差120°。因为每相换流在同一相上下桥臂之间进行，故称为纵向换流。在一个周期内，6个管子触发导通的次序为 $V_1 \sim V_6$，依次相隔60°导通的组合顺序为 $V_1V_2V_3$，$V_2V_3V_4$，$V_3V_4V_5$，$V_4V_5V_6$，$V_5V_6V_1$，$V_6V_1V_2$。任一时刻均有三个管子同时导通。每种

组合工作 60°电角度，其逆变工作原理同单相全桥逆变电路。

5.3 正弦波脉冲宽度调制（SPWM）型逆变电路

脉宽调制变频的设计思想源于通信系统中的载波调制技术，1964 年由德国科学家率先提出并付诸实施。用这种技术构成的 PWM（Pluse Width Modulation）变频器，使近代交流电动机调速技术上升到了新的水平。现代变频器产品的主导设计思想是在逆变器侧采用脉冲宽度调制（PWM）技术以合成变频变压的交流输出波形。PWM 逆变电路主要具有以下特点：

（1）可以得到相当接近正弦波的输出电压。

（2）其直流电源的获得采用二极管整流电路，能得到接近 1 的功率因数。

（3）只用一级可控的功率环节，电路结构较简单。

（4）通过对输出脉冲宽度的控制就可改变输出电压，大大加快了变频器的动态响应。

（5）既能控制输出频率，又能控制输出电压。

5.3.1 SPWM 波形控制基本原理

在采样控制理论中有一个重要的结论：冲量相等而形状不同的窄脉冲加在具有惯性的环节上时，其效果基本相同。冲量相等指窄脉冲的面积相等。这里所说的效果基本相同，是指环节的输出响应波形基本相同。应用此原理可用一系列等幅而不等宽的脉冲代替一个正弦波。

如图 5－10（a）所示，如把正弦半波波形分成 N 等份，则正弦半波可看成由 N 个彼此相连的等分脉冲面积所组成的波形。这些脉冲宽度相等，都等于 π/N，但幅值不等，且脉冲顶部不是水平直线，而是正弦半波分段曲线，即各段脉冲的幅值按正弦规律变化。如果把上述脉冲序列用同样数量的等幅而不等宽的矩形脉冲序列来代替，使矩形脉冲的中点和相应正弦等分的中点重合，且使矩形脉冲和相应正弦部分面积（冲量）相等，就得到图 5－10（b）所示的脉冲序列，

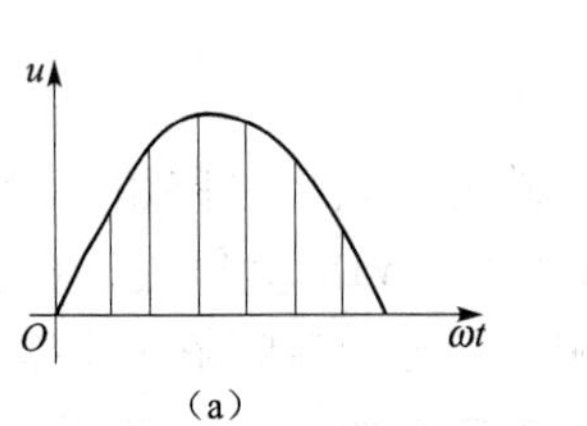

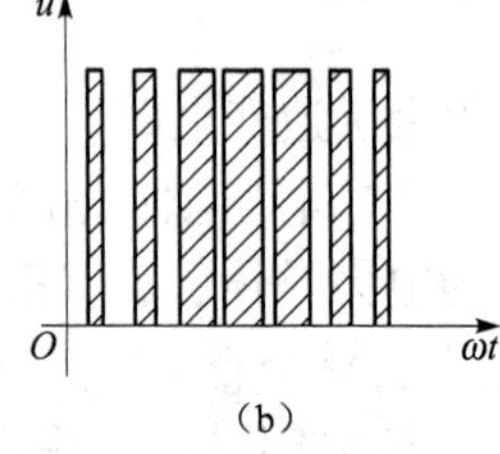

图 5－10　正弦波 PWM 原理示意图

（a）正弦半波；（b）PWM 波形

这就是 PWM 波形。正弦波的另半波可用相同办法来等效。可以看出，该 PWM 波形的脉冲宽度是按正弦规律变化，称为 SPWM 波形。根据采样控制理论，脉冲频率越高，SPWM 波形便越接近正弦波。由于逆变器的输出为 SPWM 波形时，其低次谐波得到了很好的抑制和消除，而高次谐波又能很容易滤去，从而可获得畸变率极低的正弦波输出。

PWM 控制方式就是对逆变电路开关器件的通断进行控制，使输出端得到一系列幅值相等而宽度不同的脉冲，用这些脉冲来代替正弦波或其他所需波形。

从理论上讲，在给出了正弦半波频率、幅值和半个周期内的脉冲数后，脉冲波形的宽度和间隔就可以准确计算出来，然后按照计算结果控制电路中各开关器件的通断，就可以得到所需的波形。但在实际应用中，人们常采用等腰三角波与正弦波相交的办法来确定各矩形脉冲的宽度。

由于等腰三角波上下宽度与高度呈线性关系且左右对称，当它与任何一条光滑曲线相交时即可得到一组等幅而脉冲宽度正比于该曲线函数值的矩形脉冲。这种方法称为调制方法。把希望输出的波形信号称为调制信号，而接受调制的三角波称为载波。当调制信号是正弦波时，所得到的便是 SPWM 波。当调制信号不是正弦波时，也能得到与调制信号等效的 PWM 波形。

5.3.2 单相 SPWM 控制原理

如图 5－11 所示是采用电力晶体管作为开关器件的电压型单相桥式逆变电路。脉宽调制的方法从调制脉冲的极性上看有单极性和双极性之分。

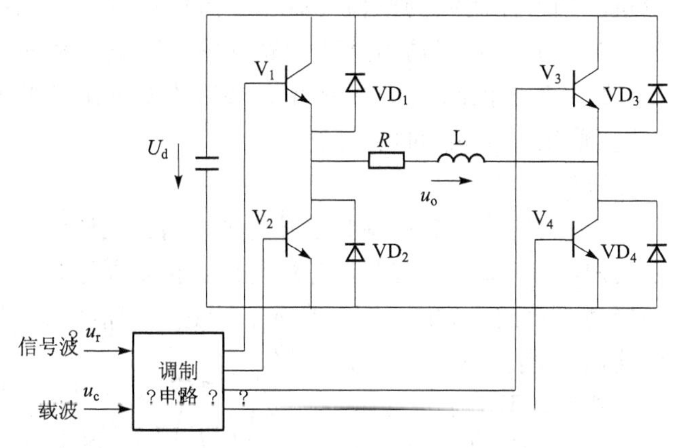

图 5－11 单相桥式 PWM 逆变电路

1. 单极性脉宽调制

单极性脉宽调制方法的特征是控制信号与载波信号都是同一个极性的弱电信号，即信号波正半周时载波 u_c 也为正极性三角波；信号波负半周时载波 u_c 也为

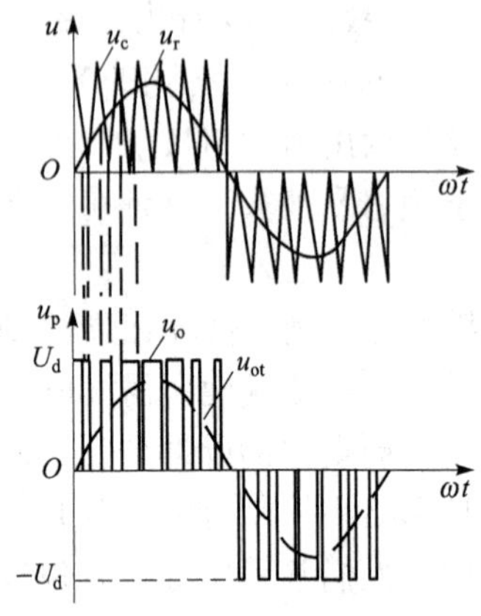

图 5－12　单极性 SPWM 调制波形

负极性三角波。如图 5－12 所示，调制信号 u_r 和载波 u_c 的交点时刻控制逆变器电力晶体管 V_3、V_4 的通断。变频器的这种输出波形是由表 5－1 所示的单极性的调制规律决定的。各管控制规律如下：

（1）调制信号 u_r 正半周时，V_1 保持导通，V_4 交替通断。当正弦波 $u_r > u_c$ 时，使 V_4 导通，负载电压 $u_o = U_d$；当正弦波 $u_r \leqslant u_c$ 时，使 V_4 关断，由于电感负载中电流不能突变，负载电流将通过 VD_3 续流，负载电压 $u_o = 0$。

（2）调制信号 u_r 负半周时，V_2 保持导通，V_3 交替通断。$u_r < u_c$ 时，V_3 导通，$u_o = -U_d$；在 $u_r > u_c$ 的时间段，使 V_3 关断，负载电流将通过 VD_3 续流，负载电压 $u_o = 0$。

表 5－1　单极性 SPWM 调制规律

正半周	$u_r > u_t$	V_4 导通	V_2 截止 V_1 导通
	$u_r < u_t$	V_4 截止	
负半周	$u_r > u_t$	V_3 截止	V_1 截止 V_2 导通
	$u_r < u_t$	V_3 导通	

这样，便得到输出交流电压 u_o 的 SPWM 波形，如图 5－12 所示，图中 u_{of} 表示 u_o 中的基波分量。调节控制波的幅值和频率，可以控制输出电压与频率。例如，加大控制波 u_r 的幅值，会使输出脉冲的宽度整体变宽，从而使得输出电压 u_o 的有效值增大；如果改变控制波 u_r 的频率，必然改变输出脉冲的正、负半周交替周期，从而改变输出电压 u_o 的频率。

2. 双极性脉宽调制

双极性脉宽调制方法的特征是在调制信号的半周内，载波信号极性是正负两个方向变化的三角波信号，即无论调制信号波是位于正半周还是位于负半周，载波 u_c 均为正、负极性三角波。如图 5－13 所示，通过调制信号 u_r 和载波 u_c 的交点时刻控制逆变器电力晶体管 $V_1 \sim V_4$ 的通断。各管控制规律如下：当正弦波 $u_r > u_c$ 时，使 V_1、V_4 导通，V_2、V_3 关断，负载电压 $u_o = U_d$；当正弦波 $u_r \leqslant u_c$ 时，使 V_2、V_3 导通，V_1、V_4 关断，负载电压 $u_o = -U_d$。

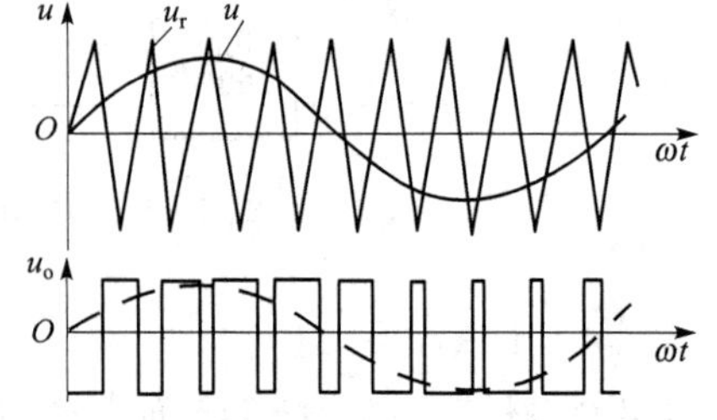

图 5－13　双极性 SPWM 调制波形

图 5－13 为双极性 SPWM 调制波形

图，由于载波为双极性高频三角波，使得到的 PWM 波形也是在正负两个方向变化，在 u_o 的一个周期内，PWM 输出只有 $\pm U_d$ 两种电平。

双极性脉冲宽度调制方式控制的逆变器，其调压调频方式与单极性相同。如要改变输出交流电压 u_o 的大小，则需要调节弱电控制电压 u_r 的幅值；而对输出交流电压 u_o 的调频，则要靠调节控制波 u_r 的频率来实现。在实际的变频器控制中，各调制波信号及载波信号的产生及 $V_1 \sim V_6$ 功率开关的开关时间控制均由微机软件程序配合大规模专用集成电路来完成。变频器的变频范围越大，分辨率越高，计算机存储的曲线数值就越多，实时计算就越困难。通用变频器产品的输出频率调节范围一般从零点几赫兹到几百赫兹。

5.3.3 三相桥式 SPWM 逆变电路

在 PWM 型逆变电路中，工业实际应用最多的是如图 5 - 14（a）所示的三相桥式逆变电路，其控制方式一般都采用双极性方式。U、V 和 W 三相的 PWM 控制通常共用一个三角波载波 u_c，三相调制信号 u_{rU}、u_{rV} 和 u_{rW} 的相位依次相差

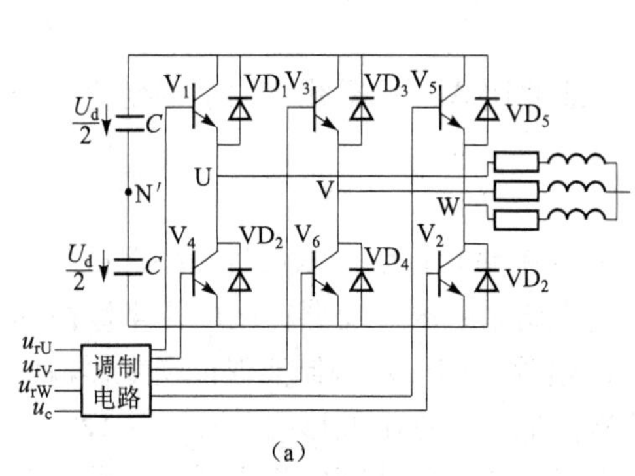

（a）

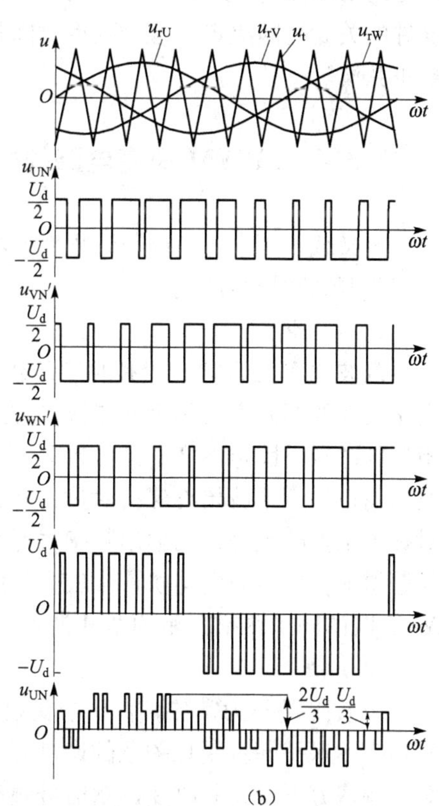

（b）

图 5 - 14　三相 SPWM 逆变电路及波形

（a）三相桥式逆变电路；（b）相电压和线电压波形

120°。各相功率开关器件的控制规律相同，现以 U 相为例来说明。当 $u_{rU} > u_c$ 时，给上桥臂晶体管 V_1 以导通信号，给下桥臂晶体管 V_4 以关断信号，则 U 相相对于直流电源假想中点 N′的输出电压 $u_{UN'} = U_d/2$。当 $u_{rU} < u_c$ 时，给 V_4 以导通信号，给 V_1 以关断信号，则 $u_{UN} = -U_d/2$。V_1 和 V_4 的驱动信号始终是互补的。和单相桥式逆变电路双极性 SPWM 控制时的情况相同。V 相和 W 相的控制方式和 U 相相同。u_{UN}、$u_{VN'}$和 $u_{WN'}$的波形如图 5－14（b）所示。可以看出，这些波形都只有 $\pm U_d/2$ 两种电平。像这种逆变电路每相电压（u_{UN}、$u_{VN'}$和 $u_{WN'}$）只能输出两种电平的三相桥式电路无法实现单极性控制。

图中线电压 u_{UV}的波形可由 $u_{UN'} - u_{VN'}$得出。可以看出，当臂 1 和 6 导通时，$u_{UV} = U_d$，当臂 3 和 4 导通时，$u_{UV} = -U_d$，当臂 1 和 3 或 4 和 6 导通时，$u_{UV} = 0$，因此逆变器输出线电压由 $+U_d$、$-U_d$ 和零三种电平构成。从图中可以看出，经三相叠加后，负载相电压 u_{UN}由（±2/3）U_d，（±1/3）U_d 和零共 5 种电平组成。

在双极性 SPWM 控制方式中，同一相上、下两个臂的驱动信号都是互补的。但实际上为了防止上、下两个臂直通而造成短路，在给一个臂施加关断信号后，再延迟 Δt 时间，才给另一个臂施加导通信号。延迟时间的长短主要由功率开关器件的关断时间决定。这个延迟时间将会给输出的 PWM 波形带来影响，使其偏离正弦波。

5.3.4 SPWM 逆变电路的同步调制和异步调制

定义载波频率 f_c与调制波频率 f_r之比为载波比 N，根据载波比是否变化，分为同步调制和异步调制。

1. 同步调制

载波比 N 为常数，变频时三角载波信号的频率和正弦调制信号频率保持同步变化关系的调制方式称为同步调制方式。同步调制时的逆变器输出电压半波内的矩形脉冲数是固定不变的。如果取 N 为 3 的倍数，则同步调制能保证逆变器输出波形的正、负半波始终保持对称，并能严格保证三相输出波形间具有互差 120°的对称关系。缺点是，当输出频率很低时，由于相邻两脉冲间的间距增大，谐波会显著增加，使负载电动机产生较大的脉动转矩和较强的噪声。如图 5－15 所示是 $N=9$ 时的同步调制三相 SPWM 波形。

2. 异步调制

载波比 N 不为常数，在整个变频范围内，三角载波信号的频率和正弦调制信号频率不保持同步变化关系的调制方式称为异步调制方式。使用时一般保持三角载波频率 f_c不变，只改变调制信号频率 f_r，因而提高了低频时的载波比。这样逆变器输出电压半波内的矩形脉冲数可随输出频率的降低而增加，相应地可减少负载电动机的脉动转矩和噪声，改善低频工作特性。图 5－14（b）所示的波形就

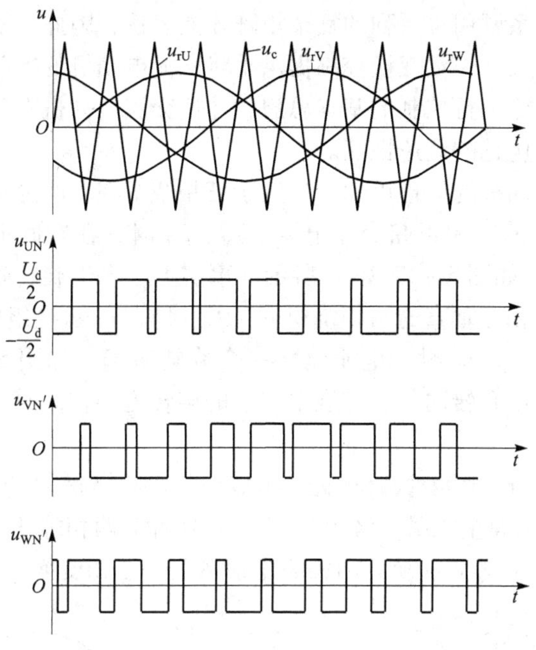

图 5-15　$N=9$ 时同步调制三相 SPWM 波形

是异步调制三相 SPWM 波形。

一般来说，同步调制适用于输出的高频段，异步调制适用于输出的低频段。实际应用中常将两种方式结合起来，称为分段同步调制方式。

3. 分段同步调制

分段同步调制是把整个变频范围划分为若干频段，在每个频段内维持载波比 N 恒定，而对不同频段取不同的 N 值，频率低时 N 值取大些，一般按等比级数安排；在低频则实行异步调制，保持载波频率不变。这样在一定频率范围内，采用同步调制可以保持波形对称的优点；低频段又采纳了异步调制的长处。分段同步调制的调制信号频率 f_r 和载波频率 f_c 的关系曲线如图 5-16 所示。

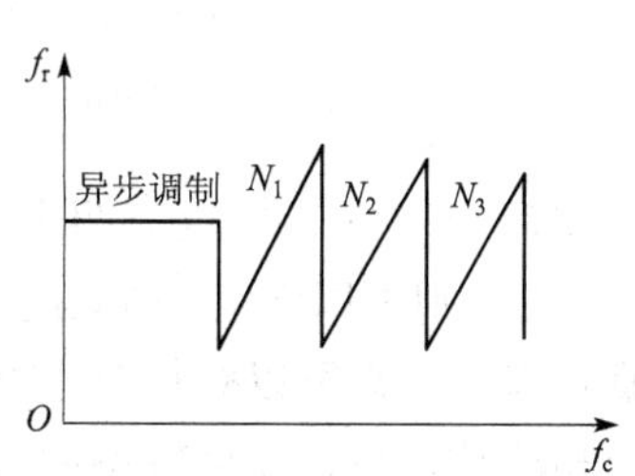

图 5-16　分段同步调制信号频率和载波频率的关系曲线

5.4　三相异步电动机的矢量变换控制

5.4.1　矢量变换控制的基本思想

三相异步电动机的内部电磁关系十分复杂，定子电压、电流、频率和磁通、转矩之间的对应关系要用一系列的复杂矩阵才能表达，因此，实现异步电动机的精确控制难度相当大。矢量变换控制提供了将交流电动机的数学模型通过矩阵变换等效为直流电动机进行控制的基本思想，才使交流电动机在理论和实践上获得了比直流电动机更优越的调速性能。

由三相异步电动机的原理可知，当定子三相绕组在空间分布上互差 120°并通以时间上互差 120°的三相正弦交流电 i_U、i_V、i_W 时，在空间上会建立一个转速为 n_1 的旋转磁场，如图 5－17（a）所示。事实上，产生旋转磁场不一定非要三相绕组，取空间上相互垂直的两相绕组 α、β，且在 α、β 绕组中通以互差 90°的两相平衡交流电流 i_α、i_β 时，也能建立一个旋转磁场，如图 5－17（b）所示。当该旋转磁场的大小和转向与三相绕组产生的旋转磁场相同时，则认为 i_α、i_β 与 i_U、i_V、i_W 等效。

因上述两图中产生两个旋转磁场的定子绕组都是静止的，因而可将图 5－17（a）称为三相静止轴系，将图 5－17（b）称为两相静止轴系，这是从三相静止轴系 i_U、i_V、i_W 等效变换到两相静止轴系 i_α、i_β 的变换思路。

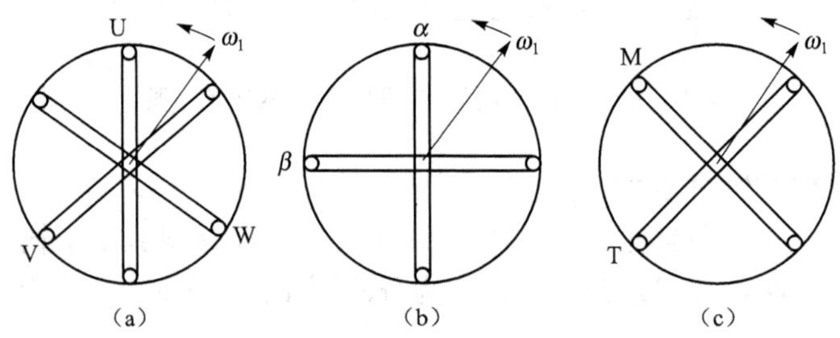

图 5－17　等效交流电机绕组和直流电机绕组

（a）三相静止轴系；（b）两相静止轴系；（c）两相旋转轴系

图 5－17（c）中也有两个空间上相互垂直的绕组 M、T，如分别通入直流电流 i_m、i_t，则可以建立一个不会旋转的磁场，但如果让 M、T 轴都以 n_1 的同步速度旋转起来，则可以获得与上述两图同样效果的旋转磁场。图 5－17（c）被称为两相旋转轴系，在该轴系中，因为使用两个互相独立的直流电流 i_m、i_t 进行控制，i_m 为励磁分量，i_t 为转矩分量，所以可以实现类似于直流电动机的控制性能。

矢量变换控制的基本思想是通过数学上的坐标变换，先把交流三相绕组的电流 i_U、i_V、i_W 等效变换为交流两相绕组的电流 i_α、i_β，称为 3/2 变换；再把两相交流电流 i_α、i_β 等效变换成两相旋转轴系 M、T 的直流电流 i_m、i_t。实质上就是通过数学变换把三相交流电动机的定子电流 i_U、i_V、i_W 分解成转矩分量和励磁分量，以便像直流电动机那样实现精确控制。

要进行矢量变换控制的矩阵运算，除了需要实时检测定子的三相电流之外，还需要直接或间接检测转子速度、磁通等许多变量，需要多位、高速的微处理器才能完成运算。

5.4.2 矢量变换控制的基本应用

由于机电一体化技术的发展，矢量控制在各类电动机的控制中均获得普遍应用。矢量变换控制对于三相异步电动机，主要用于变频器－电动机调速系统或交流伺服系统（尤其是在大功率伺服场合）。

1. 采用矢量变换控制的变频器－电动机调速系统

要实现精确控制交流电动机速度的矢量变换算法，需要高性能的实时运算控制芯片。如图5－18所示为一个基于DSP芯片的矢量变换控制变频器－电动机调速系统原理框图。

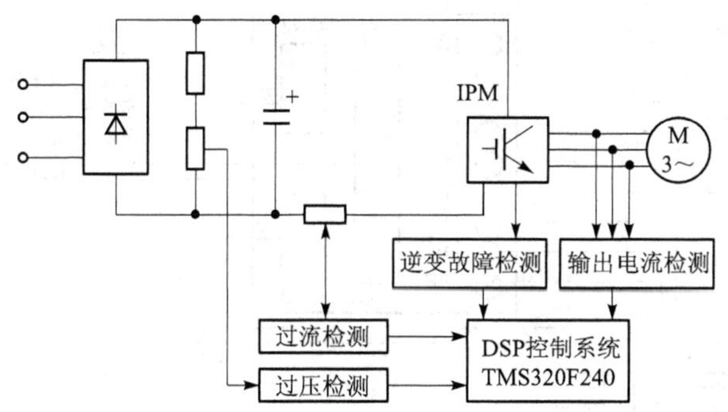

图5－18 基于DSP的矢量变换控制变频器－电动机调速系统原理框图

系统主电路采用交—直—交电压型的通用变频器主电路。功率开关器件采用智能功率模块IPM，该模块将6个IGB*T*功率开关和必要的外围电路、驱动电路封装在一起，减小了变频器的体积，提高了变频系统的性能与可靠性。

控制电路由16位的DSP、信号检测电路、驱动保护电路等组成。DSP称为数字信号处理器，可适用于工业电机驱动，TMS320x24x系列芯片是专门为电机的数字化控制而设计的，具有每秒执行20 M条指令的运算能力，比传统16位微处理器芯片性能强大得多。

芯片内的事件管理器可以为所有电机类型用户提供高速、高效的先进控制技术，该事件管理器包括变频器必需的三相PWM产生功能，防止同桥臂的上下两个IGB*T*器件同时导通（造成直流短路）的死区控制功能，还包括空间矢量变换算法的PWM产生功能。与单片机等微机控制的变频器－电动机调速系统相比，DSP芯片更适合非常复杂且高速的实时控制算法的运算，大大简化了高性能调速器的硬件设计。

2. 数控机床的主轴伺服驱动系统

机床的主轴驱动与进给驱动的主要差别是前者的调速精度要求稍低，但传动功率大。早期的机床主轴传动全部采用三相异步电动机加多级变速箱的结构，电机不能无级调速，控制精度低。随着变频器的不断发展，机床主轴更多采用变频器传动，实现了无级变速。但在数控加工中心，为了实现刀库自动换刀，要求对主轴能进行高精度定角度停止控制，使数控机床的主轴控制进入了交流主轴伺服系统的时代。

如图 5 - 19 所示为三菱 MDS - A - SPJA 型主轴伺服驱动系统的连接示意图。由于数控机床的主轴驱动功率较大，所以主轴电动机采用鼠笼式结构形式。实现精确定位控制需借助矢量变换控制技术，主轴驱动单元的闭环控制、矢量运算均由伺服驱动单元内部的微计算机控制系统实现。

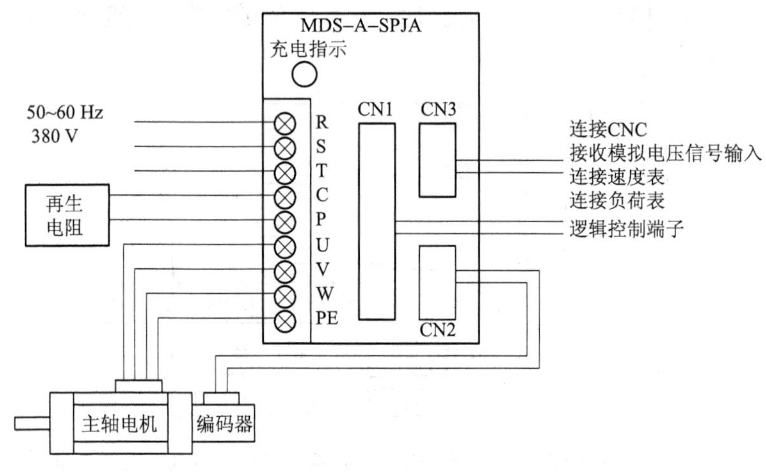

图 5 - 19　主轴伺服驱动系统的连接示意图

三菱 MDS - A - SPJA 系列主轴驱动器上共有 9 个强电接线端子和 3 个信号电缆插座 CN1、CN2、CN3。9 个强电接线端子分别为：AC 220 V 三相电源进线 R、S、T；交 - 直 - 交变频主回路的直流侧再生制动电阻接线端子 C、P，在制动时使用；向主轴电机供电的变频输出动力线端子 U、V、W 及屏蔽线接线端子 PE。信号电缆 CN3 用于连接 CNC 系统，接受数控系统的当前速度或位置指令。CN2 是三菱公司提供的标准电缆，用来传递主轴编码器对主轴驱动单元的实际速度/位置检测反馈信号。CN1 电缆有 40 线之多，主要用做驱动单元的逻辑控制端子，完成数控系统对主轴的状态监控及动作控制。

加工过程中，主轴伺服驱动单元配合 CNC 系统，完成一系列数字化的内部调节和矢量变换运算，实时控制驱动器内部的 SPWM 调制及 IGBT 变频主回路，完成主轴的速度或位置闭环控制。位置控制一般在程序自动换刀，需要主轴准确定位停止时使用。三相异步电动机的矢量变换控制可以使大功率异步电动机获得更为理想的驱动性能。主电路与一般变频器类似，但矢量变换控制需要运算电路完成一系列的坐标变换，在控制理论上十分复杂。

5.5 变频器的基本功能、接线和参数设置

5.5.1 变频器的基本功能和主要控制参数

1. 变频器的基本功能

变频器的基本功能包括：控制功能、显示功能、保护功能等。

1）控制功能

包括运转与操作、频率设定、运转状态输出、加速/减速时间设定、上/下限频率设定、偏置频率设定、频率增益设定、跳变频率设定、瞬间停电再启动、自动补偿控制、第二台电动机设定、自动节能运转等。

2）显示功能

包括运转中（或停止）显示输出频率、输出电流、输出电压、电动机转速、负载轴转速、线速度、输出转矩等，并能显示单位；在液晶显示画面上能显示测试功能、输入信号和输出信号的模拟值。

在设定状态时，能显示各种功能码及有关数据。

出现故障跳闸时，能显示跳闸原因及有关数据。

3）保护功能

包括过载保护、过压保护、浪涌保护、欠压保护、过热保护、短路保护、接地保护、电动机保护及防止失速保护等。

2. 变频器的主要控制参数

通用变频器有很多控制参数供使用者设置，主要有：

1）频率给定信号的选择

变频器的频率给定信号一般有3种方法：第一种是由变频器的操作键盘设定；第二种是由外接模拟信号控制，信号电压为1～5 V或电流4～20 mA，方向由外接一位开关信号控制；第三种是预置给定：通过程序预置的方法预置给定频率。运行后变频器自动升速至给定频率为止。

2）频率和电压范围的设定

设定内容包括最低输出频率、最高输出频率、最低输出电压、最高输出电压等。

3）电压/频率曲线的选择

为了实现恒磁通调速，必须在变频的同时调整电压。对于不同的电动机和负载状况，需要不同规律的电压/频率曲线与之适配。变频器中一般存有数十种不同规律的电压/频率曲线，可以通过设置参数来进行选择。

4）电动机停止方式的选择

在变频器控制电动机运行情况下，电动机可以两种方式停止，一种是以制动方式立即停止，另一种是以自由运转方式停止，前者一般伴随较大泵升电压的产生。这两种停止方式可通过设置参数来选择。

5）防止过压失速功能的设定

当电动机执行减速时，由于负载惯量的影响，电动机会把负载上的动能转换为电能储存在变频器的直流母线电容上，造成直流母线电压升高，可能导致过电压保护动作，从而造成失速，当选择了防止过压失速功能情况下，在变频器检测直流侧母线电压升高，但还没有导致过压保护动作时，变频器会自动暂停减速，输出的频率暂时保持在当前值不变，直到直流母线电压降低后，再继续减速。

6）防止过流失速功能的设定

当电动机加速时，由于加速过快或负载较重，电动机的电流可能会上升到很大，导致过流保护动作，造成电动机的“失速”，在选择了防止过流失速功能情况下，在变频器检测到电流过大，但还没有导致过流保护动作时，变频器会自动暂停加速，输出的频率暂时保持在当前值不变，直到电流降低后，再继续加速。

5.5.2 通用变频器的外围接线

如图 5－20 所示为日本富士公司的 FRENIC 5000G9S/P9S 400 V 系列变频器产品的外围接线图。该变频器有 9 个强电接线端子及多组弱电接线端子。

1. 主电路接线

L_1、L_2、L_3 为电源输入端子，接电网三相交流电；U、V、W 为交流输出端子，接电动机；P1、P 之间用来连接功率因数校正电抗器；P、N 之间用来连接制动单元。R0、T0 为辅助控制电源输入端，小功率变频器不设置这两个端子。

2. 控制输入接线

（1）三个频率设定电位器输入端（端子 13、12、11），当需要从外部输入模拟量的速度给定时使用。

（2）辅助设定电压输入（V1、CM）或电流输入端（C1、CM），只在构成简单闭环控制系统时使用。

（3）控制输入端，输入电路接线方式与可编程控制器的输入电路类似，每个输入点与公共端 CM 短路接通即生效，但每个输入点的定义是固定的，用户不能改变。各端子功能如下：

FWD 为变频器正转控制端；

REV 为反转控制端。

THR 为外接保护控制端，如有热保护或其他故障使 THR 与公共点 CM 接通，变频器会立即停止运行。

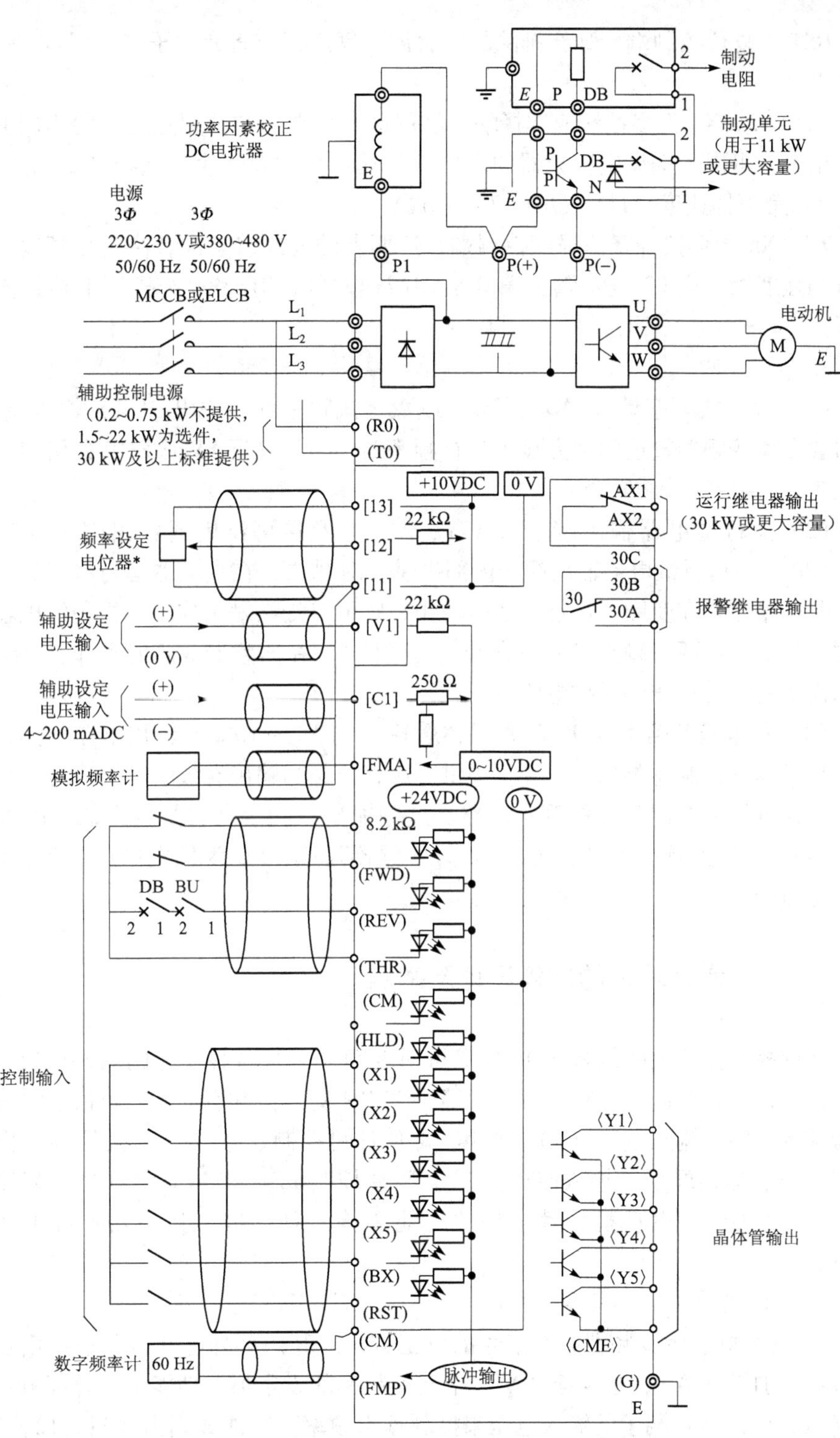

图5－20　富士公司FREN/C 5000P9S 400 V系列变频器产品的外围接线图

RST 为复位控制端，如在排除故障后欲恢复运行应将此端子与公用点 CM 接通一次。

X1、X2、X3 为多挡转速选择端，使用这 3 个端子与公用点之间的不同通断状态组合，可以预选设定变频器的多挡工作速度，如 000 表示选择第 0 挡速度，001 表示第 1 挡速度，111 表示第 7 挡速度；

X4、X5 为多挡升降速强度控制端，这两点的通断状态配合决定变频器升降速时的强度挡，如 00 表示选择第 0 挡加减速时间，01 表示选择第 1 挡加减速时间。

3. 控制输出端：

（1）模拟式频率计（FMA、CM）或数字式频率计（FMP、CM）输入端子。当需要在离变频器较远的地方显示运行频率时，可以从 FMA 或 FMP 处引出接线至仪表。

（2）运行继电器输出端子（AX1、AX2）及报警继电器输出端子（30A、30B、30C）。运行继电器输出端子内部提供一对触头，在变频器运行时闭合，如果有些电路需要在变频器运行后才能动作，则可以受该触头控制。报警继电器输出端子内部提供两对触头（一对常开一对常闭），在变频器故障时动作，对外可控制需要故障时动作的保护电路。

（3）集电极开路型（OC 门）晶体管输出端 Y1 ~ Y5。其输出电路与晶体管输出型可编程控制器类似，对外不提供电源，只是当输出有效时 Y 端子与公用端子间导通，用来控制需要的逻辑电路。这些输出点的定义也是固定的，RUN 为运行信号，SU 为频率到达信号，OL 为变频器过载，LU 为供电电压不足，FAT 为报警信号。

5.5.3 常用功能的软件设计及举例

使用控制面板上的编程键 PRG 等可对变频器进行各种功能的软件设置，对变频器进行运转控制、运行状态显示等。G9/P9 变频器共有 95 种软件代码功能。分为基本功能、输入端子（1）、加速/减速时间控制、第二电动机控制、模拟监视输出、输出端子、输入端子（2）、频率控制 LED 和 LCD 监视器、程序运行、特殊功能 1、电动机特性、特殊功能 2 等多种功能。其中几种常用功能如下：

1. 功能码 00：表示频率设定的方法（FREQ COMND）

功能码 00 表示变频器频率信号的设定方法。其内部功能 0 表示通过面板上的数字增加键（∧）、减少键（∨）来调整频率的设定值。功能 1 由外部电位器经（11，12，13）端子的输入电压来控制输出频率。功能 2 则由（11，12，13）端的输入电压与（c1，11）端输入电流联合控制输出频率。

2. 功能码01：表示运行操作的方法（OPR METHOD）

用以设定变频器的运行和停止方式。其内部功能0表示运行命令由面板控制，即用RUN/STOP键控制电动机运行。功能1表示运行命令由外部输入端信号控制（FWD/REV）端信号控制。

【例5-1】操作时选功能码00的功能为0，通过增减键调至30，且功能码01选0，通电后按RUN键，则电动机以30 Hz的频率旋转。按STOP键后电动机停止。

如选功能码00为1，功能码01为1。则通电后短接FWD、COM后电动机正转，调整外接电位器的动臂可控制电动机有不同的转速。

3. 功能码02：表示最高频率（MAX Hz）

变频器输出最高频率限制。可设定频率范围为50~400 Hz（G9型）或50~120 Hz（P9型）。运行期间不可调，出厂设定为60 Hz。

4. 功能码03：表示基本频率（BASE Hz-1）

变频器输出的基本频率（运行期间不可调，出厂设定为50 Hz）。基本频率的设定范围：50~400 Hz，每步频率变化1 Hz。通常将此值设定为电动机的额定频率。

注意：如基本频率超出最高频率，则输出电压达不到额定电压值；如基本频率设定太低，将可能使电动机过载而引起跳闸。

5. 功能码04：表示额定电压1的设定（RATED V-1）

额定电压又称最高输出电压。最小设定增量1 V，出厂设定值为380 V。

【例5-2】设定功能码02为60，功能码03为50，功能码04为380，其输出曲线如图5-21所示，机器运行后0~50 Hz起始段为恒磁通，恒压频比方式运转，而50~60 Hz时为恒压弱磁变频输出方式。

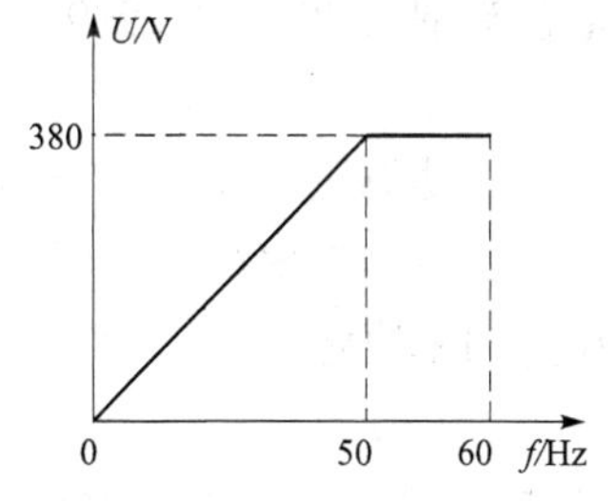

图5-21 例5-2设定的输出曲线

6. 功能码05：表示加速时间1的设定（ADD TIME1）

从启动到最高频率所用的时间。设定范围：0.01~3 600 s，运行期间不可调，出厂设定为6 s。

7. 功能码06：减速时间1设定（DEC TIME1）

表示从最高频率到停止所用的时间。设定范围：0.01~3 600 s，运行期间不可调，出厂设定为6 s。

功能码05和06设定的加速/减速时间决定了调速系统的快速性，时间较短可提高生产率，但加速时间太短可使系统无法启动或过流跳闸，减速时间太短，频率下降太快，电动机会进入再生制动状态，可能发生过电压跳闸。实践中一般按照电动机负载大小和飞轮力矩来设定，或实验方法在满足工艺要求时间内，以变频器不发生跳闸为依据来设定。

8. 功能码07：转矩提升1曲线设定（TRQ BOOST1）

所谓转矩提升是指合理选择变频器的 U/f 曲线，如图5－22所示。为了使电动机合理运行，应使频率 $f=0$ Hz 时电压 U 为大于0的某确定值A。该点取值多大与负载的性质有关，A点选择过高，系统效率降低，电动机容易发热；A点选择过低，电动机低频转矩变小。在FRN－G9/P9S系列变频器中，有自动和手动转矩提升两种模式。可以设定数据选择范围：0.0%～20.0%，其中数据为0.0%时变频器根据电动机的参数自动补偿转矩提升值。而数据0.1%～20.0%为手动设定转矩提升值。其中数据2.0%～20.0%时为线性提升曲线，而0.1%～1.5%为非线性提升曲线。不同负载，转矩提升曲线弯曲度不同，选择的数据不同，如0.1%～0.9%适用于风机、泵类负载，1.0%～1.9%适用于比例转矩负载，2.0%～20.0%适用于恒转矩负载。如图5－22所示。

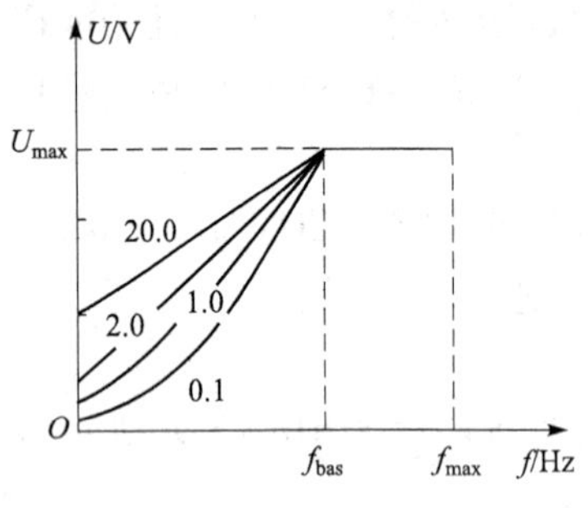

图5－22 “07”功能的曲线

9. 功能码15、16：转矩限制

功能码15功能：驱动时转矩限制。

功能码16功能：制动时转矩限制。

此二功能用于驱动或制动时，限制最大转矩在某一值上，防止电流过大跳闸。取值范围为20～180.999，当取180.999时为不限制。

10. 功能码20～26：7步频率设定功能1～7

每一个功能码可设定一个频率，依靠外接信号端子X3、X2、X1的组合控制可获得7种控制频率组合。输出频率由X3、X2、X1组成的二进制数所对应功能码的设定频率决定。

11. 功能码33～38：加速、减速时间2～4功能设定

功能码33功能：加速时间2；功能码34功能：减速时间2。

功能码35功能：加速时间3；功能码36功能：减速时间3。

功能码37功能：加速时间4；功能码38功能：减速时间4。

功能码20～26，33～38用于程序运行时的多种速度的控制时的频率和加/减速段（1～4）的时间设定，此功能受输入端子X5，X4控制：

当X5＝OFF，X4＝OFF为加速时间段1/减速时间段1的设定。加速时间由功能码05设定；减速时间由功能码06设定。时间设定范围为0.01～3 600 s。

当X5＝OFF，X4＝ON为加速时间段2/减速时间段2的设定。加速时间由功能码33设定；减速时间由功能码34设定。时间设定范围为0.01～3 600 s。

当X5＝ON，X4＝OFF为加速时间段3/减速时间段3的设定。加速时间由功

能码 35 设定；减速时间由功能码 36 设定。时间设定范围为 0.01 ~3 600 s。

当 X5 = ON，X4 = ON 为加速时间段 4/减速时间段 4 的设定。加速时间由功能码 37 设定；减速时间由功能码 38 设定。时间设定范围为 0.01 ~3 600 s。

通过外部端子开关的控制可组成各种不同程序速度控制功能。

12. 功能码 60：功能码 61 ~79 各种功能的入口控制

只有功能码 60 为 1 时，功能码 61 ~79 的各种功能才能起作用。

13. 功能码 73：加速、减速方式的模式选择功能

功能码 73 设定为 0 表示线性加速和减速，功能码 73 设定为 1 表示 S 曲线加速和减速，功能码 73 设定为 2 表示非线性加速和减速。

此功能与功能码 05/06 配合可获得良好的启动性能曲线，达到启动平稳、无冲击、启动速度快的良好效果。

14. 功能码 65：程序运行时模式选择功能

本功能码用来选择软件程序的运行方式。仅当功能码 60 =1 时才能修改此功能码。此功能码有 3 种选择：0 表示一般运行，1 表示程序运行一个循环后结束，2 表示程序运行一个循环后按最后速度继续运行。

15. 功能码 66 ~72：7 步定时器运行时间和加/减速方式设置功能

功能码 66 ~72 代表 1 ~7 步，每步可设定本步运行时间，范围为 0.01 ~6 000 s；而加速/减速方式的模式选择可按其内部代码选取，代码含义如表 5 –2。

表 5 –2 定时器代码含义（转向与加速/减速方式的模式）表

代码	转向	加速/减速
F1	正转	加速 1/减速 1（时间取决于 F05 和 F06 设置）
F2	正转	加速 2/减速 2（时间取决于 F33 和 F34 设置）
F3	正转	加速 3/减速 3（时间取决于 F35 和 F36 设置）
F4	正转	加速 4/减速 4（时间取决于 F37 和 F38 设置）
R1	反转	加速 1/减速 1（时间取决于 F05 和 F06 设置）
R2	反转	加速 2/减速 2（时间取决于 F33 和 F34 设置）
R3	反转	加速 3/减速 3（时间取决于 F35 和 F36 设置）
R4	反转	加速 4/减速 4（时间取决于 F37 和 F38 设置）

例如，功能码 F60 =1；F65 =1；F66 =10.00，F2；F67 =11.00，F1；F68 =11.00，R4；F69 = 11.00，R2；F70 = 11.00，F2；F71 = 11.00，F4；F72 =11.00，F2。则电动机多步运行图如图 5 –23 所示，电动机循环运行一次结束。图中的匀速度 P1 ~P7 的值取决于 F20 ~F26 的设置。各步定时时间 T1 =10 s，T2 ~T7 =11 s。程序运行的启动和停止可使用控制面板上的 RUN/STOP 或使用 FWD/REV 端子用外部信号控制。

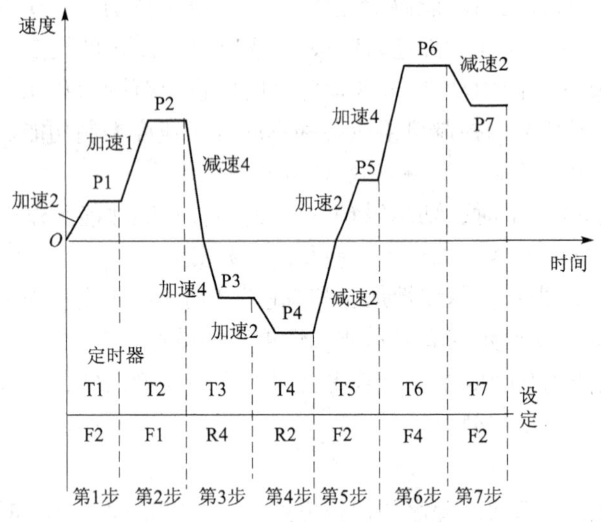

图 5－23　电动机多步加速/减速运行图

16. 功能码 29：转矩矢量控制（TRQ VECTOR）

当功能码 29＝0 时电动机运行于普通工作方式，当功能码 29＝1 时电动机运行于转矩矢量控制工作方式。

5.6　变频器的选择、控制电路设计及应用举例

5.6.1　变频器的选择

电力拖动变频调速系统中变频器的选择主要考虑以下 3 个方面：

1. 变频器的容量选择

一般可由变频器说明书中配用电动机的容量的参数来选择。如表 5－3 所示，另外还应考虑变频器的额定输出电流应略大于异步电动机的额定电流。特别是有经常性过载工况的电动机，由于变频器过载能力很弱，二者的差值应更大。此外，还应考虑电动机的启动、加速/减速、电动机的数量以及负载的情况等。

表 5－3　400 V 系列电动机功率与变频器消耗电功率的对照表

配用电动机/kW	0.4	0.75	1.5	2.2	3.7	5.5	7.5	11	15	18.5	22
变频器容量/kVA	1.1	1.9	2.8	4.2	6.9	10	14	18	23	30	34

2. 变频器类型的选择

目前，市场上的变频器大致可分为 3 类：

1）通用型变频器

一般指无矢量控制功能的变频器，适用于一般性变频调速场合。

2）高性能变频器

通常指配备矢量控制功能的变频器，主要用于轧钢、造纸、塑料薄膜加工线等动态性能要求高、精度高、响应快的生产机械。

3）专用变频器

专门针对某种类型的机械负载而设计的变频器，如水泵/风机等负载的变频器、电梯专用恒转矩/频繁启停/重力加速度负载的专用变频器、起重机专用防止溜钩或滑行功能的变频器、卷绕机械的张力控制专用变频器等。

另外，用户还应根据生产机械的具体情况进行选择。

（1）根据电源进行选择：一般工业环境，以交－直－交型的三相交流电源供电的变频器为佳；一般民用环境，以交－直－交型的单相交流电源供电的变频器为宜；特殊用户能够提供直流电源，可直接采用直－交型直流电源供电的变频器。

（2）适合与 PLC 结合控制的变频器：为解决模拟量输入/输出连接问题，要求变频器具有集电极开路输出 OC 门（一般变频器都具有），以及 4 ~ 20 mA 模拟量输入端子外，还应自带 RS－485 通信接口，以便通过 RS485 接口写入相应的控制字，及通过 4 ~ 20 mA 输入给定值，通过 PLC 来控制变频器。

3. 性能价格比/售后服务

（1）性能价格比：主要从 3 个方面进行评估。

① 从品牌之间形成的价格差距，性能差距去评估。

② 从选择通用变频器和高性能变频器之间性价比去评估。

③ 品质与价格之间的评估。

（2）售后服务主要从服务及服务代理机构的设置、技术服务的范围、零配件是否齐全、“三包”的范围和期限、公司的技术能力和诚信去评估。

5.6.2 变频器的控制电路设计

1. 变频器的基本控制电路

如图 5－24 所示为变频器基本控制电路图，三相 380 V 交流电通过空气开关 QF，再经交流接触器 KM 接入变频器 BF 的电源输入端 L_1、L_2、L_3 上。变频器输出变频电压（U、V、W）经热继电器 FR 接到负载电动机 M 上。空气开关 QF 起总电源开关作用，同时它还有短路和过载保护的作用，其容量可按变频器容量大小来选择。

接触器 KM 并不是一定必需的，一般不推荐通过接触器 KM 来直接控制电动机的启动和停止，因为这样会造成对变频器的冲击电流。使用 KM 的作用是当系统出现电气故障时（如热继电器动作）可通过它迅速切断电路，保护变频器，

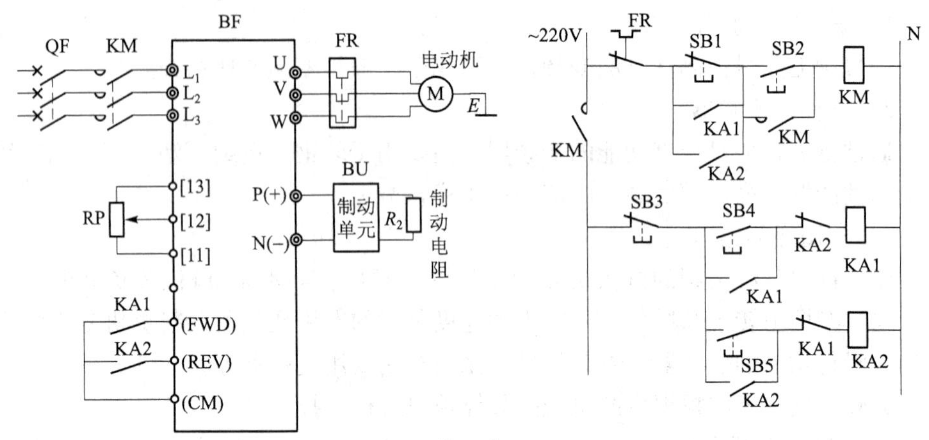

图 5 – 24　变频器基本控制电路图

其容量选择与 QF 相同。注意：启动时应先启动变频器，再启动电动机，以防止大电流对电网的冲击。停止时先停止电动机，再停止变频器。

正反转控制通过 FWD、REV 与 CM 的开关信号来进行。本电路通过按钮 SB3（停止）、SB4（正转）、SB5（反转）控制电路来控制继电器 KA1、KA2 接点。当按下 SB4，KA1 得电自锁，短路变频器的输入 FWD 和 CM，输出变频变压信号使电动机正转；当按下 SB5，KA2 得电自锁，短路变频器的输入 REV 和 CM，输出变频变压信号使电动机反转；按下 SB3，则 KA1、KA2 的常开接点断开，电动机按照变频器的软制动等方式进行停车。

接触器 KM 的常开接点串联互锁控制继电器 KA1、KA2 只有在变频器得电运行后才能进行正反转的启动。而继电器 KA1、KA2 的常开接点并联互锁控制只有在电动机停车后变频器才能停电。

制动电阻 R_2 通过制动单元 BU 接到变频器的制动电阻输入端 P(+)、N(−)上。对于 7.5 kW 以下的变频器，无需制动单元，直接将制动电阻 R_2 接到 P(+)、N(−)上即可。其出厂时已带有一定功率的制动电阻，对于频繁制动和转矩较大场合应换用较大功率的电阻。制动电阻的作用是：当电动机出现制动时，电动机会有一部分能量反馈到变频器内部来，造成变频器的主电路的直流环节直流电压上升。当电压过高时经电子开关接通制动电阻，可将这部分能量消耗掉。电阻的选择参见厂家说明。

2. 由 PLC 控制变频器和电动机单向运转运行电路

如图 5 – 25 所示是通过 PLC 来控制变频器使电动机正转运行电路接线图，其对应的 I/O 接口如表 5 – 4，控制梯形图程序如图 5 – 26 所示。在 PLC 输入端，按钮 SB1、SB2 是变频器停车和开车按钮，通过 PLC 程序（输出 Y001）控制接触器 KM 通断来实现。按钮 SB3、SB4 是电动机停车和正转运行控制按钮，通过 PLC 程序（输出 Y000）控制 FWD 与 CM 的通与断来实现。变频器的保护接点

(30A、30B) 的状态作为 PLC 的一个输入信号，一旦变频器发生故障，PLC 立即做出反应，使系统停止工作。在 PLC 输出端，输出 Y002、Y003、Y004 分别接 HL1、HL2、HL3 三个指示灯，表示变频器的通电状态、运行状态及故障报警状态。

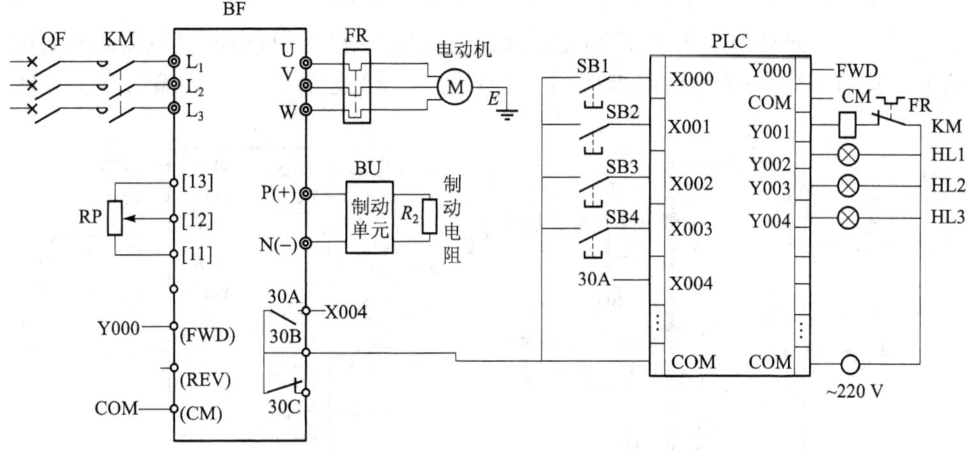

图 5-25　由 PLC 控制变频器正转运行电路接线图

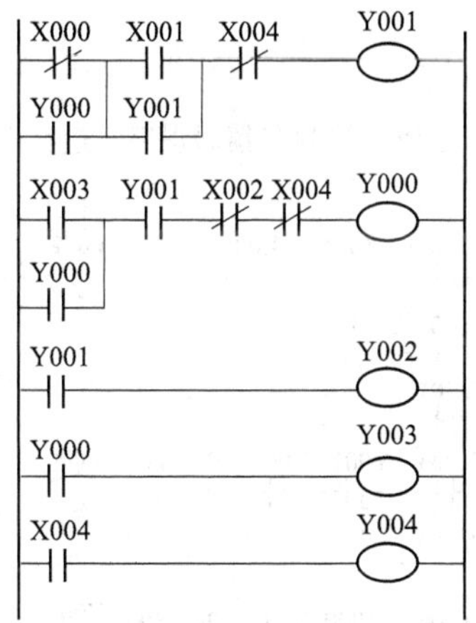

图 5-26　PLC 控制变频器输出使电动机正转运行梯形图

表 5-4　I/O 接口分配表

输　入			输　出		
变频器停止按钮	SB1	X000	Y000	FWD	电动机正转运行
变频器启动按钮	SB2	X001	Y001	KM	变频器得电运行
电动机停止按钮	SB3	X002	Y002	HL1	变频器电源指示灯
电动机启动按钮	SB4	X003	Y003	HL2	变频器工作指示灯
变频器保护接点	30A ~ 30B	X004	Y004	HL3	变频器故障指示灯

PLC 程序中，设置了 Y001 对 Y000 的单向软互锁，以确保变频器得电后才能启动电动机。还设置了 Y000 对变频器停车按钮 X000 的单向软互锁，以确保电动机运转（Y000 得电）时，Y001 无法失电，即变频器不能停车。

3. 由 PLC 控制变频器和电动机可逆运转运行电路

图 5－27 是通过 PLC 来控制变频器使电动机正反转运行电路接线图，其对应的 I/O 接口如表 5－5，控制梯形图程序如图 5－28 所示。在 PLC 输入端，按钮

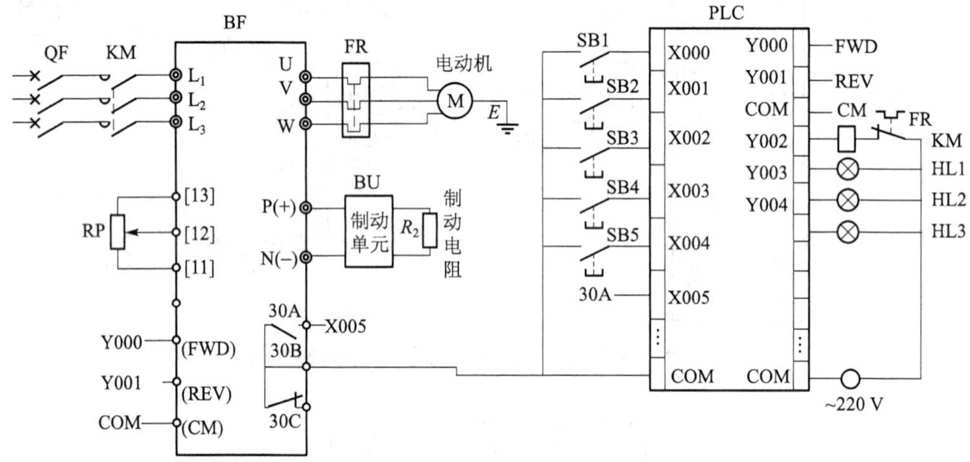

图 5－27　由 PLC 控制变频器正反转运行电路接线图

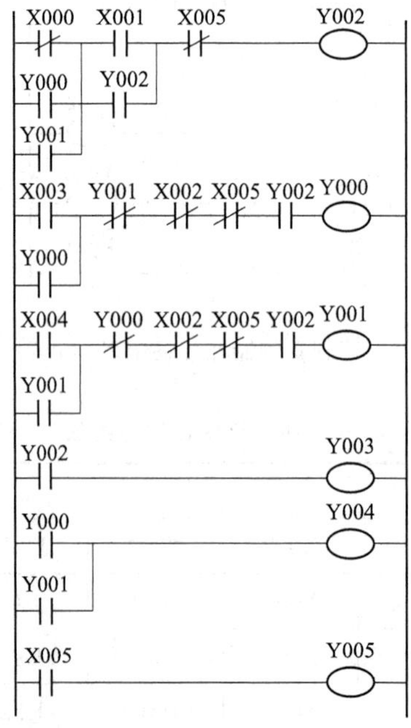

图 5－28　PLC 控制变频器输出使电动机正反转运行梯形图

SB1、SB2 是变频器停车和开车按钮，通过 PLC 程序（输出 Y002）控制接触器 KM 通断来实现。按钮 SB3、SB4、SB5 是电动机停车、正转运行、反转运行控制按钮，通过 PLC 程序（输出 Y000、Y001）控制 FWD、REV 与 CM 的通与断来实现。变频器的保护接点（30A、30B）的状态作为 PLC 的一个输入信号，一旦变频器发生故障，PLC 立即做出反应，使系统停止工作。在 PLC 输出端，输出 Y003、Y004、Y005 分别接 HL1、HL2、HL3 三个指示灯，表示变频器的通电状态、运行状态及故障报警状态。

PLC 程序中，设置了 Y002 对 Y000 和 Y001 的单向软互锁，以确保变频器得电后才能启动电动机。还设置了 Y000 和 Y001 对变频器停车按钮 X000 的单向软互锁，以确保电动机运转（Y000 或 Y001 得电）时，Y002 无法失电，即变频器不能停车。

表 5-5　I/O 接口分配表

输　入			输　出		
变频器停止按钮	SB1	X000	Y000	RWD	电动机正转运行
变频器启动按钮	SB2	X001	Y001	REV	电动机正转运行
电动机停止按钮	SB3	X002	Y002	KM	变频器得电运行
电动机启动按钮	SB4	X003	Y003	HL1	变频器电源指示灯
电动机启动按钮	SB4	X003	Y004	HL2	变频器工作指示灯
变频器保护接点	30A～30B	X004	Y005	HL3	变频器故障指示灯

5.6.3　应用举例

设计一个能实现变频与工频自动切换的变频器控制电路。

1. 控制要求

（1）用户可根据工作需要，自由选择“变频运行”和“工频运行”两种工作方式。

（2）在“变频运行”时，变频器一旦发生故障，系统自动切换为“工频运行”，同时进行声、光报警。

2. 由控制要求设计出继电器－接触器控制的电路

如图 5-29 所示，电路由以下两部分组成：

（1）主电路：接触器 KM1 用于将电源接至变频器的输入端，KM2 用于将变频器的输出接至电动机，KM3 用于将工频电源接至电动机。接触器 KM2 和 KM3 绝对不允许同时接通，二者之间必须有可靠的互锁。热继电器 FR 用于工频运行时的过载保护。

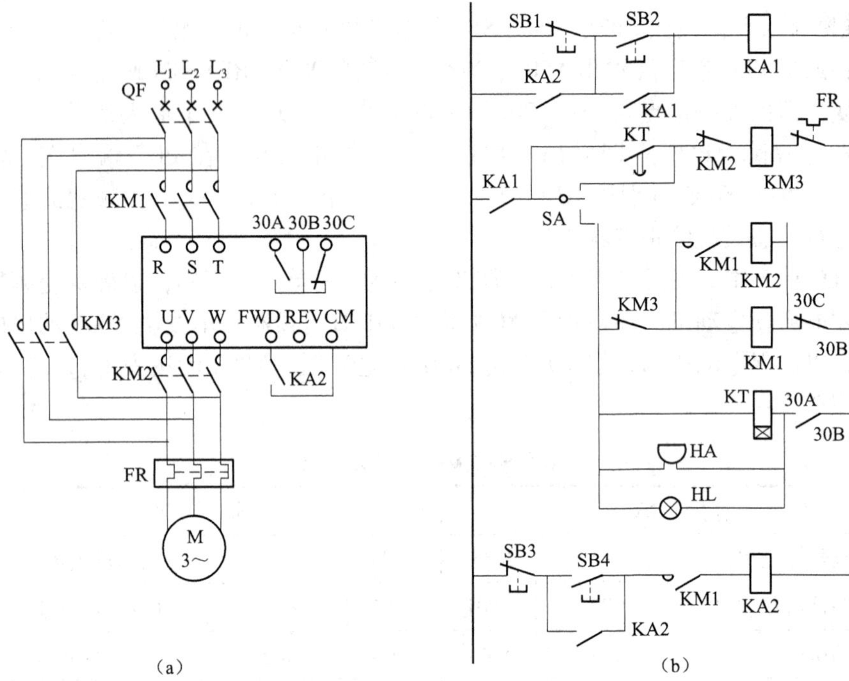

图 5－29　实现变频与工频自动切换的控制电路

（a）主电路；（b）继电控制电路

（2）控制电路：运行方式由三位开关 SA 进行选择。

当 SA 合至“工频运行”方式时（图中为向上），按下启动按钮 SB2，中间继电器 KA1 动作并自锁，使接触器 KM3 动作，电动机进入“工频运行”状态。按下停止按钮 SB1，则 KA1 和 KM3 均失电，电动机停止运行。

当 SA 合至“变频运行”方式时（图中为向下），按下启动按钮 SB2，中间继电器 KA1 动作并自锁，使接触器 KM1 动作，将电源接入变频器，随之 KM2 也动作，将电动机接入变频器输出端。

按下按钮 SB4，中间继电器 KA2 动作，电动机开始升速，进入“变频运行”状态。KA2 动作后，停止按钮 SB1 将失去作用，以防止直接通过切断变频器电源使电动机停机。

在变频运行过程中，如变频器出现故障，则“30B－30C”断开，接触器 KM1、KM2 均失电，使电源、变频器、电动机三者之间均被切断；与此同时，“30A－30B”闭合，一方面由蜂鸣器 HA 和指示灯 HL 进行声、光报警，同时时间继电器 KT 延时闭合，使 KM3 动作，电动机进入“工频运行”状态。

此时应将选择开关旋至“工频运行”位，则声光报警停止，时间继电器断电复位。

3. 由 PLC 进行控制的电路

根据继电控制原理图 5 - 29，可画出由 PLC 控制的实现变频与工频自动切换的控制电路接线如图 5 - 30，对应的控制程序如图 5 - 31，相应的 I/O 接口分配表如表 5 - 6 所示。

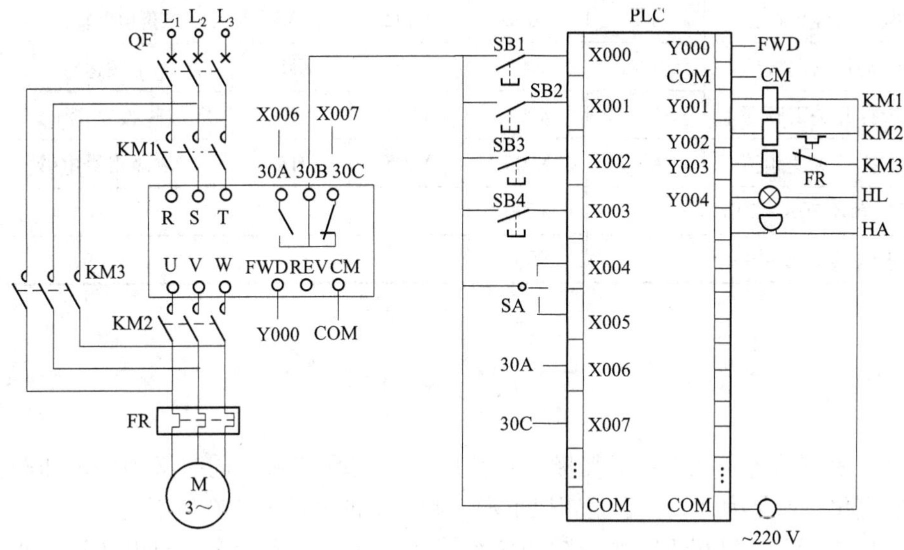

图 5 - 30　由 PLC 控制的实现变频与工频自动切换的控制电路接线图

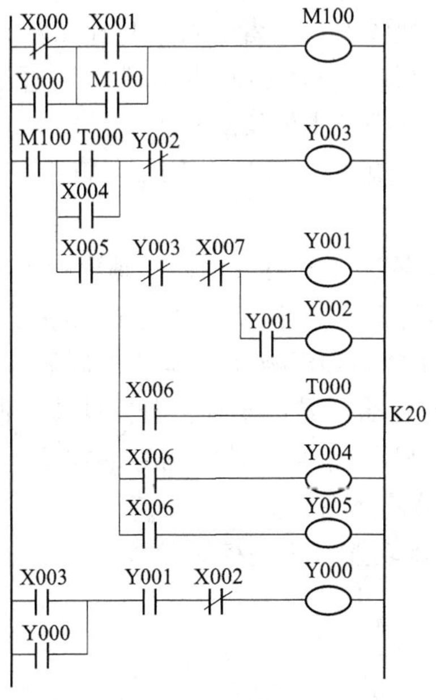

图 5 - 31　实现变频与工频自动切换的 PLC 控制程序梯形图

表 5－6　I/O 接口分配表

输　　入			输　　出		
变频器停止按钮	SB1	X000	Y000	FWD	电动机正转运行
变频器启动按钮	SB2	X001	Y001	KM1	变频器电源
电动机停止按钮	SB3	X002	Y002	KM2	变频器输出
电动机启动按钮	SB4	X003	Y003	KM3	工频运行
选择开关工频档	SA－1	X004	Y004	HL	故障报警指示灯
选择开关变频档	SA－2	X005	Y005	HA	故障报警电铃
保护触点 30A～30B		X006			
保护触点 30B～30C		X007			

5.7　习题及思考题

1. 在异步电动机 VVVF 变频调速系统中，实现变频的同时必须使电压也相应地变化，这是为什么？在基频以下和基频以上的调速方式有何不同？

2. 在异步电动机 VVVF 变频调速系统中，低频段为什么要对电压进行提升补偿？在工频以上的范围变频时，电压还应当变化吗？为什么？

3. 在交－直－交变频器中，中间直流母线环节是如何构成的？什么叫电压型变频器？什么叫电流型变频器？二者的特点是什么？

4. 简述通用变频器的分类方法和基本组成。从通用变频器的内部结构看，其主电路和控制电路由哪几个基本模块组成？

5. 在图 5－8 电路中，叙述 V_1 ～ V_6、VD_1 ～ VD_6、VD_7 ～ VD_{12}的作用，以及 R_0、V_0 的作用。

6. 叙述电压型单相全桥逆变电路原理，并画出输出电压电流的波形。

7. 试说明 PWM 控制的工作原理。PWM 逆变电路有何优点？

8. 叙述单极性 SPWM 控制和双极性 SPWM 控制的特点。

9. 什么叫同步调制？什么叫异步调制？分段同步调制有何优点？

10. 什么是 SPWM？SPWM 信号是数字信号形式还是模拟信号形式？

11. 简述矢量变换控制基本原理。

12. 叙述变频器的基本功能和主要控制参数。

第6章 可编程控制器的基本原理

 内容提要

本章首先介绍可编程控制器的基本概念、可编程控制器的基本功能与特点、PLC控制与继电器-接触器控制的比较和常见PLC产品；然后介绍PLC的组成、PLC的软件与编程语言、PLC的工作原理；最后介绍PLC的分类和性能指标。

6.1 可编程控制器简介

6.1.1 可编程控制器的基本概念

可编程控制器是一种为在工业环境下应用而设计的以微处理芯片为核心的将计算机技术、自动化技术、通信技术融为一体的新型工业控制装置。

继电器-接触器控制的缺点是靠硬连线构成控制系统，器件较多时，接线复杂，对生产工艺变化的适应性差，并且体积大、可靠性低、查找故障困难。为克服继电器-接触器控制的缺点，1969年美国研制出了世界上第一台可编程控制器，并在通用公司汽车生产线上首次应用成功。当时把它称为可编程逻辑控制器(Programmable Logic Controller),简称PLC。

初期的PLC仅具备逻辑控制、定时、计数等功能，只是用来取代继电器控制。随着微电子技术、计算机技术、自动化技术、通信技术的发展和在PLC中的应用，使其不仅具有逻辑控制功能，而且还增加了数据运算、传送和处理、程序控制、模拟量控制、闭环控制、通信联网等功能。新型的PLC综合了以微处理芯片为核心的计算机技术、自动化技术、网络通信技术等多门新兴科学技术。

国际电工委员会（IEC）对可编程控制器作了如下定义：可编程控制器是一种数字运算操作的电子系统，专为工业环境下的应用而设计，它采用可编程存储器，用来在其内部存储执行逻辑运算、顺序控制、定时、计数和算术运算等操作的命令，并通过数字式或模拟式的输入和输出，控制各种类型的生产机械或生产过程。可编程控制器及其有关设备都应按照易于与工业控制系统联成一体，易于扩充功能的原则而设计。

由PLC的定义可知：

（1）PLC为适应各种较为恶劣的工业环境而设计；

（2）PLC具有与计算机相似的结构，是一种工业通用计算机；

（3）PLC 必须经过用户二次开发编程方可使用。

6.1.2 可编程控制器的基本功能与特点

1. 可编程控制器的基本功能

PLC 具有以下基本功能：

1）开关量的逻辑控制功能

开关量的逻辑控制功能实质是位处理功能，是 PLC 的基本功能之一，用于取代继电器 - 接触器控制，实现逻辑控制和顺序控制。PLC 可根据外部现场按钮、开关或传感器的状态变化，按照指定的逻辑进行运算处理，控制机械运动部件做出相应的操作。而且 PLC 中逻辑位的状态可以无限制地使用，避免了继电器、接触器触点数量的有限限制。

2）定时控制功能

由于 PLC 内部提供高精度的时钟脉冲单元，设置了各种定时器和计时指令，可进行各种准确的实时控制。

3）计数控制功能

PLC 为用户提供多种计数器，用于生产过程中的计数控制，当计数值到达设定值，自动产生输出信号。可根据需要随时更改设定值。

4）步进控制功能

PLC 为用户提供了若干个移位寄存器，可实现由时间、计数或其他逻辑信号为转换条件的步进控制，特别适用于流水线生产的工作场合。

5）数据处理功能

利用 PLC 的数据处理功能，可以实现算术运算、逻辑运算、数据比较、数据传送、数据移位、数制转换、译码编码等操作。有的 PLC 还可完成开方、PID 运算、浮点运算等操作，还可以和 CRT、打印机相连，实现程序和数据的显示和打印。

6）模拟量控制功能

PLC 配备模拟量输入/输出模块后，可实现对模拟量的测量和控制，可与各种模拟量为 4 ~ 20 mA 电流信号或 1 ~ 5 V 电压信号，温度检测还可直接配各种检测元件进行使用。这样可使 PLC 成为名副其实的工业过程控制计算机。

7）通信联网功能

PLC 采用通信技术，可实现远程 I/O 控制、多台 PLC 通信、PLC 与计算机之间的通信等。通过联网，可以用计算机作为上位机，PLC 作为控制机，以实现“集中管理，分散控制”，构成较大规模的复杂控制。

8）监控功能

PLC 设置了较强的监控功能，利用监视器 CRT 和编程器或编程软件，可以编制多种图形、文字，对监控点的运行状态进行监控。

9）停电记忆功能

PLC 内部某些存储器 RAM 设置了停电保持功能，可以保持 PLC 断电后数据内容不变。

10）故障诊断功能

PLC 内部设置自诊断功能，对系统构成、某些硬件状态、指令的合法性等进行不断地扫描，一旦发现异常，便会发出报警并显示错误类型，严重错误则会自动中止运行。这大大提高了 PLC 控制系统的安全性和可靠性。

2. 可编程控制器的特点

PLC 的主要特点如下：

1）高可靠性和强抗干扰能力

由于 PLC 是用软件编程来代替继电－接触控制中继电器等逻辑控制元件，使输入、输出硬件及接线大大减少，因此使得因触点接触不良造成的故障概率大为减少。其次，设计上采用一系列抗干扰措施，例如，所有的 I/O 接口电路均采用光电隔离，使工业现场外电路与 PLC 内部电路电气上完全隔离；各输入端均采用滤波和屏蔽措施；采用性能优良的开关电源；设置各种保护功能：当电源或其他软、硬件发生异常情况，CPU 立即采用有效措施，以防止故障扩大；在软件方面，设置故障检测和程序诊断等功能。这些措施极大地提高了 PLC 的抗干扰能力，使之可直接用于有强烈干扰的工业生产现场进行持续有效的工作，可靠性极高。

2）灵活性好

多数 PLC 的组成均采用模块化组合结构（包括 CPU、电源、I/O），使系统构成十分灵活。用户可根据不同要求组建成不同控制系统，而通过修改或重写软件程序，可以用同一台 PLC 实现不同的控制功能。PLC 有多种形式的 I/O 接口模块以适应多种工业现场信号如交流或直流、开关量或模拟量、电压或电流、弱电或强电等的需要。PLC 还设置多种人－机对话和通信联网的接口。

3）编程简单易学

PLC 的编程采用梯形图编程语言，其表达方式类似于继电器控制系统的电路图，形象直观、易懂易学。有的还可采用计算机的编程语言使编程更加方便。

4）安装、维修方便

系统安装简单，维修方便，系统设计调试周期短。

5）体积小，功耗低，易于实现机电一体化

3. PLC 控制与继电器－接触器控制的比较

与继电器－接触器控制比较，PLC 控制的优点是：

（1）继电器－接触器控制只能实现逻辑开关量的控制，PLC 除可实现开关量控制外，还可实现模拟量控制，通过各种参数检测、转换可组成多种工业过程控制系统。

（2）继电器－接触器控制当控制对象增加或控制的复杂程度增加时，必然要增加大量继电器和接线，一方面增加成本，同时造成大量可能的故障点。而对于 PLC 则只需改变程序就可以实现较复杂的控制功能，安全性大大增加。

（3）继电器－接触器控制的动作信号依靠各种触点通、断实现，长期使用后受接触不良和触点寿命影响，可靠性降低。PLC 使用软件编程代替硬件操作，采用微电子和无触点开关代替有触点开关，可靠性高，抗干扰能力强。

（4）继电器－接触器控制系统扩充或改变时，需要重新设计，重新配置、安装。而 PLC 在 I/O 点数及内存容许范围内，软件可自由扩充。

（5）继电器－接触器控制系统由于接线繁多，运行中故障查找困难，排除复杂。PLC 有完善的监控和自诊断功能。故障率低，易发现，排除简单。

（6）继电器－接触器控制器件体积大、重量多、结构复杂、安装工作量大、开发周期长。PLC 体积小、重量轻、结构紧凑、安装维护工作量小、开发周期短。

6.1.3 常用的 PLC 产品

由于可编程控制器有诸多的优点，因而在机械、冶金、石油、化工、纺织、轻工、建筑、运输、电力等工业中获得了广泛的应用。在全世界，PLC 技术与机器人技术、CAD/CAM 技术并列为现代工业自动化的三大支柱，且 PLC 产品占 60% ~70% 的市场份额。在中国市场上，欧美国家的大型 PLC 较多，而日本的则以高性价比的小型机居多。

德国西门子的电子产品以性能优良而久负盛名。西门子 PLC 的主要产品有 S7 系列，包含 S7－200、S7－300 及 S7－400 系列，其中 S7－300 是中、小型机，S7－400是大型机，S7－200 是超小型机，具有体积小、重量轻、结构紧凑、运行速度快、功能强大、高性价比等优点，DIN 导轨安装，端子接线带面板保护，用户程序和全部数据可存放在 EEPROM 中永不丢失。RAM 中的临时数据，停电时有状态保护。CPU 响应速度快，在 CPU 上集成了高速计数器，可计数速率为 30 kHz；高速脉冲输出能以脉宽可调 PWM 方式和高速脉冲串 PTO 方式输出。通信能力突出，每种 CPU 上都有 1 ~2 个编程/通信口，物理层面是标准RS－485口，用双绞线可构成多种通信功能的网络，不需外加通信模块和占用输出点。

欧姆龙（OMRON）公司的 PLC 产品，大、中、小、微型规格齐全。欧姆龙的微型机均为整体式结构，体积小，价格便宜。前期生产的微型 PLC 如 CPM1A、CPM2A 系列都获得过广泛应用。前几年生产的小型机主要有 CQM1 系列，目前广泛使用的为 CQM1H 系列，它是 CQM1 的升级产品，最多可插 11 个模块，最大 I/O 点数 512 点，有 4 种型号 CPU 模块。使用高速、高容量的 Controller Link 单元，可在PLC之间传输数据，其网络通信能力大大加强。中型机前期主要有C200HA（C200HS/C200HX/C200HG/C200HE）及CS系列，近期有CJ系列。大型机主要是CV/CVM1系列。

三菱公司的PLC进入中国市场较早，其中小型、超小型PLC有FX1、FX2、FX2C、FXO、FXON、FXOS、FX_{2N}、FX2NC等系列。FX2属于高性能叠装式机种。FX_{2N}型机则是三菱公司面向21世纪新产品，按叠装式配置，是日本高性能小型机中的代表作，是FX系列中功能最强、速度最高的微型可编程控制器。它的基本指令执行速度高达0.08μs，远远超过了很多大型可编程控制器，用户储存容量可扩展到16k步，最大可以扩展到256个I/O点，有5种模拟量输入/输出模块、高速计数器模块、脉冲输出模块、4种位置控制模块、多种RS－232C/RS－422/RS－485串行通信模块或功能扩展板，以及模拟定时器功能扩展板。使用特殊功能模块和功能扩展板，可以实现模拟量控制、位置控制和联网通信等功能。

近年三菱公司又推出FX3U和FX3G系列小型PLC，其中FX3G是FX1N的升级产品，FX3U是FX_{2N}的升级产品。另外，三菱还生产A系列中大型模块式PLC。

6.2 PLC的组成及工作原理

6.2.1 PLC的组成

PLC是一种以微处理器为核心的专用于工业控制的特殊计算机，其硬件配置与一般微机类似，如图6－1所示。虽然每个PLC具体结构多样，但基本结构相同，即主要由中央处理单元（CPU）、存储单元、输入单元/输出单元（I/O单元）等构成。

1. 中央处理单元

中央处理单元（CPU）是PLC的核心或“司令部”。其主要功能是接收并储存从编程器输入的用户程序和数据，按存放的先后次序取出指令并执行指令，检查电源、存储器、输入输出设备以及警戒定时器的状态等。

PLC常用的CPU主要有通用微处理器、单片机（单片微处理器）和双极型位片式微处理器3种。通用微处理器常用的是8位处理器和16位处理器，如Z80A、8085、8086、M6800、M6809等。单片机常用的是8039、8049、8031、8051等。双极型位片式微处理器常用的有AM2900、AM2901、AM2903等。

在小型PLC中，大多采用8位微处理器和单片机；在中型PLC中，大多采

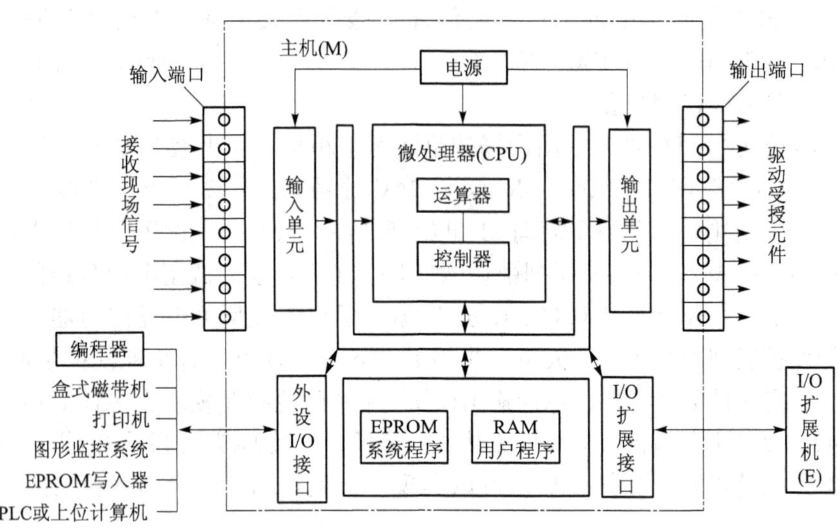

图 6-1　PLC 的配置结构图

用16位微处理器和单片机；在大型 PLC 中，位数越高，运算速度越快，指令功能越强。

一般 CPU 单元模块还包括系统程序存储器、用户程序存储器、参数存储器、系统控制单元、输入输出控制接口、编程器接口以及通信接口等。

2. 存储器

PLC 的存储器是一些具有记忆功能的电子器件，主要用于存放系统程序、用户程序和工作数据等信息。存放系统软件的存储器称为系统程序存储器，存放应用软件的存储器称为用户程序存储器，存放工作数据的存储器称为数据存储器。

PLC 的存储空间一般可分为 3 个区域：系统程序存储区、系统 RAM 存储区（包括输入/输出映像区和系统软设备）、用户程序存储区。

（1）系统程序存储区。一般采用的 ROM 或 EPROM 存储器。该存储区用于存放系统程序，包括监控程序、功能子程序、管理程序、命令解释程序、系统诊断程序等。这些程序和硬件决定了 PLC 的各项性能。

（2）系统 RAM 存储区。包括 I/O 映像区以及逻辑线圈、数据寄存器、计数器、定时器等设备的存储器区。

（3）用户程序存储区。可用于存放用户自行编制的用户程序。该区一般采用 EPROM 或 E^2PROM 存储器，或者采用加备用电池的 RAM。不同类型的 PLC，其存储容量各不相同，中小容量 PLC 一般不超过 8 kB，大型 PLC 的存储容量高达几百 kB。

3. 输入/输出（I/O）单元

I/O 单元是 PLC 与外部设备的连接桥梁。

1）输入单元

接受工业设备向 PLC 提供的输入信号，按信号类型分为数字量（开关量输入，如按钮、开关、继电器触点等）和模拟量（如过程检测变送器输出）。输入单元对输入信号进行滤波、光电隔离、电平转换等处理变为 CPU 能接收与处理的信号。

对于开关量输入，按输入端电源类型分为 3 种类型：直流 12 ~ 24 V 输入，交流 100 ~ 120 V 或 200 ~ 240 V 输入，交直流 12 ~ 24 V 输入。输入电路内有光电隔离器件，用于将现场与 PLC 内部在电气上隔离。电路的 RC 滤波器，用于消除输入触点的抖动和输入线引入的外部噪声干扰。如图 6 - 2 所示，当输入开关闭合时，一次电路中流过电流，LED 亮，同时光电隔离器中的发光二极管发光，使光耦合三极管从截止状态变为饱和导通状态，从而使 PLC 的内部电路发生改变。

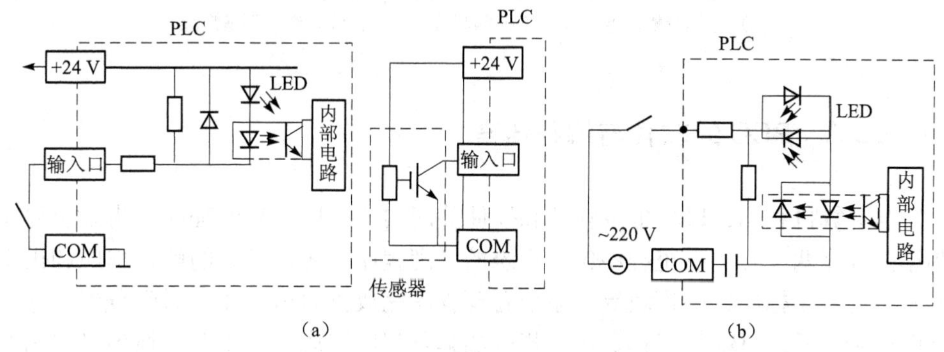

图 6 - 2　开关量输入电路
（a）直流 24 V 输入电路；（b）交流输入电路

输入电路的接线方式有共点式、分组式和隔离式。共点式指整个输入单元只有一个公共端子 COM，外部各输入元件都有一端与 COM 相连，如图 6 - 2（b）所示。分组式是将输入分为若干组，每组共用一个公共端子。隔离式指每个输入点用一个 COM，每点之间互相隔离，可使用独立的电源。

2）输出单元

输出单元将经过 CPU 处理的弱电信号通过光电隔离、功率放大等处理，转换成外部设备所需的强电信号，以驱动各种执行元件，如接触器、电磁阀、电磁铁、调速装置、信号灯等。输出单元也分为模拟量输出和开关量输出两种。模拟量输出 DC1 ~ 5 V 或 4 ~ 20 mA 控制信号驱动执行设备；开关量输出通断信号驱动执行元件，它又分为 3 种输出形式：

（1）晶体管输出型。输出开关器件为晶体管，其负载为直流电源。

（2）继电器输出型。输出开关器件为小型直流继电器，负载可为交、直流。

（3）双向晶闸管输出型。输出开关器件为双向晶闸管。负载可为交、直流。

如图 6 - 3 所示，输出电路的负载电源由外部提供。电源电压大小应根据输出器件类型与负载要求确定。允许流过的输出电流一般为 0.5 ~ 2 A，PLC 的外部负载通常有接触器、电磁阀、信号灯、执行器线圈等，但不可以直接带电动机。

PLC 的组成还包括电源模块、编程工具及外接端口（连接打印机、键盘、显示器以及各种通信接口）。

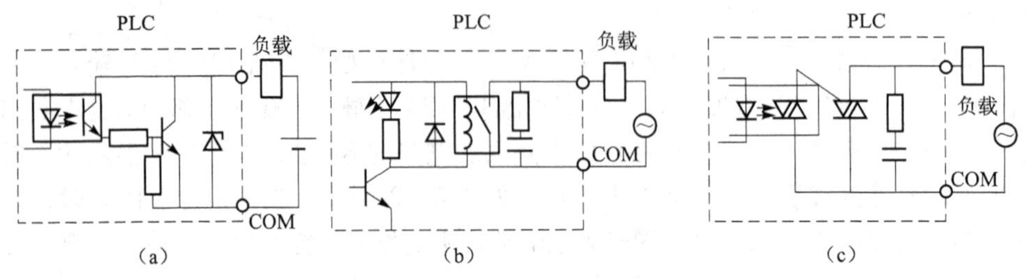

图 6－3　PLC 的输出电路

（a）晶体管输出型；（b）双向晶闸管输出型；（c）继电器输出型

6.2.2　PLC 的软件与编程语言

与计算机相同，PLC 也由软件和硬件共同构成。PLC 软件程序分为系统程序和用户程序两大类。系统程序包含系统的管理程序、用户指令的解释程序和供系统调用的专用标准程序模块等。系统管理程序完成机内运行相关时间分配、存储空间分配及系统自检等工作。用户指令的解释程序完成用户指令变换到机器码的工作。系统程序在用户使用 PLC 之前就已经装入机内，并永久保存。用户程序是提供给用户进行二次编程使用的，是用户为达到某种控制目的，采用 PLC 厂家提供的编程语言编写的程序，是一定控制功能的表述。同一台 PLC 用于不同的控制目的时可以编制不同的用户程序。用户程序存入 PLC 后，如需改变控制目的，还可以多次改写。

PLC 是通过程序对系统进行控制的，所以各种厂家、各种机型的 PLC 都用自己的编程语言来编制程序。为了规范 PLC 的编程语言，国际电工委员会规定 PLC 编程语言为以下 5 种形式：

1. 梯形图（Ladder Diagram）

这是目前 PLC 使用最广、最受电气技术人员欢迎的一种图形语言。虽然不同厂家的梯形图编号方法不同，但由于这种语言直观、形象、易懂，而且梯形图不但与传统继电器控制电路图相似，设计思路也与继电器控制图基本一致，还很容易由电气控制线路转化而来。所以各种机型的 PLC 均把梯形图作为第一编程语言。如图 6－4（a）所示为继电控制原理与三菱梯形图以及相应指令表的对照。

例如，三相交流异步电动机的起、保、停电路。其继电－接触原理图见图 1－23（a），而梯形图控制如图 6－5 所示。由图可见，PLC 的接线只需画出输入输出端子的外部连接，而内部不需接线，控制过程无论多复杂，全部由程序完成。

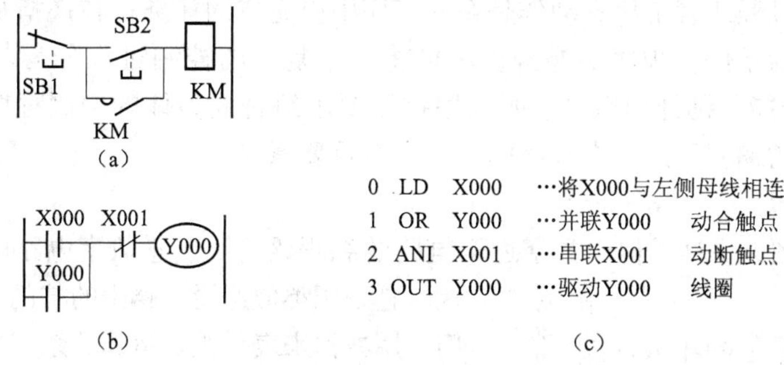

图6－4 PLC的编程语言

(a) 继电控制原理图；(b) PLC控制梯形图；(c) 相应指令表

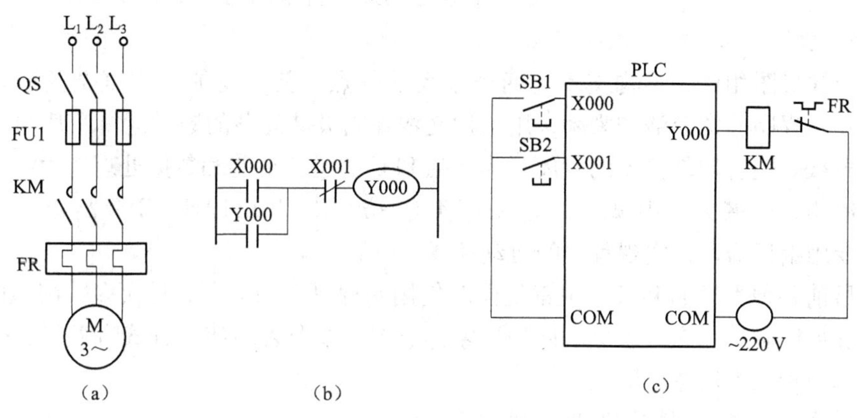

图6－5 三相交流异步电动机的PLC控制

(a) 主电路；(b) 控制梯形图；(c) PLC外部接线圈

2. 指令表（Instraction List）

它是一种类似汇编语言的编程语言，功能与梯形图完全相同，不过是用助记符来表示指令功能，并按程序结构逐句编写成一定的语句表来表达。由于不同厂家PLC的助记符、指令格式和参数表示方法各不相同，因此它们的指令表也不相同。图6－4（c）是三菱公司的图6－4（b）所示梯形图程序的指令表。指令表与梯形图有严格的一一对应关系。

指令表虽不如梯形图形象直观，但可直接键入简易编程器。小型PLC使用简易编程器输入用户程序时，必须把梯形图转换为指令表后才能进行输入编程。

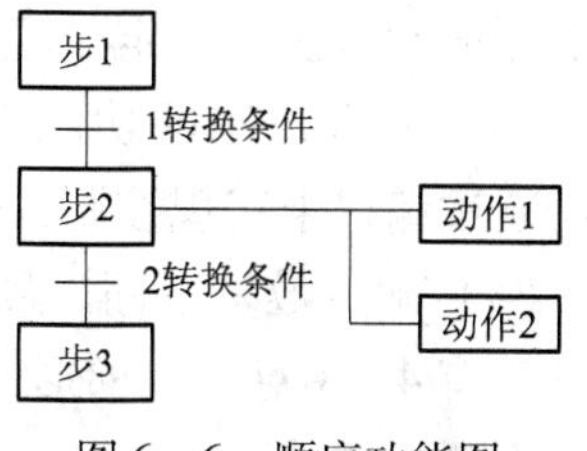

图6－6 顺序功能图

3. 顺序功能图（Sequential Function Chart）

简称SFC，它提供一种组织程序的图形方法，常用于编制流水生产线或顺序控制类程序。它包含步、动作和转换3个要素。如图6－6所示，步是一个状态过程或者工序；动作是在此工序中应完成的任务；转换指从前一步向下一步过渡的条件。顺序功能编程法可将一个复杂的控制过程分为若干步（状态），各步功能分别处理后再依照顺序控制要求组合成整体的控制程序。它体现了一种卓越的编程思想，在程序的编制中有重要意义。

4. 功能块图（Function Blockdiagram）

功能块图是一种类似于数字逻辑电路的编程语言，熟悉数字电路的人容易掌握。它采用类似逻辑电路中的与门、或门、非门，用方框来表示逻辑运算关系，方框的左侧为输入变量，右侧为输出变量，信号自左向右流动。依控制顺序组合而成，如图6－7所示的就是用此语言编制的一段PLC程序。

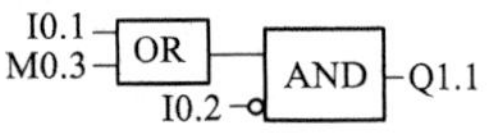

I0.1 M0.3 OR I0.2 AND Q1.1

```
LD  I0.1
O   M0.3
AN  I0.2
=   Q1.1
```

图6－7　功能块图与语句表

5. 结构文本（Structured Text）

与梯形图相比，结构文本有两个很大的优点，其一是能实现复杂的数学运算，其二程序非常简洁和紧凑，用结构文本编制极其复杂的数学运算程序可能只占一页纸。随着软件技术的发展，为增强PLC的运算功能和数据处理能力并方便用户使用，许多大、中型PLC已采用类似BASIC、FORTAN、C等高级语言的PLC专用编程语言，实现程序的自动编译。

目前各种类型的PLC一般都能同时使用两种以上的语言，且大多数都能同时使用梯形图和指令表。虽然不同的厂家梯形图、指令表的使用方式有差异，但基本编程原理和方法是相同的。

梯形图与继电器控制原理图的本质区别如下：

（1）继电控制原理图中的继电器和接线是真正的物理继电器和硬接线，而梯形图中的继电器是软继电器，是借用的一种称呼，其实质是内部的寄存器。梯形图中的连线只是程序中逻辑关系的表述，并非要真正接线。其触点数量也不像继电控制图中的有限而是无限。梯形图中的输入继电器只有触点而无线圈，因为它只是表示程序中的因果逻辑关系。

（2）工作方式不同。继电控制是并行性工作方式。线路中，当电源接通时，线路中各继电器同时处于受制约状态，即该吸合的继电器都同时吸合，不应吸合的继电器都因受某种条件限制不能吸合；而PLC梯形图的工作方式是串行的，控制线路中，图中各软继电器处于周期性循环扫描控制中，受同一条件制约的各个继电器的动作次序决定于程序中控制这些继电器的顺序。

（3）实现控制的功能手段不同：继电控制依靠硬接线来完成控制的目的，PLC通过编程来实现控制的逻辑关系。

（4）触点数量不同。硬继电器的触点数量有限，用于控制的继电器触点数一般只有4～8对，而梯形图中软继电器供编程使用的触点数无限，因为它每使用一次相当于读一次。

（5）继电控制图的母线是电源线，要加一定电压。当支路接通时，流过电流，各支路元件都有电压。而梯形图的母线是一种界限，不要加电压。支路接通时，并无电流流过。只是设想的“假想电流”或称“能流”通过，假想电流流向只能自左至右单向流动。

（6）梯形图修改方便，适应性强。继电控制电路一旦构成，其功能单一，修改困难。

6.2.3 PLC 的工作原理

PLC 的工作原理和计算机的工作原理基本一致，即控制任务的完成是在其硬件的支持下，通过运行用户程序来完成。但计算机与 PLC 的工作方式有所不同。计算机一般采用等待命令工作方式，如常见的键盘扫描或 I/O 扫描方式，当键盘按下或 I/O 口有信号时产生中断转入相应子程序。而 PLC 采用循环扫描的工作方式，系统工作任务管理及用户程序的执行都通过循环扫描的方式来完成。

PLC 有两种基本工作状态，即运行（RUN）状态和停止（STOP）状态。在运行状态，PLC 通过反映控制要求的用户程序来实现控制功能。如图 6-8 所示是小型 PLC 的 CPU 工作流程图，其工作过程有两个显著特点：一个是对运行全过程实施周期性顺序扫描；一个是对过程中输入采样、执行用户程序、输出刷新实施集中批处理。实施周期性顺序扫描指用户程序不是只执行一次，而是反复不断地重复执行，直到停机或切换到 STOP 状态，其目的是为了使 PLC 的输出能及时地响应工业过程不断变化的输入信号。对过程中输入采样、执行用户程序、输出刷新实施集中批处理是由于 PLC 的 I/O 点数较多时，采用集中批处理方法，可以简化操作过程，便于控制，提高系统的可靠性。

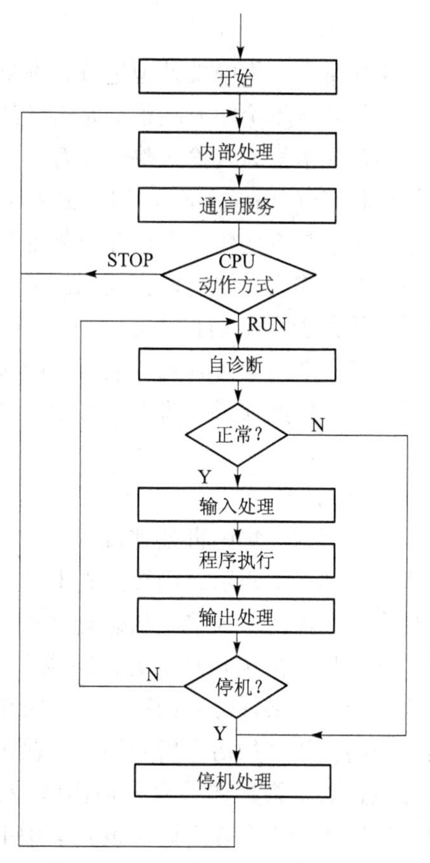

图 6-8　PLC 的 CPU 工作流程图

当 PLC 启动后，先进行初始化操作，包括对工作内存的初始化、复位所有的定时器、将 I/O 继电器清零、检查 I/O 单元连接是否完好，如有异常则发出报警信号。初始化后，PLC 进入周期扫描过程。由图 6－8 可知，PLC 的工作过程可以分为 4 个扫描阶段。

1. 公共处理扫描阶段

公共处理扫描阶段包括 PLC 自检、执行来自外设命令和通信服务、对警戒时钟 WDT 清零等。

PLC 自检指 CPU 检测 PLC 各器件的状态，如出现异常再进行诊断，给出故障信号，或进行相应处理，如检测电源、内部硬件是否正常、程序语法是否有误等。一旦出错或异常 CPU 能根据错误类型和程序内容产生提示信息，甚至停止扫描或强制为 STOP 状态。

自检结束后，检查是否有外设请求，如是否需要进入编程状态，是否需要通信服务，是否需要启动磁带机或打印机等。

WDT 称为警戒时钟，又称“看门狗”定时器，是在 PLC 内部设置一个专用定时器，为监视 PLC 的每次扫描时间而设置的硬件时钟。如程序运行正常，则在每次扫描周期的公共处理阶段 WDT 进行清零（复位），刷新警戒定时器的计时值。当扫描周期超过其设定值，PLC 的 CPU 立即停止扫描用户程序，同时切断 PLC 的所有输出，并报警显示。

2. 输入采样扫描阶段

这是第一个集中批处理过程，在此阶段中，PLC 按顺序逐个采集所有输入端子上的信号，不论输入端子上是否接线，CPU 顺序读取全部输入端，并将所有采集到的输入信号写入输入映像寄存器中。在当前扫描周期内，用户程序依据的输入信号状态（ON 或 OFF）均从输入映像寄存器中去读取，而不管此时外部输入信号的状态是否变化。即使此时外部输入信号状态发生了变化，也只能在下一个扫描周期的输入采样阶段去读取。因此，如果输入是脉冲信号，则该脉冲信号的宽度必须大于一个扫描周期，才能保证在任何情况下，该输入能被读入。由于 PLC 扫描周期一般只有几十毫秒，两次采样时间间隔很短，对一般工业用开关量来说，可忽略此误差，即认为输入信号一旦变化，就能立即进入输入映像寄存器内。

3. 执行用户程序扫描阶段

这是第二个集中批处理过程，在此阶段，CPU 对用户程序按顺序进行扫描，如程序用梯形图表示，则按照先上后下、从左到右的顺序进行扫描。每扫描到一条指令，所需的输入信息状态均从输入映像寄存器中读取，而非现场即时信号。对其他信号，则从 PLC 的元件映像寄存器中读取。在执行用户程序过程中，每次运算的中间结果都会立即写入元件映像寄存器，这使该元件的状态立即就可以被后面将要扫描到的指令所利用。对输出继电器的扫描结果，也不是立即去驱动外部负载，而是将其结果写入输出映像寄存器中，待输出刷新阶段集中进行批处理，所以执行用户程序阶段也是集中批处理过程。

在此阶段中，除了输入映像寄存器外，各个元件映像寄存器的内容是随着程序的执行而不断变化的。

4. 输出刷新扫描阶段

这是第三个集中批处理过程。在输出刷新阶段，CPU 将输出映像寄存器的0/1状态传送到输出锁存器中，再由输出锁存器经输出端子去驱动各输出继电器所带的负载。输出刷新阶段结束后，CPU 进入下一个扫描周期。上述 3 个批处理过程如图 6 – 9 所示。

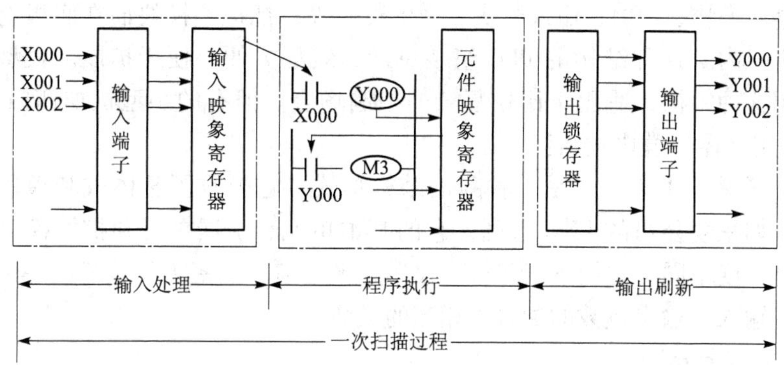

图 6 – 9　小型 PLC 的 3 个批处理过程图

PLC 在运行工作状态时，执行一次如图 6 – 8 所示的扫描操作所需要的时间称为扫描周期，一般其值为几十至一百毫秒。

程序的巡回扫描工作方式，给用户的编程带来很大的灵活性。如图 6 – 10（a）所示，使 M3 线圈为"ON"状态，只需要一个扫描周期即可完成对 M3 的刷新。而图 6 – 10（b）中要使 M3 线圈为"ON"状态，就需要 4 个扫描周期（即 4 次循环）才能完成对 M3 的刷新。

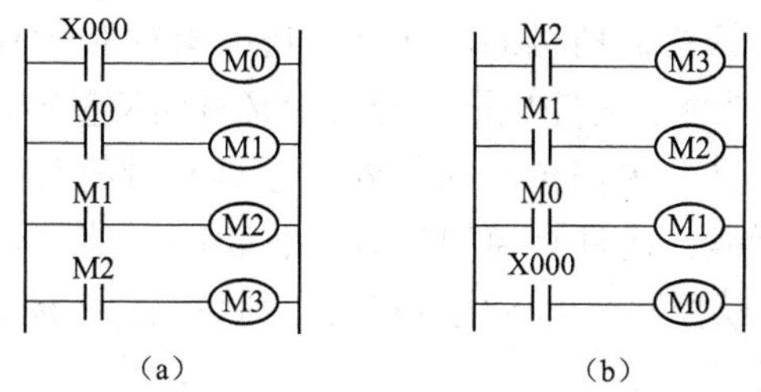

图 6 – 10　相同结果不同顺序的程序巡回扫描示例

6.2.4　PLC 的分类与主要性能指标

1. PLC 的分类

1）按照硬件的结构形式分类

可分为以下 3 种：

（1）整体式 PLC：这种结构的 PLC 将电源、CPU、输入/输出部件等集成在一起，装在一个箱体内，通常称为主机。整体式结构的 PLC 具有结构紧凑、体积小、重量轻、价格较低等特点，但主机的 I/O 点数固定，使用不太灵活。小型的 PLC 通常使用这种结构，适用于简单的控制场合。

（2）模块式 PLC：也称积木式结构，即把 PLC 的各组成部分以模块形式分开，如电源模块、CPU、输入模块、输出模块等，把这些模块插在底板上，组装在一个机架内。这种结构的 PLC 组装灵活、装配方便、便于扩展。大型的 PLC 通常采用这种结构，适用于比较复杂的控制场合。但有的小型机如西门子 S7 - 200 也采用整体加模块式结构。

（3）叠装式 PLC：这是一种新的结构形式，它吸收了整体式和模块式 PLC 的优点，如三菱公司的 FX_{2N} 系列，它的基本单元、扩展单元和扩展模块等高等宽，但是长度不同。它们不用基板，仅用扁平电缆，紧密拼装后组成一个整齐的长方体，输入、输出点数的配置也相当的灵活。

2）按容量分类

PLC 的容量指其输入输出点数。按容量大小，PLC 分为以下 3 种：

（1）小型 PLC：I/O 点数一般在 256 点以下。

（2）中型 PLC：I/O 点数一般为 256 ~ 1 024 点。

（3）大型 PLC：I/O 点数在 1 024 点以上。

3）按功能上强弱分类

可分为以下 3 种：

（1）低档机：具有逻辑运算、计时、计数等功能，有的具备一定的算术运算、数据处理和传送等功能，可实现逻辑、顺序、计时计数等控制功能。

（2）中档机：除具有低档机的功能外，还具有较强的模拟量输入输出、算术运算、数据传送等功能，可完成既有开关量又有模拟量的控制任务。

（3）高档机：除具有中档机的功能外，还具有带符号运算、矩阵运算等功能，使得运算能力更强，还具有模拟量调节、联网通信等功能，能进行智能控制、远程控制、大规模控制，可构成分布式控制系统，实现工厂自动化管理。

2. PLC 的主要技术指标

（1）用户存储器容量。PLC 的存储容量一般指用户程序存储器和数据存储器容量之和，表征系统提供给用户的可用资源，是系统性能的一项重要技术指标。通常用 k 字（kW）、K 字节（kB）或 k 位来表示，其中 1 k = 1024，也有的 PLC 直接用所能存放的程序量表示。在一些 PLC 中存放的程序的地址单位为“步”，每一步占用两个字节，一条基本指令一般为一步。功能复杂的基本指令及功能指令往往有若干步。小型 PLC 用户存储器容量多为几 kB，而大型 PLC 可达到几 MB。

（2）输入输出点数。输入输出的点数是指外部输入输出端子的数量，决定了 PLC 可控制的输入开关信号和输出开关信号的总体数量。它是描述 PLC 大小的一个重要参数。

（3）扫描速度。扫描速度与扫描周期成反比。通常是指 PLC 扫描 1 kB 用户程序所需的时间，一般以 ms/kB 为单位。其中 CPU 的类型、机器字长等因素直接影响 PLC 的运算精度和运行速度。

（4）编程指令的种类和功能。某种程序上用户程序所完成的控制功能受限于 PLC 指令的种类和功能。PLC 指令的种类和功能越多，用户编程就越方便简单。

（5）内部寄存器的配置和容量。用户编制 PLC 程序时，需要大量使用 PLC 内部的寄存器存放变量、中间结果、定时计数及各种标志位等数据信息，因此内部寄存器的数量直接关系到用户程序的编制。

（6）PLC 的扩展能力。包括存储容量的扩展、输入输出点数的扩展、特殊功能模块的扩展、通信联网功能的扩展等。

6.3 习题及思考题

1. PLC 控制与继电－接触器控制比较的优点有哪些？
2. 可编程控制器的定义要点有哪些？
3. 可编程控制器有哪些基本功能？有什么特点？其中最突出的是什么？通过哪些措施来实现？
4. PLC 的硬件由哪几部分组成？各部分的作用是什么？
5. PLC 开关量输出级有哪几种常见的形式？分别适用于什么类型负载？
6. 编制 PLC 程序可用哪几种编程语言表达？
7. 简述 PLC 的工作原理，分为几个扫描阶段。其工作过程有哪两个显著特点？
8. PLC 按容量大小如何分类？
9. PLC 的主要技术指标有哪些？

第 7 章　三种小型 PLC 及其基本指令

内容提要

本章以在我国广泛应用的西门子、欧姆龙、三菱 3 种典型小型 PLC 为例介绍其系统配置、内部资源及基本编程指令。它们的共同特点是：虽然 I/O 点数不多但易于根据需要进行扩充；虽然是小型机却具有中、大型机的多种功能；编程指令丰富。通过基本编程的学习可以为今后深入学习各种功能指令和编程方法打下基础。

7.1　欧姆龙 CQM1H 系列 PLC 及其基本指令

欧姆龙小型 PLC 由于采用模块式结构，因而配置灵活，性价比高。前期生产的小型 PLC 主要是 CQM1 系列，I/O 点数可达 192 点。CQM1H 是它的升级产品，如图 7 -1 所示，是一种功能完善的紧凑型 PLC，有 4 种型号的 CPU 模块，最多

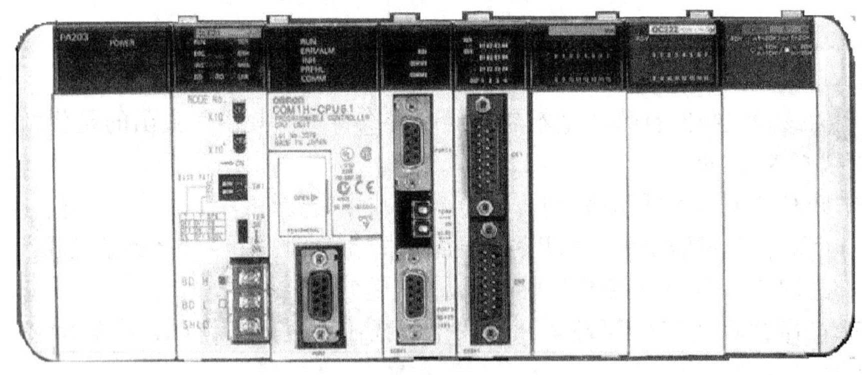

图 7 -1　欧姆龙 CQM1H 型 PLC

可插 11 个模块，最大 I/O 点数可达 512 点。其设计思路在于为灵活配置的系统提高附加值的机械控制功能，紧凑型设计中包含可用于分散控制的高级功能。设计要点是：用高容量的 Controller Link 来建立分散控制系统；利用先进的内装板来灵活地配置系统：CQM1H 具有一系列的内装板，通过内装板可实现一般定位、多点高速计数器输入、绝对旋转编码器输入、模拟量输入/输出、模拟量设定和连接到标准串行设备的串行通信。与 CQM1 比，程序容量、DM 容量和 I/O 点数增加了一倍，使它有足够的控制能力来满足更复杂的控制程序以及高功能的数据处理需要。如图 7 -2 所示，可通过编程器、个人 PC 和可编程终端进行监控和设置。

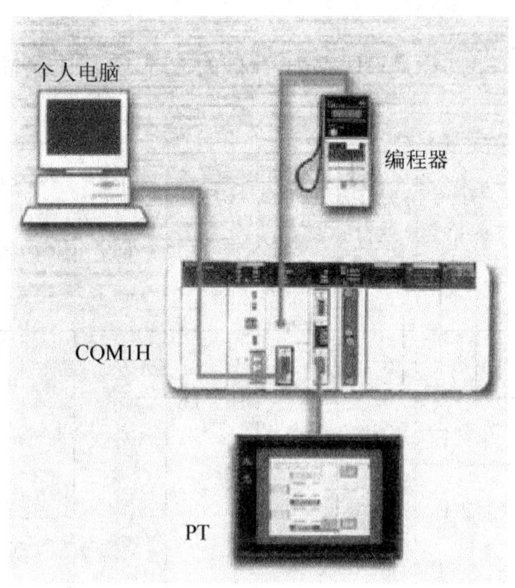

图 7-2 CQM1H 的监控和外部设置

7.1.1 CQM1H 系列 PLC 的硬件系统配置

1. CQM1H 系列 PLC 的系统配置

CQM1H 的系统配置采用模块式搭积木的方法。模块主要由 CPU 模块、I/O 模块、模拟量 I/O 模块、电源模块、通信模块等组成。如图 7-3 所示，用户可按照实际需要自由选择 CPU、I/O 等模块，并将它们组合起来，通过每个模块两边的定位锁定开关将它们固定起来。组合安装过程中应注意模块的位置顺序。如果有模拟量 I/O 模块，必须配一个专用的模拟量电源模块，且安装时应紧靠模拟量 I/O 模块安装。CQM1H 系列 PLC 最多只能安装 11 个 I/O 模块。CPU 模块的主

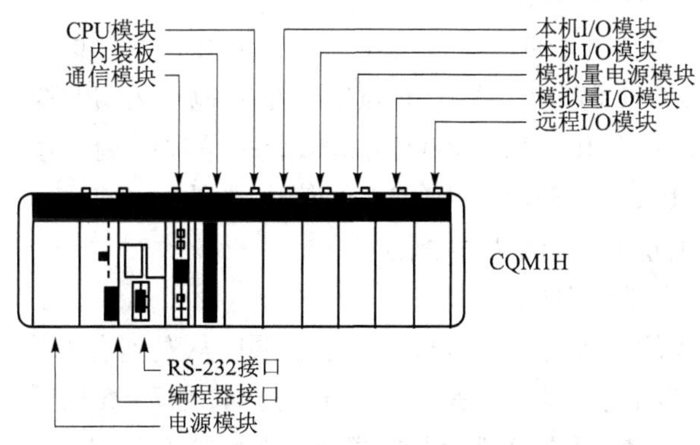

图 7-3 CQM1H 系列 PLC 硬件系统配置示意图

要性能见表 7 - 1。

表 7 - 1　CQM1H 系列 PLC 的 CPU 模块主要性能

基本规格

<table>
<tr><th rowspan="2">型　号</th><th rowspan="2">I/O 容量（见注解）</th><th rowspan="2">程序容量（字）</th><th rowspan="2">DM 容量（字）</th><th rowspan="2">EM 容量（字）</th><th rowspan="2">CPU 单元内置输入</th><th colspan="2">内置串行口</th><th rowspan="2">内装板</th><th rowspan="2">Controller Link 单元</th></tr>
<tr><th>外设端口</th><th>RS - 232C 端口</th></tr>
<tr><td>COM1H-CPU61</td><td rowspan="2">512</td><td>15. 2 k</td><td>6 k</td><td>6 k</td><td rowspan="4">DC: 16</td><td rowspan="4">可</td><td rowspan="3">可</td><td colspan="2" rowspan="2">支持</td></tr>
<tr><td>COM1H-CPU51</td><td>7. 2 k</td><td>6 k</td><td rowspan="3">无</td></tr>
<tr><td>COM1H-CPU21</td><td rowspan="2">256</td><td rowspan="2">3. 2 k</td><td rowspan="2">3 k</td><td colspan="2" rowspan="2">不支持</td></tr>
<tr><td>COM1H-CPU11</td><td>无</td></tr>
</table>

说明：I/O 容量 = 输入点数（<256）+输出点数（<258）。

最大单元数

<table>
<tr><th>CPU 单元</th><th>Controller Link 单元</th><th>内装板</th><th>I/O 单元和专用 I/O 单元</th></tr>
<tr><td>COM1H-CPU61</td><td rowspan="2">最多 1 块</td><td rowspan="2">最多 2 块</td><td rowspan="4">最多 11 个（全部）</td></tr>
<tr><td>COM1H-CPU51</td></tr>
<tr><td>COM1H-CPU21</td><td rowspan="2">不支持</td><td rowspan="2">不支持</td></tr>
<tr><td>COM1H-CPU11</td></tr>
</table>

2. CQM1H 系列 PLC 的 I/O 地址分配

1）数字量 I/O 地址分配

CQM1H 系列 PLC 的 I/O 地址为固定方式，从装在左侧的模块开始，从左到右依序分配地址。CPU 模块自带的 16 点输入单元地址为 IR000，与 CPU 连接的 I/O 模块地址按顺序为 IR001，IR002，IR003，…依序排列。输出模块的地址编号则从按顺序为 IR100，IR101，IR102，…依序排列，即使是 8 个点的 I/O 模块也分配一个字（通道），如图 7 - 4 所示。

2）模拟量 I/O 地址分配

模拟量 I/O 模块的地址也是按模块安装的顺序从左到右来分配的，编号格式与数字量 I/O 地址相同，且两者是统一编号的，如图 7 - 5 所示，其中模拟量电源模块不占用地址，它紧靠模拟量 I/O 模块的左侧或右侧安装。

CPU 模块的主要性能见表 7 - 1。CPU 单元的详细规格见附录 2。

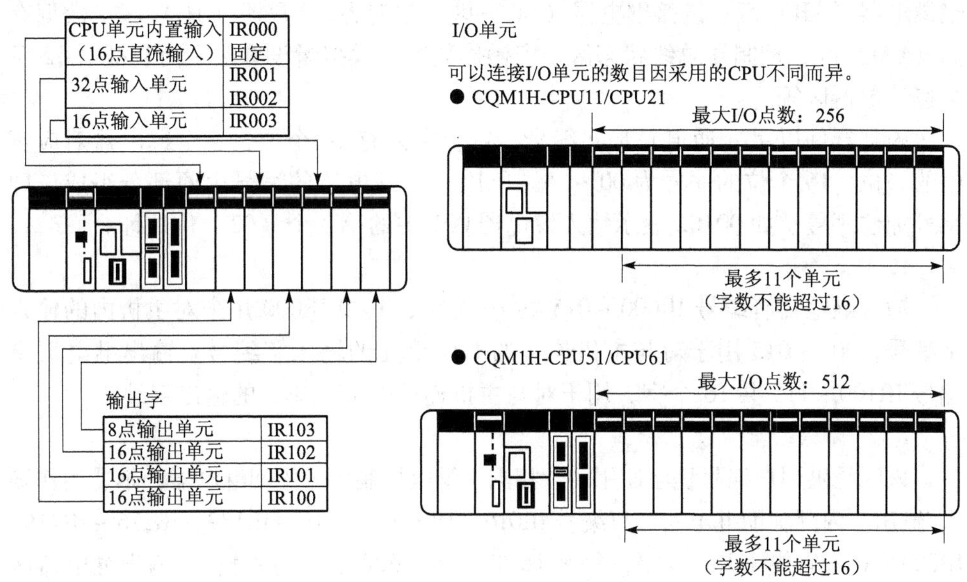

图 7－4 CQM1H 系列 PLC 数字量 I/O 地址分配

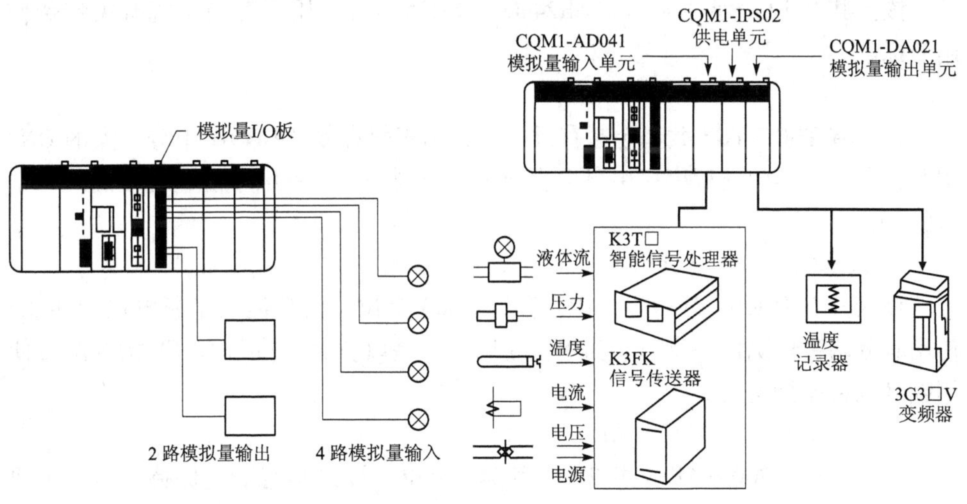

图 7－5 CQM1H 模拟量输入/输出地址分配

7.1.2 CQM1H 系列 PLC 的数据区及其功能

数据区是指可以通过 PLC 的指令操作来存取数据的区域，CQM1H 系列 PLC 的数据区包括输入/输出（I/O）继电器区、工作区（内部辅助继电器区）、特殊辅助继电器（SR）区、暂存继电器（TR）区、保持继电器（HR）区、辅助记忆继电器（AR）区、链接继电器（LR）区、定时器/计数器（TC）区、数据存储（DM）区、控制器总线状态区、宏操作数区、模拟量设置区、内装板 1、2 及高速计数器区等。

内部器件以字（通道）形式编号，每个字内有 16 个位，一个继电器对应字中的一位，16 个位的序号为 00 ~ 15。所以一个继电器的编号由两部分组成，即字号加位序号。如 00102 表示输入继电器 001 中的第 3 个（02）位地址。

1. 输入/输出继电器区

输入继电器有编号 IR000 ~ 015 共 16 个字，其中 IR000 用来对主机内的输入字编号，001 ~ 015 用于对与主机连接的 I/O 单元的输入字编号。输出继电器有编号 IR100 ~ 115 共 16 个字，用于对与主机连接的 I/O 单元的输出字编号。

2. 内部辅助继电器区（工作区）

该区是供用户编写程序使用的，相当于继电控制中的中间继电器，不能用作输入/输出。内部辅助继电器区有编号 IR016 ~ IR089、IR116 ~ IR189、IR216 ~ IR219、IR224 ~ IR229 共计 158 个字，每字 16 点，共 2 528 点。另外输入/输出继电器区中未被使用的字也可作为内部辅助继电器区使用。

3. 特殊辅助继电器区（SR）

该区共有 12 个字 184 位（SR24400 ~ SR25507），用于存储系统有关特殊作用的标志。

4. 暂存继电器区（TR）

该区有 TR0 ~ TR7 共 8 个暂存继电器，用于暂存复杂梯形图中分支点的 ON/OFF 状态，在不同的程序段中可多次使用，但同一段程序中不能重复使用同一个号的 TR。

5. 保持继电器区（HR）

该区共有 HR00 ~ HR99 共 100 个字 1 600 个位，其功能用于断电保持功能。使用时分两种情况：一是以字为单位使用，二是以位为单位与 KEEP 指令配合使用或做成自保持电路。

6. 辅助记忆继电器区（AR）

该区共有 AR00 ~ AR99 共 28 个字 448 个位，该区具有断电保持功能，主要用于存储 PLC 的工作状态信息。

7. 链接继电器区（LR）

该区共有 LR00 ~ LR63 共 64 个字 1 024 个位，用于通过 RS-232 或 Controller Link 总线模块进行 1∶1 交换数据。不进行 1∶1 链接时，可作为内部辅助继电器使用。

8. 定时器/计数器区（TC）

该区共有 TC000 ~ TC511 共 512 个字。定时器分为普通定时器 TIM 和高速定时器 TIMH 两种，计数器分为普通计数器 CNT 和可逆计数器 CNTR 两种。定时器/计数器采用统一 TC 编号，一个 TC 号可分配给定时器，也可分给计数器，但不能重复。

定时器无断电保持功能，电源断电时定时器复位；而计数器有断电保持功能。

9. 数据存储区（DM）

该区共有 6 656 个字，每个字 16 个位。字编号以 DM 加 4 位数组成。数据存储区 DM 有断电保持功能。使用时只能以字为单位使用，不能以位为单位使用。其范围如下：

（1）DM0000 ~ DM6143 为程序可读/写区，其中 DM3072 ~ DM6143 仅 CQM1H 的 CPU51/61 可选用；用户可以字为单位自由读、写其内容。

（2）DM6144 ~ DM6588 为程序只读区，用户程序可以读出，但不能改写其内容，其数据内容是用编程器预先写入。

（3）DM6569 ~ DM6599 共 31 个字为故障履历存储器，用于记录有关存储故障时间和错误代码信息。

（4）DM6600 ~ DM6655 为系统设定区，用于设定各种系统参数。其中的数据不能用程序写入，只能用编程器写入。DM6600 ~ DM6614 仅在编程模式时设定，DM6615 ~ DM6655 可在编程模式或监控模式时设定。

CQM1H 系列 PLC 的内存地址区域结构分配见附录 4。

7.1.3 CQM1H 系列 PLC 的基本指令

由于指令的兼容性，CQM1H 系列 PLC 的指令适用于 C 系列中其他的 PLC，如 CPM1A 系列、CPM2A 系列、CP1L 系列、CP1H 系列以及中型机 CS 系列、CJ 系列等。CQM1H 系列 PLC 的指令很丰富，大约有 400 条，大体分为常用基本指令、数据处理指令、数据运算指令、逻辑运算指令、数据控制指令、子程序与中断控制指令、高速计数器与脉冲输出指令、网络通信与串行通信指令、步进指令等。现仅介绍常用的基本指令。

1. 程序输入指令

在程序中用于为输出指令、功能指令等建立使其工作的逻辑条件。有以下几种：

1）取指令 LD 和取反指令 LD NOT

LD 表示将动合接点与输入母线相连的指令，也称为装载或起始指令，每个程序的开始都要使用它。LD NOT 表示将动断接点与输入母线相连的指令，与 LD 功能不同是使用动断接点。

两条指令的操作元件可以使用继电器区的 IR、SR、HR、AR、LR、TC、TR 区。

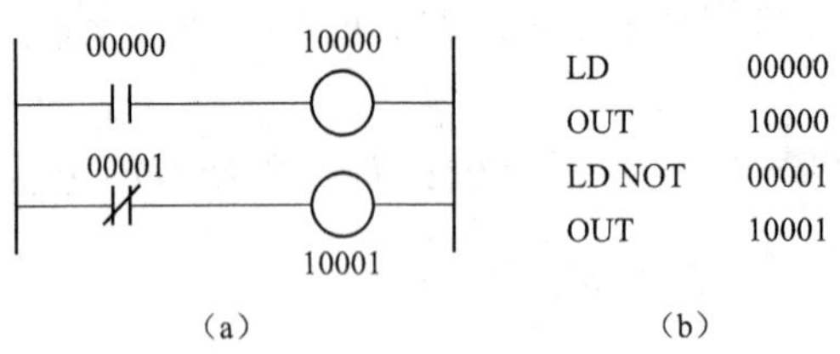

图 7-6　LD、LD NOT 指令的使用
（a）梯形图；（b）指令表

LD、LD NOT 指令的使用如图 7-6 所示。图中 00000 是输入继电器动合触点，00001 是输入继电器动断触点，10000 和 10001 是输出继电器线圈，程序逻辑含义是当输入动合触点 00000 闭合时，输出继电器 10000 接通，输出为 ON。输入继电器动断触点 00001 未动作时，输出继电器 10001 为接通状态，而 00001 动作断开时，输出继电器 10001 为断开状态。相应指令表如图 7-6（b）所示。

2）逻辑“与”指令 AND 和逻辑“与非”指令 AND NOT

AND 指一个动合触点的串联连接，进行逻辑“与”操作。“与非”指令 AND NOT 指一个动断触点的串联连接，逻辑“与非”操作。两条指令的操作元件可以使用继电器区的 IR、SR、HR、AR、LR、TC 区。

AND、AND NOT 指令的使用如图 7-7 所示。程序逻辑含义是：当输入动合触点 00001 和 00002 同时闭合时（逻辑与），输出继电器 10001 接通，输出为 ON。当输入继电器动合触点 00003 动作闭合，且动断触点 00004 未动作（闭合状态）时，输出继电器 10002 为接通状态，输出为 ON。相应指令表如图 7-7（b）所示。

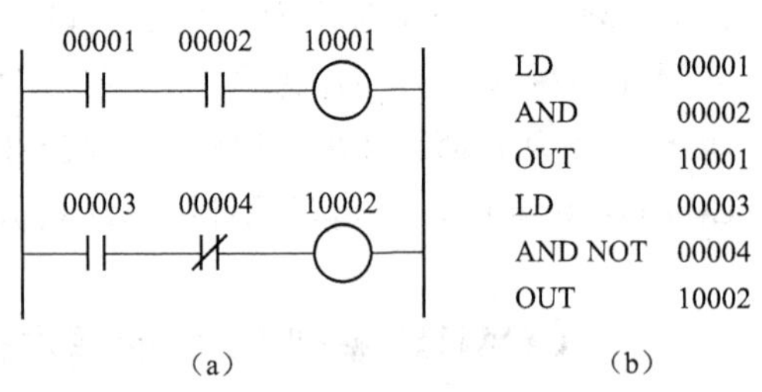

图 7-7　AND、AND NOT 指令的使用
（a）梯形图；（b）指令表

3）逻辑“或”指令 OR 和逻辑“或非”指令 ORB

OR 指一个动合触点的并联连接，进行逻辑“或”操作。“或非”指令 OR NOT 指一个动断触点的并联连接，逻辑“或非”操作。两条指令的操作元件可以使用继电器区的 IR、SR、HR、AR、LR、TC 区。

OR、OR NOT 指令的使用如图 7-8 所示。程序逻辑含义是：当输入动合触点 00000 闭合或 00001 未断开，或 00002 闭合时（逻辑或），而且输入继电器动合触点 00003 动作闭合（逻辑与），则输出继电器 10001 接通，输出为 ON。相应指令表如图 7-8（b）所示。

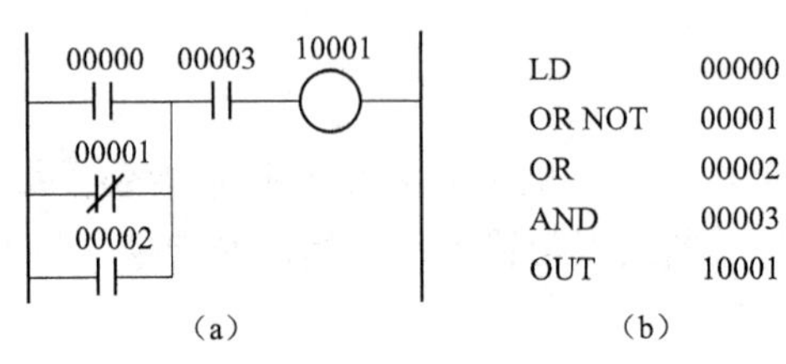

图 7-8　OR、OR NOT 指令的使用
（a）梯形图；（b）指令表

4）块与指令 AND LD 和块或

指令 OR LD

AND LD 指令用于处理并联接点组的串联连接。由两个或两个以上触点并联的组合称为并联接点组，也称为逻辑程序块。将并联接点组串联连接时，每个接点组开始用 LD、LD NOT 指令单独编程，块结束后用 AND LD 指令串联连接起来。

OR LD 指令用于处理串联接点组的并联连接。由两个或两个以上触点串联的组合称为串联接点组，也称为逻辑程序块。将串联接点组并联连接时，每个接点组用 LD、LD NOT 指令单独编程，块结束后用 OR LD 指令串联连接起来。

AND LD 指令和 OR LD 指令不带操作元件编号，是一条独立操作指令。当 3 个或 3 个以上逻辑块串联或并联时，其指令表语句有两种编程方法，一种是分置法，即每增加一个逻辑块，就随后写一条 OR LD 或 AND LD 指令。另一种是后置法，即所有的逻辑块都写完后，再使用 OR LD 或 AND LD 指令。两种方法都可以得到相同的运算结果，但使用分置法时逻辑块数没有限制。而采用后置法时逻辑块数不能超过 8 个。

AND LD 指令的使用如图 7－9 所示，OR LD 指令的使用如图 7－10 所示。

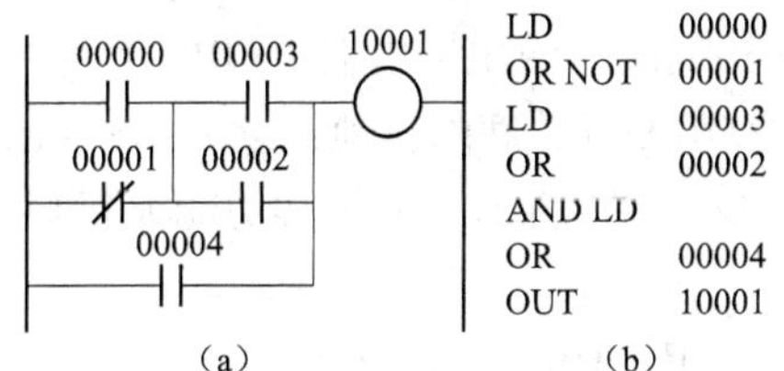

图 7－9　AND LD 指令的使用
(a) 梯形图；(b) 指令表

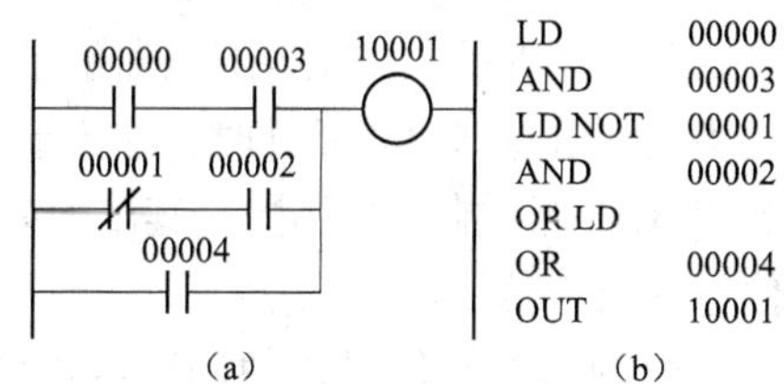

图 7－10　OR LD 指令的使用
(a) 梯形图；(b) 指令表

2. 程序输出指令

输出指令的功能是根据逻辑操作的结果建立各种继电器线圈的状态。分为：

1）OUT 和 OUT NOT 指令

OUT 是将逻辑操作的结果写到输出驱动线圈的输出指令。OUT NOT 是将逻辑操作的结果取反后写到输出驱动线圈的输出指令。它们的操作元件是输出继电器、内部 I/O 继电器、保持继电器及暂存继电器等，对输入继电器不能使用。

OUT 指令并行输出时可以连续使用多次。OUT 指令后，通过触点对其他线圈使用 OUT 指令称为纵接输出，这种纵接输出，如果顺序不错，可以多次重复。如图 7－11 所示。

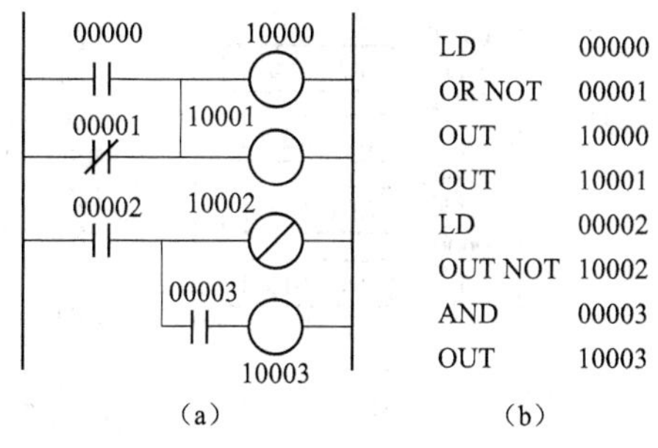

图 7－11　OUT 和 OUT NOT 指令的使用
(a) 梯形图；(b) 指令表

2）锁存指令 KEEP

KEEP 指令相当于一个锁存继电

器，具有自锁功能，它可以将短信号变成长信号。使用 KEEP 指令的继电器有两个输入端：置位输入端 S 和复位输入端 R。其使用示例如图 7-12（a）所示，当置位信号 00000 接通（ON）时，它所指定的继电器 10001 接通（ON）。此后即使置位端 00000 再断开，继电器 10001 仍然保持接通状态，直到复位输入端 00002 接通（ON），使之复位，继电器 10001 才断开（OFF）。

注意：当 S、R 同为 ON 时，则复位 R 优先。

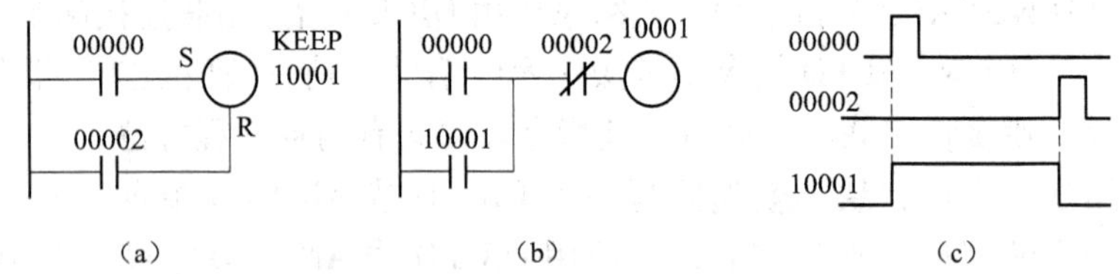

图 7-12　具有自锁功能的梯形图程序

（a）KEEP 自锁；（b）软自锁；（c）波形图

如图 7-12（a）所示的控制功能也可用基本逻辑指令来实现，如图 7-12（b）所示。当输入继电器触点 00000 接通时，输出继电器 10001 接通并自锁。当动断触点 00002 断开时，输出继电器 10001 断开并解除自锁，故 7-12（a）、（b）两图控制功能完全相同，其波形如图 7-12（c）所示，可见其功能能将短脉冲信号变成长信号。

指令的操作元件可以使用继电器区的 IR、SR、HR、AR、LR 区。

3）置位/复位（SET/RST）指令

SET 是置位指令，用于线圈动作的保持，指令的操作元件可以使用继电器区的 IR、SR、HR、AR、LR 区。

RST（Reset）是复位指令，用于解除线圈动作的保持，对数据寄存器（D）、定时器（T）、计数器（C）清零，指令的操作元件还可以使用继电器区的 IR、SR、HR、AR、LR 区。

SET、RST 指令的使用如图 7-13 所示，00000 一旦接通，即使再变成断开，

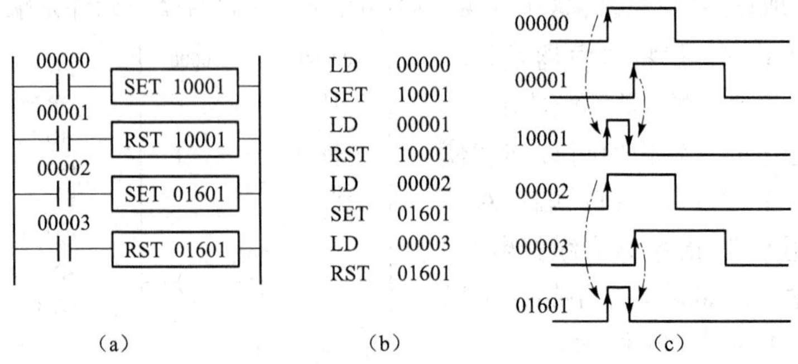

图 7-13　SET 和 RST 指令的使用

（a）梯形图；（b）指令表；（c）波形图

10001 也保持接通；00001 接通后，即使再变成断开，10001 也保持断开。对输出继电器 10001 和内部 I/O 继电器 01601 的作用效果是一样的。

4）微分输出指令（DIFU/DIFD）

DIFU 是上升沿微分指令。指令功能是：当执行条件由 OFF 变为 ON 时（上升沿），操作元件只接通一个扫描周期（置 1）。

DIFD 是下降沿微分指令。指令功能是：当执行条件由 ON 变为 OFF 时（下降沿），操作元件只接通一个扫描周期（置 1）。

操作元件可以使用继电器区的 IR、SR、HR、AR、LR 区。

指令使用如图 7－14 所示，当输入软继电器 00000 由 OFF 变为 ON 时，10001 接通一个扫描周期 T_S，10001 触点通过 SET 指令将 01601 变为长脉冲输出；当 00001 由 ON 变为 OFF 时，10002 接通一个扫描周期 T_S，10002 触点通过 RST 指令将 01601 信号断开。波形图如图 7－14（c）所示。

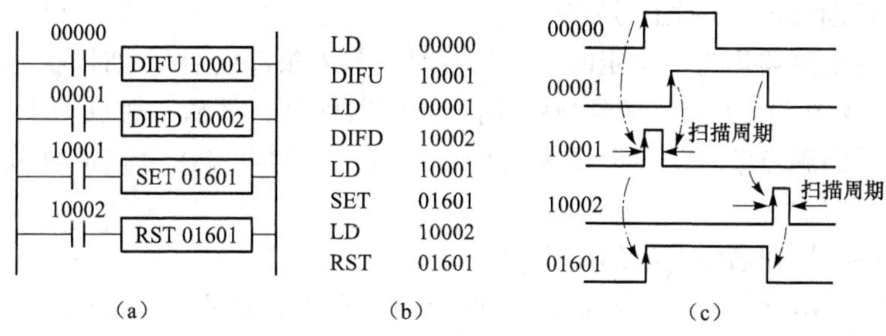

图 7－14　DIFU、DIFD 指令应用示例

（a）梯形图；（b）指令表；（c）波形图

5）暂存继电器（TR）

TR 不是独立的编程指令，它必须与 LD 及 OUT 指令配合使用，用于存储程序分支点之前的 ON/OFF 状态。使用暂存继电器 TR 可以方便的处理带有分支的梯级。TR 共有 8 个（TR0～TR7），在不同的梯级间同一个 TR 可重复使用。但在同一级程序中不能重复使用。PLC 运行期间不能用编程器检查其状态。

TR 的使用如图 7－15 所示，该梯形图有两个分支，故用两个暂存继电器 TR0 和 TR1 来暂存分支点的状态。

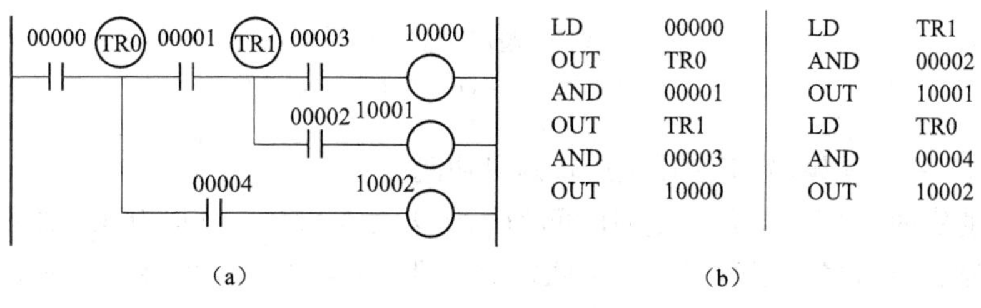

图 7－15　TR 指令的使用

（a）梯形图；（b）指令表

3. 定时器、计数器指令

定时器用于定时控制，计数器用于记录脉冲的个数，定时器和计数器是控制中常用的器件。

1）定时器指令 TIM 和 TIMH

CQM1H 型 PLC 有 256 个定时器，其作用相当于时间继电器。所有定时器都是通电延时型，可以用程序方式实现断电延时功能。TIM 是普通定时器指令，其时基（定时时间的最小间隔）是 0.1 s。TIMH 是高速定时器指令，其时基是 0.01 s，两种定时器的用法是一样的。定时器 T 和计数器 C 使用统一编号 000 ~ 511，其中高速定时器 TIMH 可使用 000 ~ 015。定时器在编程时须设定定时时间，设定值用 4 位十进制数表示，范围 0 ~ 9 999，定时时间 = 设定值 × 时基。因此，普通定时器的设定时范围为 0.1 ~ 999.9 s，高速定时器的设定时范围为 0.01 ~ 99.99 s。设定值既可以立即数形式（设定值前加#）表示，也可放在通道中（设定值前无#，以通道号）表示。

欧姆龙定时器均为减法定时器。当定时器输入条件接通开始计时，当定时器的当前值 PV 从设定值 SV 减到 0000 时，定时时间到，其输出触点动作，动合触点闭合，动断触点断开。定时器恢复到设定值。定时器输出触点可供编程使用，使用次数不限。

【例 7 -1】 普通定时器的使用。

如图 7 - 16 所示，当输入条件 00000 接通时，定时器 T000 线圈被驱动，T000 的当前值由设定值 K = 100 × 0.1 s = 10 s 往下进行减法计数，当前值为零时，定时时间 10 s 到，T000 触点动作。使输出继电器 10001 为 ON。即定时线圈得电后，其触点延时 10 s 后动作。当定时器输入条件 00000 断开时，定时器 T000 立即复位，10001 也立即复位。由图可见，当输入条件接通时间不足 10 s，则 T000 不动作。

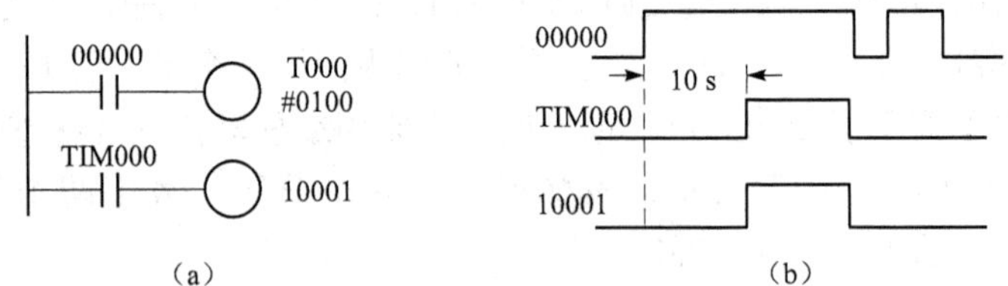

图 7 - 16 普通定时器应用举例

（a）梯形图；（b）波形图

【例 7 -2】 用两个定时器组成长延时功能。

普通定时器 TIM 的最大定时时间为 999.9 s，约为 16 min 40 s，如需更长的定时控制，可将多个定时器进行串联定时，即 SV = SV1 + SV2 + …，如图 7 - 17 所示，需定时 30 min，用两个定时器各定时 15 min 实现。

【例 7 -3】 用定时器组成断电延时功能。

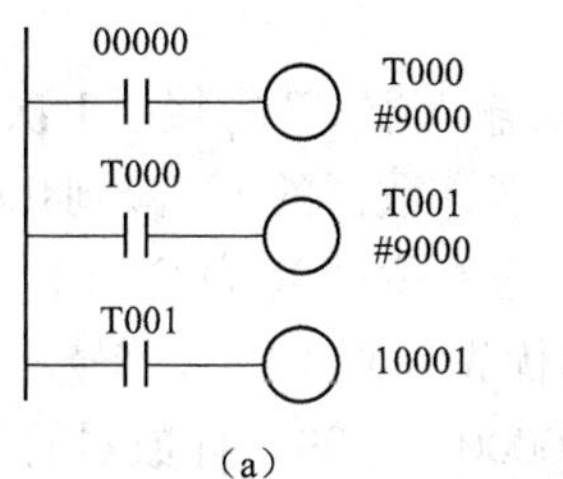

(a)

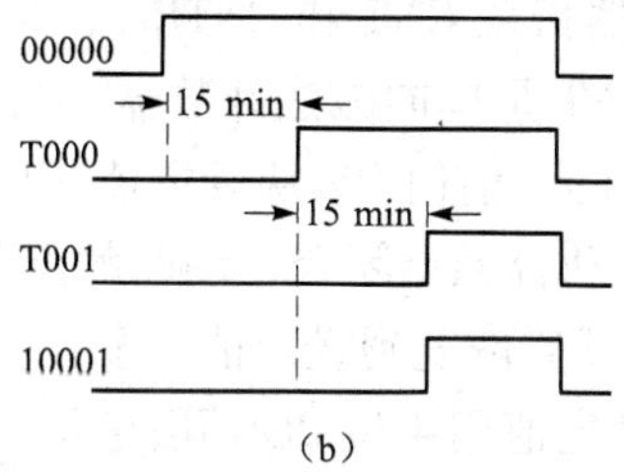

(b)

图 7－17　用两个定时器组成的长延时定时电路

（a）梯形图；（b）波形图

如图 7－18 所示，由 00000 动合触点为输出继电器 10001 的接通条件，当 00000 为 ON 时，10001 得电自锁，使 10001 为 ON。T000 的动断触点为 10001 的分断条件；T000 的动断触点为 OFF 时 10001 为 OFF。由 00000 动断触点和 10001 动合触点串联组成定时器 TIM000 的工作条件，当二者接通时，定时器 T000 线圈被驱动，其当前值计数器开始对 16 s 设定值进行减法计数，计数到 000 时，T000 动断触点动作，使输出继电器 10001 为 OFF 如图 7－18（b）所示波形。

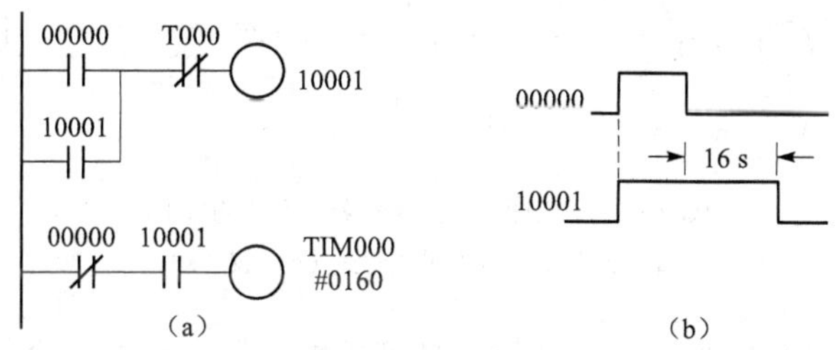

（a）　（b）

图 7－18　实现断电延时功能举例

（a）梯形图；（b）波形图

【例 7－4】用两个定时器组成多谐振荡器（闪烁电路）。

如图 7－19 所示，通过两个定时器的反馈控制，可使输出继电器 10001 输出周期性矩形波，即多谐振荡器电路，通过两个定时器的定时设定值可以控制多谐振荡器脉冲宽度占空比。可用来组成闪烁灯光控制电路。

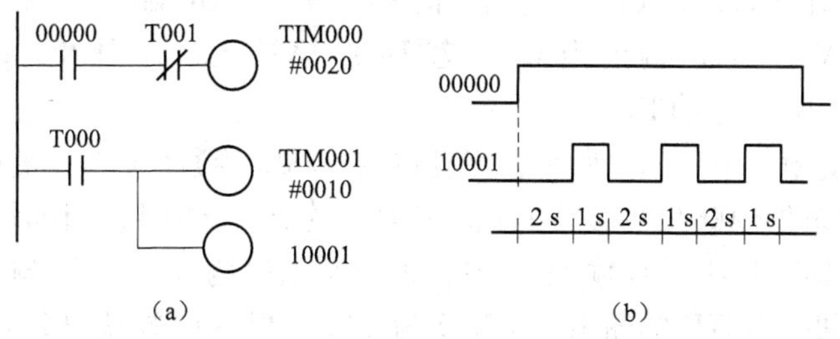

（a）　（b）

图 7－19　两个定时器组成多谐振荡器

（a）梯形图；（b）波形图

2）计数器指令 CNT 和 CNTR

计数器 CNT 是单向减法计数器，当计数器输入端 CP 每接通 1 次（由 OFF 到 ON），计数器的当前值 PV 从设定值 SV 减 1；当计数器的 PV 减到 0000 时，其输出触点动作，动合触点闭合，动断触点断开。当复位端 R 为 ON 时，计数器复位为 OFF，且将 PV 恢复到设定值。复位信号的优先权高于输入信号。

CNT 的设定值用 4 位 BCD 码表示，范围 0000 ~ 9999。计数器的当前值 PV 具有停电保持功能，停电后恢复通电则计数器在原有基础上继续进行计数。

如图 7 - 20 所示是 CNT 的应用举例。当 00001 为 OFF 时，输入 CP 每接通一次，计数器当前值减 1，当接通 3 次时，PV 减至 0，其动合触点动作，使输出继电器 10001 为 ON。此后即使 00000 再接通脉冲输入，C001 将保持 ON 的状态，直到被复位。

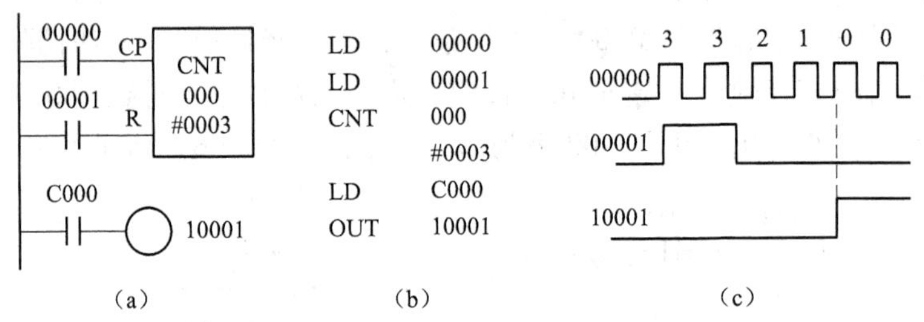

图 7 - 20 单向减法计数器 CNT 的使用

（a）梯形图；（b）指令表；（c）波形图

可逆计数器 CNTR 既可递增计数，又可递减计数。它有 3 个输入端：加计数端 II、减计数端 DI 和复位端 R。加计数端每接通一次，CNTR 的 PV 值加 1，减计数端每接通一次，CNTR 的 PV 值减 1；无论何时复位端接通，CNTR 复位为 0。使用时注意，CNTR 在以下情况输出为 ON：

（1）初始状态时其当前值 PV = 0，当加计数至当前值 PV = 设定值 SV 时，II 再输入一个脉冲，PV 值变为 0，CNTR 输出为 ON，若 II 端再输入一个脉冲，PV = 1，CNTR 输出又由 ON 变为 OFF。

（2）当减计数时，在 CNTR 的当前值 PV = 0 时，DI 端输入一个脉冲，PV 值变为设定值 SV，CNTR 输出为 ON，若 DI 端再输入一个脉冲，PV = SV - 1，CNTR 输出由 ON 变为 OFF。

CNTR 的使用如图 7 - 21 所示，当复位端 00002 接通，CNTR 复位清 0。此后加计数端工作条件 00000 每接通一次，CNTR 的 PV 值加 1，当加计数至当前值 PV = 设定值 3 时，II 再继续输入一个脉冲，PV 值变为 0，CNTR 输出为 ON，继续输入一个脉冲，CNTR 的输出由 ON 变为 OFF。当减计数端由 2 开始每接通一次，CNTR 的 PV 值减 1；当 CNTR 的当前值 PV = 0 时，DI 端再输入一个脉冲，CNTR 输出为 ON，PV 值恢复为设定值#0003，若 DI 端继续输入一个脉冲，PV =

SV－1，CNTR 输出又由 ON 变为 OFF。

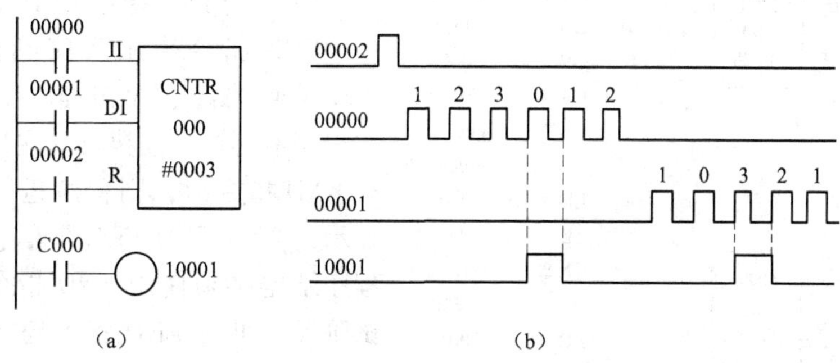

（a）（b）

图 7－21 CNTR 使用举例

（a）梯形图；（b）波形图

【例 7－5】用定时器和计数器延长定时时间。

如图 7－22 所示，用一个定时器和一个计数器进行组合，定时器 T000 与其动断触点构成 20 s 脉冲发生器，每隔 20 s 钟发出一个扫描周期 TS 的脉冲，作为计数器 CNT001 的输入 CP 脉冲；计数器 C001 进行减法计数，当计数器 C001 的当前值为 0 时，C001 为 ON，使输出继电器 10001 输出为 ON，直到 CNT 的复位端 00001 为 ON 时，C001 复位为 0。使输出继电器为 OFF。

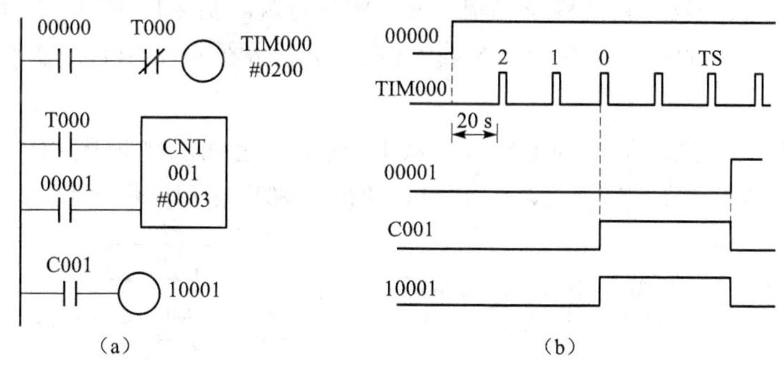

（a）（b）

图 7－22 定时器和计数器组合延长定时时间

（a）梯形图；（b）波形图

【例 7－6】用 2 个计数器组合延长定时时间。

如图 7－23 所示，用两个计数器进行组合，定时脉冲用秒脉冲 SR25502，CNT000 由于复位端有 C000 动合触点，组成一个 500 s 的脉冲发生器（每隔500 s发出一个脉冲），作为 CNT001 的脉冲输入信号，当定时计数至 500×600×1 s＝500 min时，输出继电器 10001 接通，发出定时到达信号。其指令表如图 7－23（b）所示。

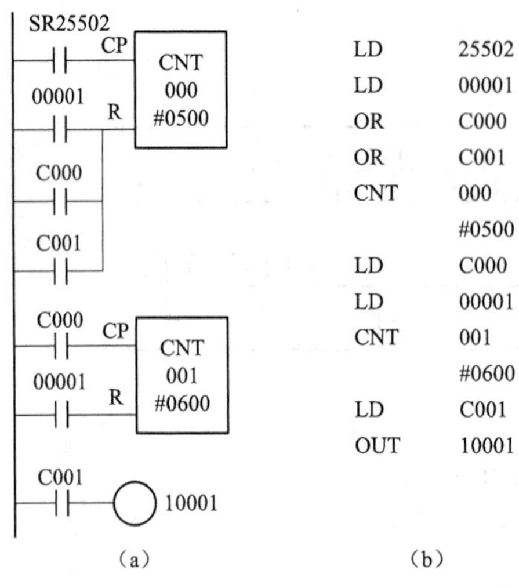

图 7－23　两个计数器组合延长定时时间

（a）梯形图；（b）指令表

4. 程序控制指令

1）程序结束指令 END（01）

END 指令表示程序到此结束，PLC 返回进行下次扫描。END 以后的程序不再被扫描执行。在程序中没有 END 指令时，则程序运行和查错显示："NO END INST" 信息。因此程序结尾必须使用 END 指令。在调试阶段，可将 END 指令插入各段程序之后，对程序进行分段调试，测试结束后再删除插在各段程序后的 END 指令。括号中的 01 是此指令的功能码，表示用编程器输入 END 指令时要用 FUN 键加数字 01，以下类推。

2）分支/分支结束指令 IL（02）/ILC（03）

IL 和 ILC 是产生分支和分支结束指令，所谓分支是指某电路后需要经过几个不同的触点分别输出的电路，如图 7－24 所示。IL 有建立新母线的功能。其梯形图有两种画法，二者等效。它使程序编制方便，图形直观。指令使用注意如下几点：

（1）不论 IL 的输入条件是 ON 或 OFF，CPU 都要对 IL/ILC 之间的程序进行扫描。

（2）当 IL 的执行条件为 ON 时，从 IL 到 ILC 之间的梯形图程序段能执行；当 IL 的执行条件为 OFF 时，从 IL 到 ILC 之间的梯形图程序段不执行，此时二者

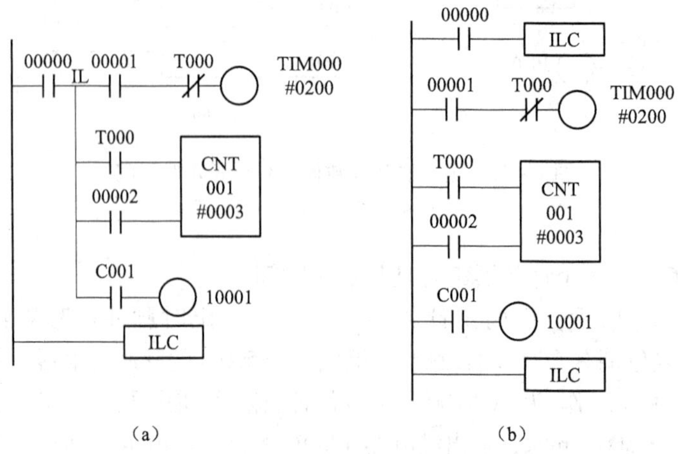

图 7－24　使用 IL 和 ILC 指令的梯形图

（a）梯形图 1；（b）梯形图 2

之间的各内部器件的状态如下：所有输出继电器线圈、内部 I/O 继电器线圈均断开；所有定时器复位；而计数器、保持继电器、KEEP 指令和移位寄存器的状态都保持。

（3）IL 和 ILC 指令可以成对使用，也可以多个 IL 指令配一个 ILC 指令，但不准嵌套使用，如 IL－IL－ILC－ILC。

（4）接在分支母线上的触点都以 LD（或 LD－NOT）指令开始编程。

（5）ILC 指令可使它后面的 LD（或 LD－NOT）返回到原来的公共母线上。

【例 7－7】 应用分支指令的 4 人抢答器程序。

抢答器又称为输入优先电路，先到者取得优先权，后到者无效。以 4 人抢答器为例，设置 00000 为抢答允许开关，闭合为允许抢答，断开为复位。00001、00002、00003、00004 分别为 4 个抢答按钮。10001、10002、10003、10004 为 4 个输出声、光信号。如图 7－25（a）所示，IL 和 ILC 构成抢答允许和封闭程序段。抢答开关 SA 闭合时，00000 接通，表允许抢答开始，此时 IL 到 ILC 之间程序能够执行，不论哪个抢答按钮先按下，都有自锁与互锁的功能，确保自己的输入优先，同时切断其他三路输出电路。其外部接线如图 7－25（b）所示。

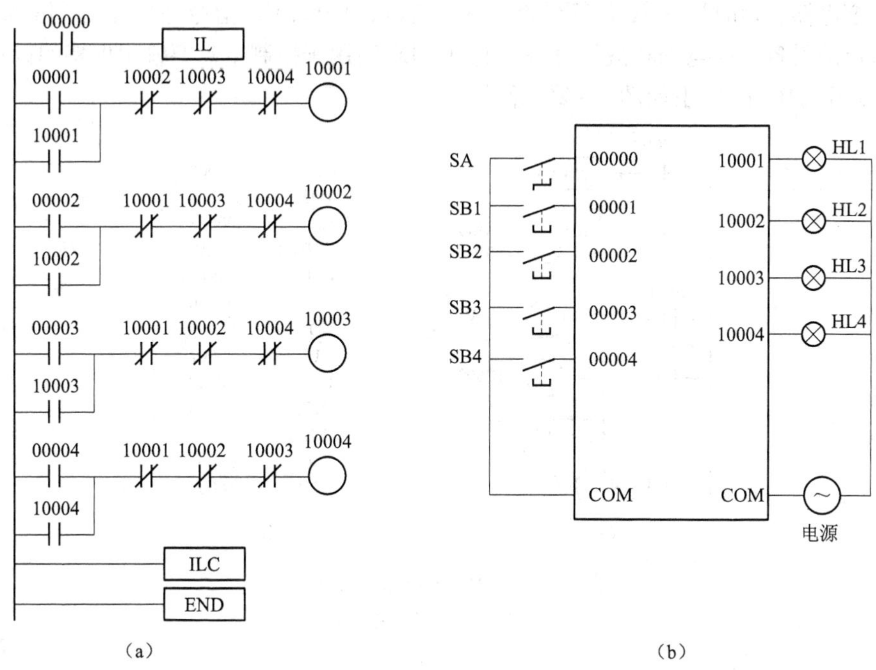

图 7－25　4 人抢答器的设计电路

（a）梯形图程序（b）PLC 外部接线图

3）跳转/跳转结束指令 JMP（04）/JME（05）

JMP 和 JME 是一对程序控制指令，必须成对使用。当 JMP 指令的输入条件接通时不发生跳转，依次执行 JMP 到 JME 之间的程序，反之，则跳过该段程序不执行。指令使用注意：

（1）当 JMP 的执行条件为 ON 时，从 JMP 到 JME 之间的梯形图程序段能执行。

（2）当 JMP 的执行条件为 OFF 时，从 JMP 到 JME 之间的梯形图程序段不执行（即跳过该段程序），CPU 对 JMP/JME 之间的程序不进行扫描，此时二者之间的各内部器件的状态均保持原状态。直到 JMP 的输入条件接通后，才按各自的逻辑进行处理。

（3）程序中有多对 JMP/JME 指令时，用跳转号 N 来区分，N 可以是 00 ~ 49 之间的任意数。除跳转号 0 外，每个跳转号在程序中只能使用 1 次，而跳转号 0 在程序中允许多次使用。不同跳转号之间允许嵌套使用，如 JMP01 - JMP02 - JME02 - JME01。

（4）接在 JMP 指令后的触点都以 LD（或 LD - NOT）指令开始编程。

（5）JMP 和 JME 之间不能使用高速计数指令。

跳转和分支指令的比较：当进行 JMP/JME 跳跃时，被跳过的程序段中的输出继电器、定时器等其状态可以保持，而进行 IL/ILC 跳跃时，被跳过的程序段中的输出继电器、定时器等其状态不能保持，所以，JMP/JME 指令适用于控制需要输出保持的设备，如电动和液压设备。而 IL/ILC 适用于控制不需要输出保持的设备。

JMP/JME 的使用如图 7 - 26 所示。

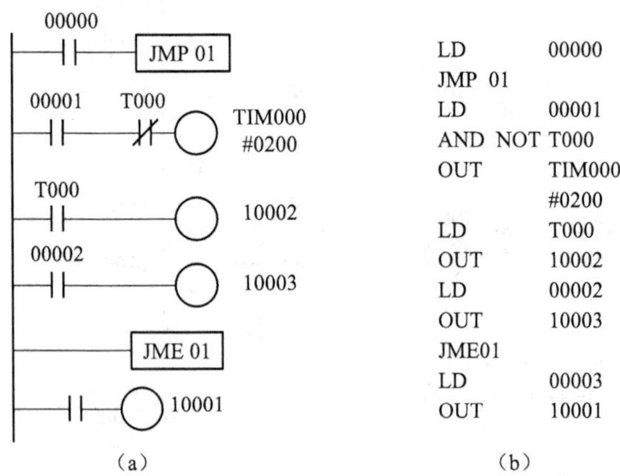

图 7 - 26　JMP/JME 指令的使用

（a）梯形图；（b）指令表

CQM1H 共有各种指令 27 类 169 条。详见附录 3。

5. 梯形图的编程规则

尽管梯形图与继电 - 接触控制电路在结构形式元件符号及逻辑功能相类似，但又有许多不同，梯形图具有自己的编程规则，这些规则，无论欧姆龙、西门子、三菱或其他生产厂都共同遵守。

（1）每一逻辑行总是起于左母线，然后是触点的连接，最后终止于线圈或右母线（右母线可以不画出）。左母线与线圈之间一定要有触点，而右母线与线圈之间不能有任何触点。如图7－27所示。

（2）梯形图中的触点可以任意串联或并联，但继电器线圈只能并联而不能串联。

（3）触点的使用次数不受限制。

（4）一般情况下不允许“双线圈输出”，即同一线圈在梯形图中不能使用两次或多次。因为这种语法错误导致只有最后一次输出有效。而有些PLC在含有跳转指令或步进指令的梯形图中允许双线圈输出。

（5）有几个串联电路相并联时，应将串联触点多的回路放在上方。在有几个并联电路相串联时，应将并联触点多的回路放在左方。这样编制的程序简洁明了，语句较少。

（6）对于不可编程梯形图，必须经过等效变换，变成可编程梯形图。如图7－28所示。

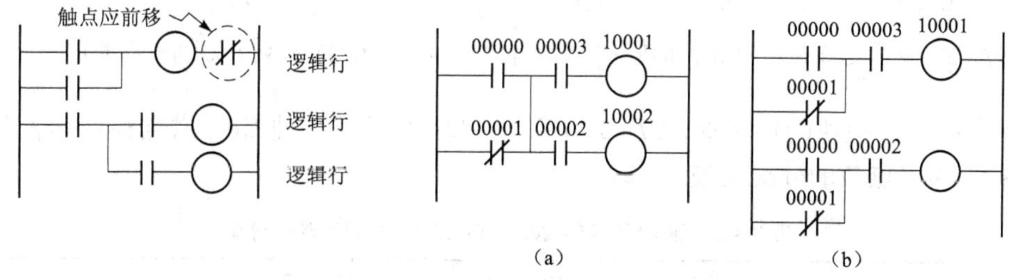

图7－27　梯形图绘制规则（1）（2）

图7－28　梯形图绘制规则（6）
（a）逻辑关系不清楚的梯形图；（b）变换后的梯形图

7.2　西门子S7－200系列PLC及其基本指令

S7－200系列PLC是西门子的小型化PLC，具有体积小、速度快、标准化等特点，具有网络通信能力，功能强大而价格低廉，因而在我国获得了广泛应用。1998年升级为第二代产品，2004年升级为第三代产品，升级产品包括CPU224和CPU226，如全新产品为CPU224XP，可与文本显示器TD200C、编程软件STEP7－Micro/WIN V4.0和OPC服务器软件PC Access V1.0一条龙全部配套。

CPU224和CPU226完全兼容老产品，其运算速度提高了40%，程序存储区扩大了50%，数据存储区扩大了60%，可以选择在线编辑程序。

7.2.1　S7－200系列PLC的硬件配置

S7－200系列PLC的硬件系统配置方式采用整体式加模块积木式。即主机中包含一定数量的I/O端口，同时可以扩展各种功能模块。一个完整的PLC系统如图7-29所示。可见其系统配置主要由CPU主机、扩展单元、特殊功能单元、相关设备和相关软件等构成。

1. CPU主机

CPU主机又称为基本单元或CPU模块，它包括CPU、存储器、基本输入/输出点和电源等，是PLC的主要部分。实际上基本单元就是一个完整的控制系统，可以单独完成一定的控制任务。外形如图7-30所示。

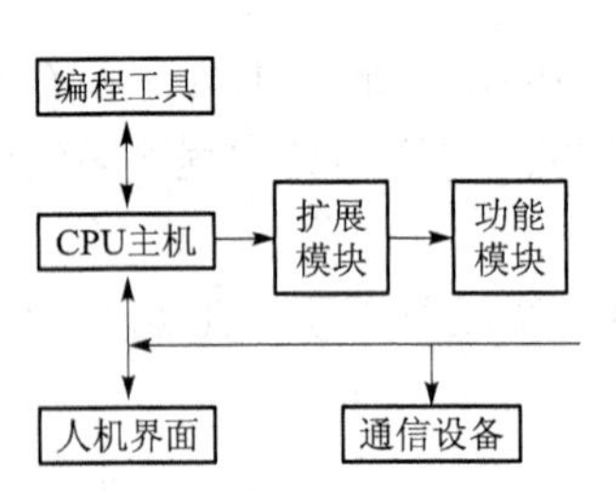

图7-29 S7-200 PLC的系统组成

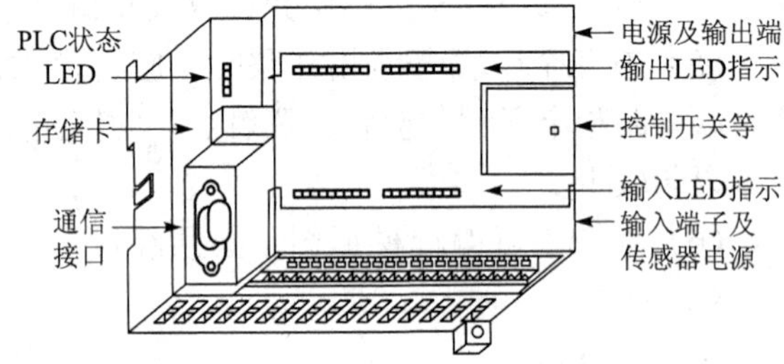

图7-30 CPU22X系列PLC的基本单元

从CPU模块的功能看，S7-200系列PLC可提供4种CPU供选择使用，其输入/输出点数的分配见表7-2。

表7-2 西门子S7-200 CPU22X的I/O点数分配

特性	CPU 221	CPU 222	CPU 224	CPU 226
本机I/O	6入/4出	8入/6出	14入/10出	24入/16出
扩展模块数量	无	2个模块	7个模块	7个模块
I/O总计				
数字量I/O映象区大小	256 {128入/128出}	256 {128入/128出}	256 {128入/128出}	256 {128入/128出}
模拟量I/O映象区大小	无	16入/16出	32入/32出	32入/32出

从模块的功能看，S7-200系列小型PLC发展过程经历了3代：

第一代产品的CPU模块为CPU21X，它具有4种不同结构配置的CPU单元，即CPU212、CPU214、CPU215和CPU216。

第二代产品的CPU模块为CPU22X，于21世纪投放市场，其速度加快，通信增强，也具有4种不同结构配置的CPU单元：

(1) CPU221：具有6个输入点和4个输出点，共计10个I/O点，无扩展能力。有4个独立的30 kHz高速计数器，2路独立的20 kHz高速脉冲输出，1个RS-485通信/编程口，具有PPI通信协议、MPI通信协议和自由通信方式。有6 kB程序和数据存储空间。适合于少点数的控制系统。

（2）CPU222：具有 CPU221 的功能，其不同点是主机有 8 输入/6 输出，共计 14 个 I/O 点，可以进行 8 点模拟量和最多 64 点 I/O 扩展，是个全功能的控制器。

（3）CPU224：主机有 14 个输入点和 10 个输出点，共计 24 个 I/O 点。最大可扩展为 168 点数字量或 35 点模拟量的输入和输出。与 CPU222 相比，存储容量扩大了一倍，可有 7 个扩展模块。还增加了一些运算指令和高速计数器数量，控制能力和模拟量处理能力大大增强，是用户使用最多的 S7－200 产品。

（4）CPU226：主机有 24 个输入点和 16 个输出点，共计 40 个 I/O 点。最大可扩展为 248 点数字量或 35 点模拟量 I/O，与 CP224 相比，增加了通信口的数量，通信能力大大增强。它适用于点数较多、要求较高的小型或中型控制系统。

另外，西门子推出增强型 CPU226XM，在用户程序存储容量和数据存储容量进行了扩展，其他指标同 CPU226 一样。还有 CPU224XP，集成有两路模拟量输入（10 bit，10 V DC）和一路模拟量输出（10 bit，0～10 V DC 或 0～20 mA），有两个 RS－485 通信口，高速脉冲输出频率提高到 100 kHz，高速计数器频率提高到 200 kHz，有 LAID 自整定功能。这种新型 CPU 增强了 S7－200 在运动控制、过程控制、位置控制、远程终端的数据监视和采集以及通信功能。

S7－200 CPU 的指令功能强大，有传送、比较、移位、循环移位、产生补码、调用子程序、脉冲宽度调制、脉冲序列输出、跳转、数制转换、算术运算、字逻辑运算、浮点数运算、开平方、三角函数和 PID 控制等指令。采用主程序、最多 8 级子程序和中断程序的程序结构，用户可以使用 1～255 ms 的定时中断。用户程序可以设定 4 级口令保护。

2. 扩展单元

由于 S7－200 是模块式结构，故可以通过配接各种扩展模块来扩大功能和控制能力。

S7－200 有 3 大类扩展模块。

（1）输入/输出扩展模块，分为 6 种：

EM221 数字量输入扩展模块：具有 8 点直流输入。

EM222 数字量输出扩展模块：具有 8 点直流 24 V 输出或 8 点继电器输出。

EM223 数字量输入/输出混合模块：分为 4、8、16 点输入，4、8、16 点输出的 6 种组合形式。

EM231 模拟量输入扩展模块：具有 4 路模拟量输入。

EM232 模拟量输出扩展模块：具有 2 路模拟量输出。

EM235 模拟量输入/输出混合扩展模块：具有 4 路模拟量输入和 1 路模拟量

输出。

基本单元通过其右侧的扩展接口用总线连接器插件与扩展单元左侧的扩展接口相连接。扩展单元正常工作需要 +5 V DC 工作电源，此电源通过总线连接器由基本单元提供。扩展单元的 24 V DC 输入点和输出点电源可由基本单元的 24 V DC 电源供电，但应注意基本单元提供的最大电流。

(2) 热电偶、热电阻扩展模块：热电偶、热电阻扩展模块（EM231）是为 CPU222、CPU224 和 CPU226 设计的，配有与多种热电偶、热电阻的连接隔离接口。用户通过模块上的 DIP 开关来选择热电偶或热电阻的类型、接线方式、测量单位和开路故障的方向。

(3) 通信扩展模块：除了 CPU 集成通信口外，有 PROFIBUS－DP 扩展从站模块（EM277）和 AS－I 接口扩展模块（CP243－2）。

3. 相关设备

这些设备是为了充分与方便地利用控制系统的相关硬件和软件资源而设计开发的，作为控制系统设计和监控用的辅助工具。主要有编程设备、人机界面和网络通信设备。此外，打印机、存储卡、条码阅读器等外设也为 PLC 系统扩展了应用空间。

1) 编程器

PLC 正式运行时，不需要编程器。编程器主要用于进行用户程序的编制、存储和管理，并将用户程序送入 PLC 中。在调试过程中，进行监控和故障检测。编程器可分为简易型和智能型。简易型编程器是袖珍型，简单实用、价格低廉，但显示功能差，只能用指令表方式输入，应用不便。智能型采用计算机进行编程操作，将专用编程软件装入计算机内，可采用梯形图语言编程，实现在线监测，既直观又功能强大。S7－200 系列专用编程软件为 STEP－7 Micro/WIN。

2) 人机界面

常见人机对话的终端监控设备有触摸屏、文本显示器和 PC 机作为 PLC 的人机界面。S7－200 主要配套人机界面有：

(1) 文本显示器 TD200：它不仅可以用于显示系统信息，还可以作为控制单元对某些量的数值进行修改，或直接设置。文本信息的显示用选择确认的方法，最多可显示 80 条信息。每条信息最多 4 个变量状态。过程参数既可在显示器上显示，还可以随时修改。TD－200 的面板上有 8 个可编程键，分别配 8 个存储器位，使得功能键在启动和测试系统时，可以进行参数设置和诊断。使用时只需用附件电缆将它接到 CPU22X 的 PPI 通信接口即可。

(2) TP070 和 TP170 触摸屏：用专用组态软件 Protool 来生成画面，由用户自定义操作接口，如图形、滚动条、按钮、指示灯输入框等。

S7－200 CPU 的主要技术指标见表 7－3。

表 7-3　S7-200 22X 系列的主要技术指标

特性	CPU 221	CPU 222	CPU 224	CPU 226
外形尺寸 mm	90×80×62	90×80×62	120.5×80×62	190×80×62
存储器				
程序	2 048 字	2 048 字	4 096 字	4 096 字
用户数据	1 024 字	1 024 字	2 560 字	2 560 字
用户存储器类型	EEPROM	EEPROM	EEPROM	EEPROM
数据后备｛超级电容｝典型值	50 小时	50 小时	190 小时	190 小时
本机 I/O				
本机 I/O	6 入/4 出	8 入/6 出	14 入/10 出	24 入/16 出
扩展模块数量	无	2 个模块	7 个模块	7 个模块
I/O 总计				
数字量 I/O 映象区大小	256｛128 入/128 出｝	256｛128 入/128 出｝	256｛128 入/128 出｝	256｛128 入/128 出｝
模拟量 I/O 映象区大小	无	16 入/16 出	32 入/32 出	32 入/32 出
CPU 的映像寄存器大小、模块数量、5 V 电源容量不同产品 I/O 点的物理数量决定了实际的 I/O 点数量。见 1.3 节。				
指令				
33 MHz 下布尔指令执行速度	0.37 μs/指令	0.37 μs/指令	0.37 μs/指令	0.37 μs/指令
I/O 映象寄存器	128I 和 128O	128I 和 128O	128I 和 128O	128I 和 128O
内部继电器	256	256	256	256
计数器/定时器	256/256	256/256	256/256	256/256
字入/字出	无	16/16	32/32	32/32
顺序控制继电器	256	256	256	256
For/Next 循环	有	有	有	有
整数运算｛+ - ×/｝	有	有	有	有
实数运算｛+ - ×/｝	有	有	有	有

续表

附加功能				
内置高速计数器	4H/W {20 kHz}	4H/W {20 kHz}	6H/W {20 kHz}	6H/W {20 kHz}
模拟量调节电位器	1	1	2	2
脉冲输出	2 {20 kHz，DC}	2 {20 kHz，DC}	2 {20 kHz，DC}	2 {20 kHz，DC}
通信中断	1 发送器/ 2 接收器	1 发送器/ 2 接收器	1 发送器/ 2 接收器	2 发送器/ 4 接收器
定时中断	2 {1 ms ~ 225 ms}	2 {1 ms ~ 225 ms}	2 {1 ms ~ 225 ms}	2 {1 ms ~ 225 ms}
硬件输入中断	4，输入滤波器	4，输入滤波器	4，输入滤波器	4，输入滤波器
实时时钟	有 {时钟卡}	有 {时钟卡}	有 {内置}	有 {内置}
口令保护	有	有	有	有
通信				
通信口数量	1 {RS - 485}	1 {RS - 485}	1 {RS - 485}	2 {RS - 485}
支持协议 0 号口： 1 号口：	PPI，DP/T， 自由口 N/A	PPI，DP/T， 自由口 N/A	PPI，DP/T， 自由口 N/A	PPI，DP/T， 自由口 PPI，DP/T， 自由口
PROFIBUS 点到点	{NETR/NETW}	{NETR/NETW}	{NETR/NETW}	{NETR/NETW}

4. 相关软件

这类软件是为了更好地使用和管理上述单元和设备而开发的配套程序，包括标准工具、工程工具、运行软件和人机接口软件等几部分。

7.2.2 S7 - 200 系列 PLC 的内部资源

1. S7 - 200 系列 PLC 的内部软元件

S7 - 200 的内部软元件表见附录 5。

1）输入继电器（I）

每个输入继电器与一个 PLC 的输入端子相对应，用于接收外部输入的开关信号。当外部开关信号闭合，输入继电器线圈得电，表现为程序中动合触点闭合，动断触点断开。这些触点在编程时可任意使用，次数不受限制。

2）输出继电器（Q）

每个输出继电器与一个 PLC 的输出端子相对应，用于控制输出到外部负载的开关信号。当输出继电器 Q 线圈得电，表现为其动合触点闭合，则负载得电。

3）内部辅助继电器区（M）

该区是供用户编写程序使用的，相当于继电控制中的中间继电器，不能用做输入/输出。其线圈不直接受输入信号的控制，其触点也不能直接驱动外部负载。另外输入/输出继电器区中未被使用的字也可作为内部辅助继电器区使用。

4）特殊标志继电器区（SM）

SM 是 PLC 为保存其工作状态数据而建立的一个存储器（SM0 ~ SM179，共 180 字节），它提供了 CPU 和用户程序之间传递信息的方法。如可以读取程序运行过程中的设备状态和运算结果信息，利用这些信息用程序实现一定的控制动作。还可以通过设置某些特殊标志继电器位来使设备实现某种功能。例如，SM0.1 表示首次扫描为 1，以后为 0，用于对程序进行初始化；SM0.0 表示始终为 1，用于无触点的线圈与母线连接；SM0.4 表示提供一个周期为 1 min 的时钟脉冲。SM0.5 表示提供一个周期为 1 s 的时钟脉冲。

5）变量存储器（V）

用于存放全局变量、程序执行过程中控制逻辑操作的中间结果和与任务相关的其他数据。全局变量可以被任何程序（包括主程序、子程序和中断程序）访问。

6）局部变量存储器（L）

用于存放局部变量。局部变量只能在某个局部有效，只和特定的程序相关联。S7－200 系列 PLC 提供 64 个字节的局部存储器。其中 60 个可以作为暂时存储器或给子程序传递参数。不同程序的局部存储器不能互相访问，例如，子程序不能访问分配给主程序、中断程序或其他子程序的局部变量。机器运行时，可根据需要动态地分配局部存储器。

7）顺序控制继电器（S）

用于顺序控制和步进控制中的特殊继电器，共有 32 个字节（S0 ~ S31）。

8）定时器（T）

累计时间增量的内部元件，是 PLC 中重要的编程元件。S7－200 有 3 种定时器：通电延时型（TON）、有记忆通电延时型（TONR）和断电延时型（TOF），每种定时器有 3 种时基，又称为时间精度：1 ms、10 ms、100 ms。

S7－200 系列定时器性能如表 7－4 所示。

表 7－4　S7－200 定时器性能表

定时器类型	定时器精度/ms	最大定时时间/s	定时器地址
TONR	1	32.767	T0、T64
	10	327.67	T1 ~ T4、T65 ~ T68
	100	3 276.7	T5 ~ T31、T69 ~ T95

续表

定时器类型	定时器精度/ms	最大定时时间/s	定时器地址
TON、TOF	1	32.767	T32、T96
	10	327.67	T33 ~ T36、T97 ~ T100
	100	3 276.7	T37 ~ T63、T101 ~ T255

9）计数器（C）

用于累计输入脉冲的次数。S7 - 200 有 3 种类型的计算器：增计算器（CTU）、减计算器（CTD）和增减计算器（CTUD），其响应速度通常为数十赫兹以下，其输入脉冲接通或断开的持续时间应大于 PLC 的一个扫描周期。当输入触发条件满足时，每个输入脉冲上升沿（正跳变）计算器计数一次，计数值达到设定值时，其动合触点闭合，动断触点断开。

10）高速计数器（HC）

用于累计比 CPU 扫描速度更快的输入脉冲，S7 - 200 共有 6 个高速计数器 SHC0 ~ SHC6，其中 CPU221、CPU222 不能使用 SHC1 和 SHC2。计数频率达 30 kHz（CPU224XP 可达 100 kHz），设定值和当前值使用 32 位带符号整数，可配置最多 12 种不同的操作模式。

11）模拟量输入映像寄存器（AI），模拟量输出映像寄存器（AQ）

模拟量输入模块（如 EM231）将外部输入的模拟信号经 A/D 转换成一个字长（16 位）的数字量存放在相应的输入映像寄存器 AI 中；模拟量输出模块（如 EM232）将输出映像寄存器 AQ 中的数字量经 D/A 转换成模拟量，驱动外部模拟量控制设备。PLC 处理的是其中的数字量。

S7 - 200 系列 PLC 中，CPU221 不能外接模拟量输入，CPU222 模拟量输入/输出映像寄存器的有效范围为 AIWa0 ~ AIWa30、AQW0 ~ AQW30。CPU224 和 CPU226 则可达 AIW0 ~ AIW62 和 AQW0 ~ AQW62。

模拟量输入/输出映像寄存器的数字量长度为 1 字长（16 位），从偶数号字节编址如 0，2，4，6，8。PLC 对这两种寄存器存取方式不同的是，模拟量输入寄存器只能做读取操作；模拟量输出寄存器只能做输出操作。

12）累加器（AC）

通常用于暂时存储中间参数的寄存器，常用来存放运算数据、中间数据和结果数据，也可用于向子程序传递参数，或从子程序返回参数。S7 - 200 提供 4 个 32 位的累加器（AC0 ~ AC3），使用时可以按字节、字或双字来存取累加器中的数值。当按字节或字来存取时，只能存取 AC 的低 8 位或低 16 位。使用时只表示出地址编号。

2. CPU 存储器区域的寻址

1）用户程序结构和数据类型

S7 - 200 的用户程序结构包括主程序、子程序和中断程序 3 种。

每个用户程序只能有一个主程序，主程序通过指令控制整个应用程序的执行，每次CPU扫描都要执行一次主程序。

子程序只在被其他程序调用时执行，最多可达64个（SBR0～SBR63）。

中断程序可达128个（INT0～INT127），它由相应的中断事件触发，而不是被主程序调用。

S7-200的用户数据类型包括：位数据（bit）、字节数据（byte）、16位整数（word）、16位有符号整数（int）、32位整数（dword），32位带符号整数（dint）和32位实数（real）。不同指令所需操作数的数据类型往往不同。其中，位数据通常用于表示开关量的状态，例如各继电器、计数器、定时器的状态，触点的通断、线圈的通电与断电，其值为二进制数“1”或“0”。

编程中常常用到常数，常数根据长度可分为字节、字和双字。在机器内部的数据都以二进制存储，但常数的书写可用二进制、十进制、十六进制、ASCII码等表示。

2）数据区存储器的地址表示格式

S7-200将信息存于不同的存储器单元中，每个单元都有唯一的地址，因而可以根据存储器的地址来存取数据。

（1）位地址格式。由于西门子PLC编址时的最小单位为字节，故对位元件编址按字节、位计算，先指定字节号，再指定位号，如图7-31所示。

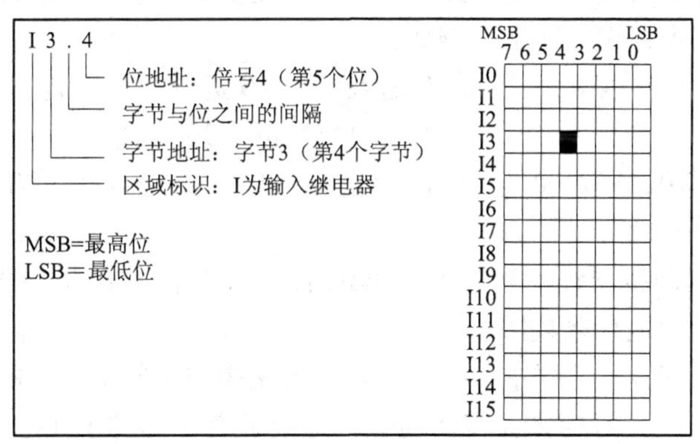

图7-31 西门子PLC位地址的表示格式

（2）多位数据地址格式。对于字节、字或双字进行编址则按照编程元件名称（用标识符表示）、数据类型和首字节地址构成。如图7-32所示，用VB100、VW100、VD100分别表示字节、字、双字的地址。其中VW100由VB100和VB101两个字节组成；VD100由VB100～VB103四个字节组成。

（3）其他地址格式。数据存储器中还包括定时器、计数器等元件，其地址格式为：编程元件+元件号。如T37表示某定时器的地址，T是定时器的区域标识符，37是定时器编号。

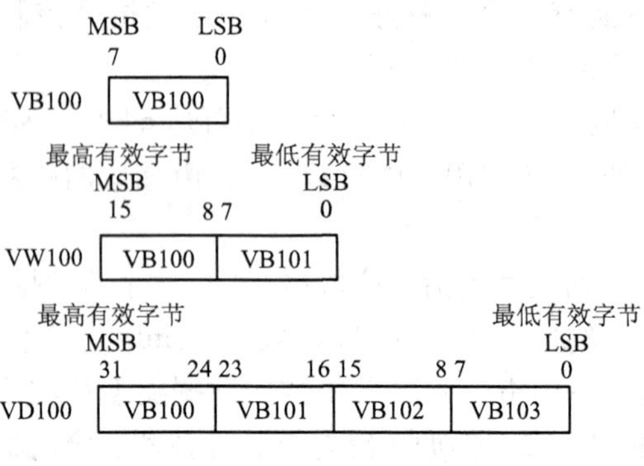

图 7-32　西门子 PLC 字节、字、双字地址格式

3）寻址方式

S7-200 访问数据的寻址方式有立即寻址、直接寻址和间接寻址 3 种。

(1) 立即寻址。指在指令中直接给出了操作数，通常用于提供常数、设置初始值等。

(2) 直接寻址。直接寻址方式指直接给出操作数地址的寻址方式。可用于位、字节、字或双字数据存取。包括对寄存器和存储器的直接寻址。在直接寻址的指令中，位地址格式可直接给出操作数的存储单元元件名称、字节地址、和位号。多位数据地址格式则由编程元件、数据长度及起始字节地址构成，同时应注意数据类型与指令标识符匹配。例如：

A　I 0.0　　　　　　//对输入位 I 0.0 进行"与"逻辑操作

S　L 20.0　　　　　//把本地数据位 L 20.0 置 1

MOVW　VW0，VW200　　//将变量存储区字节址 VB0，VB1 的内容送入 VB200，VB201

(3) 存储器间接寻址。当存取连续地址的存储单元中的数据时，通过间接寻址可以非常方便地存取数据。

首先，在间接寻址方式中，操作数指定的是操作对象所存放的地址，而非数据本身大小。其次，间接寻址需要通过"地址指针"才能进行。所谓"地址指针"是间接寻址时专门用来存储地址的寄存器。使用存储器间接寻址方式的优点是，当程序执行时，能按照需要改变操作数的存储器地址，这对程序中的循环尤为重要。

建立和使用地址指针应注意以下 4 点：

① 只能用变量 V、局部变量 L 或累加器 AC1、AC2、AC3 作为地址指针（AC0 不可使用）。

② 用指针存取数据时，应在地址指针的前面加"*"标记，表示该操作数为间接寻址方式。

③ 建立地址指针时，必须用双字的形式将存储器地址移动到地址指针中，

并在存储器地址前加“&”进行标记，“&”表明移动的只是地址，而不是该存储器的具体内容。

④ 允许利用地址指针访问的存储器为I、Q、V、M、S以及定时器T、计数器C的当前值。但模拟量输入/输出AI/AQ、高速计数器HC、特殊标志SM、局部变量L以及独立的位值不能通过地址指针进行访问。

使用存储器字指针间接寻址如图7-33所示，AC1为指针，用来存放要访问的操作数的地址，本例中，存于VB200、VB201中的数据被传送到AC0中去。

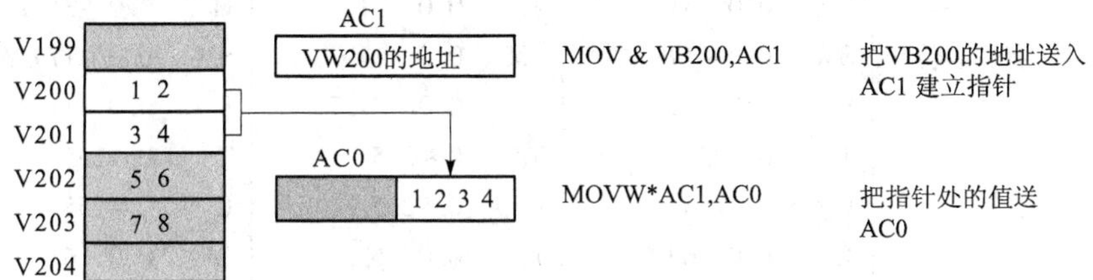

图7-33 使用指针来间接寻址

依据要描述的地址复杂程度，地址指针可以是字或双字的，存储指针的存储器大小也应是字的或双字的，由于定时器（T）、计数器（C）、数据块（DB）、功能块（FB或FC）的编号范围在0到65 535之内，所以用字指针就足够了，相应地也只需字存储器存储指针。其他的地址，如输入位、输出位地址，则要用到双字指针，并用双字存储器存储指针。如果要用双字格式的指针访问一个字、字节或双字存储器，必须保证指针中的位编号为0。

在连续地存取存储单元中的数据时，由于指针的内容不会自动改变，故用自增或自减等指令来修改指针值。若指针中的内容为双字形数据，应使用双字自增或自减指令来修改指针值。如图7-34所示，用两次自增指令INCD AC1，将AC1中的值VB200修改为VB202后，指针即指向新地址VB202，执行指令MOVW＊AC 1，AC0就可在变量存储器V中连续地存取数据，将VB202、VB203两个字节的数据（16#5678）传送到AC0。

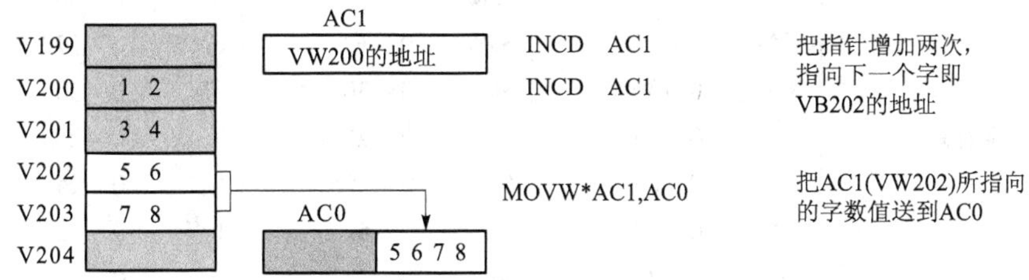

图7-34 存取字数值时指针的修改

修改指针时，要根据数据长度调整增减数字，如存取字节时，指针加减1；存取字时，指针加减2；存取双字时，指针加减4。

S7－200 的 CPU 操作数范围见表 7－5。

表 7－5　S7－200CPU 的操作数范围

存取方式	CPU 221	CPU 222	CPU 224，CPU 226
位存取{字节.位}	V 0.0~2 047.7 I 0.0~15.7 Q 0.0~15.7 M 0.0~31.7 SM 0.0~179.7 S 0.0~31.7 T 0~255 C 0~255 L 0.0~63.7	V 0.0~2 047.7 I 0.0~15.7 Q 0.0~15.7 M 0.0~31.7 SM 0.0~179.7 S 0.0~31.7 T 0~255 C 0~255 L 0.0~63.7	V 0.0~5 119.7 I 0.0~15.7 Q 0.0~15.7 M 0.0~31.7 SM 0.0~179.7 S 0.0~31.7 T 0~255 C 0~255 L 0.0~63.7
字节存取	VB 0~2 047 IB 0~15 QB 0~15 MB 0~31 SMB 0~179 SB 0~31 LB 0~63 AC 0~3 常数	VB 0~2 047 IB 0~15 QB 0~15 MB 0~31 SMB 0~179 SB 0~31 LB 0~63 AC 0~3 常数	VB 0~5 119 IB 0~15 QB 0~15 MB 0~31 SMB 0~179 SB 0~31 LB 0~63 AC 0~3 常数
字存取	VW 0~2 046 IW 0~14 QW 0~14 MW 0~30 SMW 0~178 SW 0~30 T 0~255 C 0~255 LW 0~62 AC 0~3 常数	VW 0~2 046 IW 0~14 QW 0~14 MW 0~30 SMW 0~178 SW 0~30 T 0~255 C 0~255 LW 0~62 AC 0~3 AIW 0~30 AQW 0~30 常数	VW 0~5 118 IW 0~14 QW 0~14 MW 0~30 SMW 0~178 SW 0~30 T 0~255 C 0~255 LW 0~62 AC 0~3 AIW 0~30 AQW 0~30 常数

续表

存取方式	CPU 221	CPU 222	CPU 224，CPU 226
双字存取	VD 0 ~ 2 044 ID 0 ~ 12 QD 0 ~ 12 MD 0 ~ 28 SMD 0 ~ 176 SD 0 ~ 28 LD 0 ~ 60 AC 0 ~ 3 HC 0，3，4，5 常数	VD 0 ~ 2 044 ID 0 ~ 12 QD 0 ~ 12 MD 0 ~ 28 SMD 0 ~ 176 SD 0 ~ 28 LD 0 ~ 60 AC 0 ~ 3 HC 0，3，4，5 常数	VD 0 ~ 5 116 ID 0 ~ 12 QD 0 ~ 12 MD 0 ~ 28 SMD 0 ~ 176 SD 0 ~ 28 LD 0 ~ 60 AC 0 ~ 3 HC 0 ~ 5 常数

7.2.3 S7 -200 系列 PLC 的基本指令

S7 -200 系列 PLC 的 SIMATIC 指令支持梯形图（LD）、语句表（STL）和功能块图（FBD）3 种编程语言。本小节仅以前 2 种语言为例来介绍其常用基本指令。

1. 基本位操作指令

位操作指令是 PLC 最常用的基本指令。梯形图分为触点和线圈两大类，触点分为动合和动断两种形式，逻辑有“与”“或”“与非”“或非”等逻辑关系，加上输出操作可实现基本位逻辑运算和控制。梯形图指令由触点或线圈符号和直接位地址两部分组成；语句表由指令助记符和操作数两部分组成。欧姆龙、西门子和三菱的基本位操作指令虽然表示方法各异，但指令含义基本相同，如表 7 -6 所示。

表 7 -6 欧姆龙 CQM1H、西门子 S7 -200、三菱 FX -2N 部分基本位指令对照表

指令名称	功能	欧姆龙 CQMIH	西门子 S7 -200	三菱 FX -2N
		指令符 梯形图	指令符 梯形图	指令符 梯形图
装载	连接左母线	LD ├┤├	LD ├┤├	LD ├┤├
与	串联动合触点	AND ┤├	A ┤├	AND ┤├
或	并联动合触点	OR ┤├┐	O ┤├┐	OR ┤├┐
取反装载	取反连左母线	LD NOT ├┤/├	LDN ├┤/├	LDI ├┤/├
与非	串联动断触点	AND NOT ┤/├	AN ┤/├	ANI ┤/├

续表

指令名称	功能	欧姆龙 CQMIH	西门子 S7－200	三菱 FX－2N
		指令符 梯形图	指令符 梯形图	指令符 梯形图
或非	并联动断触点	OR NOT -|/|-	ON -|/|-	ORI -|/|-
	触点组串联	AND LD	ALD	ANB
	触点组并联	OR－LD	OLD	ORB
输出	写操作	OUT -O|	＝ ( )	OUT -O|
置位	置位操作数	SET	S —(S N)	SET
复位	复位操作数	RESET	R —(R N)	RST
前沿微分	前沿脉冲	DIFU -|P|-	EU -|P|-	PLS
后沿微分	后沿脉冲	DIFD -|N|-	ED -|N|-	PLF

以下举例说明其使用方法。

【例7－8】LD、LDN、＝指令的用法。

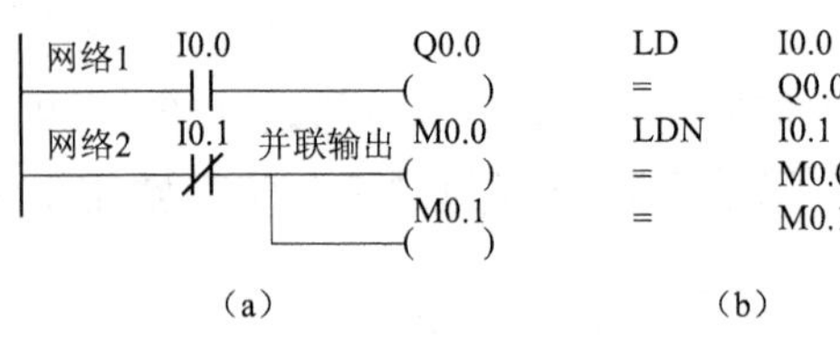

图7－35 LD、LDN、＝指令的用法

(a) 梯形图；(b) 指令表

如图7－35所示，LD为装载指令，表示将动合触点I0.0连接左侧母线。LDN表示将动断触点I0.1连接左侧母线。＝表示线圈输出。LD、LDN用于与输入母线相连的触点，或分支母线的开始触点。＝指令用于输出继电器、辅助继电器、定时器、及计数器等，但不能用于输入继电器。并联输出＝指令可连续使用任意次。LD、LDN的操作数：I、Q、M、SM、T、C、V、S。＝的操作数可为Q、M、S、M、T、C、S。

【例7－9】触点串联指令A、AN及连续输出使用说明。

A、AN表示单个触点的串联连接，可连续使用。连续输出配用指令A，若次序正确，可以反复使用，如图7－36所示，次序错误则不可使用，如图7－37所示。A、AN的操作数可为I、Q、M、SM、T、C、V、S。

【例7－10】触点并联指令O、ON的用法。

用于触点的并联连接。如图7－38所示，O、ON的操作数可为I、Q、M、SM、T、C、V、S。

【例7－11】并联触点组的串联指令ALD的使用。

ALD表示并联触点逻辑块的串联连接。指令不带操作元件编号，是一条独立操作指令。如图7－39所示，注意分支的起始点用LD、LDN指令；并联触点组结束后，再使用ALD指令与前面电路串联。当多个并联触点组串联时，顺次以ALD指令连接，其数量无限制。

(a)

```
LD    I0.0
A     M0.1
=     Q0.0
LD    I0.1
AN    I0.2
=     M0.0
A     M0.3
=     Q0.1
AN    I0.3
=     Q0.2
```

(b)

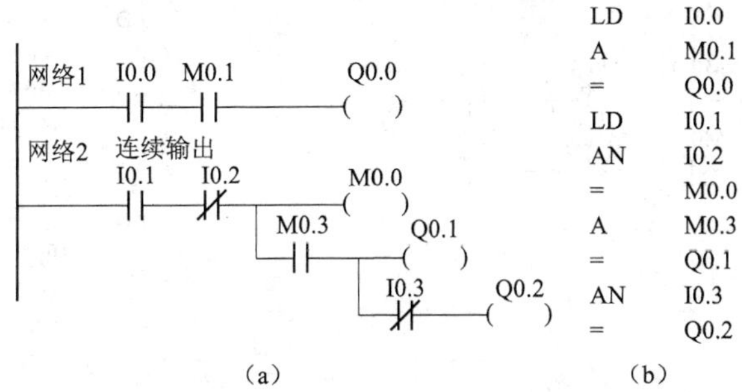

图 7-36 触点串联指令及连续输出的正确使用

(a) 梯形图；(b) 指令表

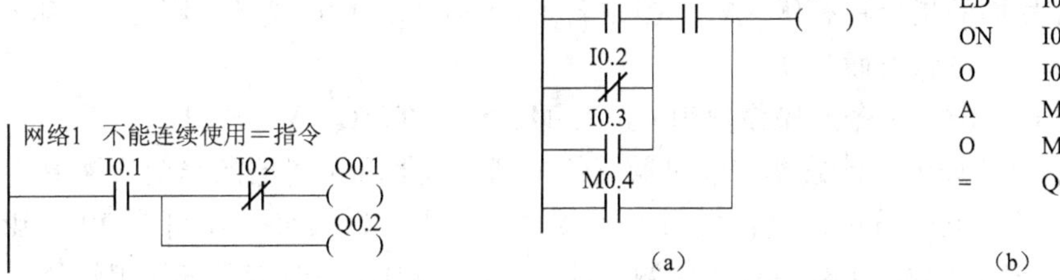

图 7-37 不能连续使用 = 指令的梯形图

(a)

```
LD    I0.1
ON    I0.2
O     I0.3
A     M0.0
O     M0.4
=     Q0.1
```

(b)

图 7-38 触点并联指令 O、ON 的使用

(a) 梯形图；(b) 指令表

(a)

```
LD    I0.0
O     I0.3
LD    I0.1
O     I0.4
ALD
A     M0.3
=     Q0.1
```

(b)

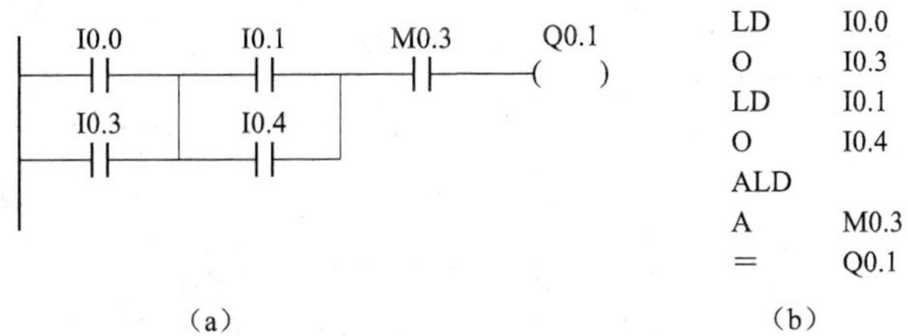

图 7-39 并联触点组串联指令 ALD 的使用

(a) 梯形图；(b) 指令表

【例 7-12】 串联触点组的并联指令 OLD 的使用。

OLD 表示串联触点逻辑块的并联连接。OLD 指令无操作数。几个串联支路并联连接时，分支的起点以 LD、LDN 开始，从第二条支路开始，每条支路后面加 OLD 指令，这种编程方法对并联支路个数无限制，如图 7-40 所示。

【例 7-13】 置位 S、复位 R 指令的使用。

如图 7-41 所示，指令使用说明：

(1) 置/复位指令表示对从操作数起 N 个元件置 1/清零。对位元件来说，一旦被置位，就保持在通电状态，除非对它复位；而一旦被复位就保持在断电状态，除非再对它置位。

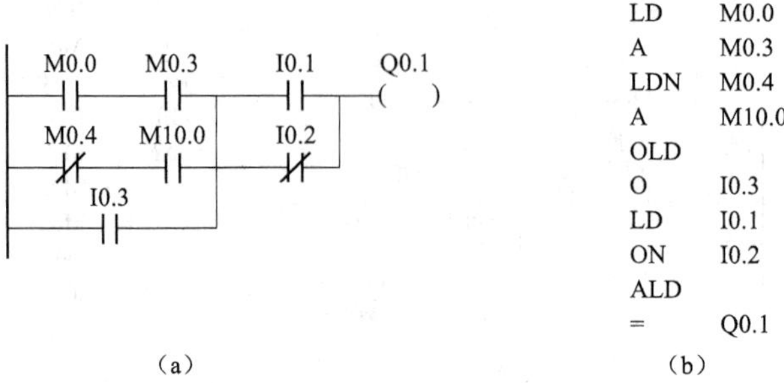

图 7－40　串联触点组的并联使用

(a) 梯形图；(b) 指令表

(2) S/R 指令可以互换次序使用，但由于 PLC 是循环扫描工作方式，因而写在后面的指令具有优先权。图中若 I0. 0 和 I0. 1 同时为 1，则 Q0. 0 和 Q0. 1 一定处于复位状态而为 0。

(3) S/R 指令的操作数为 I、Q、M、SM、T、C、V、S、L。

(4) 如果对计数器和定时器复位，则计数器和定时器的当前值被清零。

(5) 同时置位、复位的操作个数 N 范围为 1～255，N 可为 VB、IB、QB、MB、SMB、SB、LB、AC 和常数 * VD、* AC、* LD。一般情况下使用常数。

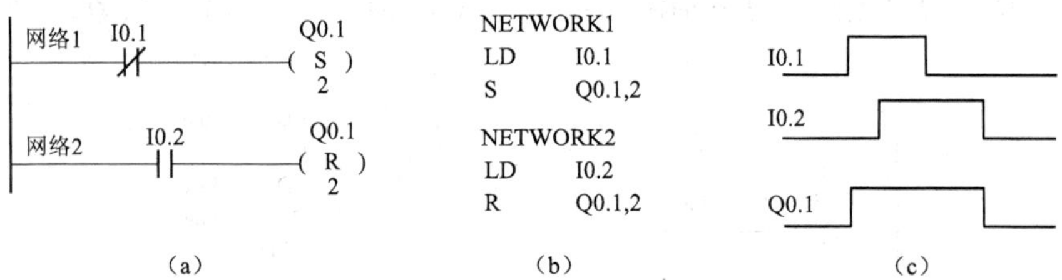

图 7－41　置位 S、复位 R 指令的使用

(a) 梯形图；(b) 指令表；(c) 波形图

【例 7－14】 置位/复位的另外形式——RS 触发器。

RS 触发器梯形图方块指令见表 7－7。方块中一个置位输入 S 端，一个复位输入 R 端，输出端 Q。触发器可以用在逻辑串最右端，结束一个逻辑串，也可用在逻辑串中，影响右边的逻辑操作结果。如果置位输入为 1，即有电加到 S 端，则触发器置位。此后，即使置位输入为 0，触发器也保持置位不变。如果复位输入为 1，即有电加到 R 端，则触发器复位。此后，即使复位输入为 0，触发器也保持复位不变。

RS 触发器分为置位优先和复位优先型两种。置位优先型 RS 触发器的 R 端在 S 端之上，当两个输入端都为 1 时，下面的置位输入 S 最终有效。即置位输入优先，触发器或被置位或保持置位不变。复位优先型 RS 触发器的 S 端在 R 端之上，当两个输入端都为 1 时，下面的复位输入最终有效. 既复位输入优先，触发器或被复位或保持复位不变。

表 7-7 触发器表达形式

置位优先型 RS 触发器	复位优先型 RS 触发器	参 数	数据类型	存储区
<位地址> RS R Q S	<位地址> SR S Q R	<位地址> 需要置位，复位的位	BOOL	I、Q、M、D、L
		S 允许置位输入		
		R 允许复位输入		
		Q <地址> 的状态		

图 7-42 给出了使用置位优先型 RS 触发器的梯形图例子，图中也给出了与梯形图对应的语句表程序。

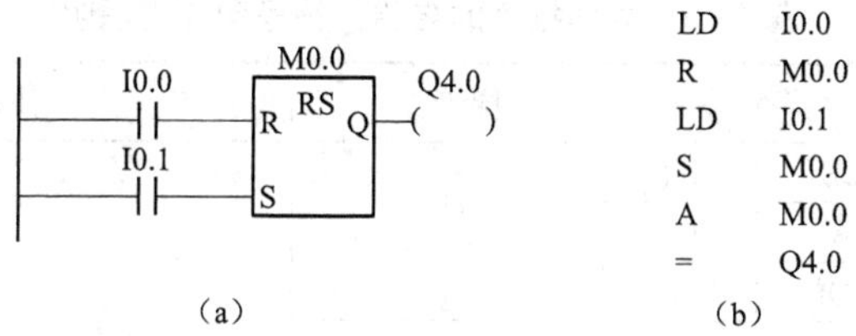

图 7-42 置位优先型 RS 触发器

(a) 梯形图；(b) 指令表

【例 7-15】边沿脉冲指令（又称微分指令）EU、ED 的使用。

EU 指令对其之前的逻辑运算结果的上升沿产生一个宽度为一个扫描周期的脉冲，如图 7-43 所示中的 M0.0。ED 指令对其之前的逻辑运算结果的下降沿产生一个宽度为一个扫描周期的脉冲，如图 7-43 中的 M10.0。脉冲指令常用于启动及关断条件的判定；可将长脉冲变为短脉冲。相当于欧姆龙的 DIFU、DIFD 指令。图

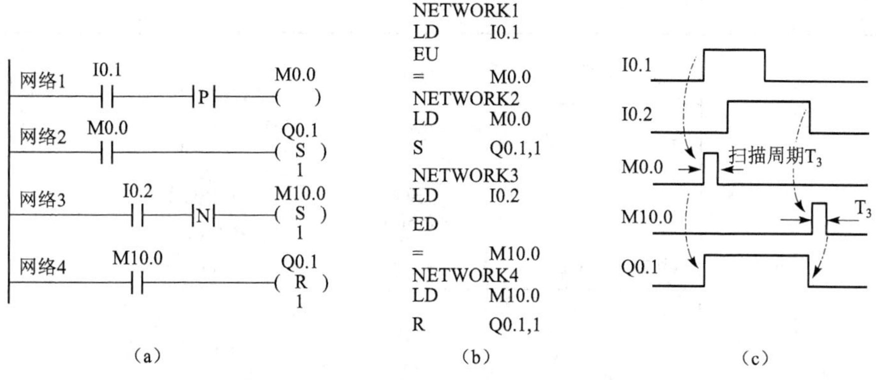

图 7-43 边沿脉冲指令 EU、ED 应用举例

(a) 梯形图；(b) 指令表；(c) 波形图

7－43 与置、复位指令配合产生脉冲宽度和前沿和后沿均可调的输出 Q0.1。

【**例 7－16**】立即指令 I 的含义和用法。

立即指令 I 是西门子 S7－200 为了提高 PLC 对输入/输出的响应速度而单独设置的指令。它不受 PLC 循环扫描工作方式的影响，允许对输入和输出点进行快速直接存取。当用立即指令读取输入点的状态时，对 I 进行操作，CPU 绕过输入软继电器，直接读入物理输入点的状态作为程序执行期间的数据依据，输入软继电器不作刷新处理，相应的输入映像寄存器中的值并未更新。当用立即指令访问输出点时，对 Q 进行操作，新值立即写到 PLC 的物理输出点和相应的输出映像寄存器；而不是等待程序执行阶段结束后，转入输出刷新阶段时才把结果送到物理输出点。从而加快了输入输出的响应速度。立即指令的名称和使用说明如表 7－8 所示。立即指令的用法如图 7－44 所示。

表 7－8　立即指令的名称、符号和使用说明

<table>
<tr><th>指令名称</th><th colspan="2">指令符</th><th>梯形图</th><th>使用说明</th></tr>
<tr><td>立即取</td><td>LDI</td><td>bit</td><td rowspan="3">bit
—| I |—</td><td rowspan="6">bit 只能为 1</td></tr>
<tr><td>立即与</td><td>AI</td><td>bit</td></tr>
<tr><td>立即或</td><td>OI</td><td>bit</td></tr>
<tr><td>立即取反</td><td>LDNI</td><td>bit</td><td rowspan="3">bit
—|/I|—</td></tr>
<tr><td>立即与非</td><td>ANI</td><td>bit</td></tr>
<tr><td>立即或非</td><td>ONI</td><td>bit</td></tr>
<tr><td>立即输出</td><td>1</td><td>bit</td><td>bit
—(I)</td><td>Bit 只能为 Q</td></tr>
<tr><td>立即置位</td><td>SI</td><td>bit N</td><td>bit
—(SI)
N</td><td rowspan="2">1. Bit 只能为 Q
2. N 的范围：1～28
3. N 的操作数同 S/R 指令</td></tr>
<tr><td>立即复位</td><td>RI</td><td>bit N</td><td>bit
—(RI)
N</td></tr>
</table>

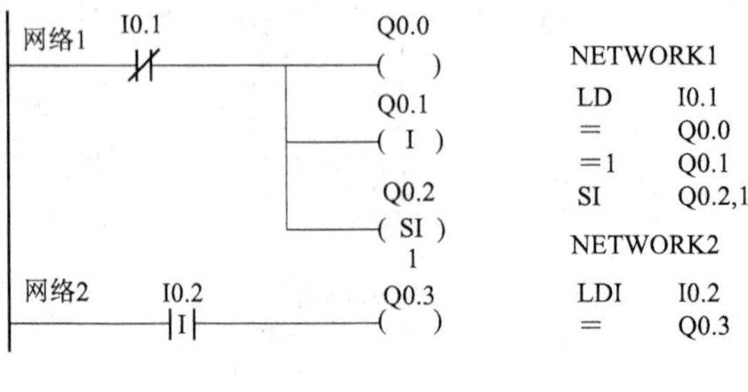

图 7－44　立即指令的用法

（a）梯形图；（b）指令表

2. 逻辑堆栈指令

堆栈是一组能够存储和取出数据的暂存单元。S7－200 系列 PLC 使用一个 9 层堆栈来处理所有逻辑操作，它和计算机中的堆栈结构相同，其特点是“先进后出”，每一次进行入栈操作，新值放入栈顶，栈底值丢失；每一次进行出栈操作，栈顶值弹出，栈底值补进随机数值。逻辑堆栈指令主要用于完成对触点进行的复杂连接。

西门子使用手册中把 ALD、OLD、LPS、LRD、LPP 和 LDS 都归纳为栈操作指令，其功能如下：

（1）入栈指令 LPS。把栈顶值复制后压入堆栈。原堆栈中各级栈值依次下压一级，栈底值丢失。在梯形图分支结构中，它用于生成一条新的母线，其左侧为原来的主逻辑块，右侧为新的从逻辑块，故又将 LPS 称为分支电路开始指令。

（2）读栈指令 LRD。把堆栈中第二级的值复制到栈顶，堆栈没有推入栈或弹出栈操作，但原来的栈顶值被新的复制值取代。在梯形图分支结构中，当新母线左侧为主逻辑块时，LPS 开始右侧第一个从逻辑块编程，LRD 开始第二个以后的从逻辑块编程。

（3）出栈指令 LPP。堆栈做弹出栈操作，将栈顶的值弹出，原堆栈各级栈值依次上弹一级，堆栈第二级的值成为新的栈顶值。在梯形图分支结构中，LPP 用于 LPS 产生的新母线右侧的最后一个从逻辑块编程，表示读完最后一级后同时复位该新母线。

（4）装入堆栈指令 LDS。其功能是复制堆栈中第 n（n 为 0～8）个值到栈顶，而栈底丢失。用于调整栈顶数据。

（5）逻辑块与 ALD。表示两个或两个以上的触点组的串联编程。执行逻辑块与指令，将堆栈中的第一级和第二级的值进行逻辑与操作，结果置于栈顶（堆栈第一级），并使堆栈中的第 3 级至第 9 级的值依次上弹一级。

（6）逻辑块或 OLD。表示两个或两个以上的触点组的并联编程。执行逻辑块或指令，将堆栈中的第一级和第二级的值进行逻辑或操作，结果置于栈顶（堆栈第一级），并使堆栈中的第 3 级至第 9 级的值依次上弹一级。

S7－200 逻辑堆栈指令操作过程如图 7－45 所示，指令应用如图 7－46 所示。

LPS 逻辑推入栈		LRD 逻辑读栈		LPP 逻辑弹出栈		ALD栈顶两个值与S0=Iv0×Iv1		OLD栈顶两个值或S0=Iv0+Iv1		LDS 3 装入堆栈	
前	后	前	后	前	后	前	后	前	后	前	后
Iv0	Iv0	Iv0	Iv1	Iv0	Iv1	Iv0	S0	Iv0	S0	Iv0	Iv3
Iv1	Iv0	Iv1	Iv1	Iv1	Iv2	Iv1	Iv2	Iv1	Iv2	Iv1	Iv0
Iv2	Iv1	Iv2	Iv2	Iv2	Iv3	Iv2	Iv3	Iv2	Iv3	Iv2	Iv1
Iv3	Iv2	Iv3	Iv3	Iv3	Iv4	Iv3	Iv4	Iv3	Iv4	Iv3	Iv2
Iv4	Iv3	Iv4	Iv4	Iv4	Iv5	Iv4	Iv5	Iv4	Iv5	Iv4	Iv3
Iv5	Iv4	Iv5	Iv5	Iv5	Iv6	Iv5	Iv6	Iv5	Iv6	Iv5	Iv4
Iv6	Iv5	Iv6	Iv6	Iv6	Iv7	Iv6	Iv7	Iv6	Iv7	Iv6	Iv5
Iv7	Iv6	Iv7	Iv7	Iv7	Iv8	Iv7	Iv8	Iv7	Iv8	Iv7	Iv6
Iv8	Iv7	Iv8	Iv8	Iv8	x	Iv8	x	Iv8	x	Iv8	Iv7

图 7－45　LPS、LRD、LPP、ALD、OLD、LDS 指令的操作过程

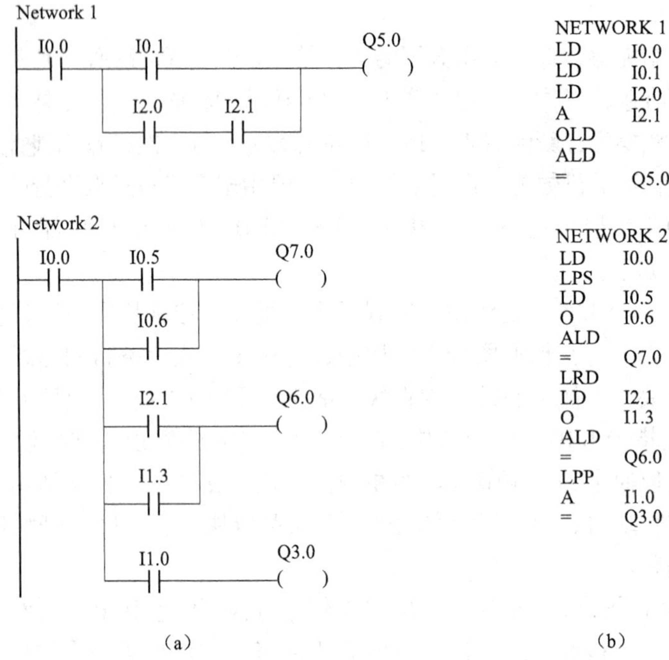

图 7－46　西门子 S7－200 逻辑堆栈指令的应用

（a）梯形图；（b）指令表

3. 定时器指令

S7－200 有 3 种定时器：通电延时型（TON）、有记忆通电延时型（TONR）和断电延时型（TOF），共计 256 个定时器（T0～T255），且全部都是增量型定时器。每种定时器有 3 种时基，又称为时间精度：1 ms、10 ms、100 ms。其软元件地址分配见附录 5。

定时器采用两个寄存器来表示其状态，即当前值寄存器和状态位寄存器，当前值寄存器为 16 位符号整数，存储定时器所累计的时间；定时器状态位的“1”和“0”由当前值和设定值（16 位符号整数）的大小对比决定，当定时器的当前值等于或大于设定值时，该定时器位被置“1”。定时器的实际定时时间长度由定时精度和设定值决定，即定时时间 T = 设定值 PT × 分辨率。

定时器指令格式见表 7－9，IN 是使能输入端；PT 是预置值输入端，最大预置值 32 767，PT 数据的类型：整数 INT。PT 寻址范围：VW、IW、QW、MW、SW、SMW、LW、AIW、T、C、AC、＊AC、＊VD、＊LD 和常数。

表 7－9　定时器指令格式

梯形图	指令符	功　能
???? IN TON ???? PT	TON	通电延时型

续表

梯形图	指令符	功　能
???? IN TONR ???? — PT	TONR	有记忆通电延时型
???? IN TOF ???? — PT	TOF	断电延时型

1）通电延时定时器 TON（on－Delay Timee）

此种类型定时器用于单一时间间隔的定时场合。当使能端（IN）输入有效，定时器开始计时，当前值从 0 开始递增，大于或等于预置值（PT）时，定时器输出状态位置 1（输出触点有效），当前值的最大值为 32 767。使能端无效（断开）时，定时器复位（当前值清 0，输出状态位置 0）。如图 7－47 所示。

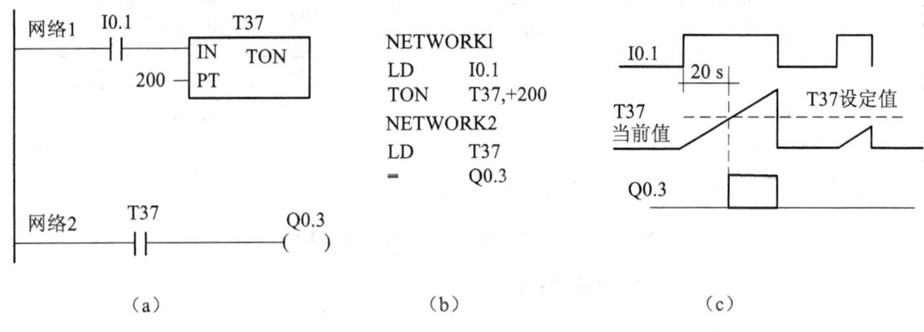

图 7－47　通电延时型定时器的应用

（a）梯形图；（b）指令表；（c）波形图

2）有记忆通电延时型定时器 TONR（Retentive On-DeiayTimer）

此种类型定时器用于累计多次时间总和。与上不同之处是具有当前值记忆功能。当使能端（IN）输入有效（接通），定时器开始计时，当前值开始递增，使能端输入无效（断开）时，当前值保持（记忆）；当使能端（IN）再次接通有效时，当前值在原记忆值的基础上递增。当前值大于或等于预置值（PT）时，输出状态位置 1。有记忆通电延时型（TONR）定时器采用线圈的复位指令进行复位操作。当复位线圈有效时，定时器当前值清零，输出状态位置 0。其应用程序及波形如图 7－48 所示。

3）断电延时型定时器 TOF（Off-DelayTimer）

此定时器常用于故障后的时间延时。当使能端（IN）输入有效时，定时器输出状态位立即置 1，当前值复位（为 0）。使能端（IN）断开时开始计时，当前值从 0 递增，当前值达到预置值时，定时器状态位复位置 0，并停止计时，当前值保持。如图 7－49 所示。

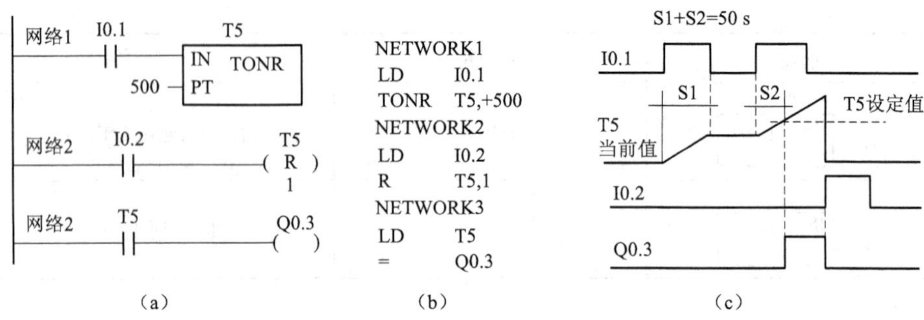

图 7－48　有记忆通电延时型定时器的应用

(a) 梯形图；(b) 指令表；(c) 波形图

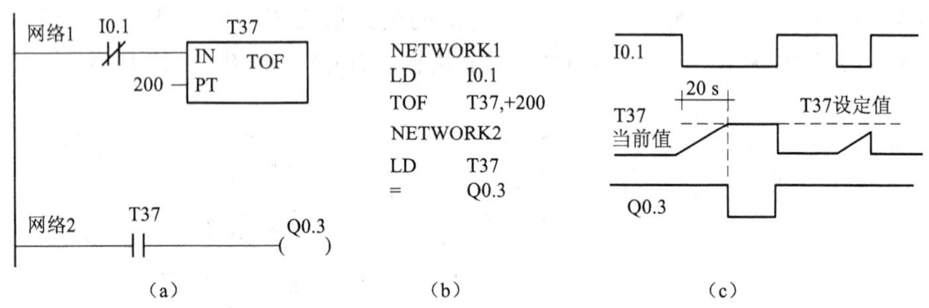

图 7－49　断电延时型定时器的使用

(a) 梯形图；(b) 指令表；(c) 波形图

4) S7－200 系列 PLC 的定时器的刷新方式和正确使用

S7－200 系列 PLC 定时器的刷新方式和其他类型的 PLC 有很大区别。使用时一定要注意根据使用场合和要求的不同来选择。

(1) 分辨率 100 ms 定时器：其刷新方式是指令执行时被刷新。定时器启动后，对 100 ms 时间间隔进行计时，只有在指令执行时其当前值才能被刷新。下一条执行的指令即可使用刷新后的结果。这种常规思维方式，使用方便可靠。但应注意同一程序中不能重复使用同一个定时器号，以免在一个扫描周期中指令多次被执行，造成多次刷新，且计时失准。在子程序和中断程序中也不能应用。因为子程序和中断程序不是每个扫描周期都执行，会造成时基脉冲丢失，计时失准。

如图 7－50 所示是应用 100 ms 定时器组成自动触发定时震荡式脉冲发生器。定时器 T39 的动合触点每隔 100 ms × 200 = 20 s 就接通一个扫描周期 Ts，利用这种特性产生周期时间为 20 s，脉冲宽度为一个扫描周期的周期脉冲输出。改变定时器的设定值，就可以改变脉冲信号的频率，如图 7－50 (c) 所示的波形。

(2) 分辨率 1 ms 定时器：其刷新方式是每隔 1 ms 定时器刷新一次定时器位和当前值。因为它采用中断刷新方式，刷新过程与扫描周期及程序处理过程无关。因此一个扫描周期中要刷新多次而不和扫描周期同步。

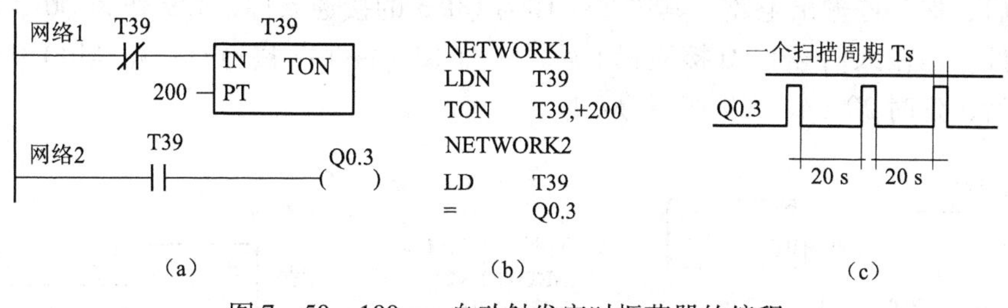

图 7－50　100 ms 自动触发定时振荡器的编程

(a) 梯形图；(b) 指令表；(c) 波形图

如图 7－51 所示为 1 ms 分辨率定时器的编程示例，同样构成自动触发定时震荡脉冲发生电路，使用这种定时器不能如图 7－50（a）所示形式梯形图电路。因 T32 定时器 1 ms 刷新一次，当计时当前值 20 s 时正好处于图中 A 点刷新，故 Q0. 3 可以接通一个扫描周期。若在其他位置刷新，Q0. 3 则永远不会接通。而在 A 点刷新的概率是十分微小的。若改为 7－51（b）所示的梯形图，就可以保证当定时器当前值到达设定值时，Q0. 3 能接通一个扫描周期。

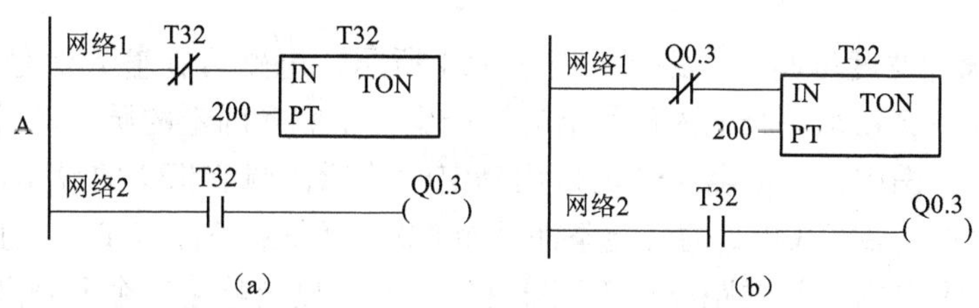

图 7－51　1 ms 自动触发定时振荡器的编程方式

(a) 错误的编程方式；(b) 正确的编程方式

（3）分辨率 10 ms 定时器：10 ms 定时器启动后，定时器对 10 ms 时间进行计时，程序执行时，在每个扫描周期开始时刷新。在整个扫描周期之内定时器位和当前值保持不变。图 7－51（a）所示的编程方式同样不适合 10 ms 定时器，可以改为如图 7－52（a）或图 7－52（b）所示的编程方式。

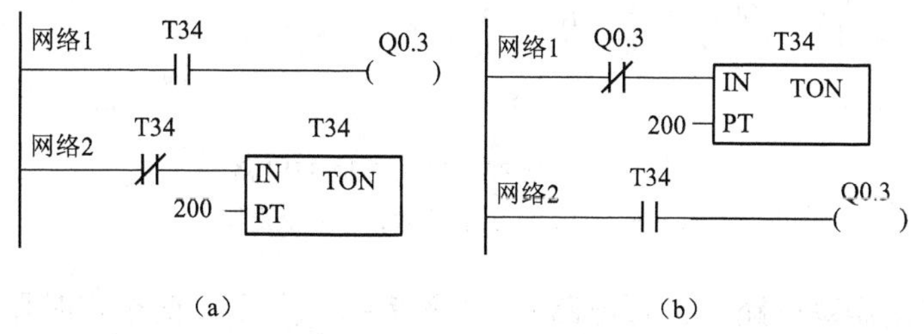

图 7－52　10 ms 自动触发定时振荡器的正确编程

5）定时器的使用举例

（1）延时接通/延时断开电路：如图 7－53 所示，带自锁的输出继电器 Q0. 3

构成启、保、停输出电路。其中 T37 作为 Q0.3 的接通条件，T39 作为 Q0.3 的断开条件。当输入信号 I0.0 接通置 1 后，延时 10 s 钟 T37 接通 Q0.3，当 I0.0 断开置 0 后，延时 20 s 钟 T39 切断 Q0.3。

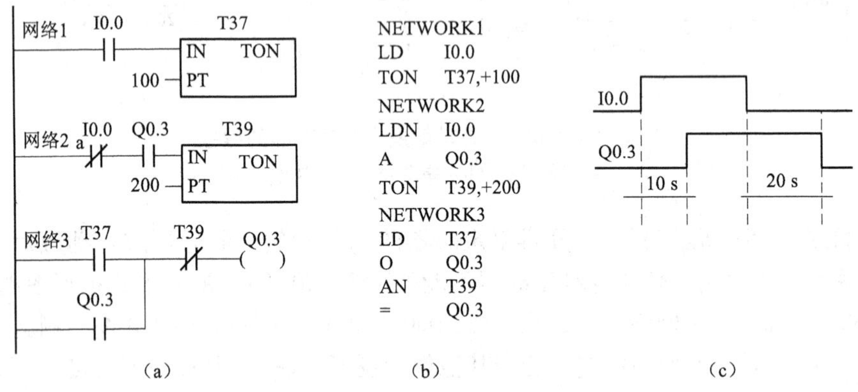

图 7－53　延时接通/延时断开电路

(a) 梯形图；(b) 指令表；(c) 波形图

(2) 脉冲宽度可调节电路：如图 7－54 所示，电路可在输入信号 I0.0 宽度不规范情况下，在每一个输入信号上升沿产生一个宽度固定的脉冲而且该脉冲宽度可以调节。图中，定时器 T39 的作用是定时关断，调节 T39 的设定值 PT 可以调节脉冲宽度。输出 Q0.3 的接通条件是 M0.0，而关断条件是 T39。注意如输入信号的两个上升沿之间的距离小于该脉冲宽度时，则忽略第二个上升沿。

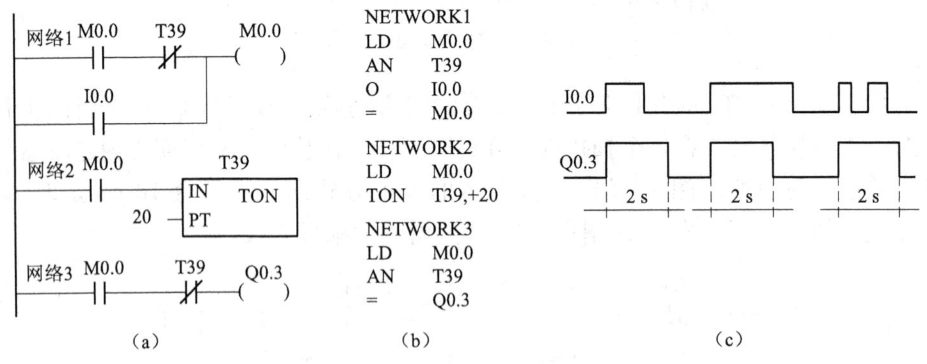

图 7－54　脉冲宽度可控制的电路

(a) 梯形图；(b) 指令表；(c) 波形图

(3) 多谐震荡电路 (闪烁电路)：如图 7－55 所示，两个定时器 T37 和 T39 中，T37 延时动合触点为定时器 T39 的接通条件，T39 延时动断触点为定时器 T37 的复位条件，这种典型电路产生矩形波，又称多谐震荡电路，或闪烁电路。图中输出 Q0.3 受 T37 控制，故与 T37 波形同。接通时间为 T37 定时值 1 s，分断时间为 T39 定时值 2 s。

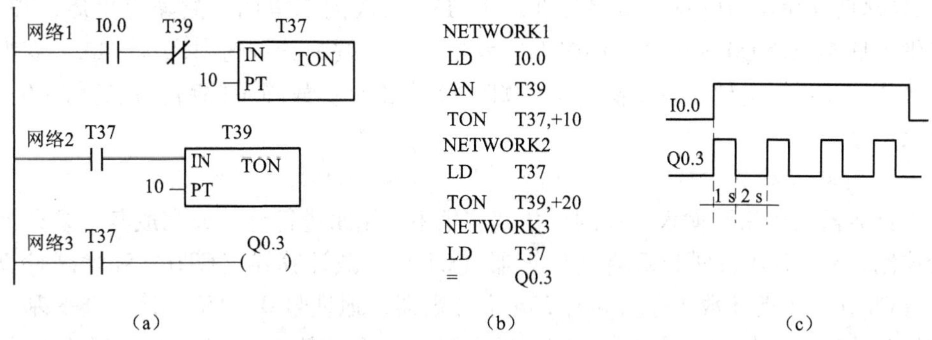

图 7－55　多谐振荡器发生电路（闪烁电路）

（a）梯形图；（b）指令表；（c）波形图

（4）报警电路：报警是电气自动控制中不可缺少的重要环节，标准的报警功能是声光报警。当故障发生时，报警指示灯闪烁发亮，报警电铃或蜂鸣器发出响声。操作人员知道故障发生后，按消铃按钮，把电铃关掉；报警指示灯从闪烁变为长亮。故障消失后，报警灯熄灭。另外，电路还应设置试灯、试铃按钮，用于平时检测报警指示灯和电铃的好坏。

如图 7－56 所示为用 PLC 设计的标准报警电路，图中输入信号有 3 个：I0. 0

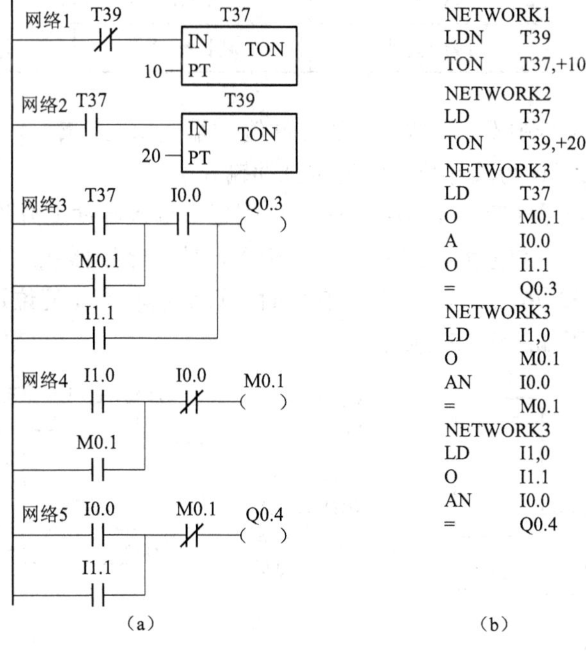

图 7－56　标准报警电路

（a）梯形图；（b）指令表

为故障输入信号，I1.0 为消铃按钮，I1.1 为试灯按钮。输出信号有两个：Q0.3 为报警灯，Q0.4 为电铃。定时器 T37 和 T39 组成闪烁电路。故障发生后，T37 提供闪烁接通使 Q0.3 闪亮，同时电铃发出响声。按消铃按钮 I1.0 后 M0.1 变为长接通“ON”，电铃声音消除；同时灯光变为长亮。故障消除后，报警灯 Q0.3 熄灭。

4. 计数器指令

计数器用于累计输入脉冲的个数，实用中常用来进行计数或完成其他复杂计量控制。S7－200 系列 PLC 有增计算器（CTU）、减计算器（CTD）和增减计算器（CTUD）3 类计数指令。共有 256 个计数器，地址号 0～255。计数器的基本结构和使用方法与定时器基本相同。即主要由预置值寄存器、当前值寄存器、状态位组成。PV 预置值最大范围 32 767，PV 数据类型：整数 INT，寻址范围：VW、IW、QW、MW、SW、SMW、LW、AIW、T、C、AC、＊VD、＊AC、＊LD 和常数。计数器的指令格式见表 7－10。

表 7－10　计数器的指令格式

梯形图	???? CU CTU R ???? PV	???? CD CTD LD ???? PV	???? CU CTUD CD R ???? PV
指令符	CTU	CTD	CTUD
功能	增计数器	减计数器	增/减计数器

梯形图指令符号中 CU 为增 1 计数脉冲输入端；CD 为减 1 计数脉冲输入端；R 为复位输入端；LD 为减计数器的复位脉冲输入端。

（1）增计数指令 CTU：计数指令在 CU 端每个输入脉冲上升沿，使计数器的当前值增 1 计数。当前值大于或等于预置值 PV 时，计数器状态位置 1。当前值累加的最大值为 32 767。复位输入 R 有效时，计数器状态位复位置 0 计数当前值清零。指令的应用如图 7－57 所示。

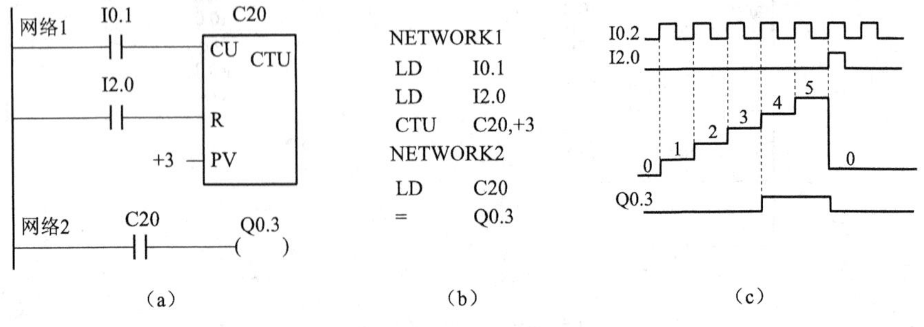

图 7－57　增计数指令的应用

（a）梯形图；（b）指令表；（c）波形图

（2）减计数指令 CTD：此计数方式类似于欧姆龙计数器，但减计数器指令无复位端，当装载输入端 LD 有效时，计数器把预置值 PV 装入当前值寄存器，计数器状态复位置 0。在 CD 输入端每个输入脉冲上升沿，当前值从预置值开始递减计数，当前值等于 0 时，计数器状态位置 1，并停止计数。如图 7－58 所示。

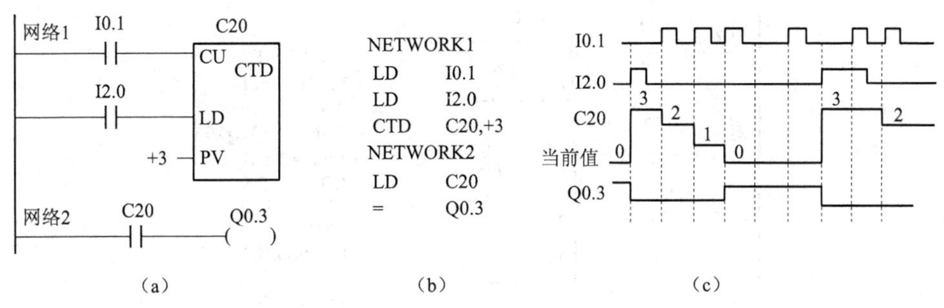

图 7－58 减计数指令的使用

（a）梯形图；（b）指令表；（c）波形图

（3）增/减计算器指令 CTUD：有两个脉冲输入端，其中 CU 用于递增计数，CD 用于递减计数。复位输入 R 有效时，计数器状态位复位，当前值清零。执行计数指令时，CU/CD 端每个计数脉冲上升沿，进行增 1/减 1 计数。当前值大于等于计数器预置值 PV 时，计数器状态位置 1。计数器当前值在达到最大值 32 767 后，下一个 CU 输入端上升沿将使计数值变为最小值 －32 768。同样在达到最小值 －32 768 后，减计数下一个 CD 输入端上升沿将使计数值变为最大值 32 767。如图 7－59 所示。

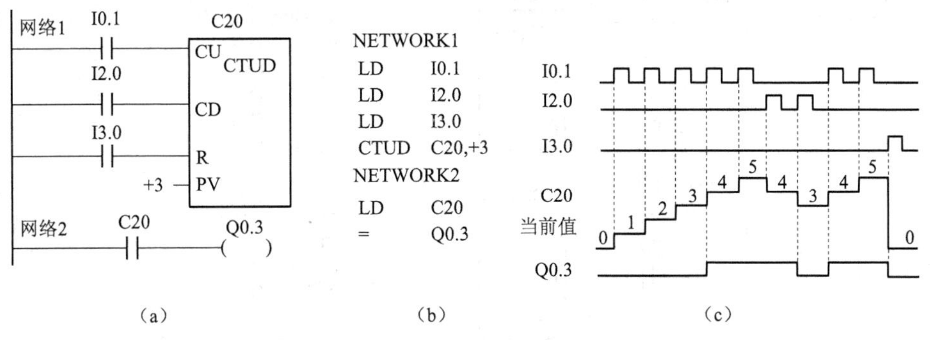

图 7－59 增/减计数器的使用

（a）梯形图；（b）指令表；（c）波形图

注意：每个计数器只有一个当前值寄存器地址，在一个程序中，一个计数器号只能分配给一个计数器（可以类型不同），且程序中该计数器号不可重复使用。

（4）计数器的使用举例：

① 定时器与计数器的串联扩展：如图 7－60 所示，I0. 1 为定时器 T39 工作条件。定时器 T39 与其动断触点组成自复位振荡器，每 20 s 钟产生一个扫描周期的脉冲，计数器 C20 对此进行计数，当计数至 3 即 60 s 时，C20 置 1，使输出继电器 Q0. 3 产生输出信号。I2. 0 为计数器复位信号。

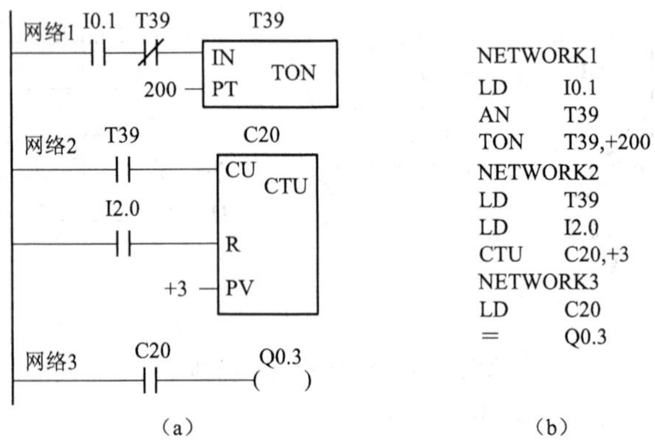

图 7－60　定时器和计数器的串联扩展

（a）梯形图；（b）指令表

② 计数器的串联使用：如图 7－61 所示，I0. 1 为计数器 C20 的计数输入信号，每个脉冲上升沿计数一次，计数器 C20 组成自复位式振荡器，每 30 个脉冲使 C21 计数一次，当 C21 当前值计数至设定值 300 时，即总脉冲数为 30 × 300 = 9 000 时，C21 触点发出信号使 Q0. 3 输出置 1。

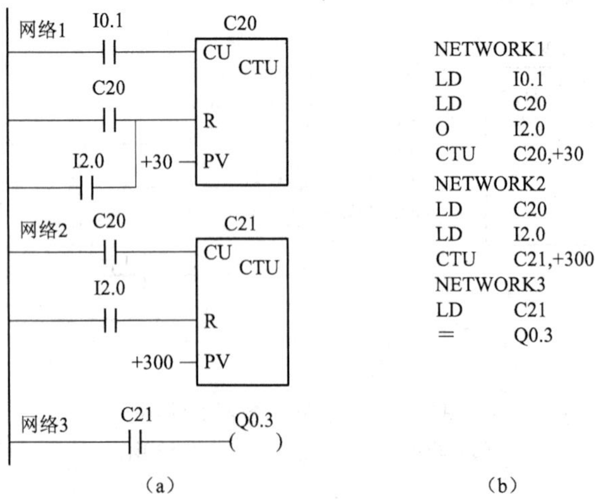

图 7－61　计数器的串联扩展使用

（a）梯形图；（b）指令表

7.3 三菱 FX_{2N} 系列 PLC 及其基本指令

FX2 系列可编程控制器是日本三菱公司继 F1、F2 系列之后推出的小型机新产品。FX_{2N} 是 FX2 系列中功能最强、速度最高的微型可编程控制器。它的基本指令执行速度高达 0.08 μs，远远超过了很多大型可编程控制器，用户储存容量可扩展到 16 K 步，最大可以扩展到 256 个 I/O 点，有 5 种模拟量输入/输出模块、高速计数器模块、脉冲输出模块、4 种位置控制模块、多种 RS－232C/RS－422/RS－485 串行通信模块或功能扩展板，以及模拟定时器功能扩展板。使用特殊功能模块和功能扩展板，可以实现模拟量控制、位置控制和联网通信等功能。

FX_{2N} 的内部资源有 3 000 多点辅助继电器、1 000 点状态、200 多点定时器、200 点 16 位加计数器、35 点 32 位加/减计数器、800 多点 16 位数据寄存器、128 点跳步指针和 15 点中断指针。

FX_{2N} 有 128 种 298 条功能指令，分为程序控制类（用于程序流向和优先结构形式的控制）；传送与比较类（用于数据在存储空间的传送和数据比较）；四则运算与逻辑运算类（用于整数的算术及逻辑运算）；循环移位类（用于数据在存储空间位置的调整）；数据处理类（数据的编、译码、批次复位、平均值计算等数据运算处理）；还有高速处理；方便指令；外部设备 I/O 处理；浮点操作；时钟运算；格雷码转换；触点比较等基本类型。

FX_{2N} 系列可编程控制器的型号格式如下：

$$FX_{2N}—\underbrace{\square\ \square}_{①}\ \underbrace{\square}_{②}\ \underbrace{\square}_{③}—\underbrace{\square}_{④}$$

其中：

(1) 表示输入输出的总点数：范围从 4 到 128。

(2) 表示单元类型：M 为基本单元，E 为输入输出混合扩展单元与扩展模块，EX 为输入专用扩展模块，EY 为输出专用扩展模块。

(3) 表示输出形式：R 为继电器输出，T 为晶体管输出，S 为双向可控硅输出。

(4) 表示特殊品种。

例如，FX_{2N}－32MR 表示的是 FX_{2N} 系列的基本单元，输入/输出（I/O）总点数为 32 点，其中 16 点为直流 24 V 输入，16 点为继电器输出。

7.3.1 FX_{2N} 系列 PLC 的硬件组成

FX_{2N} 系列 PLC 的硬件包括基本单元、扩展单元、扩展模块、模拟量输入/输出模块、各种特殊功能模块及外围设备等。

1. FX_{2N}的基本单元

FX_{2N}基本单元有 I/O 点数 16 点、32 点、48 点、64 点、80 点、128 点 6 种。通过扩展可最多使用 128 个 I/O 点数。其 I/O 配置见表 7－11。FX_{2N}系列 PLC 的基本性能参见表 7－12。

表 7－11 FX_{2N}系列基本单元

型号			输入点数	输出点数	扩展模块可用点数
继电器输出	可控硅输出	晶体管输出			
FX_{2N}－16MR－001	FX_{2N}－16MS	FX_{2N}－16MT	8	8	24－32
FX_{2N}－32MR－001	FX_{2N}－32MS	FX_{2N}－32MT	16	16	24－32
FX_{2N}－48MR－001	FX_{2N}－48MS	FX_{2N}－48MT	24	24	48－64
FX_{2N}－64MR－001	FX_{2N}－64MS	FX_{2N}－64MT	32	32	48－64
FX_{2N}－80MR－001	FX_{2N}－80MS	FX_{2N}－80MT	40	40	48－64
FX_{2N}－128MR－001	—	FX_{2N}－128MT	64	64	48－64

表 7－12 FX_{2N}基本性能

项目		FX_{2N}系列	
运算控制方式		存储程序 反复运算方式（专用 LSI）	
输入输出控制方式		批处理方式（在执行 END 指令时），但有输入输出刷新	
演算处理速度	基本指令	0.08 μs 指令	
	应用指令	1.52 μs ~ 数 100 μs 指令	
程序语言		继电器符号语言＋步进方式（SFC 表示）	
程序容量 存储器形式		内附 8 K 步 RAM，最大可加至 16 K 步 RAM（可装 RAM、EPROM、E^2PROM 存储卡盒）	
指令数	基本、步进指令	基本（顺控）指令 27 个，步进指令 2 个	
	应用指令	128 种 298 个	
输入继电器、输出继电器		X0 ~ X267（128 点）扩展时达 184 点	总共 256 点
		Y0 ~ Y267（128 点）扩展时达 184 点	
辅助继电器	一般用	* 500 点 M0 ~ M499	
	锁存用	O* 2 572 点 M500 ~ M3071（注）	
	特殊用	256 点 M8000 ~ M8255	

续表

项目			FX_{2N}系列
状态继电器	初始化用		10点S0～S9
	一般用		* 490点S10～S499
	锁存用		O* 400点S500～S899
	报警用		O 100点S900～S900
定时器	100 ms		200点T0～T199
	10 ms		46点T200～T245
	1 ms（积算）		O 4点T246～T249
	100 ms（积算）		O 6点T250～T255
	时计机能		O 1点
计数器	增计数	一般用	* 100点（16位）C0～C99
		锁存用	O* 100点（16位）C100～C199
	加/减用	一般用	* 20点（32位）C200～C219
		锁存用	O* 15点（32位）C220～C234
	高速用		O 1相60 kHz 2点，10 kHz 4点 C235～C250 2相30 kHz 1点，5 kHz 1点 C251～C255
数据寄存器	通用数据寄存器	一般用	* 200点（16位）D0～D199
		锁存用	O* 7 800点（16位）D200～D7999（注）
	特殊用		256点（16位）D8000～D8255
	变址用		16点（16位）V0～V7，Z0～Z7
	文件寄存器		O 文件寄存器可由D100开始设定，而每一次设定为500个
指针跳步	跳步转移用		128点P0～P127
	中断用		15点I0～I8
频率			8点N0～N7
常数	十进制K		16位：－32，768～＋32，767；32位：－2，147，483，648～＋2，147，483，647
	十六进制H		16位：0～FFFF（H） 32位：FFFFFFFF（H）
注：O由后备用锂电池保持；*由后备锂电池保持，但参数可变。			

2. FX_{2N}的 I/O 扩展单元和扩展模块

扩展单元见表 7－13，扩展模块见表 7－14。通过扩展可根据系统 I/O 点进行灵活配置。

表 7－13　FX_{2N}系列扩展单元

型号			输入点数	输出点数	扩展模块可用点数
继电器输出	可控硅输出	晶体管输出			
FX_{2N}－32ER	FX_{2N}－32ES	FX_{2N}－32ET	16	16	24－32
FX_{2N}－48ER	—	FX_{2N}－48ET	24	24	48－64

表 7－14　FX_{2N}系列扩展模块

型号				输入点数	输出点数
输入	继电器输出	可控硅输出	晶体管输出		
FX_{2N}－16EX	—	—	—	16	—
FX_{2N}－16EX－C	—	—	—	16	—
FX_{2N}－16EL－C	—	—	—	16	—
—	FX_{2N}－16EYR	FX_{2N}－16EYS	—	—	16
—	—	—	FX_{2N}－16EYT	—	16
—	—	—	FX_{2N}－16EYT－C	—	16

7.3.2　FX_{2N}系列 PLC 的编程软元件

1. FX2 编程元件的分类及编号

FX2 系列 PLC 内部具有数十种编程元件，详见表 7－11。编程元件的地址编号分为两部分，第一部分是代表功能的字母，如输入继电器用“X”表示，输出继电器用“Y”表示；第二部分为数字，为该类器件的序号，FX2 系列 PLC 中输入继电器及输出继电器的序号为八进制，其余器件的序号为十进制。

2. 输入继电器 X（X000～X177）

输入继电器与 PLC 的输入端相连，是 PLC 接收外部开关信号的元件，如开关、传感器等输入信号。输入继电器有两个特点，即其状态只能由外部信号驱动，而无法用程序驱动。因此在梯形图中只出现其触点而不出现输入继电器线圈符号。另外，输入继电器触点只能用于内部编程，它能提供无数对动合、动断触点用于内部编程，如图 7－62 所示，而无法驱动外部负载。

FX_{2N}的 PLC 输入继电器采用八进制地址编码，其地址为 X000～X177（128

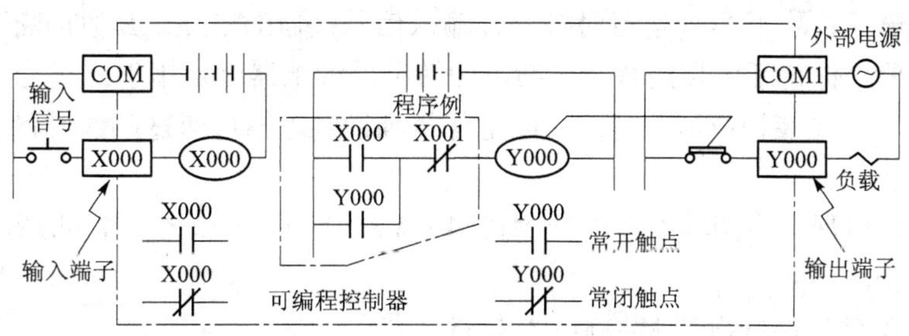

图7－62 输入、输出继电器的工作示意图

点），扩展最多可达184点，其输入响应时间为10 ms。

3. 输出继电器（Y000～Y177）

输出继电器是PLC用来输送信号到外部负载的元件。输出继电器有两个作用。其一是提供无数对动合、动断触点用于内部编程；其二是能提供一对动合触点驱动外部负载（继电器输出响应时间为10 ms）。每一个输出继电器的外部动合触点或输出管（对晶体管或晶闸管输出）与一个PLC输出点相连，其等效电路如图7－62所示。输出继电器状态（线圈）只能由程序来驱动，外部信号不能直接改变其状态。FX_{2N}型PLC输出继电器也是采用八进制地址编码，其地址为Y000～Y177，扩展最多可达184点。

输入、输出地址分配如表7－15所示。

表7－15 FX_{2N}系列PLC的输入、输出地址分配表

型号	FX_{2N}－16M	FX_{2N}－32M	FX_{2N}－48M	FX_{2N}－64M	FX_{2N}－80M	FX_{2N}－128M	扩展时
输入	X000－X007 8点	X000－X017 16点	X000－X027 24点	X000－X037 32点	X000－X047 40点	X000－X077 64点	X000－X267 184点
输出	Y000－Y007 8点	Y000－Y017 16点	Y000－Y027 24点	Y000－X037 32点	Y000－Y047 40点	Y000－Y077 64点	Y000－X267 184点

4. 内部辅助继电器M

三菱FX_{2N}系列PLC内部有很多辅助继电器，辅助继电器与输出继电器一样只能用程序指令驱动，外部信号无法驱动它的常开常闭接点，在PLC内部编程时可以无限次地自由使用。但是这些接点不能直接驱动外部负载，外部负载必须由输出继电器的外部接点来驱动。其作用一般用作状态暂存、移位等运算。有的辅助继电器还具有一些特殊功能。内部辅助继电器一般有3类：

（1）通用辅助继电器M0～M499（500点）。

（2）断电保持辅助继电器M500～M1023（524点）。

PLC在运行时若发生停电，输出继电器和通用辅助继电器全部成为断开状态。在上电后，除了 PLC 运行时被外部输入信号接通的以外，其他仍断开。不少控制系统要求保持断电瞬间状态。断电保持辅助继电器就是用于此场合的，断电保持是由 PLC 内装锂电池支持的。断电保持辅助继电器可通过参数设置改为非停电保持用。

另有断电保持专用辅助继电器 M1024 ~ M3071 共 2 048 点，它的断电保持特性不可改变。

（3）特殊辅助继电器 M8000 ~ M8255（256 点）。

PLC 内有 256 个特殊辅助继电器，各自具有特定的功能。通常分为两类；

① 只读型：线圈由 PLC 自动驱动，用户程序只可以使用其接点。例如：

M8000：运行监视，PLC 运行时为“1”。

M8002：初始化脉冲，仅在 PLC 开始运行的第一个周期产生一个脉宽为一个扫描周期的脉冲输出，

M8011、M8012 M8013、M8014：分别为 10 ms、100 ms、1 s 和 1 min 时钟脉冲。

M8020、M8021、M8022：分别为零标志、借位标志、和进位标志。

② 可读写型：用户程序可驱动其线圈，使 PLC 做特定动作。例如：

M8030：电池关灯指令。熄灭锂电池欠压指示灯。

M8033：存储保存停止。PLC 进入 STOP 状态后，输出继电器状态保持不变。

M8034：全输出禁止。禁止所有的输出。

M8039：恒定扫描方式。PLC 按 D8039 寄存器中指定的扫描周期运行（ms 为单位）。

5. 状态器 S

状态元件 S 是构成状态转移图的重要元件，用于步进顺序控制，通常状态继电器软元件有下面 5 种类型：

（1）初始状态继电器 S0 ~ S9 共 10 点。

（2）回零状态继电器 S10 ~ S19 共 10 点。

（3）通用状态继电器 S20 ~ S499 共 480 点。

（4）停电保持状态器 S500 ~ S899 共 400 点。

（5）故障诊断和报警状态器 S900 ~ S999 共 100 点。

S0 ~ S499 没有断电保持功能，但是用程序可以将它们设定为有断电保持功能的状态。各状态元件的动合和动断触点在 PLC 内可自由使用，使用次数不限，不用步进顺序控制指令时，状态元件 S 可作为辅助继电器 M 在程序中使用。此外，每一个状态继电器还提供一个步进触点，称为 STL 触点，用符号“─□─”表示，在步进控制的梯形图中使用。

6. 常数 K/H

常数也作为一种软器件处理，因为无论在程序中或 PLC 内部存储器中它都占有一定的存储空间。十进制常数用 K 表示，如常数 345 表示成 K345；十六进制

则用 H 表示，如常数 345 表示成 H159。

7. 定时器 T

三菱所有定时器都是通电延时型，可以用程序方式来实现断电延时功能。当输入端 IN 接通时，定时器 T 线圈被驱动，T 的当前值计数器进行加法计数，所计时间达到设定值，其输出触点（动合或动断）动作。此时其当前值不像西门子 S7－200 继续上升，而是保持在设定值。定时器输入端 IN 断开或发生断电时，定时器立即复位，输出触点也立即复位。

定时器输出触点可供编程使用，使用次数不限。

FX_{2N}系列 PLC 中共有 256 个定时器：

（1）T0～T199 为 200 个 100 ms 普通定时器，每个定时器的定时范围为 0.1～3 276.7 s。

（2）T200～T245 为 46 个 10 ms 普通定时器，每个定时器的定时范围为 0.01～327.67 s。

（3）T246～T249 为 4 个 1 ms 积算式定时器，延时设定值范围为 0.001～32.767 s。

（4）T250～T255 为 6 个 100 ms 累计定时器，延时设定值范围为 0.1～3 276.7 s。

积算式定时器与普通定时器的差别在于计时途中即使工作条件断开或断电，线圈失电，其当前值仍能保持。当工作条件再次接通或复电时，计数继续进行，直至累计延时至设定值。定时器输出触点才输出动作。任何时刻只要复位信号接通，计数器当前值与状态位输出触点立即复位。

【例 7－17】 100 ms/10 ms 定时器的一般使用。

如图 7－63 所示。

如果定时器线圈 T200 的驱动输入 X0000 为 ON，T200 用当前值计数器累计间隔 10 ms 的时钟脉冲。如果该值等于设定值 K123 时，定时器的输出触点动作。

也就是说输出触点在线圈驱动 1.23 s 后动作。

驱动输入 X000 断开或停电，定时器复位，输出触点复位。

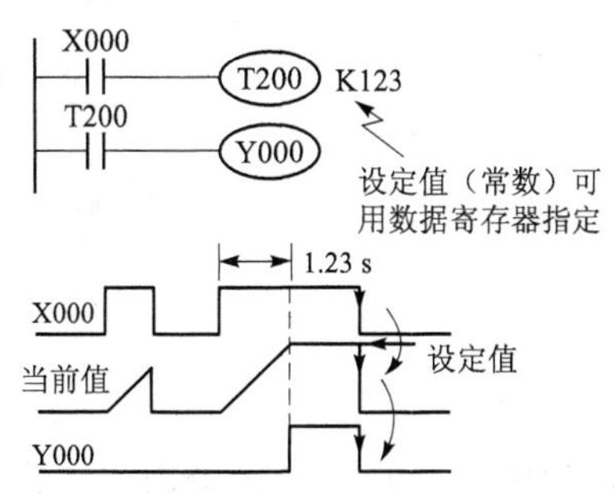

图 7－63　100 ms/10 ms 定时器的一般使用

【例 7－18】 积算型定时器的使用。

如图 7－64 所示。

如果定时器线圈 T250 的驱动输入 X001 为 ON，则 T250 用当前值计数器累积 100 ms 的时钟脉冲。如果该值达到设定值 K345 时，定时器的输出触点动作。

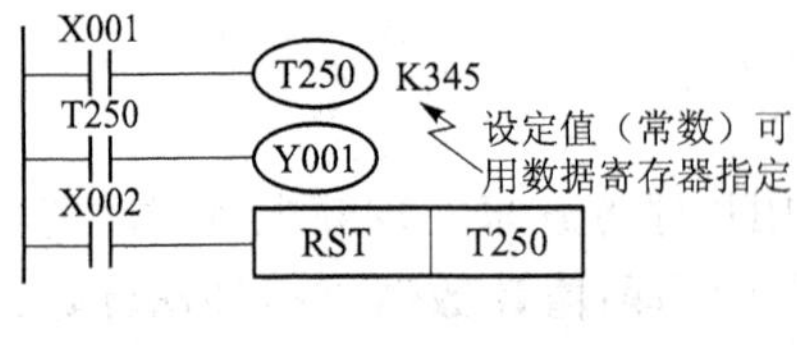

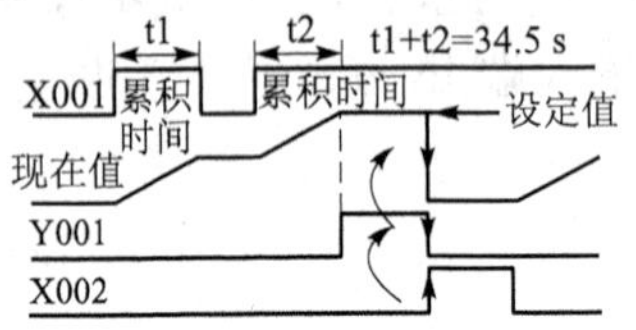

图 7－64　积算型定时器的使用

在计算过程中，即使输入 X001 断开或停电时，再启动时，继续计算，其累积计算动作时间为 34. 5 s。

如果复位输入 X002 为 ON 时，定时器复位，输出触点也复位。

【例 7－19】 输出延时关断的电路。

如图 7－65 所示。X001 接通时 Y000 得电自锁，X001 断开后经 20 s 断开 Y000。图中通过 T5 延时动断触点作为 Y000 的分断条件来实现。

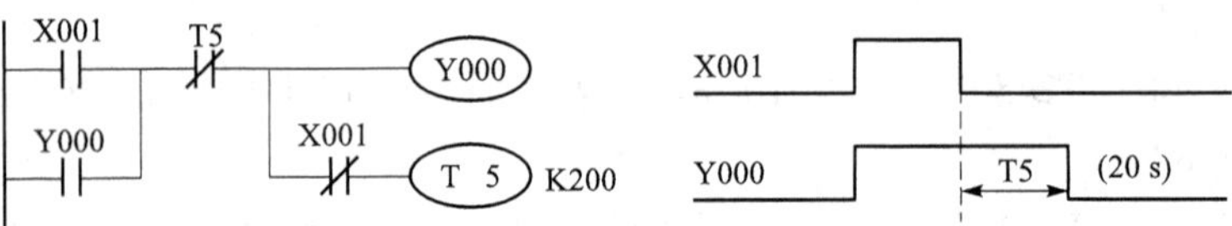

图 7－65　输出延时关断的电路

【例 7－20】 输出多谐震荡电路（闪烁电路）。

如图 7－66 所示。通过两个定时器 T1、T2 相互连锁实现。T1 的动合触点作为 T2 的接通条件，T2 的动断触点作为 T1 的分断条件，这样组成了多谐震荡电路。调节 T2 设定值可调节 Y000 的接通时间；调节 T1 的设定值可调节 Y000 的分断时间。可实现占空比可调的闪烁电路。

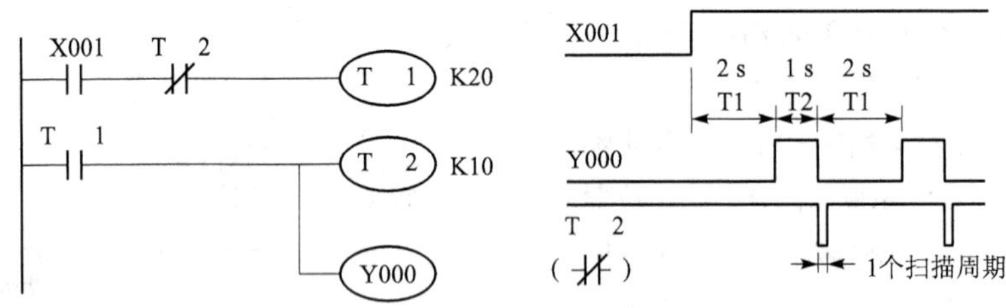

图 7－66　闪烁电路

8. 计数器 C

计数器是 PLC 实现逻辑运算、算术运算及特殊运算中必不可少的重要器件。FX_{2N}系列 PLC 计数器有 C0～C255 共 256 点，分为两种类型：

1）内部信号计数器

在执行扫描操作时，对内部器件（如 X、Y、M、S、T 和 C）的信号（通/断）进行计数的计数器称为信号计数器。为保证信号计数的准确性，要求其接通和断开时间比 PLC 的扫描周期长。

内部信号计数器又分为以下几种类型：

（1）16 位单向加计数器，计数设定值范围 K1 ~ K32 767，它有两种不同类型：

① 通用型，16 位加法计数，C0 ~ C99，共 100 点。

② 停电保持型，16 位加法计数，C100 ~ C199，共 100 点。

（2）32 位双向加/减计数器，计数值设定范围：－2 147 483 648 ~ 2 147 483 647。双向计数器也有两种类型：

① 通用型，C200 ~ C219，共 20 点。

② 掉电保护型，C220 ~ C234，共 15 点。

以上 35 个计数器计数值有两种设定方法：

直接设定：用常数 K 在上述设定范围内任意设定。

间接设定：指定某两个地址号紧连在一起的数据寄存器 D 的内容为设定值。

2）高速计数器

FX_{2N}系列 PLC 内有 21 个高速计数器，其地址编号是 C235 ~ 255，高速计数信号从 X000 ~ X005 六个端子输入，每一点只能作为一个高速计数器的输入，最多只能同时用 6 个高速计数器。

3）计数器的使用举例

例 1：16 位增计数器的使用，如图 7－67 所示，计数输入 X011 每驱动输入线圈 C0 一次，计数器的当前值加 1，在执行第 10 次线圈指令时，输出触点动作。以后即使 X011 再输入，计数器当前值不变。如果复位输入端 X010 为 ON，则执行 RST 指令，计数器 C0 输出触点复位，当前值为零。如果发生停电，则 C0 的计数值被清除。若此计数器是停电保持型，计数值则被保留。

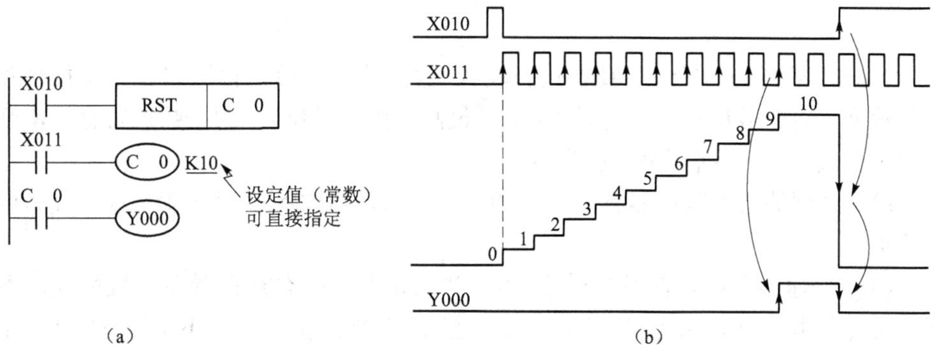

图 7－67　加计数器的动作过程

（a）梯形图；（b）波形图

【例 7－21】 32 位可逆计数器的使用。

如图 7－68 所示的是可逆计数器的动作过程，其中 X012 为计数方向设定信号，X013 为计数复位信号，X014 为计数输入信号。若计数器从＋2 147 483 647

起再进行加计数，当前值就变为 -2 147 483 648；同样从 -2 147 483 648 再减，当前值就变成 +2 147 483 647，这叫做循环计数。

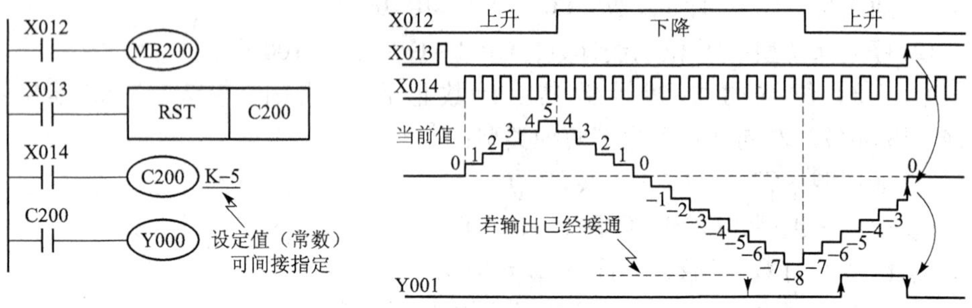

图 7 - 68　可逆计数器的使用

M8200 ~ M8234 用于指定增计数/减计数的方向，如果 8△△△为 ON，则 C△△△为减计数；如果 8△△△为 OFF，则 C△△△为加计数。

在计数器的当前值增计数时由 -6→-5，输出触点置位；在由 -5→-6 减少时，输出触点复位。过程中当前值的增、减与输出触点的动作无关。

如复位输入 X013 为 ON，则执行 RST 指令，计数器 C0 输出触点复位，当前值为零。若此计数器是停电保持型，计数器的当前值、输出触点动作与复位状态均停电保持。

32 位计数器又可当做 32 位数据寄存器使用，但不能用于 16 位指令中的操作元件。

【例 7 - 22】 计数器设定值的指定方法。

如图 7 - 69 所示。

9. 数据寄存器 D

数据寄存器用来存储 PLC 在进行输入/输出处理、模拟量控制、数字控制时各种数据。每个数据寄存器都是 16 位（最高位为符号位），两个数据寄存器串联可用于存放 32 位数据（最高位为符号位）。

FX2 系列的数据寄存器有 D0 ~ D2999、D8000 ~ D8255，共 3 256 点，分为以下几种：

（1）普通型数据寄存器 D0 ~ D199，共 200 点。这类寄存器在一般情况下不写入其他数据，已存入数据不会改变，当 PLC 状态由运行（RUN）变为停止（STOP）时，数据区全部清零。但利用特殊用途辅助继电器 M8033（置“1”），PLC 由 RUN 变为 STOP 时，数据寄存器中的数据可以保持。

（2）停电保持型数据寄存器 D200 ~ D511，共 312 点。这类寄存器只要不被改写，无论电源接通与否或 PLC 运行与否其数据不会丢失。

（3）特殊用数据寄存器 D8000 ~ D8255，共 256 点。这类寄存器用于 PLC 内各种器件的运行监视。电源接通时，写入初始化（开机先清零，然后在系统程序

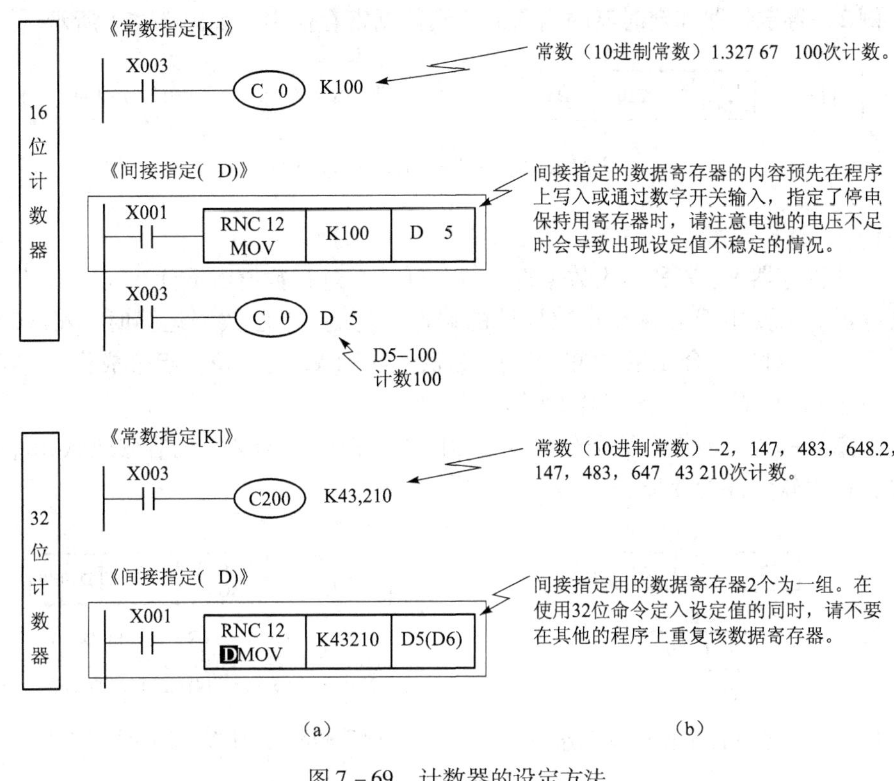

图 7－69 计数器的设定方法

(a) 梯形图；(b) 说明

安排下写入初始值)。例如，D8000 存放监视时钟（WDT）的时间是由系统 ROM 设定的，也可以用传送指令（MOV）将目的时间送入 D8000。该值在运行转为停止时，不会改变。未定义的特殊用途数据寄存器，用户不能使用。

(4) 文件寄存器 D1000 ~ D2999，共 2 000 点。实际是存放大量数据的专用数据寄存器，用以生成用户数据区。例如用于存放采集数据、统计计算数据、多组控制参数（如多种原料配方）等。文件寄存器占用用户程序存储器（RAM、EPROM、E^2PROM）内的某一存储区间，以 500 点为一单位。在参数设置时，最多可设置 7 000 点，可用编程器进行写操作，也可用编程软件进行设定、修改，一次传送进入 PLC。

PLC 运行中，可用 BMOV 指令将文件寄存器中的数据读到通用数据寄存器中，但不能用指令将数据写入文件寄存器。

寄存器的使用举例：例 1，改变计数器的当前值，如图 7－70 所示。

图 7－70 改变计数器的当前值

例 2，将定时器和定时器的当前值读到数据寄存器中，如图 7－71 所示。

图 7－71 将定时器和定时器的当前值读到数据寄存器中

10. 变址寄存器（V0～V7，Z0～Z7，共 16 点）

变址寄存器 V、Z 和通用数据寄存器一样，是进行数值数据读、写的 16 位数据寄存器。主要用于运算操作数地址的修改。进行 32 位数据运算时，将 V0～V7，Z0～Z7 对号结合使用，如指定 Z0 为低位，则 V0 为高位，组合成为：（V0，Z0）。变址寄存器 V、Z 的组合如图 7－72 所示。

如图 7－73 所示是变址寄存器应用的例子：根据 V 与 Z 的内容修改软元件地址号，称为软元件的变址。

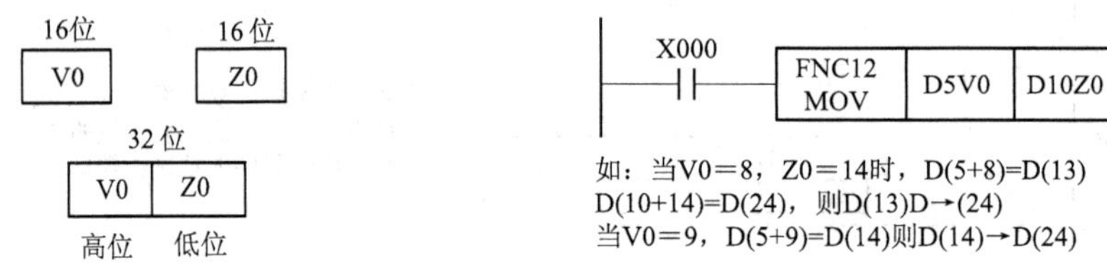

图 7－72 变址寄存器 V、Z 的组合

图 7－73 变址寄存器的使用说明

可以用变址寄存器进行变址的软元件是：X、Y、M、S、P、T、C、D、K、H、KnX、KnY、KnM、KnS（Kn△为位组合元件）。例如 V＝6，则 K20 V 为 K26（20＋6＝26）；如果 V＝7，则 K20 V 变为 K27（20＋7＝27）。

但是，变址寄存器不能修改 V 与 Z 本身或位数指定用的 Kn 参数。例如 K4M0Z 有效，而 K0ZM0 无效。

11. 指针 P/I

指针用于程序控制中子程序调用和中断控制场合。有两种类型：

（1）分支指令用指针 P0～P127 共 128 点。作为一种标号，用来指定跳转指令 CJ 或子程序调用指令 CALL 等分支指令的跳转目标，指针在用户程序和 PLC 内用户存储器占有一定空间。

（2）中断用指针 I0□□～I8□□共 9 点。其格式如下：

7.3.3 FX_{2N}系列 PLC 的基本指令

三菱公司 FX_{2N}系列 PLC 有基本指令 27 条，步进顺序控制指令 2 条，功能指令 15 类 298 条。本书只介绍基本指令和步进顺序控制指令。基本指令及功能见表 7－16。

表 7－16　三菱 FX_{2N}PLC 的基本指令及其功能表

符号名称	功能	电路表示和目标元件	符号名称	功能	电路表示和目标元件
[LD]取	运算开始 a 接点	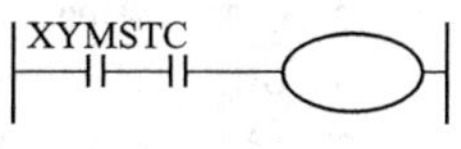 XYMSTC	[OUT]输出	线圈转动指令	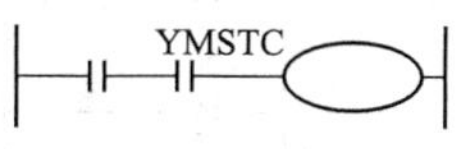 YMSTC
[LDI]取反	运算开始 b 接点	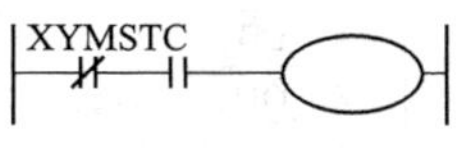 XYMSTC	[SET]置位	动作保持线圈指令	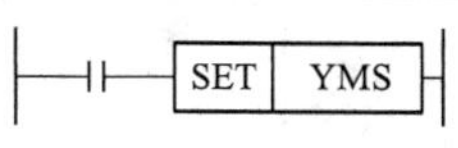 SET YMS
[LDP]取脉冲	上升沿检测运算开始	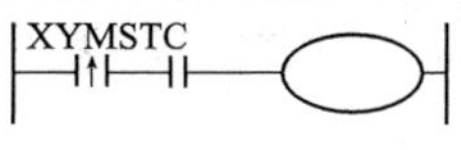 XYMSTC	[RST]复位	动作保持解除线圈指令	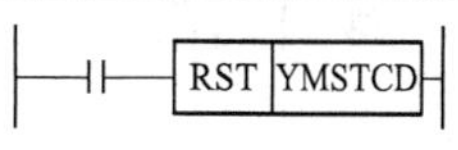 RST YMSTCD
[LDF]取脉冲（F）	下降沿控制运算开始	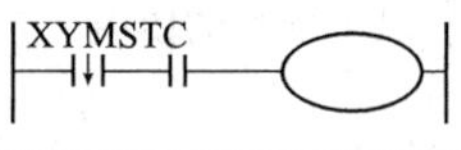 XYMSTC	[PLS]脉冲	上升沿检测线圈指令	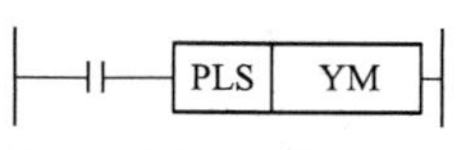 PLS YM
[AND]与	中行连接 A 接点	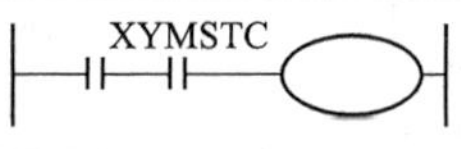 XYMSTC	[PLF]脉冲（F）	下降沿检测线圈指令	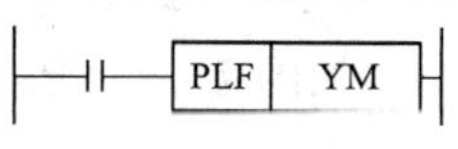 PLF YM
[ANI]与非	中行连接 b 接点	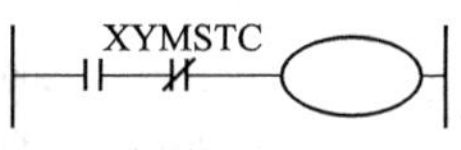 XYMSTC	[MC]主控	公用中行接点线圈指令	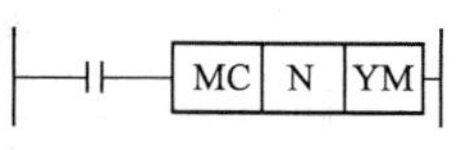 MC N YM
[ANDP]与脉冲	上升沿检测中行连接	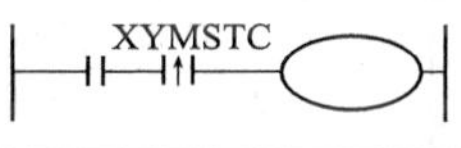 XYMSTC	[MCR]主控复位	公用中行接点解除指令	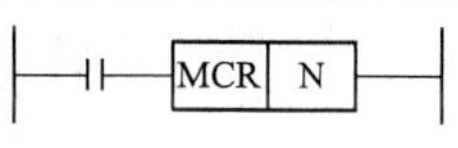 MCR N
[ANDF]与脉冲（F）	下降沿检测中行连接	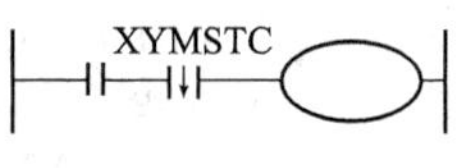 XYMSTC	[MPS]进栈	运算存储	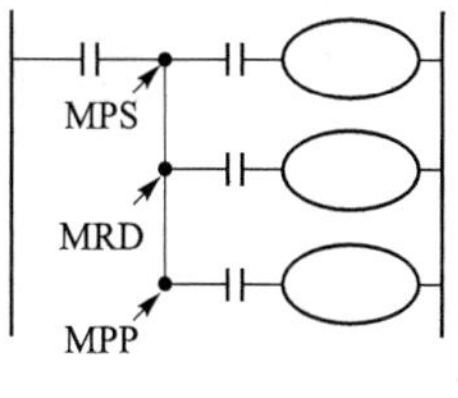 MPS
[OR]或	并行连接 a 接点	 XYMSTC	[MRD]读栈	读出存储	MRD
[ORI]或非	并行连接 b 接点	 XYMSTC	[MPP]出栈	读出存储或复位	MPP
[ORP]或脉冲	上升沿检测并行连接	 XYMSTC	[INV]反向	运算结果的反向	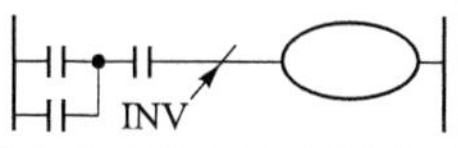 INV
[ORF]或冲脉（F）	下降沿检测并行连接	 XYMSTC	[NOP]无	空操作	程序清除或空格用
[ANB]电路块与	块间中行连接	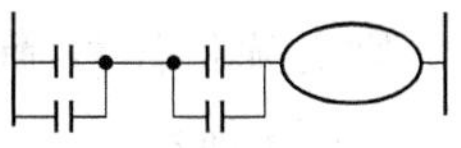	[END]结束	程序结束	程序结束，返回 0 步
[ORB]电路块或	块间并行连接	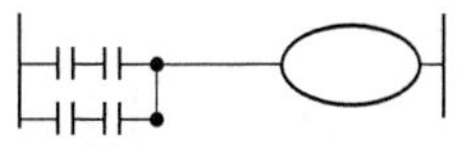			

1. 基本位操作指令

由于欧姆龙、西门子和三菱的基本位操作指令虽然表示方法各异，但指令含义基本相同，以下仅举例说明三菱 FX_{2N} 系列 PLC 基本位操作指令使用方法。

【例 7-23】 LD、LDI、OUT 指令的使用。

如图 7-74 所示。

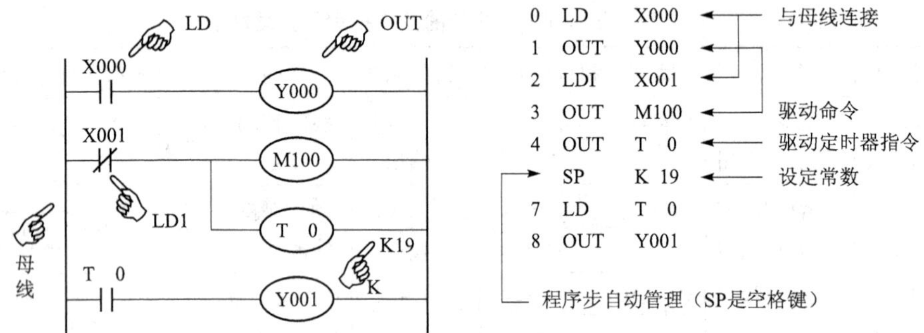

图 7-74 LD、LDI、OUT 指令的使用

【例 7-24】 串联触点 AND、ANI 的使用。

如图 7-75 所示。

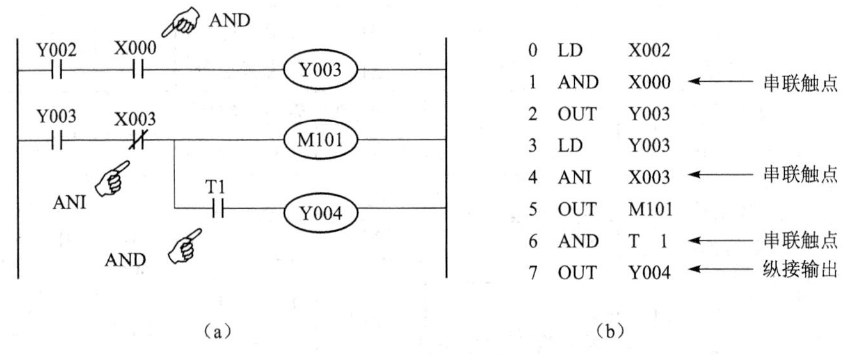

图 7-75 AND、ANI 指令的使用

(a) 梯形图；(b) 指令表

如图 7-75 所示，输出线圈 M101 与 Y004 次序不能颠倒，紧接 OUT M101 以后，通过触点 T1 可以驱动 OUT Y004，但是驱动顺序相反时，则必须使用栈操作 MPS 指令。如图 7-76 所示。

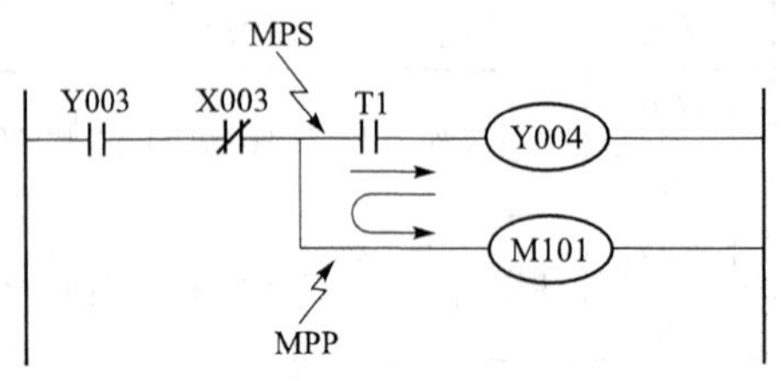

图 7-76 多重输出（栈操作）指令

【**例 7-25**】并联触点 OR、ORI 指令的使用。

如图 7-77 所示。

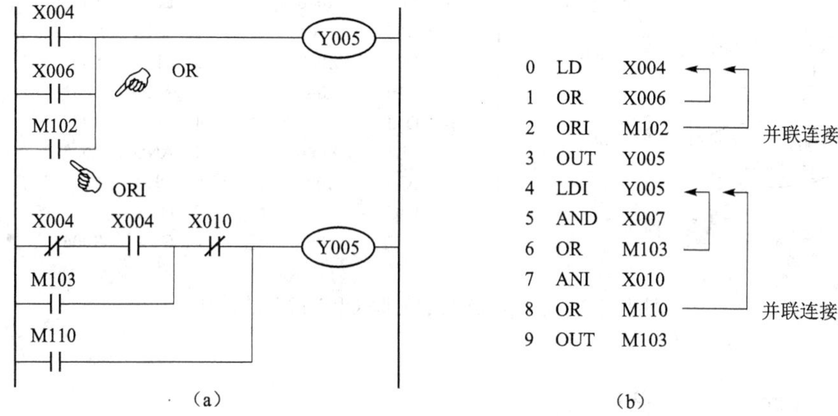

图 7-77 OR、ORI 指令的使用

(a) 梯形图；(b) 指令表

【**例 7-26**】并联电路块的串联 ANB 指令的使用。

如图 7-78 所示。

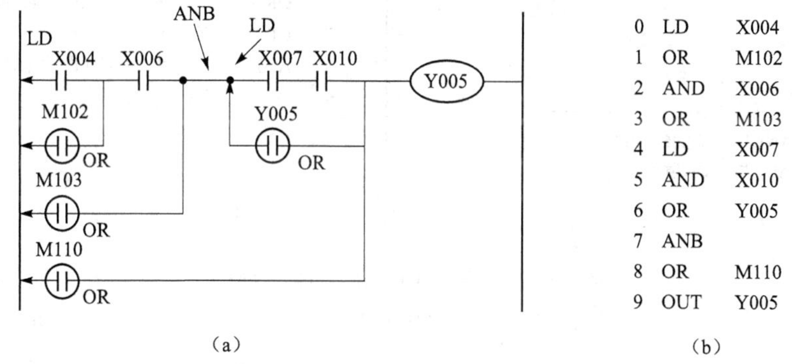

图 7-78 并联电路块的串联 ANB 指令的使用

(a) 梯形图；(b) 指令表

【**例 7-27**】串联电路块的并联 ORB 指令的使用。

如图 7-79 所示。注意成批使用 ORB（或 ANB）指令时，其数量不能超过 8 个。综合使用 ANB、ORB 指令的举例如图 7-80 所示。

2. 触点上升沿（下降沿）检出指令 LDP、LDF、ANDP、ANDF、ORP、ORF 指令

其中，LDP、ANDP、ORP 指令是进行上升沿检出的接点指令，表示在指定位元件的上升沿时（OFF→ON 变化时）接通一个扫描周期。LDF、ANDF、ORF 指令是进行下降沿检出的接点指令，表示在指定位元件的下降沿时（ON→OFF

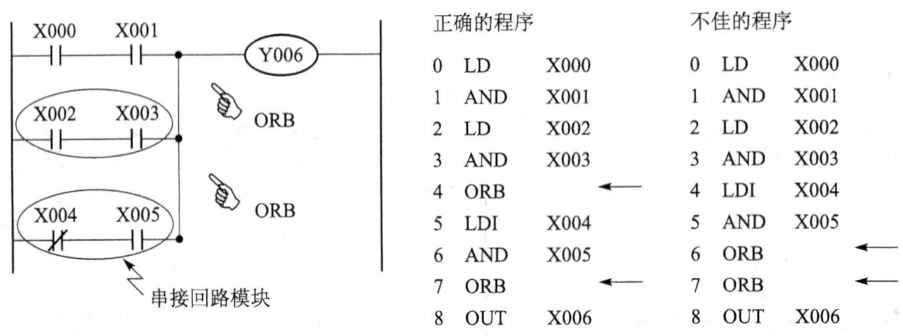

图 7－79　串联电路块的并联 ORB 指令的使用

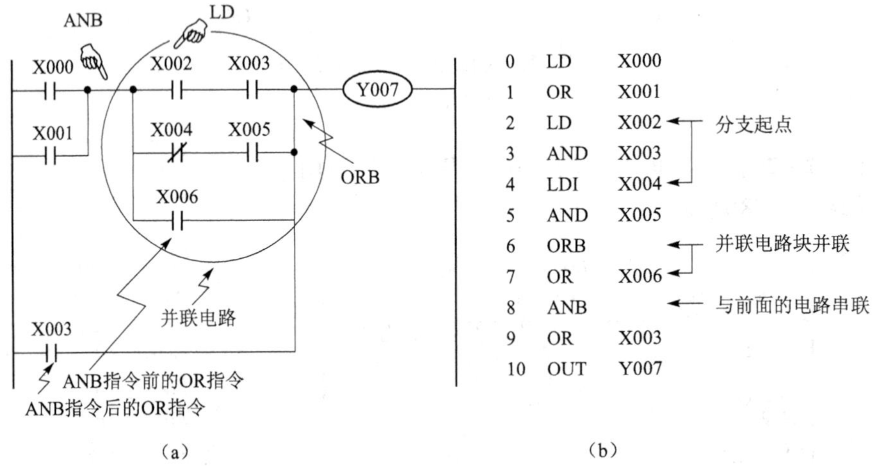

图 7－80　ANB、ORB 指令的综合应用

(a) 梯形图；(b) 指令表

变化时）接通一个扫描周期。指令名称、功能及表示方法如表 7－17 所示。指令的使用方法如图 7－81 所示。图中，当 X00～X002 由 OFF→ON 或由 ON→OFF 变化时，M0 或 M1 接通一个扫描周期。

表 7－17　触点上升沿（下降沿）检出指令表

助记符、名称	功　　能	回路表示和可用软元件	程序步
LDP 取脉冲上升沿	上升沿检出运算开始	X,Y,M,S,T,C	2
LDF 取脉冲下降沿	下降沿检出运算开始	X,Y,M,S,T,C	2

续表

助记符、名称	功　　能	回路表示和可用软元件	程序步
ANDP 与脉冲上升沿	上升沿检出串联连接	X,Y,M,S,T,C	2
ANDF 与脉冲下降沿	下降沿检出串联连接	X,Y,M,S,T,C	2
ORP 或脉冲上升沿	上升沿检出并列连接	X,Y,M,S,T,C	2
ORF 或脉冲下降沿	下降沿检出并列连接	X,Y,M,S,T,C	2

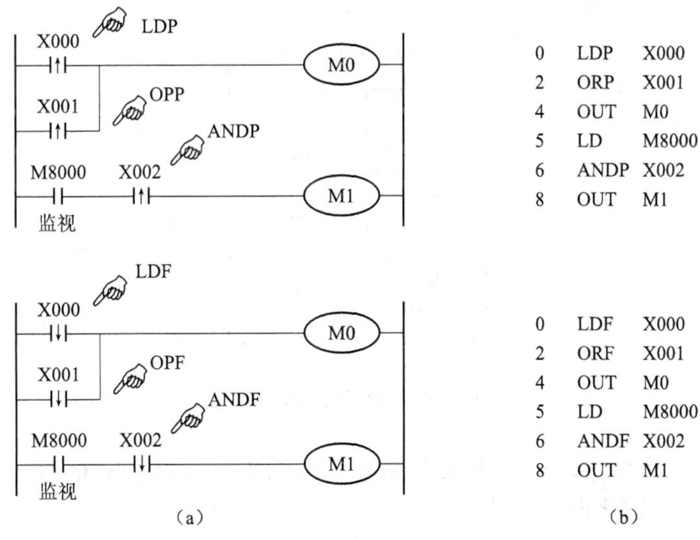

图7－81　触点上升沿（下降沿）检出指令的应用

（a）梯形图；（b）指令表

3. 多重输出指令（MPS/MRD/MPP）（栈操作指令）

PLC中，常常使用存储器来存储（记忆）中间结果，这种存储器被称为栈或堆栈。堆栈操作电路又称多重输出电路，与西门子S7－200相比，三菱的栈操作只有进栈 MPS、读栈 MRD、出栈 MPP 三种形式。进栈指令 MPS 用于运算结果存储。读栈指令 MRD 用于存储内容的读出。出栈指 MPP 用于存储内容的读出和堆栈复位。如表 7－18 所示。

表 7－18　栈操作指令名称、功能与格式

助记符、名称	功　　能	回路表示和可用软元件	程序步
MPS　进栈	并联回路块的串联连接	MPS MRD MPP	1
MRD　读栈	并联回路块		1
MPP　出栈	并联回路块的串联连接		1

使用一次 MPS 指令，就将此时的运算结果压入栈的第一层，再次使用 MPS 时，又将最新的运算结果送入栈的第一层，而先前送入的数据依次移到栈的下一层，如图 7－82 所示。MRD 是读出栈内最上端所存数据的专用指令，读出时，栈内的数据不发生移动。

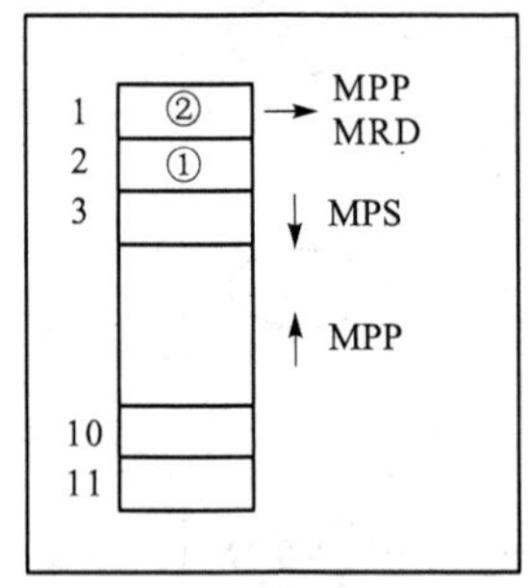

图 7－82　堆栈工作示意图

使用 MPP 指令时，将栈内最上端的数据读出，该数据从栈内消失，同时，栈内其他数据按顺序向上移动。

MPS、MRD、MPP 指令不带元件编号，都是独立指令。MPS 和 MPP 指令必须成对使用，而且连续使用应少于 11 次。MRD 指令可以多次编程，但是在打印、图形编程面板的画面显示方面有限制（并联回路在 24 行以下）。

堆栈指令的使用如图 7－83～图 7－86 所示。图 7－83 为一层堆栈指令的使用，图 7－84 为一层堆栈与 ANB、ORB 指令的联合使用，图 7－85 为二层堆栈指令的使用，图 7－86 为一个特殊 4 层堆栈及其等效图并联输出的比较。

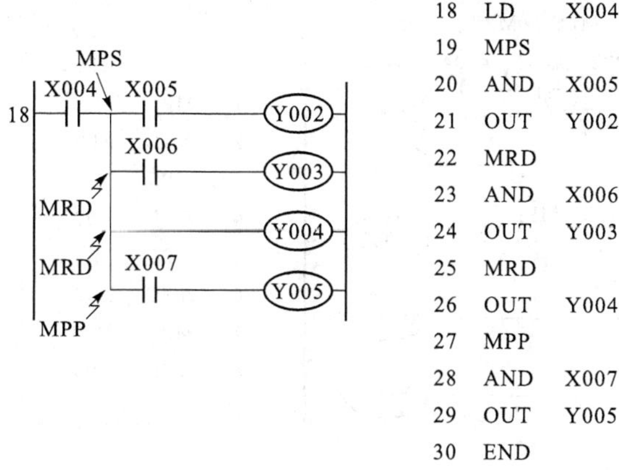

图 7－83　一层堆栈指令的使用

(a) 梯形图；(b) 指令表

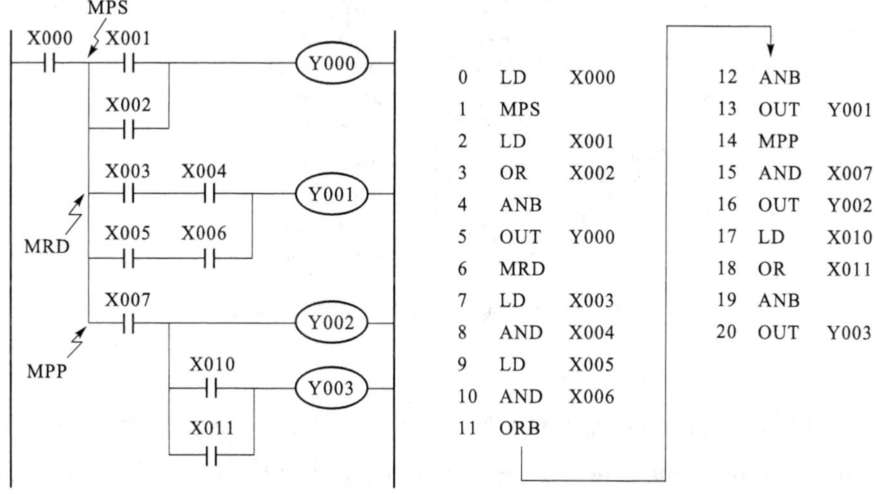

图 7－84　一层栈和 ANB、ORB 指令的使用

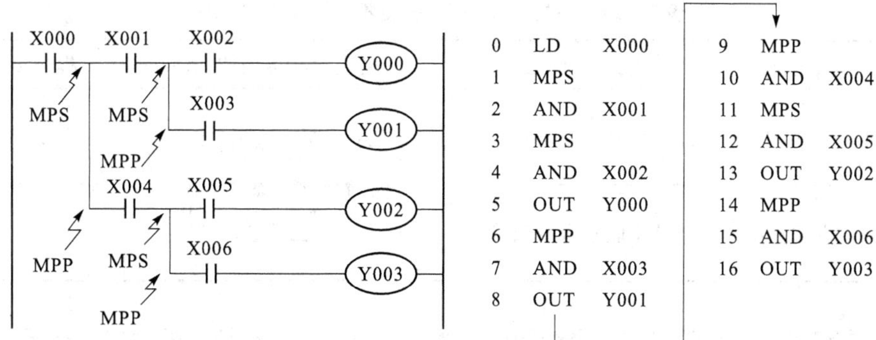

图 7－85　二层栈的使用举例

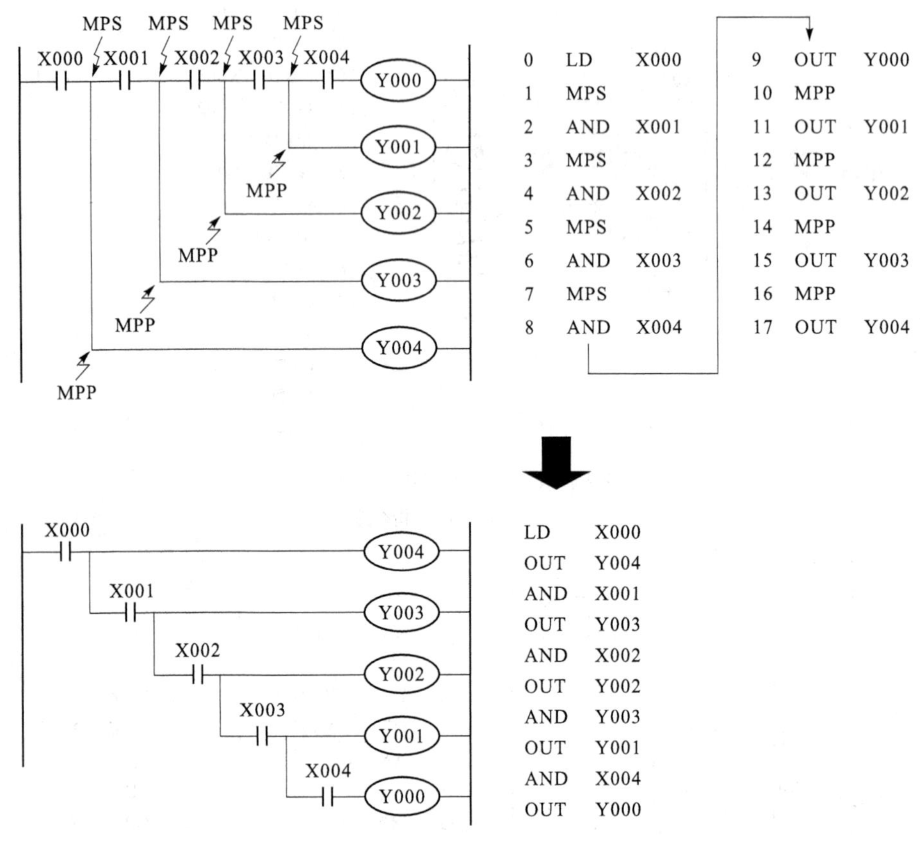

图 7－86　4 层栈及其简化图（二者等效）

4. 主控指令/主控复位指令 MC/MCR

MC（Master Control）即主控指令，用于公共串联触点连接，占 3 个程序步。

MCR（Master Control Reset）主控复位指令，即 MC 的复位指令，用于公共串联触点的清除，占 2 个程序步。指令的名称功能见表 7－19。

表 7－19　主控指令 MC/主控复位指令 MCR 表

助记符、名称	功　　能	回路表示和可用软元件	程序步
MC　　主控	公共串联触点的连接	MC N YM M除特殊辅助继电器以外 MCR N	3
MCR　主控复位	公共串联触点的清除		2

在编程时，经常遇到多个线圈同时受一个或一组触点控制的情况。如果在每个线圈的控制电路中串入同样的触点，将多占存储单元。这时应考虑使用主控指

令。使用主控指令的触点称为主控触点，它们在梯形图中与一般的触点垂直，是与左母线直接相连的动合触点，其作用相当于控制一组电路的总开关。

MC、MCR 指令的使用如图 7－87 所示，输入 X000 接通时，执行 MC 与 MCR 之间的指令；输入 X000 断开时，MC 与 MCR 之间的指令不执行。此时非累计型定时器/计数器、用 OUT 指令驱动的软元件复位态（变为断开）；累计型定时器/计数器、用置位/复位指令驱动的软元件保持当前状态。

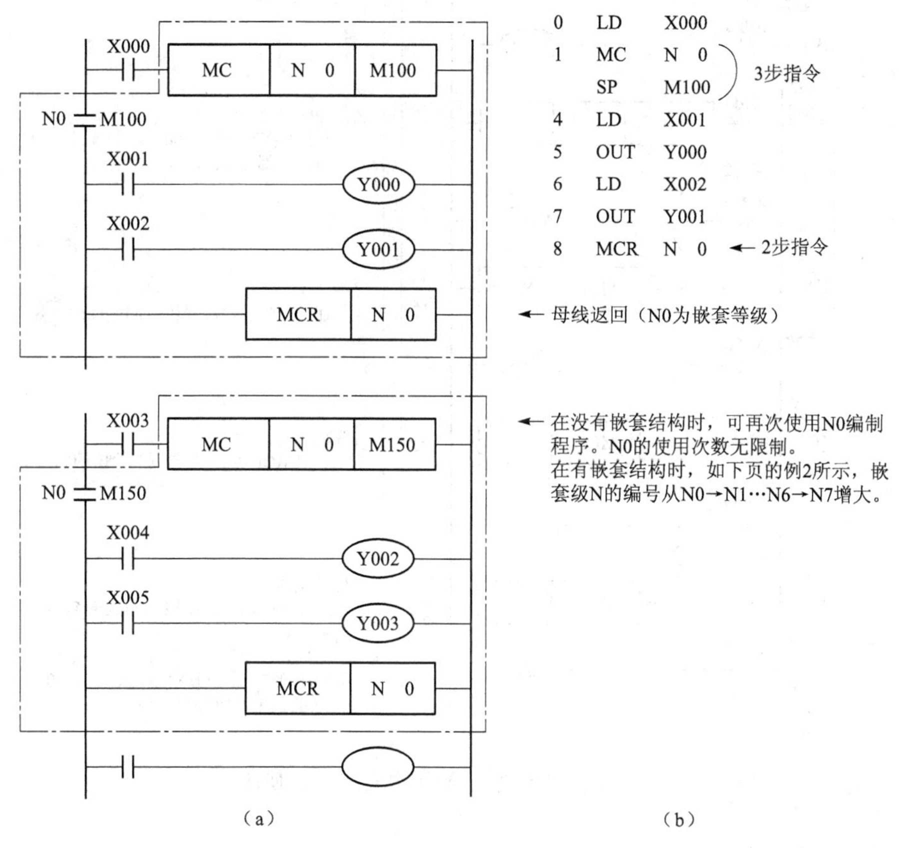

图 7－87 MC、MCR 指令的使用

（a）梯形图；（b）指令表与说明

与主控触点相连的触点编程时必须使用 LD 指令或 LDI 指令，使用 MC 指令后，母线向 MC 触点后移动。必须用 MCR 指令返回原母线。

通过更改软元件号 Y、M，可以多次使用主控指令，但如使用同一软元件号，会出现双线圈输出。在 MC 指令内采用 MC 指令进行嵌套使用时，嵌套级 N 的编号按顺序增大（N0～N7）；采用 MCR 指令返回时，要从大的嵌套级开始消除（N7～N0）。嵌套级最大可达 8 级，如图 7－88 所示为 3 级 MC/MCR 的嵌套使用举例。特殊辅助继电器不能用做 MC 的操作元件。

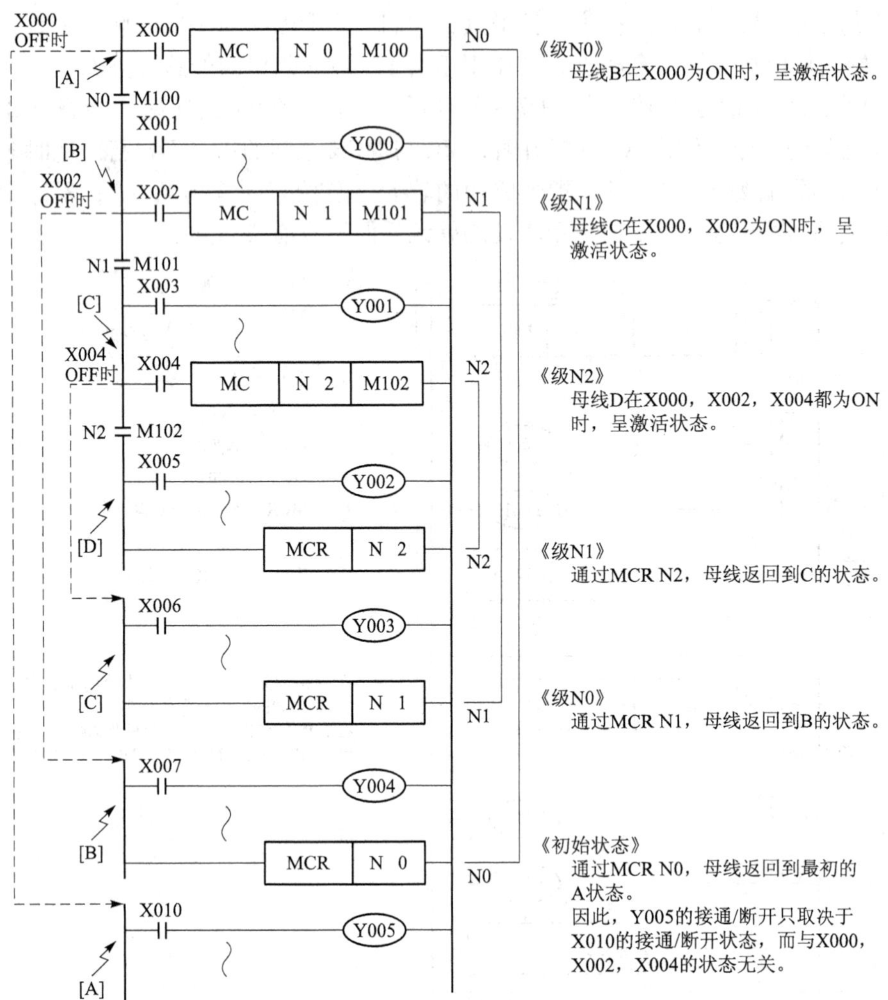

图 7－88　多级 MC、MCR 指令的嵌套使用

5. 逻辑取反 INV 指令

INV 指令是将指令执行之前的运算结果反转的指令。不需要指定软元件号。其名称、功能和表示形式如表 7－20 所示。使用方法如图 7－89 所示。

表 7－20　INV 指令的名称、功能和表示方法

助记词、名称	功　能	回路表示和可用软元件	程　序　步
INV 取反	运算结果的反转	软件元：无	1

指令不能像 LD、LDI、LDP、LDF 那样直接与母线相连，也不能像 OR、ORI、ORP、ORF 指令那样单独使用。只能在其他逻辑指令之后使用。

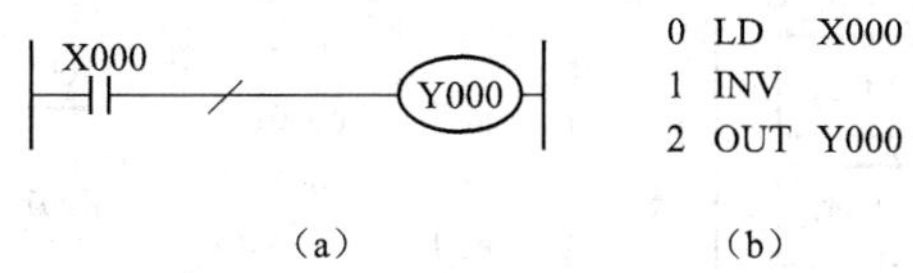

图 7－89 INV 指令的使用
(a) 梯形图；(b) 指令表

6. 微分输出 PLS/PLF 指令

PLS 是上升沿脉冲指令。输入条件的上升沿（由 OFF→ON）时，接通操作元件 Y、M 的一个扫描周期。PLF 是下降沿脉冲指令。输入条件的下降沿（由 ON→OFF）时，接通操作元件 Y、M 的一个扫描周期。其含义功能与欧姆龙的 DIFU/DIFD 以及西门子的 EU/ED 相同。

注意：特殊继电器不能用做 PLS 或 PLF 的操作元件。指令的使用如图 7－90 所示。

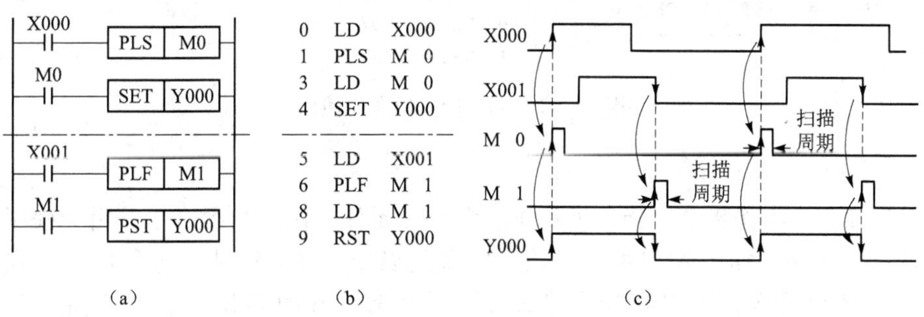

图 7－90 PLS、PLF 指令应用示例
(a) 梯形图；(b) 指令表；(c) 波形图

如图 7－91 所示表示使用触点检出指令和脉冲指令的结果，两种情况下都在 X010 由 OFF→ON 时，M6 接通一个扫描周期。二者功能相同。

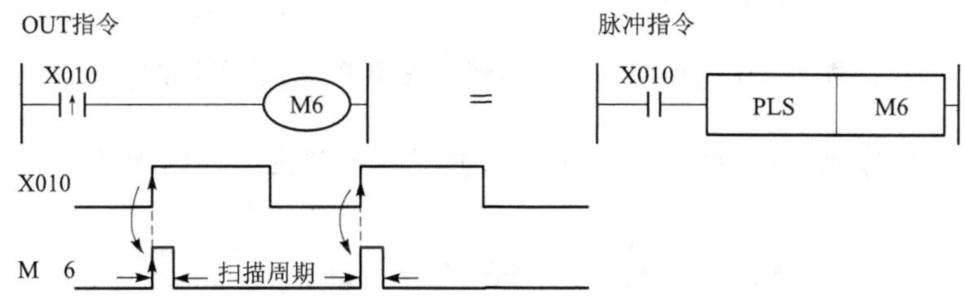

图 7－91 触点检出指令和脉冲指令的使用比较

7. 置位/复位指令 SET/RST

指令含义及用法与欧姆龙 SET/RST 相同，而用法与西门子 S/R 略有不同。使用举例如图 7－92 所示。

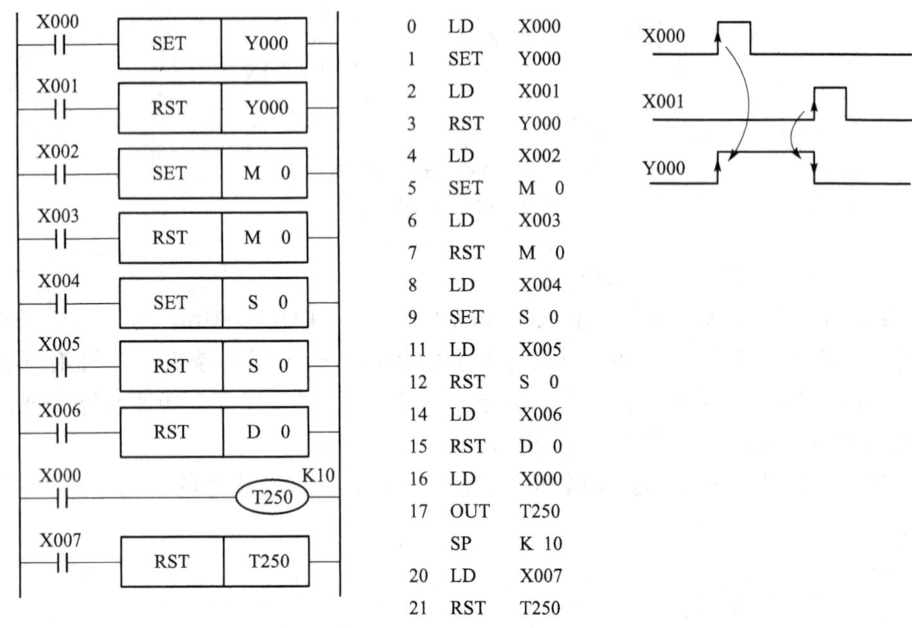

图 7－92 SET/RST 指令的使用

8. NOP、END 指令

NOP，空操作指令，指令无动作、无目标元件、占一个程序步，用于程序的修改。在程序中加入 NOP 指令，该步序做空操作。在修改或追加程序时在程序中加入 NOP 指令，可以减少步号的变化。将程序全部清除时，全部指令变为 NOP。如图 7－93 所示为用 NOP 指令改变电路结构的例子。

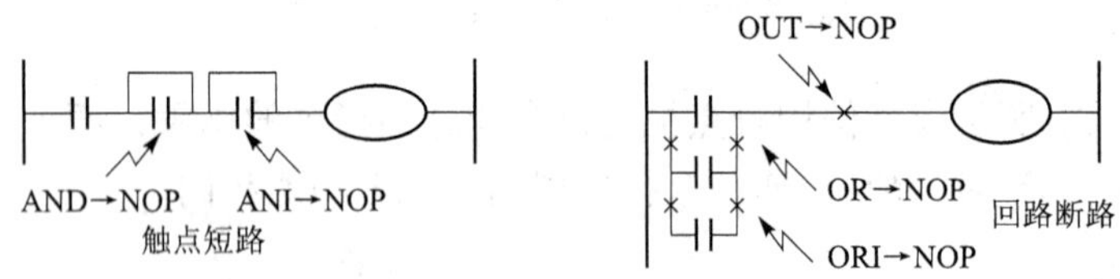

图 7－93 NOP 指令应用示例（用 NOP 指令改变电路）

END 指程序结束指令。含义、功能、用法与欧姆龙、西门子同。

7.4 步进顺序控制及顺序功能图

7.4.1 顺序功能图

工业生产中，尤其是机械化自动生产线，往往可以把复杂的生产过程分解成若干道工序并严格按照先后次序进行，这样的控制系统称为顺序控制系统，也称为步进控制系统。顺序功能图（Sequence Function Chart，SFC）是 IEC 标准规定的用于顺序控制的首位标准化编程语言。它可以全面地描述顺序控制系统的控制过程、功能和特性。具有条理清晰、表达准确、简洁规范、可读性强、容易理解等许多优点，成为当前 PLC 程序设计的主要方法。

1. 顺序功能图的基本组成

顺序功能图主要由步、动作输出、转移 3 个部分（称为三要素）组成。如图 7-94所示。

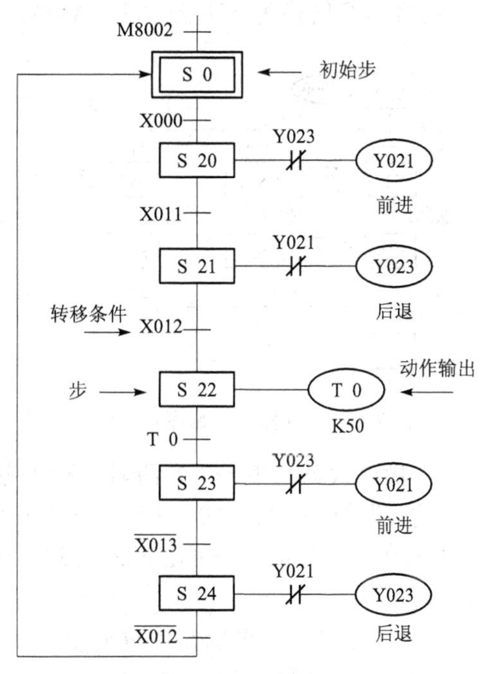

图 7-94　台车往返运行顺序功能图

(1) 步（STEP）：顺序功能图中，把全工作过程分解为顺序相连的阶段或生产工序称为步。步用矩形框表示，框内用编程元件 S 来代表和区分各步。步在工作时呈"激活"状态，不工作时呈关闭状态。起始阶段称为初始步，用双线方框表示，它表示操作开始；每个顺序功能图应有一个起始步。初始步的"激活"可由初始条件驱动。如无初始条件，可用初始化脉冲 M8002（三菱）或 SM0.1（西门子）驱动。

(2) 与步相关的动作（或命令）：即本步的任务是什么。如图 7-94 中所示 Y021 输出。负载可由状态元件直接驱动，也可由其他软元件触点或逻辑组合驱动。表达输出指令时既可使用 OUT 指令，也可使用 SET 指令。二者的区别是：OUT 指令驱动的输出在本状态关闭后自动关闭，而 SET 指令驱动的输出可保持下去，直至使用 RST 指令使其复位。

(3) 转移：转移指一步到另一步的变化过程。转移条件指从一步向另一步转移必须满足的逻辑条件。转移条件用两步之间有向线段上的垂直线段表示，如图 7-94 中所示 X012 接通，是转移到步 S22 的转移条件。转移条件可以是单一元件，也可以是多个元件串并联的组合。转移的发生必须同时具备两个条件：一是本步处于激活状态，二是满足转移条件。在图中表示转移的目标步可用有向线段表示出，若为顺序转移则不画出箭头。

2. 顺序功能图的基本结构

(1) 单序列：是指顺序功能图只有一种流程顺序。其特点是：

① 每一个工步只有一个转移条件和一个转移目标；② 转移目标可不按顺序编号，其他流程的工步状态也可以作为转移的目标状态。如图 7-94 所示的台车自动往返控制过程即单流程 SFC 流程：S0—S20—S21—S22—S23—S24—S0。

单序列顺序功能图的设计编程方法是根据工艺要求画出状态转移图 SFC，然后画出其相应的 STL 梯形图，并写出指令表程序。由于根据工艺列写顺序功能图方便容易，如能在编程中紧紧抓住三要素并牢记编程顺序原则："先驱动、后转移"，则将 SFC 转换为 STL 图也十分容易。

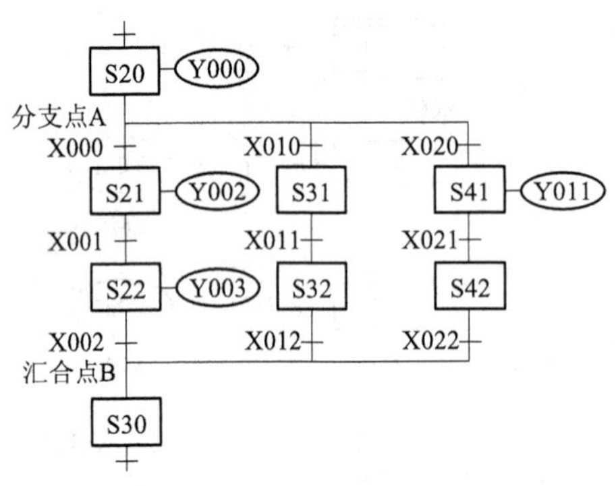

图 7-95 选择序列顺序功能图

（2）选择序列：序列的开始称为分支，序列的结束称为汇合。每次只满足一个分支转移条件（多选一）的分支方式称为选择性分支，如图 7-95 所示，其特点如下：

① 该 SFC 图有 3 个分支流程顺序。

② S20 为分支状态。可根据不同条件 X000、X010、X020 来选择执行其中一个分支流程，同一时刻最多只能有一个接通状态。如 S20 激活时，X000 接通，S20 向 S21 转移，S20 变为"0"状态，此后即使 X010 或 X020 接通，S31 或 S41 也不会动作（为"1"状态）。

③ S50 为汇合状态，可由 S22、S32、S42 任一激活后满足其转移条件即发生转移。

（3）并行序列：当满足某转移条件后使多个分支流程同时执行的分支称为并行分支，如图 7-96 所示。图中当 X000 接通时，状态转移使 S21、S31 和 S41 同时置位，3 个分支同时运行，只有在 S22、S32 和 S42 三个状态都运行结束后，将 X002 接通，才能使 S30 置位，并使 S22、S32 和 S42 同时复位。这种汇合，有时又叫做排队汇合（即先执行完的流程保持动作，直到全部流程执行完成，汇合才结束）。

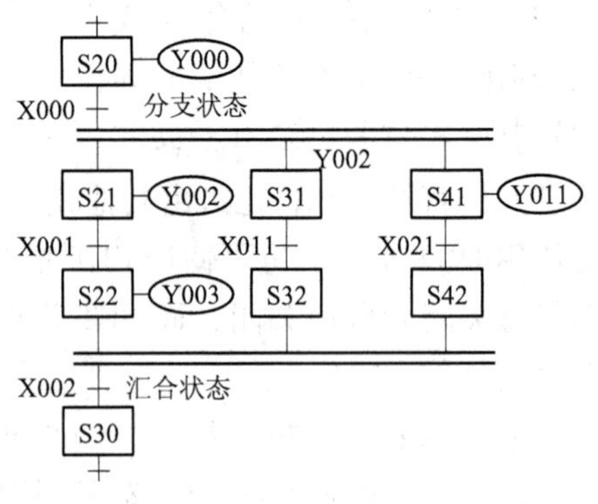

图 7-96 并行序列顺序功能图

7.4.2 三菱 FX_{2N}的步进指令及状态编程法

FX_{2N}系列 PLC 有两条步进指令：步进开始指令 STL（又称步进接点指令）

和步进结束指令 RET。其指令助记符与功能表如表 7－21 所示。

表 7－21　步进顺控指令梯形图符号与功能

助记符、名称	功　能	回路表示和可用软元件	程 序 步
STL 步进梯形图	步进梯形图开始	S	1
RET 返回	步进梯形图结果	RET	1

步进指令使用说明如下：

（1）在状态梯形图中步进接点直接与主母线相连，具备主控制功能。在 STL 右侧产生的新母线上，接点要用 LD 或 LDI 指令开始。

（2）只有当步进接点处于接通工作状态时，其控制的电路才能按逻辑动作。如步进接点为断开状态，则其控制电路全部断开，相当于该程序被跳过。此时若要保持其中元件的输出结果，可使用 SET/RST 指令。

（3）允许同一元件的线圈在不同的 STL 接点后面多次使用如图 7－97（a）所示。但同一个定时器线圈不能在相邻的状态中同时出现如图 7－97（b）所示。在同一程序段中一个状态继电器地址号只能使用一次。

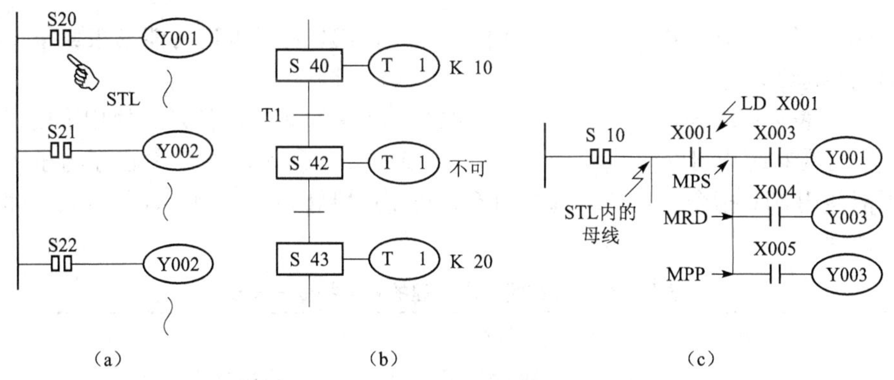

图 7－97　步进指令的使用说明

（a）允许双线圈输出；（b）相邻状态不可使用同一定时器；（c）STL 内母线不可直接使用堆栈指令

（4）在 STL 指令的新母线上可直接并联输出指令，但经 LD 或 LDI 指令编程后，输出指令不得再与新母线相连。如图 7－98 所示，图（a）画法错误，图（b）、（c）画法正确。

（5）转移指令的用法：当顺序转移时，使用 SET 指令；而转移到分离状态则使用 OUT 指令，此时若在 SFC 图中则用“→”表示转移目标，如图 7－94 中所示的从 S24→到 S0。在转移条件满足时，二者均有自动开启下一个状态，自动

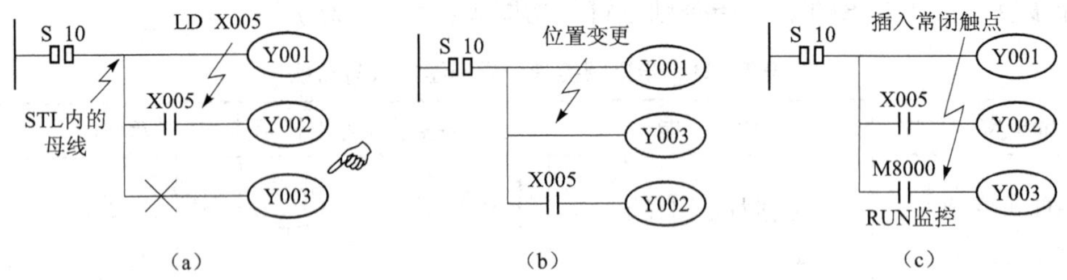

图 7 - 98 状态内没有触点时线圈的编程
(a) 错误; (b) 正确; (c) 正确

关闭上一个状态的能力。如图 7 - 99 所示。

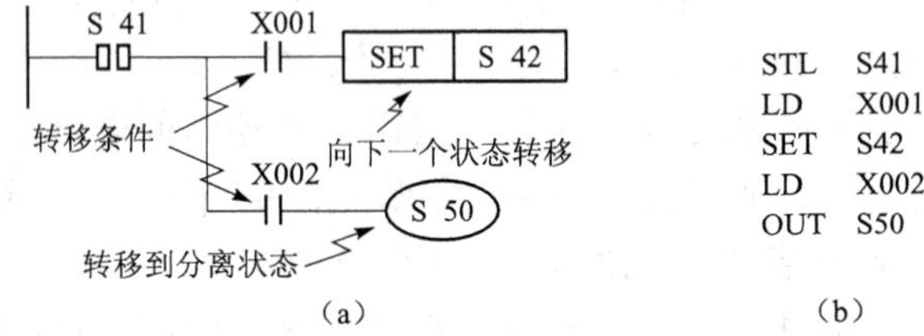

图 7 - 99 转移指令 SET 和 OUT 的用法
(a) 梯形图; (b) 指令表

(6) 当一系列步进指令 STL 使用后，使用 RET 表明步进功能结束，子母线返回到主母线。

(7) 表 7 - 22 为可在状态内处理的顺控指令一览表，应注意，使用堆栈指令时，不可在状态内母线直接使用，如图 7 - 97 (c) 所示。在中断程序与子程序内不能使用 STL 指令。在 STL 指令内不禁止使用跳转指令，但其动作复杂，建议不要使用。

表 7 - 22 可在状态内处理的顺控指令一览表

状态 \ 指令		LD/LD/LDP/LDF, AND/AN/ANDP/ANDF/, OR/OR/ORF, INV, OUT, SET/RST, PLS/PLF	ANB/ORB MPS/MRD/MPP	MC/MCR
初始状态/一般状态		可使用	可使用	不可使用
分支、汇合状态	输出处理	可使用	可使用	不可使用
	转移处理	可使用	不可使用	不可使用

（8）SFC 图中的转移条件不能使用 ANB、ORB、MPS、MRD、MPP 指令。遇到复杂转移条件时应按如图 7－100 所示方式处理。

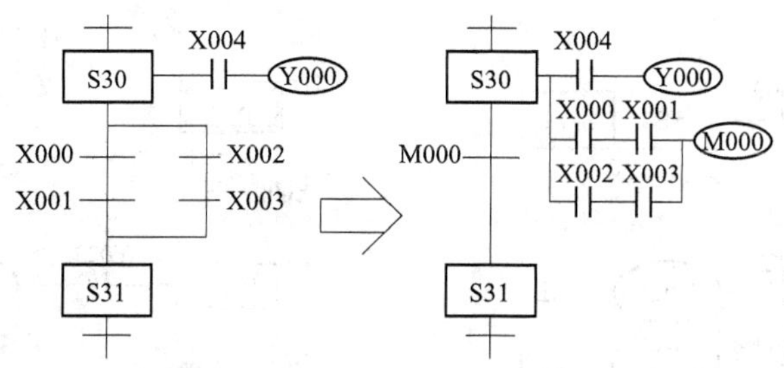

图 7－100　复杂转移条件的处理

（9）在流程中要表示状态的自复位处理时，要用“↓”符号表示，自复位状态在程序中用 RST 指令表示，如图 7－101 所示。

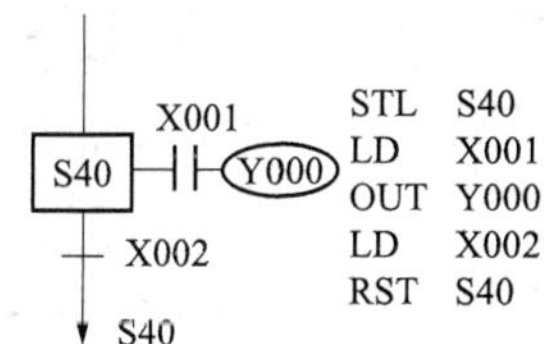

图 7－101　自复位表示方法

如图 7－102 所示的是步进开始指令使用说明。其中，图（a）为顺序功能图，图（b）为对应梯形图，图（c）为语句表。三图有着严格的互相对应关系，如（a）图中的状态元件 S22 在梯形图（b）中用主母线上引出的空心粗线动合触点⊣⊢表示，其对应指令为 STL。指令的含义是“激活”某个状态，功能类似于主控触点，触点⊣⊢后的所有操作均受此触点控制。“激活”的第二层意思是采用 STL 指令编程的梯形图区间内，只有被激活的程序段才被扫描执行。

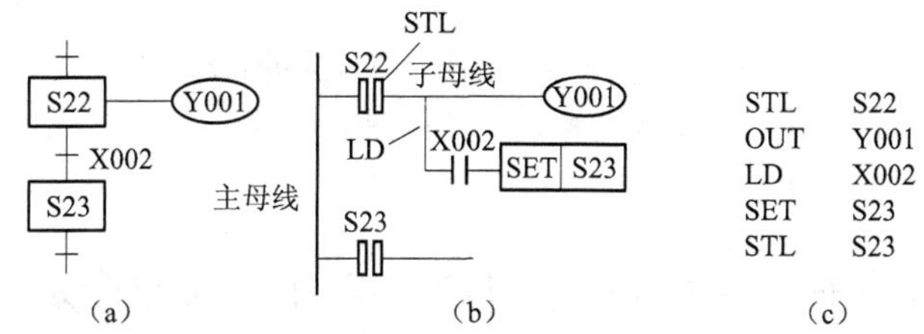

图 7－102　STL 指令使用说明

（a）顺序功能图；（b）梯形图；（c）语句表

如图 7－103 所示的是某应用程序的顺序功能图及其状态梯形图的对照使用实例。

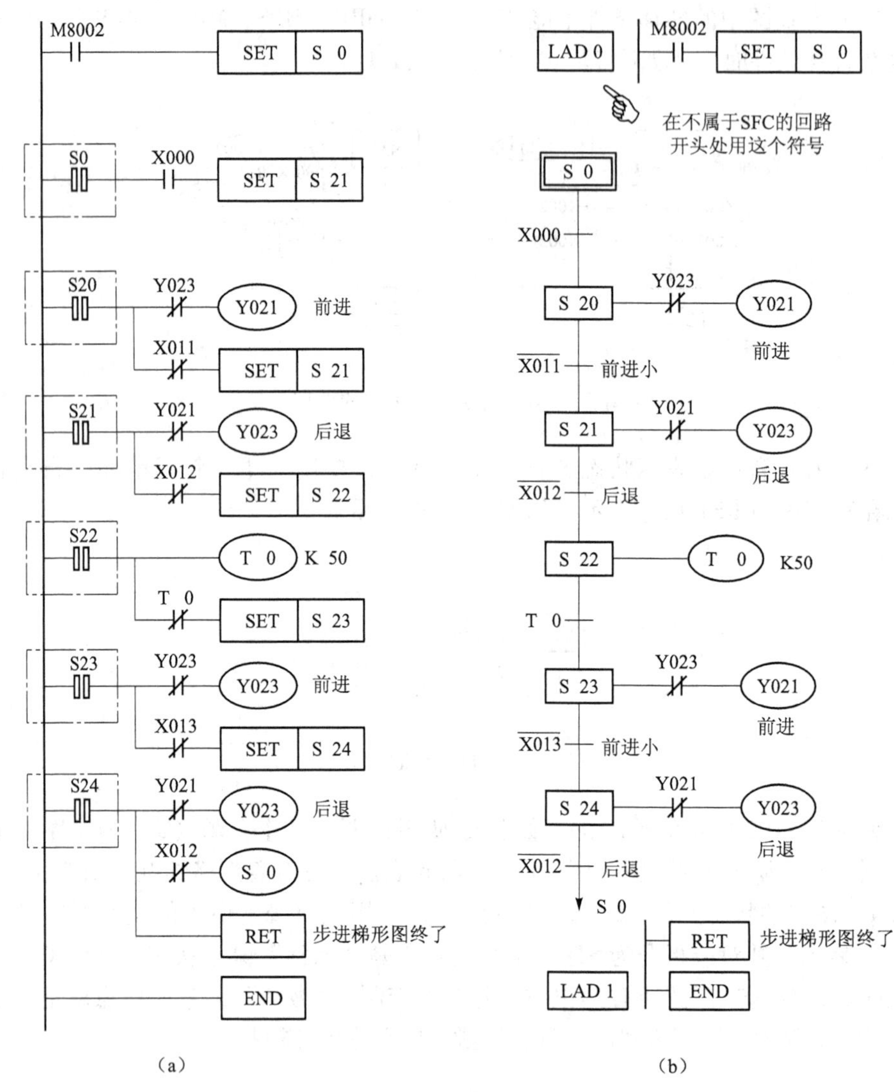

图 7-103 FX_{2N}顺序功能图及其对应的状态梯形图

(a) 状态梯形图；(b) 顺序功能图

7.4.3 西门子 S7-200 的步进顺序控制 SCR 指令及状态编程法

与三菱相似，西门子 S7-200 系列 PLC 提供 3 条顺序控制指令（SCR 指令），包括 LSCR（Lond Sequential Control Relay）bit 、SCRT（Sequential Control Relay Transition）bit、SCRE（Sequential Control Relay End）指令，从 LSCR 开始到 SCRE 结束的所有指令组成一个程序段。顺序控制指令的操作对象为状态继电

器 S，每一个 S 的位都表示功能图中的一个步。S 的范围为：S0.0 ~ S31.7，共 32 个字节，256 位。指令功能及表示如表 7 - 23 所示。

表 7 - 23　S7 - 200 步进顺序控制指令表示与功能

梯　形　图	指令符号	功　　能	操作对象
S　bit ├──[SCR]	LSCR bit	顺序状态开始	S
S　bit ──(SCRT)	SCRT bit	顺序状态转移	S
├──(SCRE)	SCRE	顺序状态结束	无

装载顺序控制继电器指令 LSCR 标记一个顺序控制继器（SCR）程序段的开始。LSCR 指令把 S 位（如 S0.1）的值装载到 SCR 堆栈和逻辑堆栈顶。而 SCR 堆栈中的状态值决定该 SCR 段中是否有输出，如图 7 - 104 所示。控制继电器转换指令 SCRT 执行 SCR 程序段的转换，SCRT 指令有两个功能：一是使当前激活的 SCR 程序段的 S 位复位，以使该段停止工作；二是使下一个将要执行的 SCR 程序段 S 位置位，以便使下一个 SCR 程序段工作。顺序控制继电器结束指令 SCRE 表示一个 SCR 程序段的结束，SCR 程序段必须由 SCRE 指令结束，它使程序退出一个激活的 SCR 程序段。

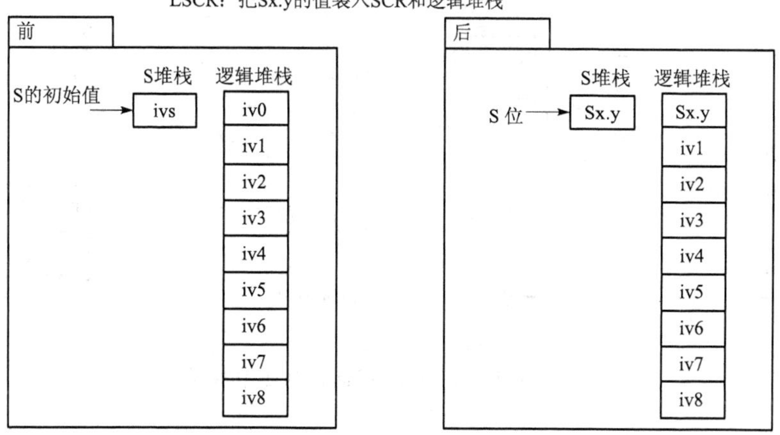

图 7 - 104　LSCR 指令的堆栈装载

可见 SCR 指令的使用是一个模式化的编程，一段 SCR 指令具有 3 个功能：① 驱动处理，执行相应的动作或命令。② 指定转移条件，确定转移目标。③ 转移源的自复位功能，步发生转移后，下一步变为活动步同时自动复位原步。

例如，街道红绿灯的控制，如图 7－105 所示。

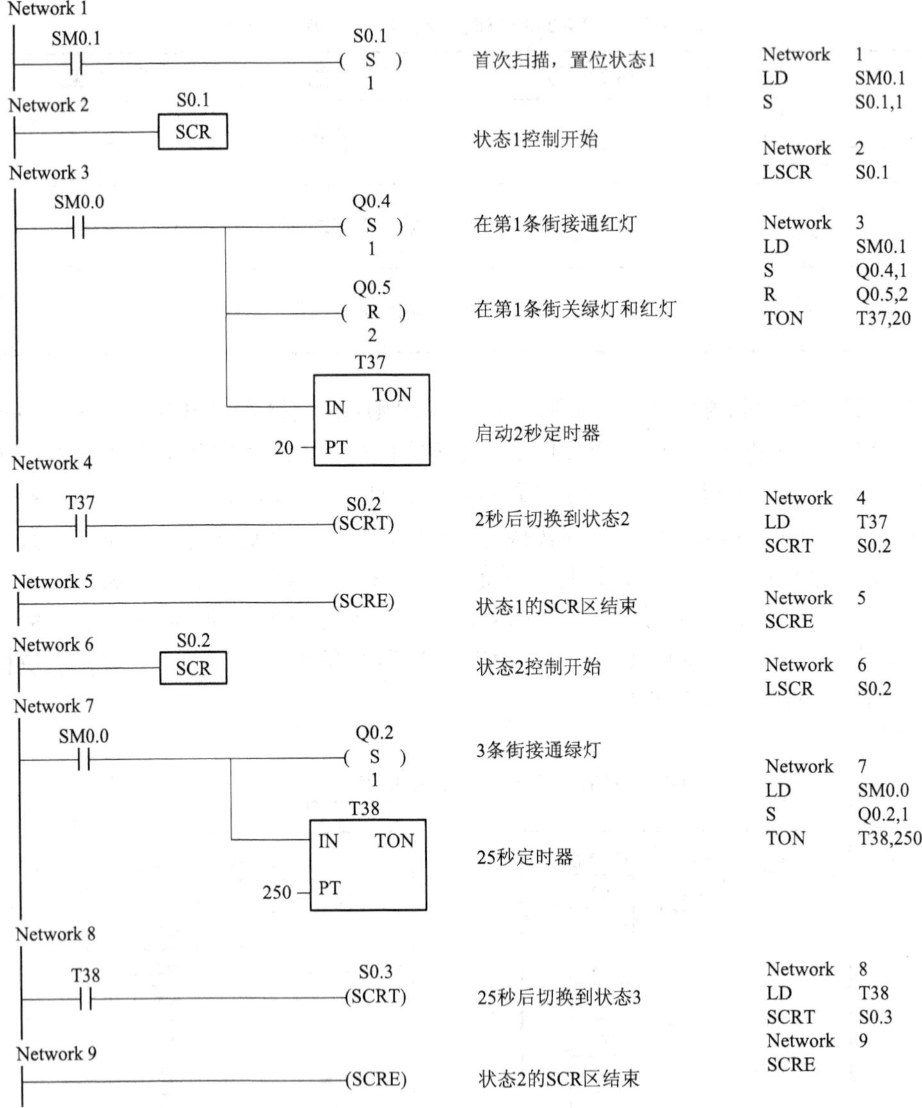

图 7－105 步进顺序控制指令使用举例

SCR 的限制如下：

① 同一个 S 位不能用于不同程序中，如果在主程序中用了 S0.1，在子程序中就不能再使用它。

② 在 SCR 段之间不能使用跳转指令 JMP 和标号指令 LBL。

③ 在 SCR 段中不能使用循环指令 FOR、NEXT 和 END 指令。

7.5 习题及思考题

1. 简要说明欧姆龙 CQM1H、西门子 S7－200、三菱 FX_{2N} 中各编程元件的作用。

2. PLC 的基本单元、扩展单元、扩展模块的主要作用是什么？如何进行选择？

3. 简化图 7－106 梯形图并写出对应的指令表：

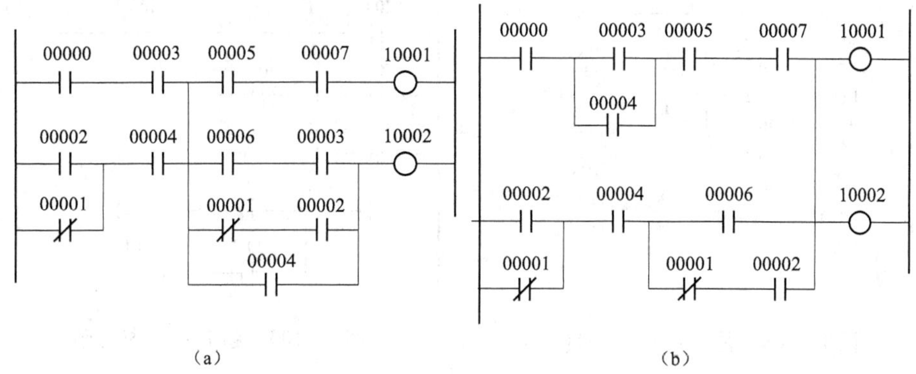

图 7－106　题 7－3 的梯形图

4. 根据图 7－107 梯形图程序绘制各点的波形图。

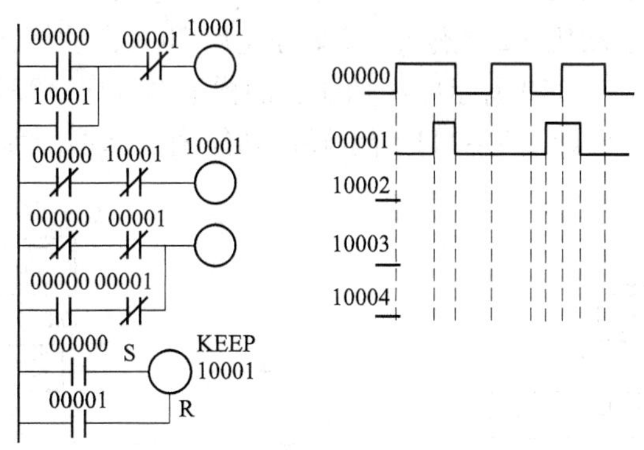

图 7－107　题 7－4 的图

5. 编制一个 PLC 程序控制 3 台电动机，要求启动时按顺序启动 M1→M2→M3，间隔 10 s。停车时反顺序停车 M3→M2→M1 间隔 5 s。

6. 小学生、中学生、大学生 3 个队进行智力竞赛，每队 3 人，每队桌上有 3 个按钮（SB11、SB12、SB13；SB21、SB22、SB23；SB31、SB32、SB33。）一个指示灯（分别为 L1、L2、L3）主持人桌上有抢答开始按钮 SBK 和复位按钮 SBF，试编制一个 PLC 程序实现。具体要求如下：

（1）主持人按抢答开始按钮 SBK 才能抢答，任一队抢答成功其桌上灯亮，其余队抢答无效。主持人按复位按钮灯灭。

（2）小学生抢答成功的条件是 3 个按钮中任一个按下；中学生抢答成功的条件是 3 个按钮都按下；大学生抢答成功的条件是 3 个按钮都在主持人按下抢答开始按钮 SBK 的 2 s 内按下。

7. 根据图 7 - 108 的指令表程序画出梯形图。

8. 根据图 7 - 109 的梯形图写出指令表。

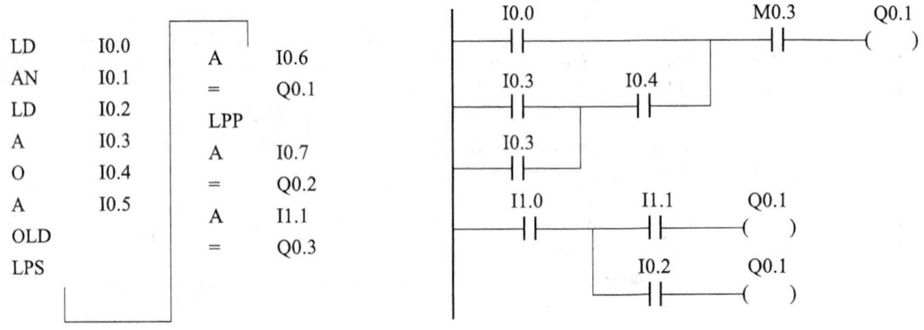

图 7 - 108　题 7 - 7 的指令表　　　图 7 - 109　题 7 - 8 的梯形图

9. 使用西门子 S7 - 200 的置位、复位指令，编写两台电动机的控制程序，控制要求如下：

（1）启动时，电动机 M1 启动 10 s 后自动启动电动机 M2。

（2）停止时，电动机 M2 先停止，M2 停止后 20 s 自动停止电动机 M1。

10. 设计出如图 7 - 110 所示顺序功能图的梯形图程序，T37 的设定值为 5 s。

11. 用 SCR 指令设计图 7 - 111 所示顺序功能图的梯形图程序。

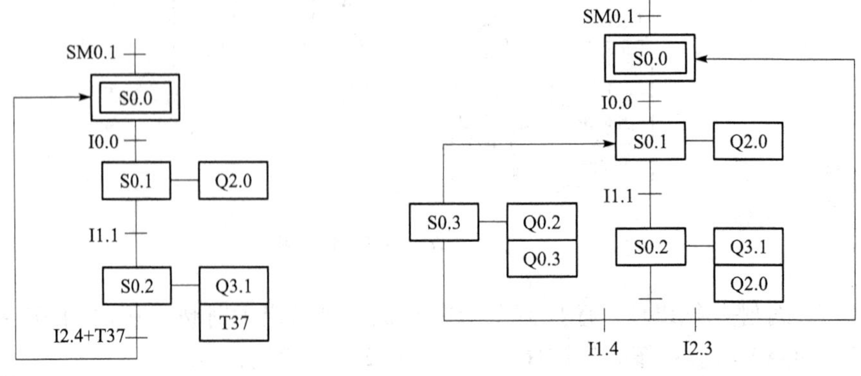

图 7 - 110　题 7 - 10 的顺序功能图　　　图 7 - 111　题 7 - 11 的顺序功能图

12. 设计一个 PLC 控制电动机可逆运行程序，要求如下：

（1）启动时，可根据需要选择旋转方向。

（2）可随时停车。

（3）需要反向旋转时，按反向启动按钮，必须等待 6 s 才能自动接通反向旋转主电路。

13. FX_{2N}系列 PLC 中，定时器 T0～T199 和 T200～T245 有什么区别？T0～T245 和 T246～T255 有什么区别？

14. FX_{2N}系列的 PLC 中若同一段程序中同时出现定时器 T0 与计数器 C0 的标号，是否会影响程序的正常运行？（提示：可上机验证）

15. 有一小车运行过程如图 7－112 所示。小车原位在后退终端，当小车压下后限位开关 SQ1 时，按下启动按钮 SB，小车前进，当运行至料斗下方时，前限位开关 SQ2 动作，此时打开料斗给小车加料，延时 8 s 后关闭料斗，小车后退返回，SQ1 动作时，打开小车底门卸料，6 s 后结束，完成一次动作。如此循环。设计其顺序功能图。

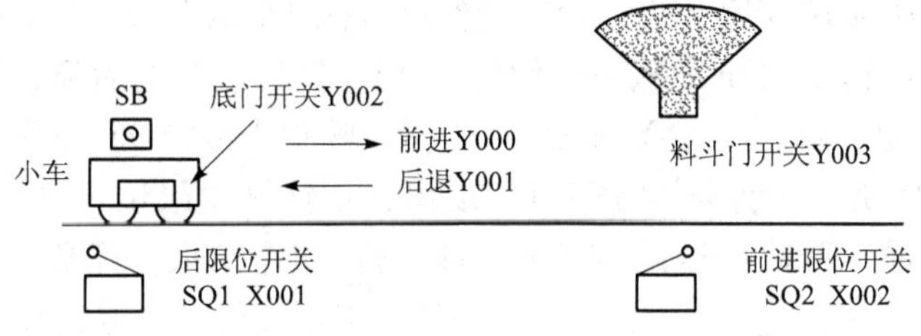

图 7－112　小车运行过程示意图

16. 使用顺序功能图法设计一个十字路口交通灯的程序。

17. 在氯碱生产中，碱液的蒸发、浓缩过程往往伴有盐的结晶，因此，要采取措施对盐碱进行分离。分离过程为一个顺序循环工作过程，共分 6 个工序，靠进料阀、洗盐阀、化盐阀、升刀阀、母液阀、熟盐水阀 6 个电磁阀完成上述过程，各阀的动作如表所示。当系统启动时，首先进料，5 s 后甩料，延时 5 s 后洗盐，5 s 后升刀，再延时 5 s 后间歇，间歇时间为 5 s，之后重复进料、甩料、洗盐、升刀、间歇工序，重复 8 次后进行洗盐，20 s 后再进料，这样为一个周期。请设计其顺序功能图。具体动作见表 7－24。

表 7－24　题 7－17 盐碱分离动作表

电磁阀序号	步骤 / 名称	进料	甩料	洗盐	升刀	间歇	清洗
1	进料阀	+	－	－	－	－	－
2	洗盐阀	－	－	+	－	－	+
3	化盐阀	－	－	－	+	－	－

续表

电磁阀序号	名称＼步骤	进料	甩料	洗盐	升刀	间歇	清洗
4	升刀阀	-	-	-	+	-	-
5	母液阀	+	+	+	+	+	-
6	熟盐水阀	-	-	-	-	-	+
注：表中的“+”表示电磁阀得电，“-”表示电磁阀失电。							

18. 某注塑机，用于热塑料的成型加工。它借助于8个电磁阀YV1-YV8完成注塑各工序。若注塑模在原点SQ1动作，按下启动按钮SB，通过YV1、YV3将模子关闭，限位开关SQ2动作后表示模子关闭完成，此时由YV2、YV8控制射台前进，准备射入热塑料，限位开关SQ3动作后表示射台到位，YV3、YV7动作开始注塑，延时10 s后YV7、YV8动作进行保压，保压5 s后，由YV1、YV7执行预塑，等加料限位开关SQ4动作后由YV6执行射台的后退，退位开关SQ5动作后停止后退，由YV2、YV4执行开模，限位开关SQ6动作后开模完成，YV3、YV5动作使顶针前进，将塑料件顶出，顶针终止限位SQ7动作后，YV4、YV5使顶针后退，顶针后退限位SQ8动作后，动作结束，完成一个工作循环，等待下一次启动。编制其控制程序。

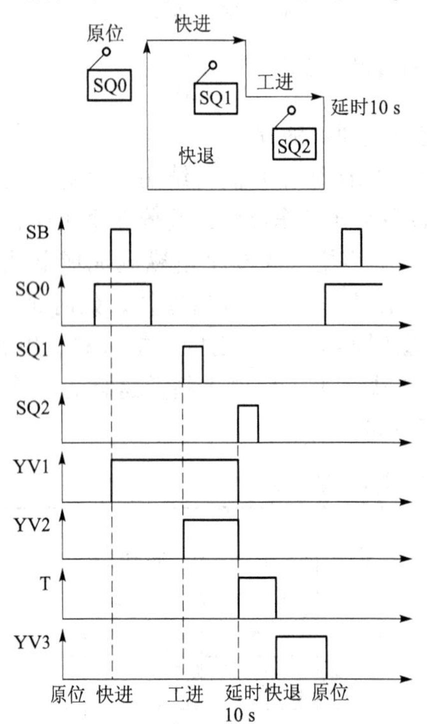

图7-113 钻孔动力头工序及时序图

19. 某一冷加工自动线有一个钻孔动力头，如图7-113所示。动力头的加工过程如下：

（1）动力头在原位，加上启动信号（SB）接通电磁阀YV1，动力头快进。

（2）动力头碰到限位开关SQ1后，接通电磁阀YV1、YV2，动力头由快进转为工进。

（3）动力头碰到限位开关SQ2后，开始延时，时间为10 s。

（4）延时时间结束时，接通电磁阀YV3，动力头快退。

（5）动力头回原位后，停止。

试编制其加工程序。

20. 4台电动机动作时序如图7-114所示。M1的循环动作周期为34 s，M1动作10 s后M2、M3启动，M1动作15 s后，M4动作，M2、M3、M4的循环动作周期为34 s，用步进顺控指令，设计其顺序功能图，并进行编程。

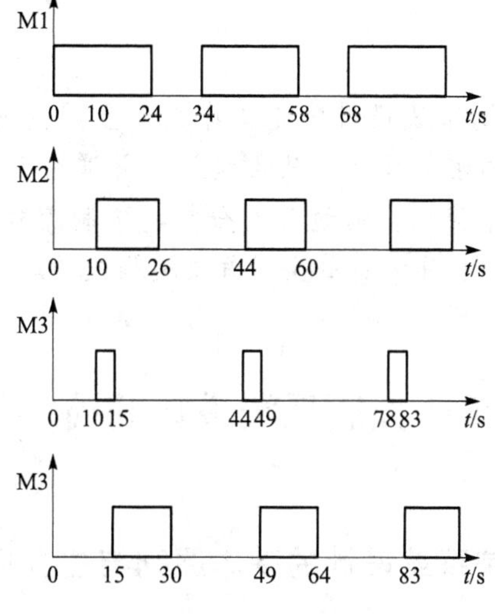

图7－114 四台电机动作时序图

第8章 PLC系统设计及应用举例

内容提要

本章介绍PLC控制系统设计的基本原则、主要内容、设计的一般步骤，以及可编程控制系统的硬件设计、软件设计，并通过几个工程实例，介绍了PLC在工业控制系统中应用，通过工艺分析、控制流程图的绘制、PLC的选型和程序设计，阐述了程序设计的全过程及编程技巧。

8.1 PLC控制系统设计的内容及步骤

8.1.1 PLC控制系统设计的基本原则与主要内容

1. 设计的基本原则

设计任何一个PLC控制系统如同设计电气控制系统一样，其目的都是通过控制被控对象（生产设备和生产过程）的工艺要求，以提高生产效率和产品质量。因此，在设计PLC控制系统时，应遵循以下基本原则：

（1）PLC的机型选择除了应满足有关技术指标的要求外，还应重点考虑该公司产品的技术支持与售后服务的情况。一般在国内应选择所在设计系统本地有着较方便的技术服务机构或较有实力的代理机构的公司产品，同时应尽量选择主流机型。

（2）最大限度地满足被控对象的控制要求。设计前，应深入现场进行调查研究，搜集资料，并与机械部分的设计人员和实际操作人员密切配合，共同拟订电气控制方案，协同解决设计中出现的各种问题。

（3）在满足控制要求的前提下，力求使控制系统简单、经济、使用及维修方便。

（4）保证控制系统的安全、可靠。

（5）考虑到生产的发展和工艺的改进，在选择配置PLC硬件设备时应适当留有一定的裕量。

对于不同用户的要求，设计的原则应有所不同。如果以提高产品产量和安全为主要目标，则应将系统可靠性放在设计的重点，甚至考虑采用冗余控制系统；如果系统是为了改善信息管理，则应将系统通信能力与总线网络设计加以强化。

2. 设计的主要内容

PLC 控制系统是由 PLC 与用户输入、输出设备连接而成的，用以完成预期的控制目的与相应的控制要求。因此，PLC 控制系统设计的基本内容应包括以下几点。

（1）根据生产设备或生产过程的工艺要求，以及所提出的各项控制指标与经济预算，首先对方案进行总体设计，确定电控系统的工作方式，如是手动、半自动还是全自动，是单机运行还是多机联线运行等。此外，这个阶段还要确定电气系统的其他功能，例如紧急处理功能、故障与报警功能、通信联网功能等。

（2）根据控制要求基本确定数字 I/O 点和模拟量通道数，进行 I/O 点的初步分配，绘制 I/O 使用连线图。

（3）进行 PLC 系统配置设计，主要为 PLC 的选择。PLC 是 PLC 控制系统和核心部件，正确选择 PLC 对于保证整个控制系统的技术经济性能指标起着重要的作用。其中应包括对 PLC 机型的选择、容量的选择、I/O 模块的选择等。

（4）选择用户输入设备（按钮、操作开关、限位开关、传感器等）、输出设备（继电器、接触器、信号灯等执行元件）以及由输出设备驱动的控制对象（电动机、电磁阀等），其选择方法在本书前面有关章节已做介绍。

（5）设计控制程序。在深入了解与掌握控制要求、主要控制的基本方式以及应完成的动作、自动工作循环的组成、必要的保护和连锁等方面的情况之后，对比较复杂的控制系统，可用状态流程图的形式全面表达出来。必要时还可将控制任务分成几个独立的部分，这样可以简化复杂冗长的程序，有利于程序的调试。程序设计主要包括绘制系统流程图、设计梯形图、编制语句表程序清单。

控制程序是整个系统工作的基础软件，是保证系统工作正常、安全、可靠的关键。因此，设计的控制程序必须经过反复调试、修改，直到满足要求为止。

（6）必要时还需要设计控制台（柜）。

（7）编制控制系统的技术文件，包括说明书、电气图及电气元件明细表。

传统的电气图，一般包括电气原理图、电器布置图及电气安装图。在 PLC 控制系统中，这一部分图统称为“硬件图”。它在传统电气图的基础上加了 PLC 部分，因此在电气原理图中应增加 PLC 的 I/O 连接图。

另外，在 PLC 控制系统中的电气图中还应包括程序图（梯形图），通常称它为“软件图”。向用户提供“软件图”，可便于用户在生产发展或工艺改进时修改程序，并有利于用户在维修时分析和排除故障。

8.1.2 PLC 控制系统设计的一般步骤

PLC 控制系统设计的一般步骤如图 8－1 所示。

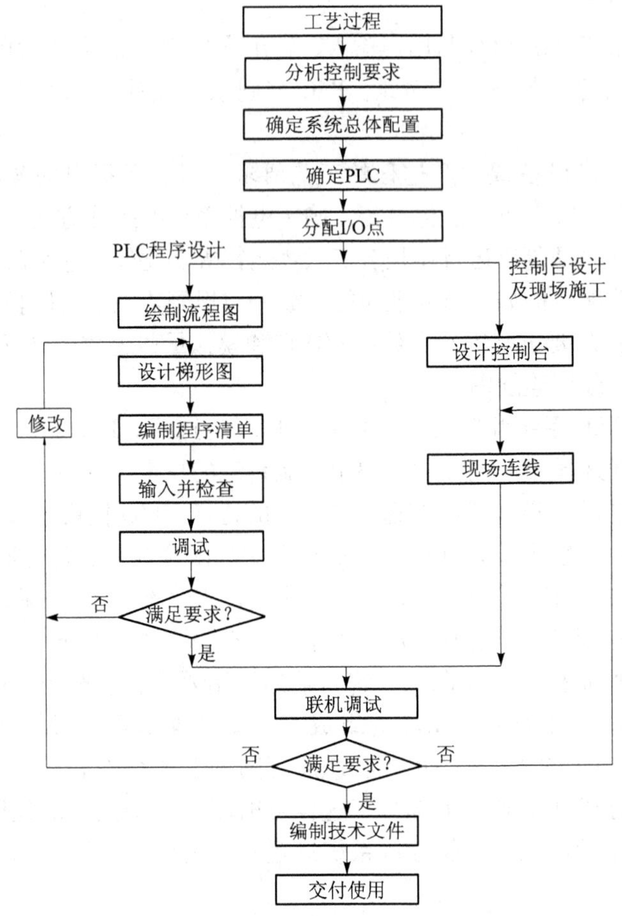

图 8－1　PLC 控制系统设计步骤

（1）根据生产的工艺过程分析控制要求，需要完成的动作（动作顺序、动作条件、必需的保护和联锁等）、操作方式（手动，自动，连续，单周期，单步等）。

（2）根据控制要求确定系统的总体配置，如需要的输入、输出设备，从而确定 PLC 的 I/O 点数。

（3）选择 PLC 的机型及容量。

（4）定义输入、输出点的名称，分配 PLC 的 I/O 点，设计 I/O 连接图。

（5）根据 PLC 所需完成的任务及应具备的功能，进行 PLC 程序设计，同时可进行控制台（柜）的设计和现场施工。

其中 PLC 程序设计步骤与内容主要有以下几点：

① 对于复杂的控制系统，需绘制系统控制流程图，用以清楚地表明动作的顺序和条件。简单的控制系统，这一步可以省去。

② 设计梯形图。这是程序设计的关键一步，也是比较困难的一步。要设计好梯形图，首先要十分熟悉控制要求控制要求，同时还要有一定的电气设计实践经验。

③ 根据梯形图编制程序清单。

④ 用计算机或编程器将程序输入到用户存储器中，并检查输入的程序是否正确。

⑤ 对程序进行调试和修改，直到满足要求为止。

(6) 待控制台（柜）设计及现场施工完成后，进行联机调试。如果不满足要求，再修改程序或检查接线。

(7) 编制技术文件。

(8) 交付使用。

8.1.3 PLC 控制系统模式的选择

1. 单机控制系统

采用一台 PLC 控制一台被控设备的形式。它是一般的 PLC 控制系统。其输入/输出点数和存储器容量比较小，控制系统的构成简单明了。

如图 8 -2 所示就是典型的单机控制系统构成，任何类型的 PLC 均可选择该模式，但不宜将 PLC 的功能和 I/O 点数、存储器的裕量选择过大。这种系统控制模式一般适用于控制简单的小型系统。

2. 集中控制系统

集中控制系统采用一台 PLC 控制多台被控设备的形式。该控制系统多用于各种控制对象所处的地理位置比较近，且相互之间动作有一定的联系的场合。如果各控制对象地理位置比较远。而且大多数的输入输出线都要引入控制器，这时需要大量的电缆线，施工量也大，系统成本相对较高。推荐使用远程 I/O 控制系统。如图 8 -3 所示是集中控制系统的结构，集中控制系统比图 8 -2 所示的单机控制系统要经济得多。

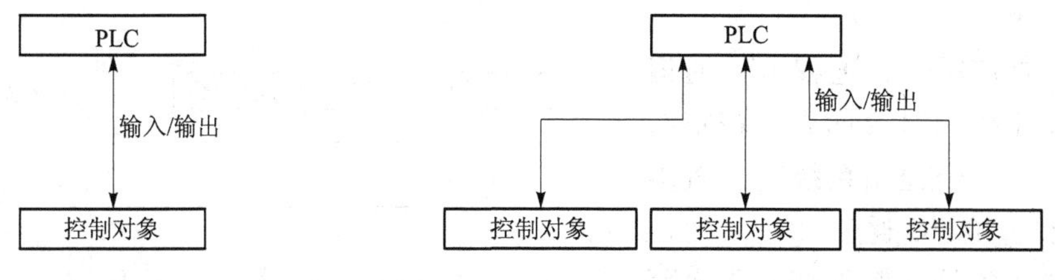

图 8 -2　单机控制系统结构　　图 8 -3　集中控制系统结构

当某一个控制对象的控制程序需要改变时，必须停止运行控制器，其他的控制对象也必须停止运行，这是集中控制的最大的缺点。因此，该控制系统用于同一流水线由多台设备组成的场合比较合适。当一台设备停止运行时，整个生产线都必须停运，从经济上来考虑是有利的。

采用集中控制系统时，必须注意将 I/O 点数和存储容量选择裕量大些，以便增设控制对象。

3. 分散控制系统

分散控制系统基本结构如图 8－4 所示。在许多分散控制系统中，每一台 PLC 控制一个对象，各控制器之间可以通过信号传递加以沟通联系，或由上位机通过数据总线进行通信。

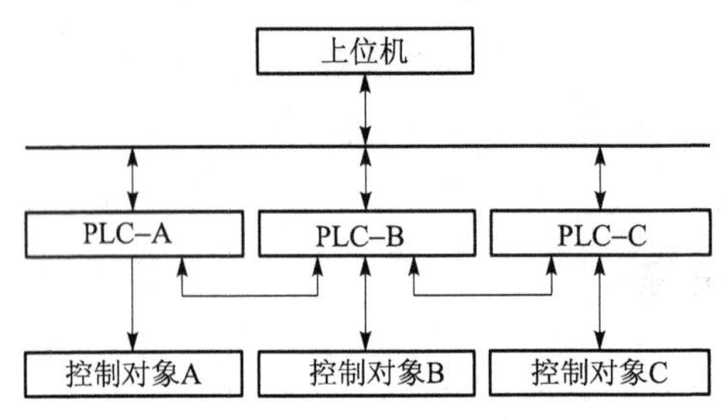

图 8－4　分散控制系统基本结构

分散控制系统多用于多条机械生产线的控制，各条生产线间有数据连接。由于各控制对象都有自己的 PLC 控制，当某一台 PLC 要停止运行时，其他的 PLC 不受任何影响。该控制方式与集中控制系统具有在相同的 I/O 点数的情况下，虽然采用分散式多了一台或几台 PLC，导致价格偏高，但综合从维护、运行或增设控制对象等方面来看，该系统控制方式增加了系统控制的柔性。

4. 远程 I/O 控制系统

远程 I/O 系统（RIOS）就是 I/O 模块不是与 PLC 放在一起，而是远距离地放在被控制设备的附近。RIOS 就是提供了应用同一个系统与其他 I/O 产品相连接的能力，通常需要经过 RIOS 适配器与相应的 I/O 相连接。远程 I/O 通道与控制器之间通过同轴电缆连接传递信息。由于不同的企业不同型号的 PLC 所能驱动的同轴电缆的长度不同，选择时必须按控制系统的需要选用。设计过程中会发现，有时某种型号的 PLC 虽能满足所需的功能和要求，但仅由于能驱动的同轴电缆长度的限制而不得不改用其他型号的 PLC。如图 8－5 所示是远程 I/O 控制系统的构成，其中使用了 3 个远程 I/O 通道（A、B、C）和一个本地 I/O 通道（M）。

如前所述，远程 I/O 通道适用于控制对象远离主控室的场合。一个控制系统需设置多少个远程 I/O 通道（站）要视控制对象的分散程度和距离而定，同时亦受所选控制器所能驱动的 I/O 通道数的限制。

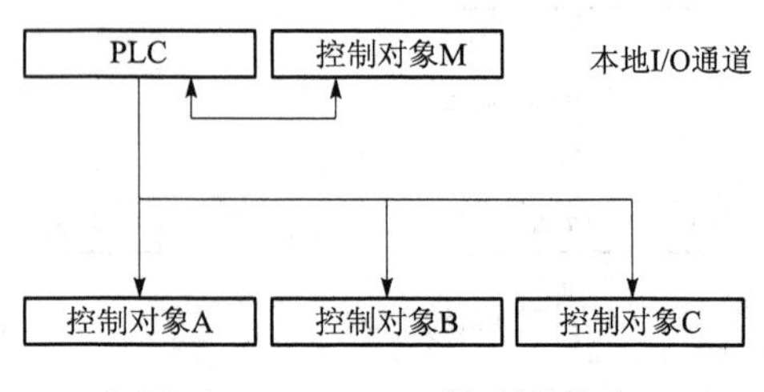

图 8－5　远程 I/O 控制的构成

8.2 PLC 控制系统硬件设计和软件设计

随着 PLC 控制的普及与应用，从美国、日本、德国等国引进的 PLC 产品及国内厂家组装或是自行开发的 PLC 产品的种类和数量越来越多，而且功能也日趋完善。主要包括：美国 AB、GE、MODICON 公司，德国西门子以及日本 OMRON、三菱公司等的 PLC 产品。因此 PLC 的品种繁多，其结构形式、性能、容量、指令系统、编程方法、价格等都各有自己的特色，适用的场合也各有侧重。因此，合理选择 PLC，对于提高 PLC 控制系统的技术经济指标起着重要的作用。

选择恰当的 PLC 产品去控制一台机器或一个过程时，不仅应考虑应用系统目前的需求，还应考虑到哪些包含工厂生产系统未来发展目标的需要。如果能够考虑到未来的发展则可用最小的代价对系统进行革新和增加新功能。若考虑周到，则存储器的扩充需求也许只要再安装一个存储模块即可满足要求；如果具有可用的通信口，就能满足增加一个外围设备的需要。对局域网的考虑可允许在将来单个控制器集成为一个厂级通信网。若未能合理估计现在和将来的目标，PLC 控制系统会很快变为不适应的或过时的系统。

8.2.1 PLC 机型的选择

对于工艺过程比较固定、环境条件较好、维修量较小的场合，往往选用整体式结构的 PLC 机型较好。反之，应考虑选用模块单元式机型。机型选择的基本原则应是在功能满足要求的前提下，保证可靠、维护和使用方便以及最佳的性价比。具体应该考虑以下几个方面的要求：

1. 性能与任务相适应

对于开关量控制的应用系统，当对控制速度要求不高时，如对小型泵的顺序控制、单台机械的自动控制等时，可选用小型 PLC，如 OMRON 公司的 CPM_2A 型 PLC 或三菱 FX_{2N} 型 PLC 就能满足要求。

对于以开关量控制为主，还带有部分模拟量控制的应用系统，如工业生产中常遇到的温度、压力、流量、液位等连续量的控制，应选用带有 A/D 转换的模拟量输入模块和带有 D/A 转换的模拟量输出模块，配接相应的传感器、变送器（对温度控制系统可选用温度传感器直接输入的温度模块）和驱动装置，并且选择运算功能较强的小型 PLC（如 OMRON 公司的 CQM 型 PLC）。特别应提出的，西门子公司的 S7-200 系列微型 PLC 在进行小型数字——模拟混合系统控制时具有较高的性能价格比，实施起来也较方便。

对于比较复杂、控制系统功能要求较高的，如需要 PID 调节、闭环控制、通信联网等功能时，可选用中、大型 PLC，如 OMRON 公司的 C200H、C10000H，西门子公司的 S7－300、S7－400 或三菱公司的 Q、A 系列 PLC 等。当系统的各个部分分布在不同的地域时，应根据各部分的要求来选择 PLC，以组成一个分布式的控制系统，可考虑选择 MODICON 的 QUANTUM 系列 PLC 产品。

2. PLC 的处理速度应满足实时控制的要求

PLC 工作时，从输入信号到输出信号控制存在着滞后现象，即输入量的变化，一般要在 1～2 个扫描周期之后才能反映到输出端，这对于一般的工业控制是允许的，但有些设备的实时性要求较高，不允许有较大的滞后时间。通常 PLC 的 I/O 点数在几十到几千点范围内，用户应用程序的长短也有较大差别，但滞后时间一般控制在几十毫秒之内（相当于普通继电器的动作时间）。改进实时速度的途径有以下几种方式：

（1）选择 CPU 处理速度快的 PLC，使执行一条基本指令的时间不超过 0.5 μs。

（2）优化应用软件，缩短扫描周期。

（3）采用高速响应模块，其响应的时间不受 PLC 扫描周期的影响，而取决于硬件的延时。

3. PLC 机型尽可能统一

一个大型企业，应尽量做到机型统一。同一机型的 PLC，其模块可互为备用，便于备品备件的采购和管理。这不仅使模块通用性好，减少备件量，而且给编程和维修带来极大的方便，也给扩展系统升级留有余地。其功能及编程功能方法统一，有利于技术力量的培训、技术水平的提高和功能的开发；其外部设备通用，资源可共享，配以上位计算机后，可把控制各独立系统多台 PLC 连成一个多级分布式控制系统，相互通信，集中管理。

4. 指令系统

由于 PLC 应用的广泛性，各种机型所具备的指令系统也不完全相同。从工程应用角度看，有些场合需要逻辑运算，有些场合需要复杂的算术运算，而另一些特殊场合还需要专用指令功能。从 PLC 本身来看，各个厂家的指令系统的差异较大，但从整体上来说，指令系统都是面向工程技术人员的语言，其差异主要表现在指令表达方式和指令的完整性上。有些厂家的逻辑指令方面都开发得较细。在选择机型时，从指令系统方面应注意下述内容：

（1）系统的总语句数。这一点反映了整个指令所包括的全部功能。

（2）指令系统的种类。主要应包括逻辑指令、运算指令和控制指令。具体的需求与实际要完成的控制的功能有关。

（3）指令系统的表达方式。指令系统表达方式有多种，有的包括梯形图、高级语言等多种表达方式，有的只包括其中一种或两种表达方式。

（4）应用软件开发手段。在考虑指令系统这一性能时，还要考虑软件的开发手段。一般的厂家对 PLC 都配有专用的编程器，提供较强的软件开发手段。有的厂家在此基础上还开发了专用软件，可利用通用的微机（如 IBM－PC）作为软件开发的手段，这样就更加方便了用户的需要。

5. 机型选择的其他考虑

在考虑以上的一些性能后，还要根据工程应用实际考虑的一些因素。包括：

（1）性价比。毫无疑问，高性能的机型必然需要较高的价格。在考虑满足需要的性能后，还要根据工程式的投资状况来确定选用机型。

（2）备品备件的统一考虑。无论什么样的设备，投入生产后都要具有一定数量的备品备件。

在系统硬件设计时，对于一个工厂来说，应尽量选用与原有设备统一的机型，这样就可减少备品备件的种类和资金的积压。同时还要考虑备品备件的来源，所选机型要有可靠的订货渠道。

（3）技术支持。选择机型还要考虑有可靠的技术支持。这些支持包括必要的技术培训、设计指导、安装调试、系统维修等方面的内容。

总之，在选择系统机型时，按照 PLC 本身的性能指标对号入座，选择出合适的系统。有时这种选择并不是唯一的，需要在几种方案中综合各种因素使其能有机地结合再最终进行选择。

6. 是否采取在线编程

PLC 的编程分为离线编程和在线编程两种。小型 PLC 一般使用简易的编程器，它必须插在 PLC 上才能进行编程操作，其特点是编程器与 PLC 共用一个 CPU，在编程器上有一个“运行/监控/编程（RUN/MONITOR/PROGRAM）”选择转换开关。当程序编好后把选择开关转换到“运行 RUN”的位置，CPU 则去执行用户程序，对系统进行实时控制。简易编程器结构简单、体积小携带方便，很适合在生产现场调试、修改程序用。

在线编程的 PLC，其特点是主机和编程器各有一个 CPU，编程器的 CPU 可以随时处理由键盘输入阻抗的各种编程指令。主机的 CPU 则是完成对现场的控制，并在一个扫描周期的末尾和编程器通信。编程器把编好或改好的程序发送给主机，在下一个扫描周期，主机将按照新送入的程序控制现场，这就是所谓的在线编程。此类 PLC，由于增加了硬件和软件，所以价格较贵，但应用领域较宽。大型 PLC 多采用在线编程。图形编程器或者个人计算机与编程软件包配合可实现在线编程。PLC 和图形编程器各有自己的 CPU，编程器的 CPU 可随时对键盘输入的各种编程指令进行处理；PLC 的 CPU 主要完成对现场的控制，并在一个扫描周期的末尾与编程器进行通信，编程器将编好的或修改好和程序发送给 PLC，在下一个扫描周期，PLC 将按照修改后的程序或是参数进行现场控制，这样可以实现在线编程。图形编程器价格较贵，但是它功能强，适应的范围广，而且相当灵活方便。不仅可以用指令语句编程，还可以直接用梯形图编程，同时也可以存入磁盘或用打印机打印出梯形图和指令程序。一般大中型 PLC 多采用图形编程器。使用个人计算机进行在线编程，可以省去图形编程器，但需要编程软件包的支持，其功能类似于图形编程器。

8.2.2 PLC 容量估算

PLC 容量包括两个方面：一是 I/O 点数，二是用户存储器的容量。

1. I/O 点数的估算

根据被控对象的输入信号和输出信号的总点数，并考虑到今后调整和扩充，一般应加上 10% ~15% 的裕量以备用。

2. 用户存储器容量的估算

用户应用程序占用多少内存与许多因素有关（如 I/O 点数、控制要求、运算处理量、程序结构等），存储器容量的选择一般有两种方法：

1）根据编程实际使用节点数计算

这种方法可精确地计算出存储器实际使用的容量，缺点是要编完程序之后才能计算。

2）估算法

用户可根据控制规模和应用目的，按下面给出的公式进行估算：

(1) 开关量输入：所需存储字数 = 输入点数 ×10。

(2) 开关量输出：所需存储器字数 = 输出点数 ×8。

(3) 定时器/计数器：所需存储器字数 = 定时器/计数器数量 ×2。

(4) 模拟量：所需存储字数 = 模拟量通道数 ×100。

(5) 通信接口：所需存储字数 = 接口个数 ×300。

(6) 根据存储器的总字数再加上一个备用量。

生产企业通常每个产品提供一条经验法则公式，可用于对存储容量做近似的估计。这个公式是将 I/O 的总数乘以一常数（常数通常在 3 ~8 中选取）。

8.2.3 PLC 输入/输出模块的选择

1. 数字 I/O 点数与模块的确定

确定 I/O 点数是系统设计最重要的问题。一旦确定使用某一类型的机型和详细的控制要求，就可以基本确定系统的 PLC 需要，一般应留有 10% ~20% 的裕量。根据选取不同的 PLC，相应的 I/O 模块的 I/O 容量不尽相同，应依据需要确定 I/O 模块的数量。

2. 输入模块的确定

PLC 的输入模块用来检测来自现场（按钮、行程开关、温控开关、压力开关等）的高电平信号，并将其转换为 PLC 内部的低电平信号。

各类 PLC 所提供的输入模块，其点数一般有 8、12、16、32 点等不同规格，用户可根据系统所需点数加以选择。其工作电压常用的有直流 12 V、24 V，交流 110 V、220 V 等，其中以直流 24 V 最为普遍。选择输入模块主要考虑模块的输入电压等级。根据现场输入信号（按钮、行程开关）与 PLC 输入模块距离的远近来选择不同电压规格的模块。一般 24 V 以下属低电平，其传输距离不宜太远，如 12 V 电压模块一般不超过 10 m。距离较远的设备选用较高电压模块比较可靠。

3. 输出模块的确定

输出模块的任务是将 PLC 内部低电平的控制信号，转换为外部所需电平的输出信号，以驱动外部负载。输出模块有 3 种输出方式：继电器输出、双向晶闸管输出、达林顿晶体管输出。这几种输出形式均有各自的特点，用户可根据系统的要求加以确定。

继电器输出价格便宜，使用电压范围广，通态电压降小，承受瞬时过电压和过电流的能力较强，且有隔离作用。但继电器有触点，寿命较短，且响应速度较慢，适用于动作不频繁的交直流负载。当驱动感性负载时，最大操作频率不得超过 1 Hz。

双向晶闸管输出（交流）和达林顿管输出（直流）都属于无触点开关输出，适用于通断频繁的感性负载。感性负载在断开瞬间会产和生较高的反向电压，必须采取抑制措施。另外，这两种形式的输出均不具备明确的输出开关断点，因此对于有此要求的使用场合会受到限制。

输出电流的选择：模块的输出电流必须大于负载电流的额定值，如果负载电流较大输出模块不能直接驱动，则应增加中间放大环节。对于电容性负载、热敏电阻负载，考虑到接通时有冲击电流，要留有足够的裕量。

允许同时接通的输出点数：在选用输出模块时，不但要看一个输出点的驱动能力，还要看整个输出模块的满负载能力，即输出模块同时接通点数的总电流值不得超过规定的最大允许电流。

4. 模拟量输入、输出单元的选择

模拟量输入、输出接口是用来感知传感器产生的信号。模拟量输入、输出接口用来测量流量、温度和压力的数值，并用于控制电压或电流输出设备。典型接口量程为 -10 ~ 10 V、0 ~ 10 V、4 ~ 20 mA 或 10 ~ 50 mA。

一些制造厂提供特殊模拟接口用来接收低电平信号，如电阻式温度计（RTD）、热电偶等。一般来说这种接口模块将接收同一模块上的不同类型热电偶或 RTD 的混合信号，用户应根据具体条件确定使用类型。

模拟量输入、输出单元一般有多种规格可供选用，其中最主要的是通道数量，如一入一出、三入一出等，应根据需要确定。由于模拟量单元一般价格较高，应准确确定所需资源，不宜留有太多的裕量。在确定模拟量输入、输出单元时，另一个重要指标就是精度问题，应根据系统控制精度恰当地选择单元精度，模拟量输入、输出单元一般精度较高，通常可达到 12 位左右。

5. 特殊模块的选择

1）数据通信模块

随着控制规模扩大和控制功能的复杂，常常需要由多台 PLC 及一定数量的外围设备组成一个控制系统。如图 8－4 和图 8－5 所示的 PLC 控制系统就存在着互相之间的数据通信问题。数据通信模块具有下列主要功能：

（1）与上位机通信。以上位计算机作为主站，PLC 作为从站，由主站发指令进行通信，从站只能答应。主、从站之间通过 RS232 接口或 RS422 接口通信。

（2）以 PLC 为主、从站。这种形式的主、从站全为 PLC，通过数据通信模块进行通信。

（3）无协议串行通信。可以不用串行通信协议进行通信，如 PLC 与显示器、打印机、条形码阅读器、磁卡阅读器等外部设备的通信协议进行通信，如 PLC 与显示器、打印机、条形码阅读器、磁卡阅读器等外部设备的通信属于此列。

2）温度模块

温度模块用于接收来自温度传感的信号，并以 BCD 码表示温度值传给 PLC。使用温度模块相当于在温度传感器后面配置了变送器和 A/D 转换器，温度模块送给 PLC 的数据即是现场的实际温度值，便于监视。用温度模块（如 OMRON 公司的 C200H－TS00/TS101 温度模块等）与模拟量输出模块配合使用，可实现温度自动控制。

三菱公司的 PLC 提供了 A616TD 热电偶输入模块，从而使热电偶能够直接与 PLC 连接在一起。这种模块将检测到的热电偶输出信号转换成表示检测到温度的数字值，并可以直接在 PLC 程序中加以使用。该模块具有 16 个输入通道，相应的配合温度测量范围为：－200 ℃～1 800 ℃，总精度可达到 ±0.5 ℃。

3）位置控制模块

位置控制模块用于向步进电动机驱动器或伺服电动机驱动器输出脉冲，控制单坐标部件或装置的速度和位置。

OMRON 公司的 C200H NC 位置控制模块可进行自动或手动位置控制，可寻找原点位置，可制定的启动速度、加速度、运动速度和结束速度，在若干目标位置，控制其确定的启动速度、加速度、运动速度、减速度停止和结束速度，在若干位置间有规律地运动。

日本三菱公司提供的 AD75 系列位置控制模块，具有相当强大的控制功能，能够实现2轴、3轴联动，PTP（点位）控制、CR控制、速度控制等，甚至包括位置控制应用的高级要求。

4）高速计数模块

由于PLC是按周期扫描方式工作的，所以对于高频变化的输入信号（周期小于扫描时间），PLC来不及响应，将会造成系统工作不正常。高速计数模块可接受高达50 kHz的输入信号，它不受扫描速度的限制，专门用来监视和控制一些高速的过程变量，如速度、位置、流量等。高速计数模块可以进行脉冲计数，并能运用计数结果进行控制。

5）特殊通信接口模块

由于目前PLC在现场还没有形成统一的通信协议标准，因此各个制造企业的PLC往往都采用各自的现场总线标准进行控制通信。一般而言，在一个系统中很难使用不同公司的PLC产品。这就使在很多情况下，PLC以及各种模块的综合应用受到了一定的限制。而三菱公司为自己的产品提供了PROFIBUS（AJ71PB92/96）和MODUBS（AJ71UCS－S2）总线接口模块，从而进一步扩大了三菱PLC的应用领域，也为用户提供了更多的选择。其中AJ1PB92/96系列的总线接口模块最大通信距离达到4 800 m。

8.2.4 PLC控制系统的程序设计

根据PLC系统硬件结构和生产工艺要求以及软件规格说明书，使用相应的编程语言指令，编制实际应用程序并形成程序说明书的过程就是程序设计。

1. 程序设计的主要步骤

PLC程序设计，一般分为以下几个步骤：

（1）程序设计前的准备工作；

（2）程序框图设计；

（3）编写程序；

（4）测试程序；

（5）编写程序说明书。

1）程序设计前的准备工作

程序设计前准备工作大致可分为3个主要方面：

（1）了解系统概况，形成整体概念。

这一步工作主要是通过系统设计方案和软件规格说明书，了解控制系统的全部功能、控制规模、控制方式、输入和输出信号的种类的数量、是否有特殊功能接口、与其他设备关系、通信内容与方式等。如果没有对整个控制系统的全面了解，就不能对各种控制设备之间的相互联系有真正的理解，并造成想当然地进行程序编制，这样的程序肯定是无法实际运行的。

（2）熟悉被控对象，编制高质量的程序。

这一部分的工作是通过熟悉生产工艺说明书和软件规格说明书来进行的。可把控制要求根据控制功能分类，并确定输入信号和控制信号形式、功能、规模，它们之间的关系和预见以后可能出现的问题，使程序设计有的放矢。

在熟悉被控对象的同时，还要认真借鉴前人设计中的经验和教训，总结各种问题的解决方法。总之在程序设计前，掌握的东西多，对问题思考得越深入，程序设计就会越顺利。

（3）充分地利用各种软件编程环境。

目前各 PLC 主流产品都配置了功能强大编程环境，如西门子公司的 STEP7、MODICON 公司的 COPNCEPT、三菱公司的 GX Doveloper 软件等，可在很大程度上减轻了软件编制的工作强度，提高了编程效率和质量。

2）程序框图设计

这项工作主要是根据软件设计规格书的总体要求和控制系统的具体情况，确定用户程序的基本结构、程序设计标准结构框图，然后再根据工艺要求，绘制出各个功能单元的详细功能框图。系统程序框图应尽量做到模块化，一般最好按功能采取模块化设计方法，因此相应的框图也应依此绘制，并规定其各自应完成的功能，然后再绘制各模块内部的细化功能图。框图的编程的主要依据，要尽可能的准确，细化功能图尽可能地详细。如果框图是由别人设计的，一定要设法弄清楚其设计的思想和方法。完成这部分工作之后就会对系统的全部程序设计的功能实现具有了一个整体的思想。

3）编写程序

编写程序就是根据设计出的框图与细化功能图编写控制程序，这是整个程序设计工作的核心部分。如果有编程支持软件应尽量使用。在编写程序过程中，可以借鉴现代化的标准程序，但必须能读懂这些程序段，否则将会给后续工作带来困难和损失。另外，编写程序过程中要及时对编写出的程序进行注释，以免忘记它们之间的相互关系。

4）程序测试

程序测试是整个程序设计工作中一项很重要的内容，它可以初步检查程序的实际效果。程序测试和程序编写分不开，程序的许多功能是在测试中得以修改和完善的。测试可以按照功能单元进行，各功能单元达到要求后再进行整体测试。程序测试可以离线进行，有时还需要在线进行，在线进行一般不允许直接与外围设备连接，以免重大事故发生。

5）编写程序说明书

程序说明书是程序设计的综合说明。编写程序说明书的目的就便于程序设计者与现场工程技术人人员进行程序调试与程序修改工作，它是程序文件的组成部分。程序说明书一般应包括程序设计的依据、程序的基本结构、各功能单元分析、各参数的来源与设定、程序设计与调试的关键点等。

2. 程序设计流程图

根据上述步骤，现给出 PLC 程序设计流程框图，如图 8－6 所示。

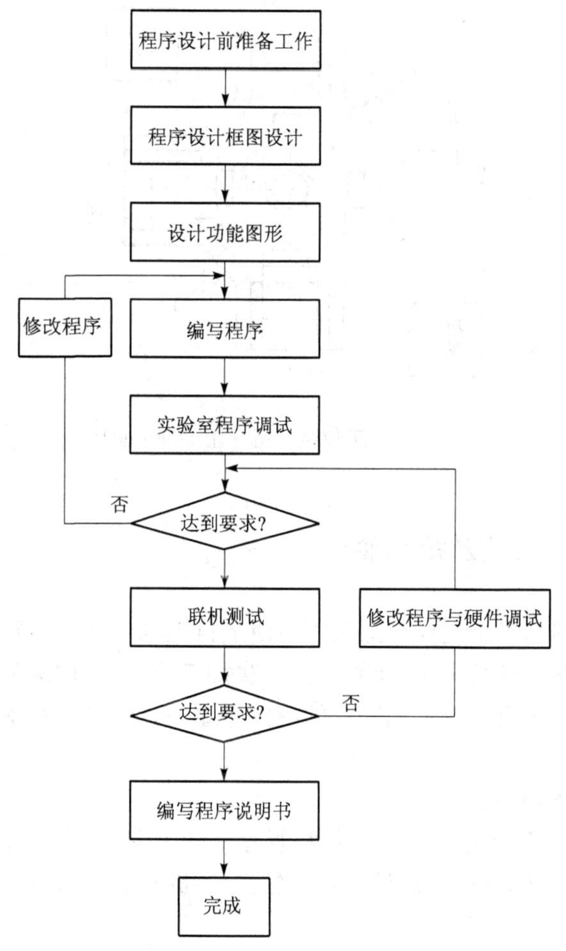

图 8－6　PLC 程序设计流程框图

8.3　组合机床的 PLC 控制

8.3.1　概述

组合机床的控制最适宜采用 PLC 进行控制。如图 8－7 所示为某四工位组合机床十字轴示意图。它由 4 个加工工位组成，每个工位有一个工作滑台，并有一个加工动力头。除了4个加工工位外，还有夹具、上下料机械手和进料装置4个辅助装置以及冷却和液压系统共4个部分。

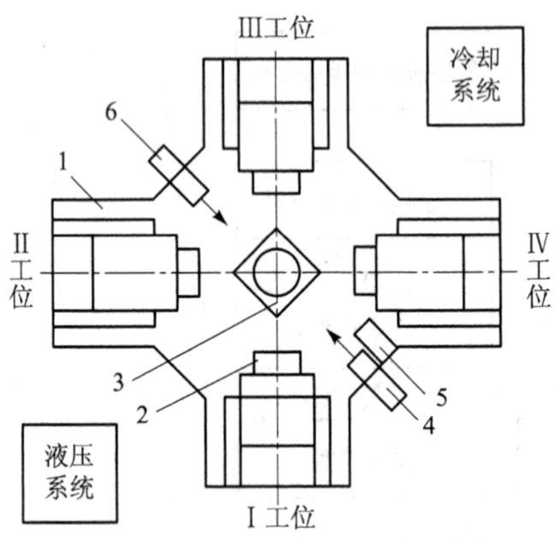

图8－7　四工位组合机床十字轴示意图

8.3.2　加工工艺及控制要求

该组合机床的加工工艺要求加工零件由上料机械手自动上料。上料后，机床的加工动力头同时对该零件进行加工，一次加工完成一个零件，零件加工完毕后，通过下料机械手自动取走加工完的零件。此外，还要求有手动、半自动、全自动3种工作方式。

控制要求具体如下：

（1）上料：按下启动按钮，上料机械手前进将加工零件送到夹具上。到位后夹具夹紧零件，同时进料装置进料，之后上料机械手退回原位，放料装置退回原位。

（2）加工：4个工作滑台前进，其中工位Ⅰ、Ⅲ动力头先加工，Ⅱ、Ⅳ延时一点时间再加工，包括铣端面、打中心孔等。加工完成后，各工作滑台均退回原位。

（3）下料：下料机械手向前抓住零件，夹具松开。下料机械手退回原位并取走加工完的零件。(1)～(3)完成了一个工作循环。若在自动状态下，则机床自动开始下一个循环，实现全自动工作方式。若在预停状态，即在半自动状态下，则机床循环完成后，机床自动停在原位。

组合机床自动工作过程如图8－8所示。

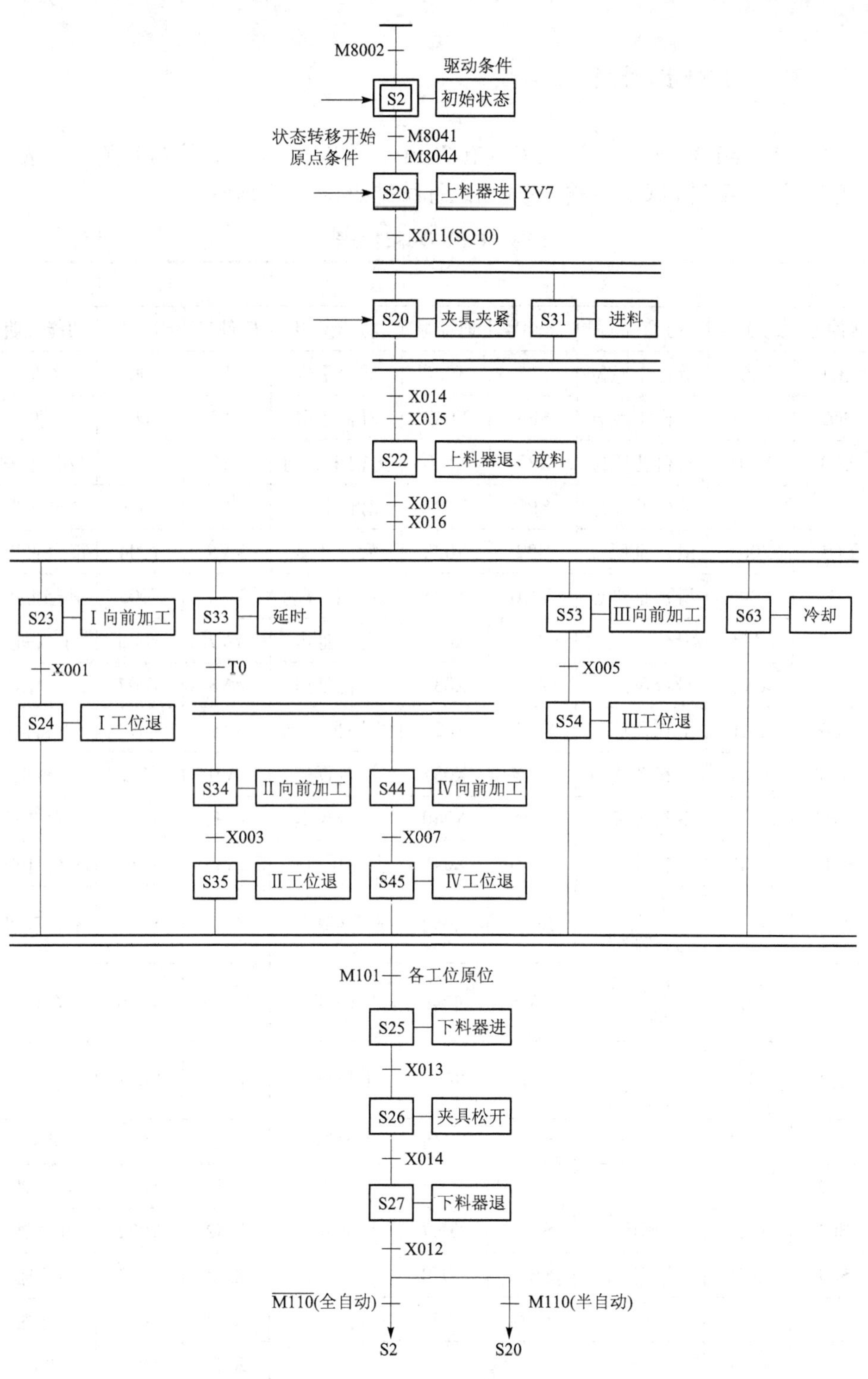

图8－8 组合机床自动工作状态流程图

8.3.3 I/O 地址表

4 个工位组合机床的输入信号共有 39 个，输出有 21 个，均为开关量，选用三菱公司 FX 系列 PLC，其输入/输出地址编排如表 8－1 所示。

表 8－1 I/O 地址编排

输入						输出		
器件号	地址号	功能说明	器件号	地址号	功能说明	器件号	地址号	功能说明
SQ1	X000	滑台Ⅰ原位	SB5	X026	滑台Ⅰ进	YV1	Y000	夹紧
SQ2	X001	滑台Ⅰ终点	SB6	X027	滑台Ⅰ退	YV2	Y001	公开
SQ3	X002	滑台Ⅱ原位	SB7	X030	主轴Ⅰ点动	YV3	Y002	滑台Ⅰ进
SQ4	X003	滑台Ⅱ终点	SB8	X031	滑台Ⅱ进	YV4	Y003	滑台Ⅰ退
SQ5	X004	滑台Ⅲ原位	SB9	X032	滑台Ⅱ退	YV5	Y004	滑台Ⅲ进
SQ6	X005	滑台Ⅲ终点	SB10	X033	主轴Ⅱ点动	VY6	Y005	滑台Ⅲ进
SQ7	X006	滑台Ⅳ原位	SB11	X034	滑台Ⅲ进	YV7	Y006	上料进
SQ8	X007	滑台Ⅳ终点	SB12	X035	滑台Ⅲ退	YV8	Y007	上料退
SQ9	X010	上料器原位	SB13	X036	主轴Ⅲ点动	YV9	Y010	下料进
SQ10	X011	上料器终点	SB14	X037	滑台Ⅳ进	YV10	Y012	下料退
SQ11	X012	下料器原位	SB15	X040	滑台Ⅳ退	YV11	Y013	滑台Ⅱ进
SQ12	X013	下料器终点	SB16	X041	主轴Ⅳ点动	YV12	Y014	滑台Ⅱ退
YJ1	X014	夹紧压力传感器	SB17	X042	夹紧	YV13	Y015	滑台Ⅳ进
YJ2	X015	进料压力传感器	SB18	X043	松开	YV14	Y016	滑台Ⅳ退
YJ3	X016	放料压力传感器	SB19	X044	上料器进	YV15	Y017	放料
SB1	X021	总停	SB20	X045	上料器退	YV16	Y020	进料
SB2	X022	启动	SB21	X046	进料	KM1	Y021	Ⅰ主轴
SB3	X023	预停	SB22	X047	放料	KM2	Y022	Ⅱ主轴
SA1	X025	选择开关	SB23	X050	冷却开	KM3	Y023	Ⅲ主轴
			SB24	X051	冷却停	KM4	Y024	Ⅳ主轴
						KM5	Y025	冷却电机

8.3.4 I/O 电气接口图

根据表 8-1，PLC 外部输入有 12 个位置开关（SQ1 - SQ12），有 20 个按钮开关（SB1 - SB24），1 个选择开关（SA1），3 个检测开关（YJ1 - YJ3）；PLC 外部输出有 16 个电磁阀（YV1 - YV16），5 个接触器（KM1 - KM5）。四工位组合机床的 PLC I/O 接线图如图 8-9 所示。

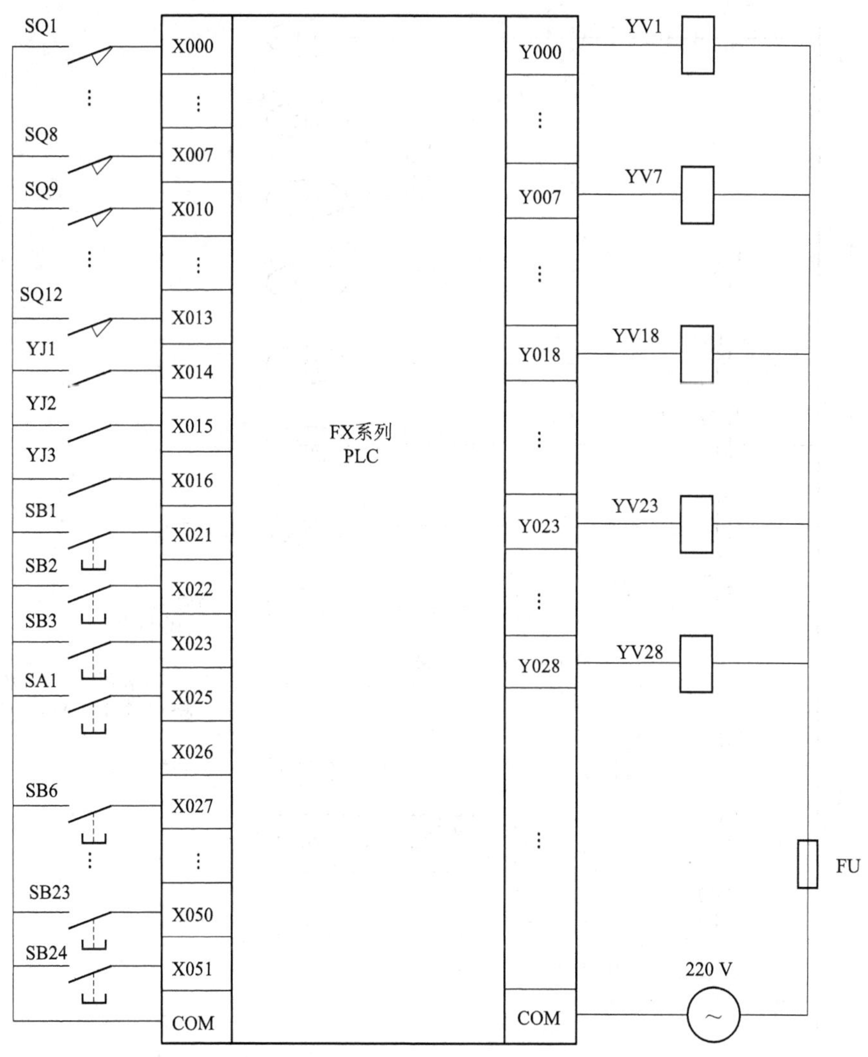

图 8-9　四工位组合机床的 PLC I/O 接线图

8.3.5 控制程序及说明

根据组合机床的工艺流程、控制要求及程序设计框图，即可设计出该组合机床 PLC 的控制程序，具体如图 8－10 和图 8－11 所示。

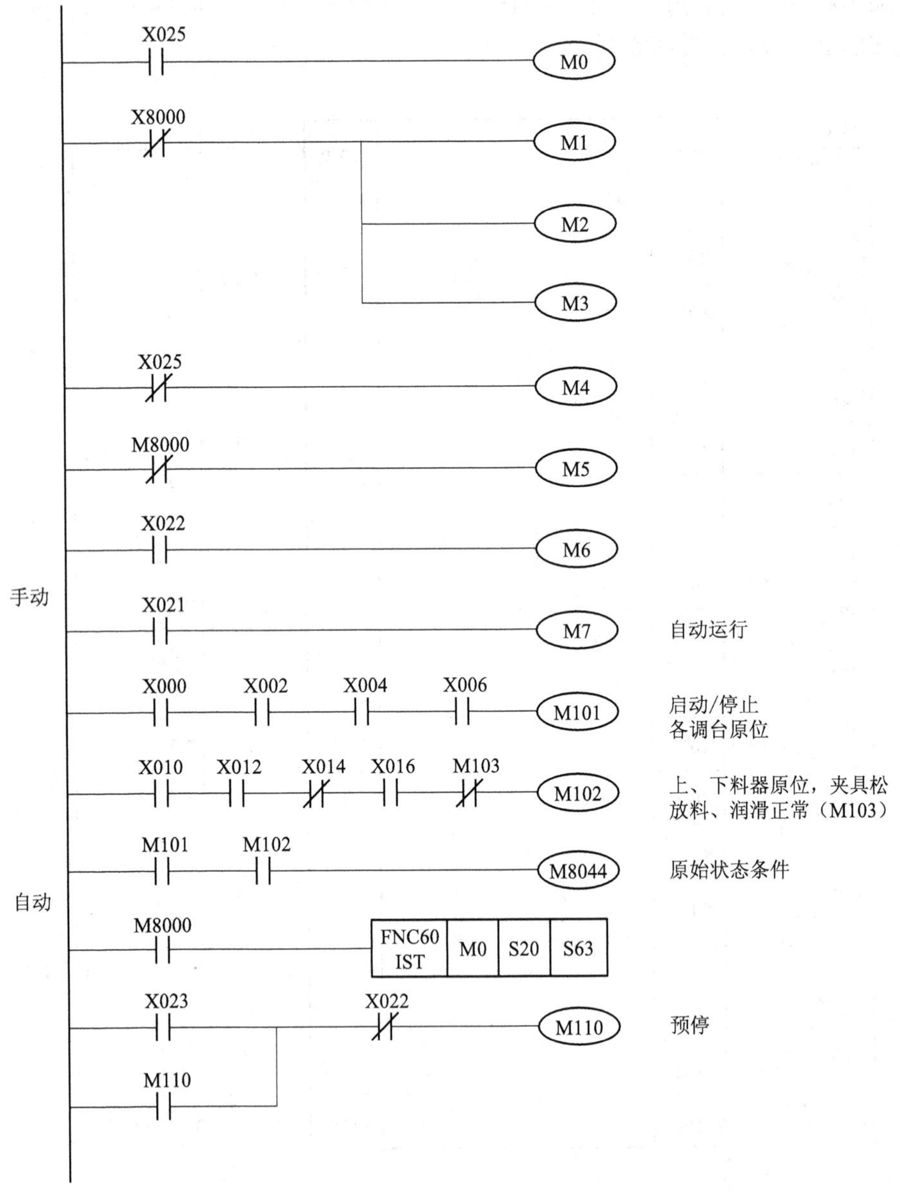

图 8－10 四工位组合机床 PLC 的控制程序 1

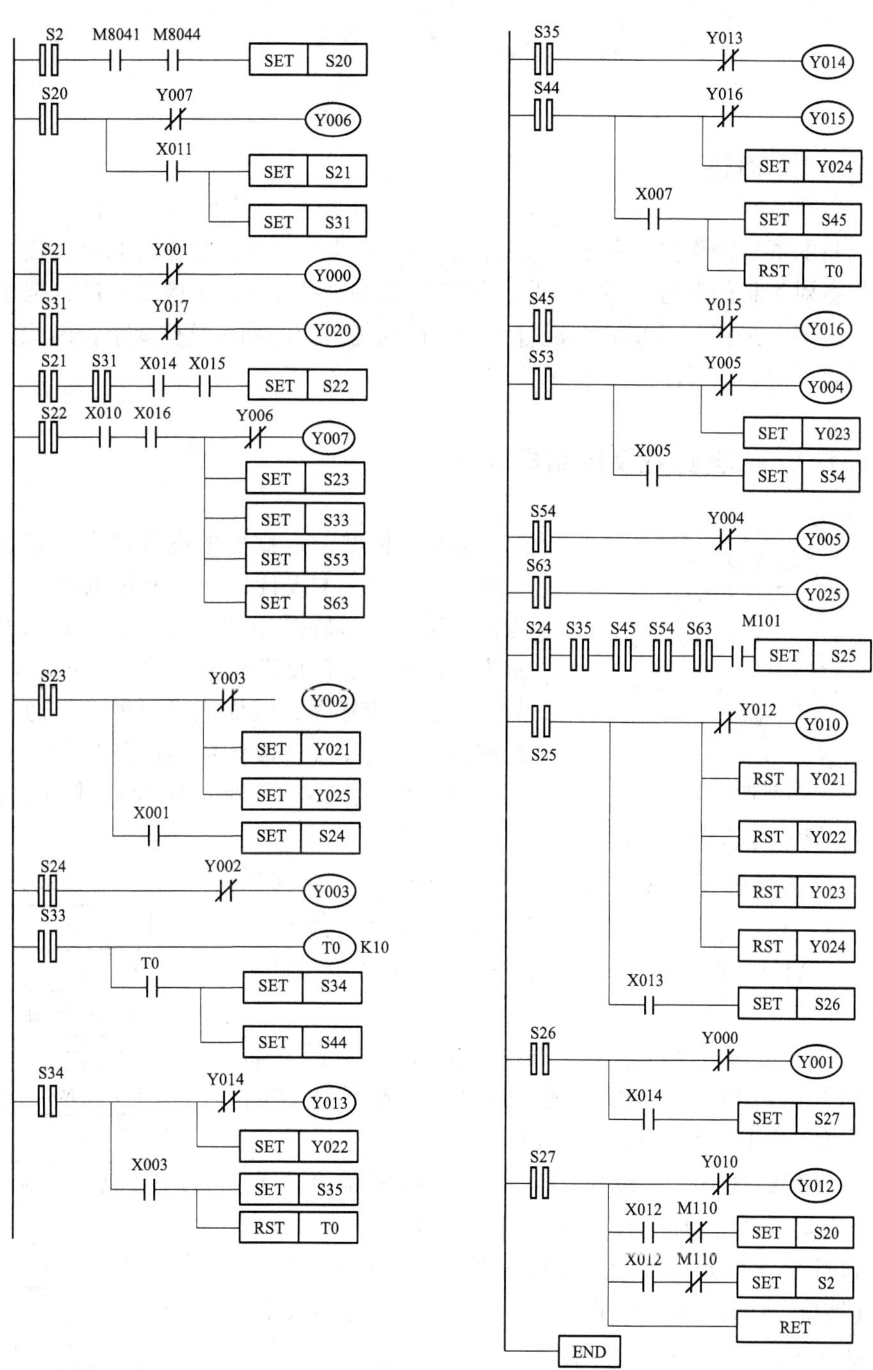

图 8－11　四工位组合机床 PLC 控制程序 2

8.4 液体混合装置中的PLC控制

8.4.1 概述

物料的混合操作是一些工厂关键的、不可或缺的一环，对物料混合装置的要求是设备对物料的混合质量高、生产效率和自动化程度高、适应范围广、抗恶劣工作环境等。采用PLC对物料混合装置进行控制恰恰能满足这些要求，因此多种物料混合的PLC控制具有广泛的应用。

8.4.2 工艺过程及控制要求

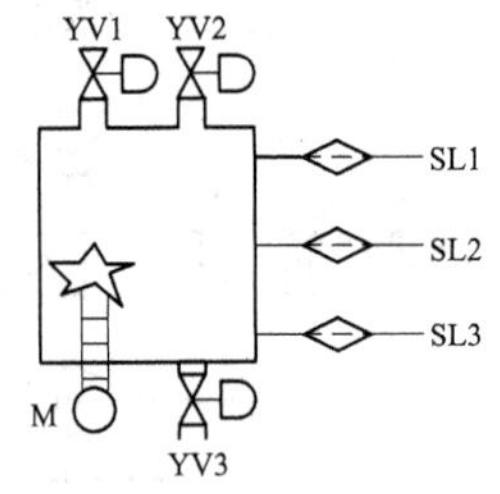

图8－12 两种液体混合装置示意图

多种液体按一定比例的混合是物料混合的一种典型形式。本设计以两种液体的混合装置为例，说明PLC在其中的应用，如图8－12所示为两种液体混合装置示意图，SL1、SL2、SL3为3个液面传感器，液面淹没时触点接通，两种液体的注入和混合液体流出阀门分别由电磁阀YV1、YV2、YV3控制，M为搅拌电动机。其工艺过程及控制要求如下：

（1）初始控制。装置投入运行时，液体A、B阀门YV1、YV2关闭，混合液阀门打开2 s，将容器放空后关闭。

（2）启动控制。按下启动按钮SB1，开始按下述要求动作：

当液体A阀门YV1打开，液体A流入容器。当液面到达SL2（液位I）时，SL接通，关闭液体A阀门YV1，打开液体B阀门YV2，流入液体B。

当液面到达SL1（液位H）时，关闭液体B阀门YV2，启动搅拌电动机M，搅拌1 min后停止搅动，混合液体阀门YV3打开，开始放出混合液体。当液面下降到SL3（液位L）时，SL3断开，再经过2 s后，容器放空，混合液体阀门YV3关闭，开始下一周期操作。

（3）按下停止按钮SB2后,要求不要立即停止工作,而是将停机信号记忆下来,直到完成一个工作循环时才停止工作。

两液体混合装置工作流程图如图8－13所示。

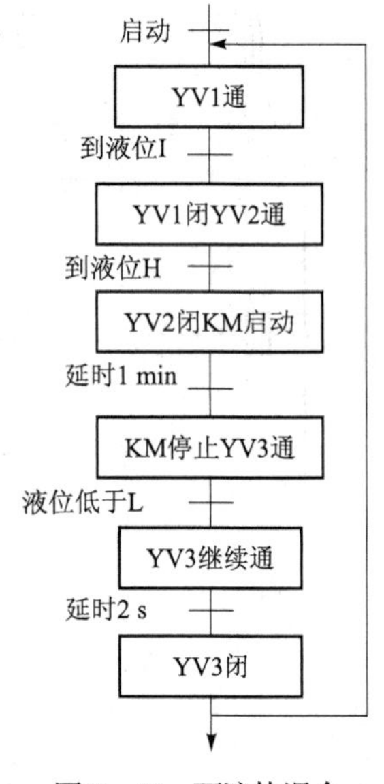

图8－13 两液体混合装置工作流程图

8.4.3 I/O 地址表

该系统的输入信号有：按钮 2 个，液位传感器 3 个，共 5 个输入信号；系统的输出信号有：电磁阀 3 个，电动机接触器 1 个，共 4 个输出点。选择用了 OMROM 公司的 CQM1H - CPU11/21 型 PLC ，其输入/输出地址编排如表 8 - 2 所示。

表 8 - 2　输入/输出地址编排

输　入			输　出		
器件号	地址号	功 能 说 明	器件号	地址号	功 能 说 明
SB1	00000	启动按钮	KM	10000	搅拌电机接触器
SB2	00001	停止按钮	YV1	10001	液体 A 流入电磁阀
SL1	00002	液面高（H）位传感器	YV2	10002	液体 B 流入电磁阀
SL2	00003	液面中（I）位传感器	YV3	10003	放出混合液体电磁阀
SL3	00004	液面低（L）位传感器			

8.4.4 I/O 电气接口图及控制程序

根据表 8 - 2，PLC 外部输入有 3 个液位传感器信号（SL1 ~ SL3），有 2 个按钮开关（SB1 ~ SB2）；PLC 外部输出有 3 个电磁阀（YV1 ~ YV3），1 搅拌电机的接触器 KM。两种液体混合装置控制系统的 I/O 电气接口图如图 8 - 14 所示。

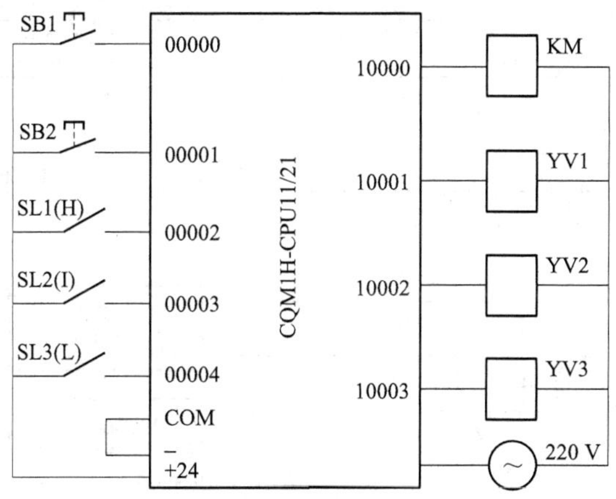

图 8 - 14　两种液体混合装置控制系统 PLC 的 I/O 电气接口图

控制程序说明如下：

根据两液体混合装置控制系统工艺流程、控制要求及程序设计框图，即可设计出该 PLC 的控制程序，具体如图 8－15 所示，指令见表 8－3。

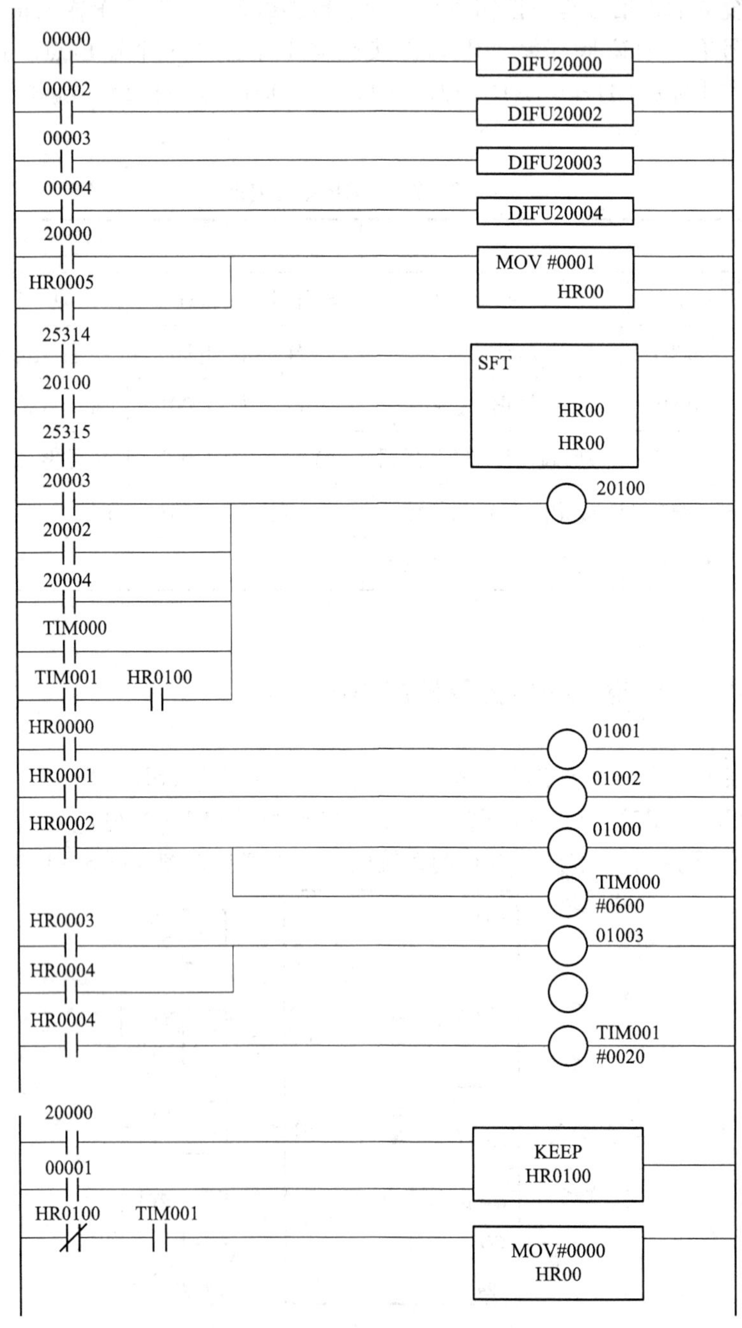

图 8－15　两液体混合装置 PLC 控制程序

表8－3 两液体混合装置PLC控制系统指令表

序号	指　令	序号	指　令
1	LD　00000	24	OR　LD
2	DIFU　20000	25	OUT　20100
3	LD　00002	26	LD　HR0000
4	DIFU　20002	27	OUT　01001
5	LD　00003	28	LD　HR0001
6	DIFU　20003	29	OUT　01002
7	LD　00004	30	LD　HR0002
8	DIFU　20004	31	OUT　01000
9	LD　20000	32	OUT　TIM 000
10	OR　HR0005	34	#0600
11	MOV　# 001	35	LD　HR0003
12	HR00	36	OR　HR0004
13	LD　25314	37	OUT　01003
14	LD　20100	38	LD　HR004
15	LD　25315	39	OUT　TIM 001
16	SFT　HR00	40	#0020
17	HR00	41	LD　20000
18	LD　20003	42	LD　00001
19	OR　20002	43	KEEP　HR0100
20	OR　20004	44	LD NOT　HR0100
21	OR　TIMOOO	45	AND　TIM 001
22	LD　TIM001	46	MOV　#0000
23	AND　HR0100	47	HR00

工作过程如下：

从所设计的控制程序图可以看出这是一种典型的步进控制，用位移寄存器指令（SFT）很方便地来实现步进控制。

（1）考虑到移位寄存器的移位脉冲用窄脉冲较为合适，所以将各启动按钮信号和各液体传感器信号用微分指令均转换成窄脉冲。

（2）按下启动按钮时，用MOV指令将位移寄存器通道的最低位HR000置“1”，并由该位控制输出继电器01001接通，使外接的YV1电磁阀通电打开，液体 A 流入容器。在按下启动按钮的同时，保持继电器 HR0100 接通并锁存。

（3）当液位高度上升到 I 时，液位传感器 I 闭合，输入继电器 00003 接通，其上升沿经微分后使 20100 接通一各扫描周期，而 20100 就作为移位寄存器的移动脉冲，使 HR00 通道中的各位依次移一位，即 HR0001 = 1。由于移位继电器的输入端逻辑为 25314，这是始终保持 OFF 的特殊功能寄存器，从而保证每次移位时均是“0”移入 HR00 通道的最低位。这时输出继电器 01001 断开使 YV1 电磁阀断电，而 HR0001 = 1 控制输出继电器 01002 接通，使外接的 YV2 电磁阀通电打开，液体 B 流入容器。

（4）当液体高度到达 I 时，输入继电器 00003 接通，其上升沿经微分后 20100 又接通一个扫描周期，使移位寄存器通道 HR00 中的各位再移一位，即 HR0002 = 1，此时输出继电器 01002 断开使 YV2 电磁阀断电，而输出继电器 01000 接通，使外接的接触器 KM 线圈通电，电动机启动运转，同时内部定时器 TIM000 开始定时。

（5）当定时器 TIM000 定时 60 s 时间到时，其常开触点闭合使 20100 接通，移位寄存器通道 HR00 中的各位再移 1 位，即 HR003 = 1 此时输出继电器 01000 断开使 KM 接触器线圈断电，电动机停转，而输出继电器 01003 接通，使外接的 YV3 电磁阀通电，混合后的液体排放到下一道工序去。

（6）当液体下降到传感器位置 I 以下时，液位传感器 I 断开，输入继电器 00004 断开，经下降沿微分后使 20100 接通一个扫描周期，位移寄存器 HR00 中的各位再移一位，即 HR0004 = 1，它一方面控制 YV3 电磁阀继续通电，同时使内部定时器 TIM001 开始定时。

（7）当定时器 TIM 定时 2 s 时间到时，其常开触点闭合使 20100 接通，位移寄存器通道 HR00 中的各位再移一位，即 HR0005 = 1。此时输出继电器 01003 断开使 YV3 电磁阀断电，完成一个循环的工作。同时 HR0005 节点闭合使 MOV 指令被执行，将位移寄存器通道的最顶位 HR000 置“1”，从而又开始新的循环。

（8）当按下停止按钮 SB2 时，输入继电器 00001 接通，使保持继电器 HR0100 复位，HR0100 的常开触点断开。因此在液体放完、定时器 TIM001 的延时时间到时，不再接通内部继电器 20100，而是执行 MOV 指令，将移位寄存器通道 HR00 全部清“0”，使整机停止工作。

8.5 常用多关节机械手的 PLC 控制

8.5.1 概述

多关节机械手的任务大多数是快速、准确地搬动物品或器件。例如，将传带

A 上的物品搬至传送带 B 上，或把某元件（电阻、电容等）取来送至印刷线路板上，按规定的动作和规律运行，如图 8-16 所示。多关节机械手有规律的运动若采用 PLC 来进行控制，是比较方便的。

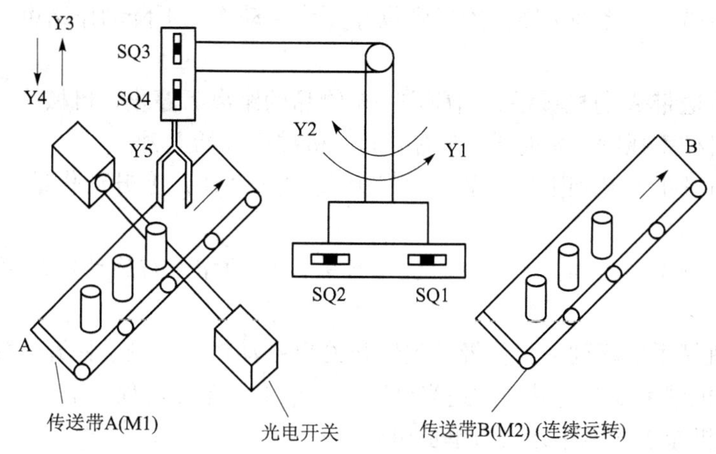

图 8-16 多关节机械手搬运物体工作示意图

8.5.2 工艺过程及控制要求

气动机械手搬运物品工作示意图如图 8-12 所示。传送带 A 为步进式传送，每当机械手从传送带 A 上取走一个物品时，该传送带向前步进一段距离，将使机械手下一个工作循环取走物品。

机械手的动作流程图如图 8-17 所示。

图 8-16 中传送带 1、2（即图中 A、B）分别由电动机 M1、M2 驱动，机械手的回转运动由 Y1、Y2 控制 M3 驱动，机械手的上、下运动由气动阀 Y3、Y4 控制，机械手的夹紧与放松由气动阀 Y5 控制。

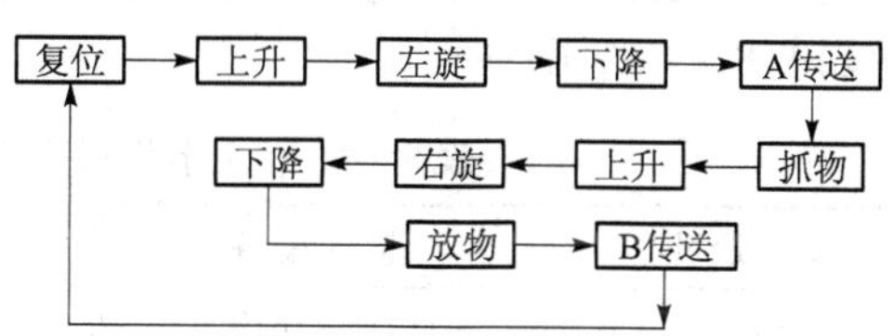

图 8-17 多关节机械手的动作流程图

有关到位信号分别是：右旋到位行程开关（状态开关）为 SQ1，左旋到位开关为 SQ2，手臂上升到位开关为 SQ3，下降到位开关为 SQ4。

用 PLC 控制后，气动机械手的动作要求如下：

(1) 机械手在原始位置时（右旋到位），SQ1 动作，按下启动按钮，机械手爪松开，传送带 B 开始运动，机械手手臂开始上升。

(2) 机械手上升到上限位置，到位开关 SQ3 动作，上升动作结束，机械手开始左旋。

(3) 机械手左旋到左限位置，到位开关 SQ2 动作，左旋动作结束，机械手开始下降。

(4) 机械手下降到下限位置，到位开关 SQ4 动作，下降动作结束，传送带 A 启动。

(5) 传送带 A 向机械手方向前进一个物品的距离后停止，机械手开始抓物。

(6) 机械手抓物，延时 1 s 左右时间，机械手开始上升。

(7) 机械手上升到上限位置，到位开关 SQ3 动作，上升动作结束，机械手开始右旋。

(8) 机械手中旋到右限位置，到位开关 SQ1 动作，右旋动作结束，机械手开始下降。

(9) 机械手下降到下限位置，到位开关 SQ4 动作，机械手松开，放下物品。

(10) 机械手放下物品经过适当延时，一个工作循环过程完毕。

(11) 机械手的工作方式为单步循环。

8.5.3 I/O 地址表

根据机械手控制系统 17 个数字量输入，8 个数字量输出，共需 25 点数字量 I/O，以及程序容量，选择西门子 S7 - 200 系列 PLC，且 CPU 224 作为主机。同时扩展一个 I/O 模块，选用 EM223 输入/输出混合扩展模块中的 4 点输入/4 点输出模块。

1. 数字量输入部分

在这个控制系统中，要求数字输入的有急停按钮，手动/自动按钮，以及上、下、左、右限位开关，光电开关等共 17 个输入点。多关节机械手数字输入地址分配如表 8 - 4 所示。

表 8 - 4　多关节机械手数字输入地址分配

输入地址	输入设备	输入地址	输入设备
I0.0	高速脉冲输入	I1.1	自动启动
I0.1	急停按钮	I1.2	上升限位开关
I0.2	手动/自动	I1.3	下降限位开关
I0.3	手臂上升	I1.4	左旋限位开关
I0.4	手臂下降	I1.5	右旋限位开关
I0.5	手臂左旋	I2.0	传送带 1 限位开关
I0.6	手臂右旋	I2.1	传送带 2 限位开关
I0.7	手爪抓紧	I2.2	传送带 2 启动
I1.0	手爪松开		

2. 模拟量输入部分

因为需要采集手指上传感器信号，所以扩展了两个模拟量输入模块，一共有5个模拟量的输入，具体分配如表8－5所示。

表8－5　多关节模拟量输入地址分配

输入地址	输入设备	输入地址	输入设备
AIW0	传感器1	AIW6	传感器4
AIW2	传感器2	AIW8	传感器5
AIW4	传感器3		

3. 数字量输出部分

这个控制系统的外部设备主要有上升/下降电磁阀、左旋/右旋继电器、抓紧/松开电磁阀，以及控制传送带A启停的继电器，共8个数字量输出点，具体分配如表8－6所示。

表8－6　数字量输出地址分配

输出地址	输出设备	输出地址	输出设备
Q0.0	高速脉冲输出	Q0.4	右旋继电器
Q0.1	上升电磁阀	Q0.5	抓紧电磁阀
Q0.2	下降电磁阀	Q0.6	松开电磁阀
Q0.3	左旋继电器	Q0.7	传送带2继电器

8.5.4　I/O电气接口图

根据系统的控制要求、硬件框图及I/O分配情况，多关节机械手控制系统PLC控制部分的硬件接线图如图8－18所示。

由图可见要完成系统的功能除了PLC及其扩展模块之外，还需各种限位开关、光电开关、传感器及编码盘等一些设备。

1. 各种限位开关

在这个系统中，共用了4个限位开关：上升限位开关、下降限位开关、左旋限位开关和右旋限位开关。限位开关主要是用来控制机械手在运动过程中的停止时刻和位置。

在传送带上各有一个光电开关，此开关的作用主要用来指示物料是否到位，若物料到位（传送带1机械手可操作的位置，传送带2物料所到达的目标位置），则传送带停止，物料被操作，操作结束后等待下一个物料。

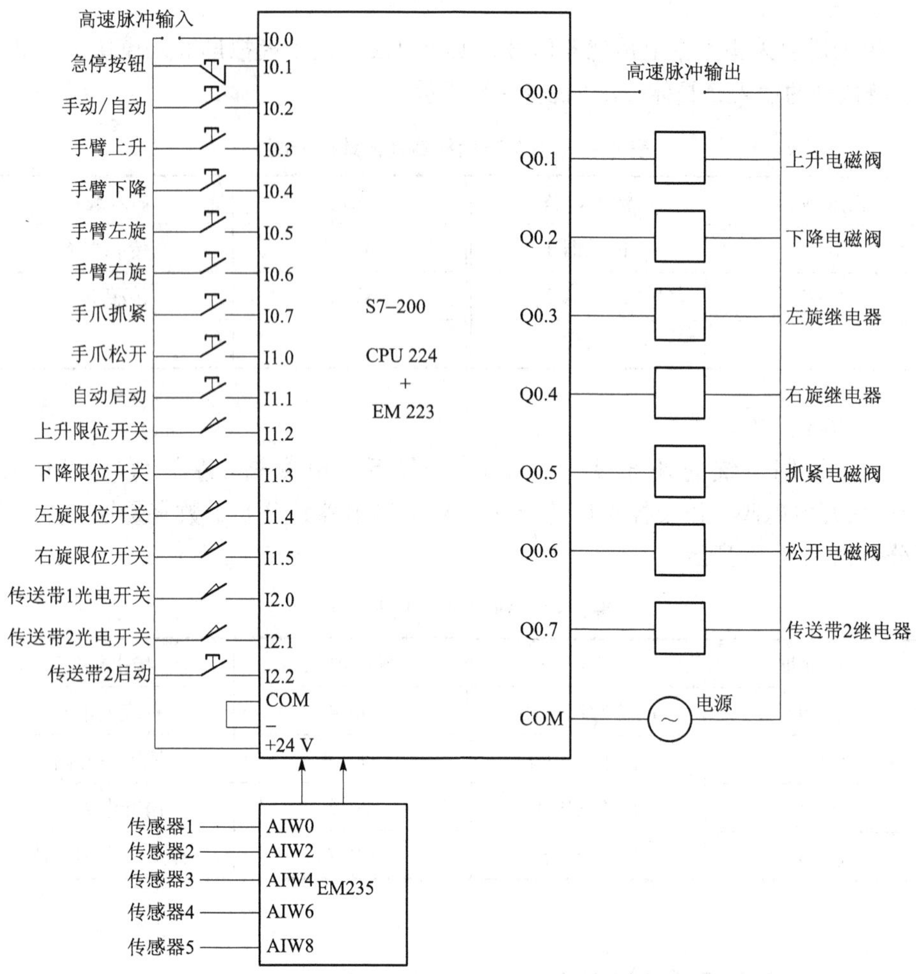

图 8－18　多关节机械手控制系统 PLC 控制部分的硬件接线图

2. 光电开关

在传送带 1 和传送带 2 上各有一个光电开关，此开关的作用主要用来指示工件是否到位。传送带 1 上的光电开关用于检测工件是否已到机械手可操作的工位，若到位则传送带 1 停止，等待工件被取走；传送带 2 上的光电开关则置于压盖机处，当工件到达压盖机时，传送带 2 停止，对工件进行压盖操作，操作结束后等待下一个工件。

3. 传感器

此系统采用的是多关节机械手，由于要适应各种形状的物料，所以要在手指受力的部分安装压力传感器，将压力值传入 PLC，然后进行判断，防止抓紧时压力过大对物料造成的损害。

4. 各种电磁阀

此系统中机械手手臂的上升和下降是用汽缸来实现的，使用 2 个汽缸，一个电磁阀就能实现手臂的上升和下降，相对于利用电动机的正反转来实现升降，汽缸控制简单方便。多关节机械手手爪的抓紧和松开也用了 2 个电磁阀。

5. 继电器

考虑到成本的节约，系统中传送带 2 并不是时刻连续地运转传送，而是根据机械手的工作情况由控制接携手的控制系统来控制传送带 2 的工作。因此就必须在传送带 2 的电动机部分安装一个可以控制电动机运转和停止的继电器，再连接到 PLC 以控制接触器，最后达到控制目的。

6. 各种按钮

急停按钮采用带锁的，常闭触点，按下后旋转复位；手动/自动按钮采用旋钮，一边常闭，一边常通其余按钮均采用触点触发式，按下即接通，松开则复位。

8.5.5 软件系统设计

1. 总体流程设计

根据系统控制的要求，此机械手工作时的动作有如下几个步骤，如图 8 - 19 所示。

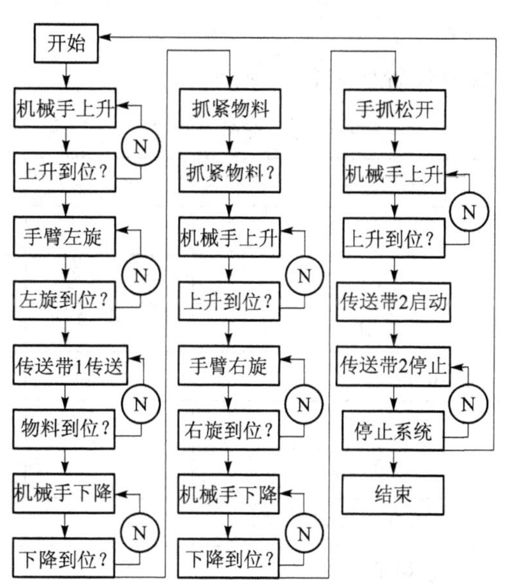

图 8 - 19　多关节机械手控制系统流程图

（1）旋钮置于自动方式，按下启动按钮，工作台开始工作。

（2）机械手在汽缸的驱动下上升到设定的位置，同时传送带 1 开始启动运行。

（3）机械手手臂开始左旋到设定位置，同时传送带 1 上的光电开关检测物料是否到位。

（4）若传送带 1 上的物料到达位置，则机械手在汽缸驱动下下降到设定位置；如果物料没有到位，则机械手在上限位置等待物料到位。

（5）若传送带 1 上的物料到达位置，则机械手在汽缸驱动下下降到设定位置；如果物料没有到位，则机械手在上限位置等待物料到位。

（6）手爪抓紧物料后，机械手上升至设定位置。

（7）上升到位后，机械手开始右旋设定位置。

（8）手臂右旋到位后，开始下降到设定位置。

（9）下降到位后，手爪松开，放下物料，同时开始计时，时间为 5 s。

（10）放下物料后机械手在此上升至谁的那个位置。

（11）定时时间到，传送带 2 启动，将物料传送到目的地。

（12）物料传送到位后，传送带 2 停止。

如果没有收到停止信号，则机械手上升，继续重复（2）到（12）；若收到停止信号。则停止所有 PLC 设备，使多关节机械手的所有动作停止。

该程序设置有自动和手动两种工作方式，手动控制主要是用来调试程序，自动方式里 PLC 是按照设定好的参数和顺序来工作运行，在正常工作状态下使用。

2. 各个操作段模块的设计

程序中用到的元件及设置如表 8－7 所示。

表 8－7　元件及设置

编　号	意　　义	内　容	备　　注
M0.0	急停		on 有效
M0.1	手动		on 有效
M0.2	自动		on 有效
M1.0	机械手上升		on 有效
M1.1	手臂左旋		on 有效
M1.2	机械手下降		on 有效
M1.3	手爪抓紧物料		on 有效
M1.4	机械手上升		on 有效
M1.5	手臂右旋		on 有效
M1.6	机械收下降		on 有效
M1.7	手爪松开物料		on 有效

续表

编　号	意　　义	内　容	备　　注
M2.0	机械手上升		on 有效
M2.1	传送带 2 启动		on 有效
M2.2	传送带 2 停止		on 有效
T37	一个循环结束后等待时间	10	1 s
VW0	1#传感器值存储单元		
VW2	2#传感器值存储单元		
VW4	3#传感器值存储单元		
VW6	4#传感器值存储单元		
VW8	5#传感器值存储单元		
VW10	抓取物料的标志压力值存储单元		

3. 各操作段自动操作程序梯形图

多关节机械手控制系统梯形图及指令表分别如图 8－20～图 8－29 所示。

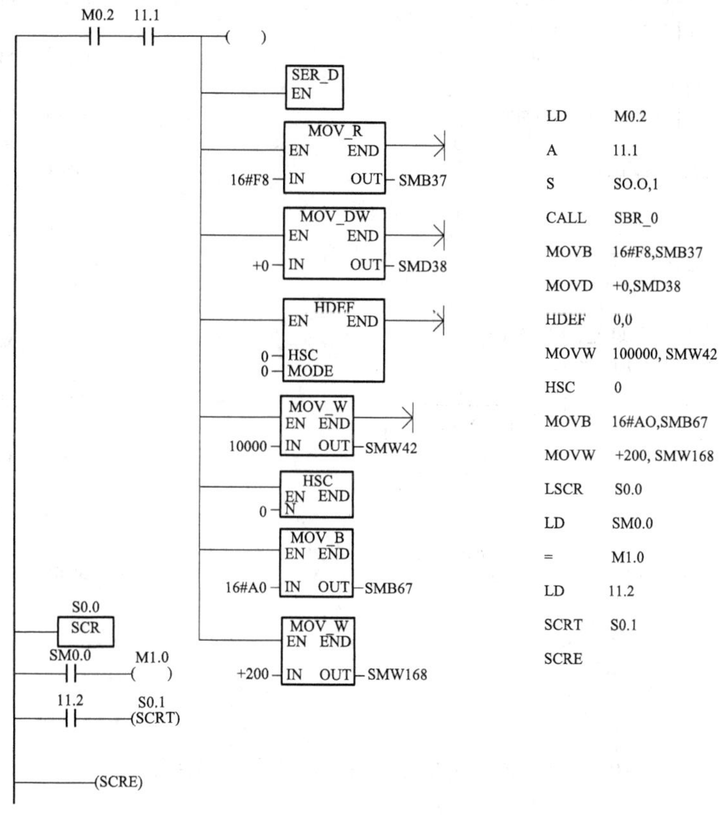


```
LD      M0.2
A       11.1
S       SO.O,1
CALL    SBR_0
MOVB    16#F8,SMB37
MOVD    +0,SMD38
HDEF    0,0
MOVW    100000, SMW42
HSC     0
MOVB    16#AO,SMB67
MOVW    +200, SMW168
LSCR    S0.0
LD      SM0.0
=       M1.0
LD      11.2
SCRT    S0.1
SCRE
```

图 8－20　多关节机械手控制系统梯形图及指令表 1

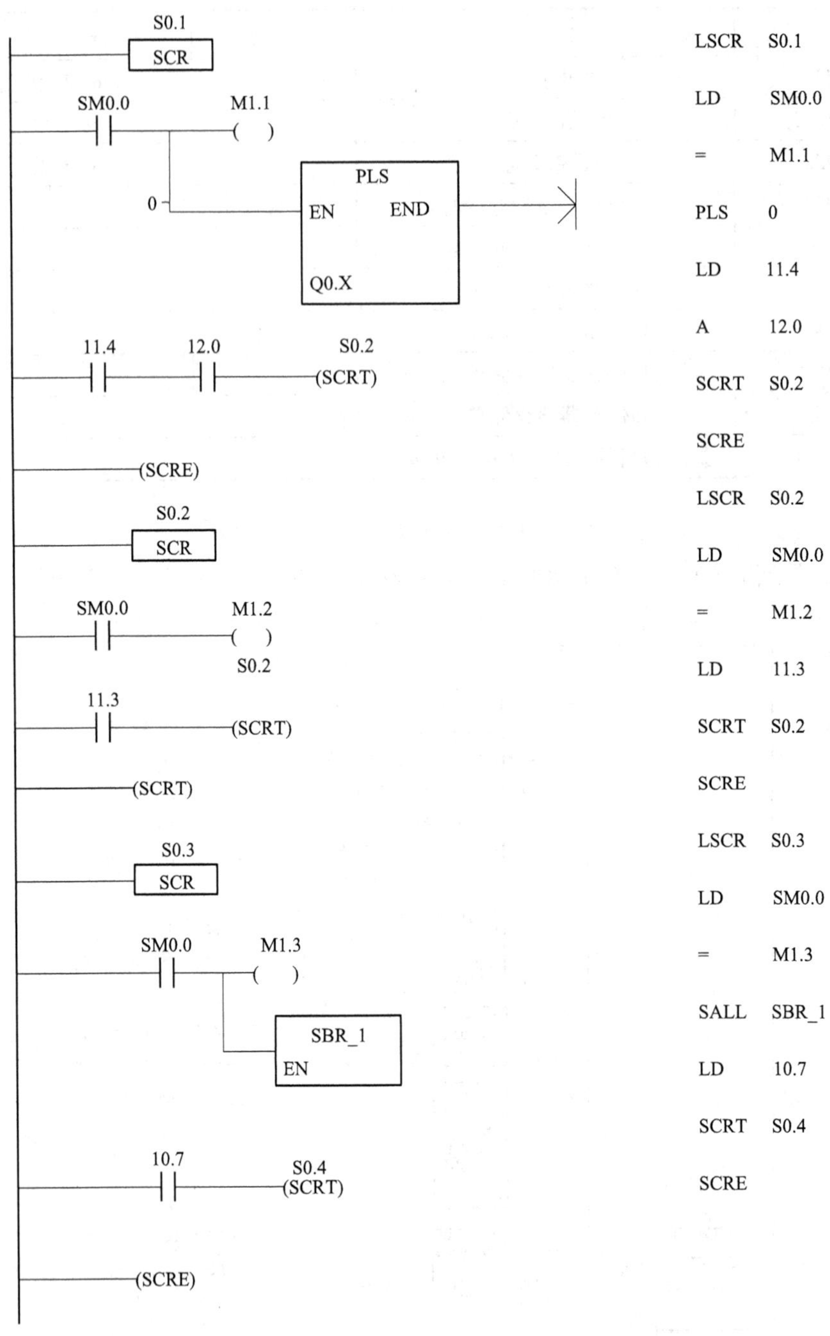

图 8－21 多关节机械手控制系统梯形图及指令表 2

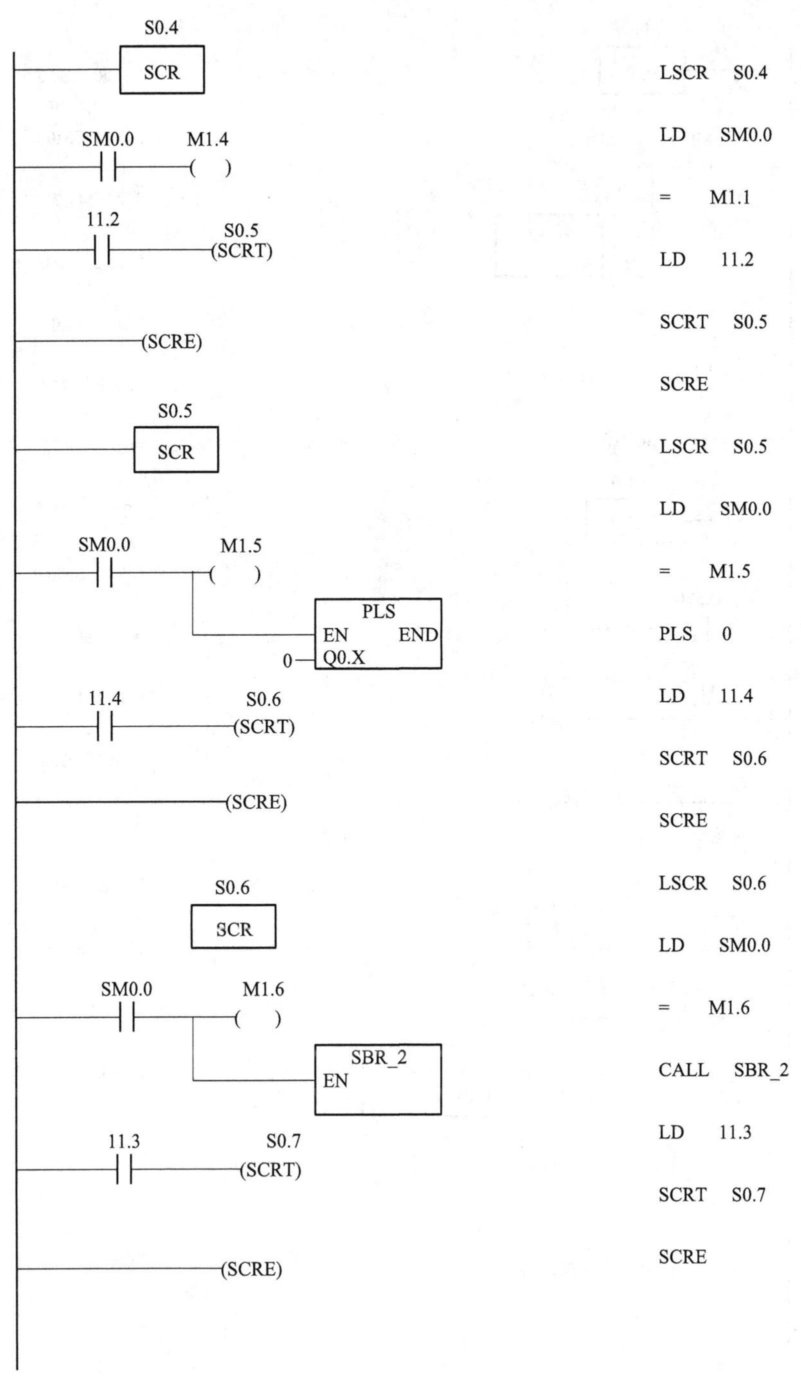

图8－22 多关节机械手控制系统梯形图及指令表3

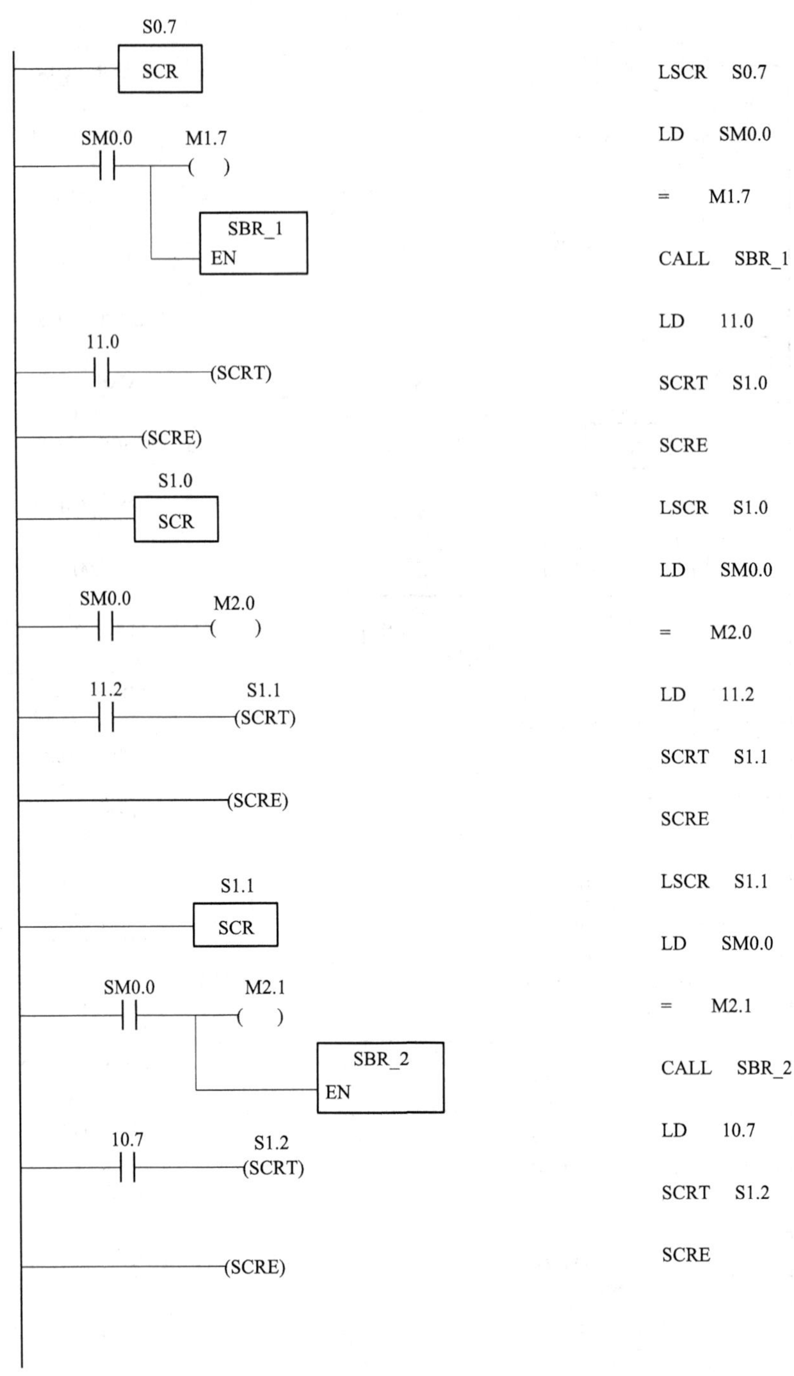

图 8－23　多关节机械手控制系统梯形图及指令表 4

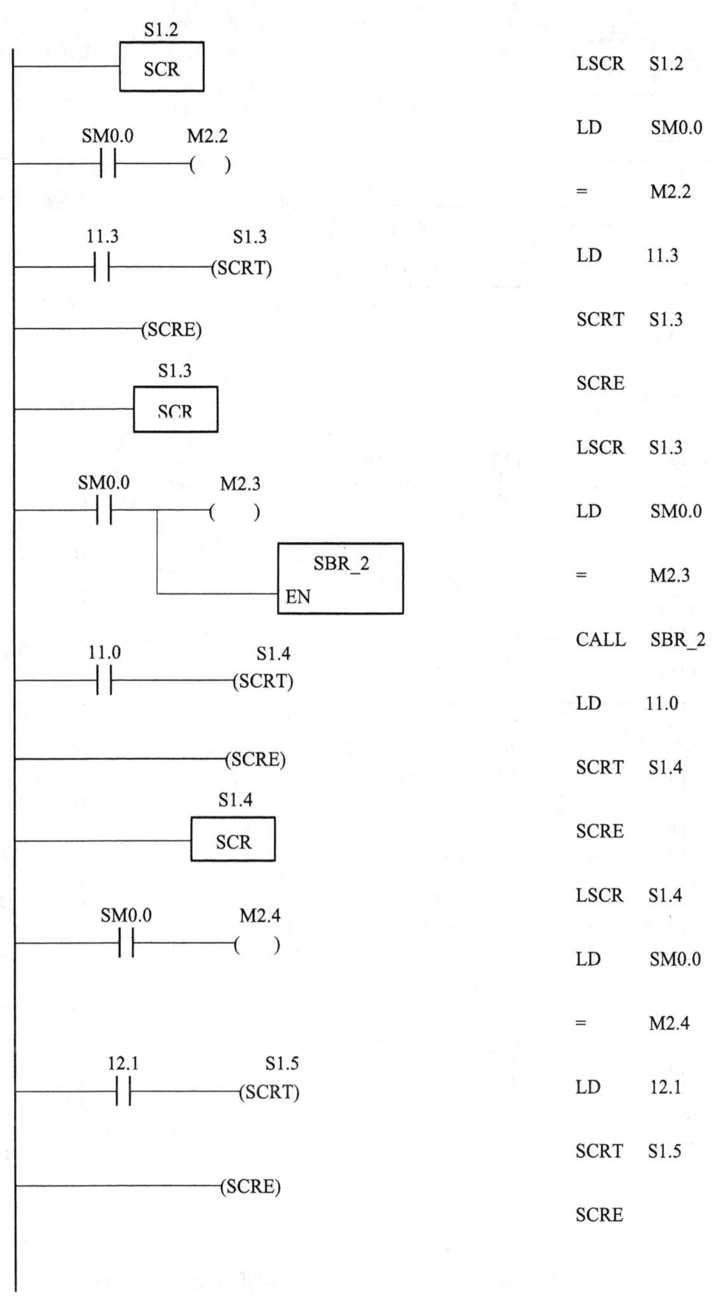

图 8－24　多关节机械手控制系统梯形图及指令表 5

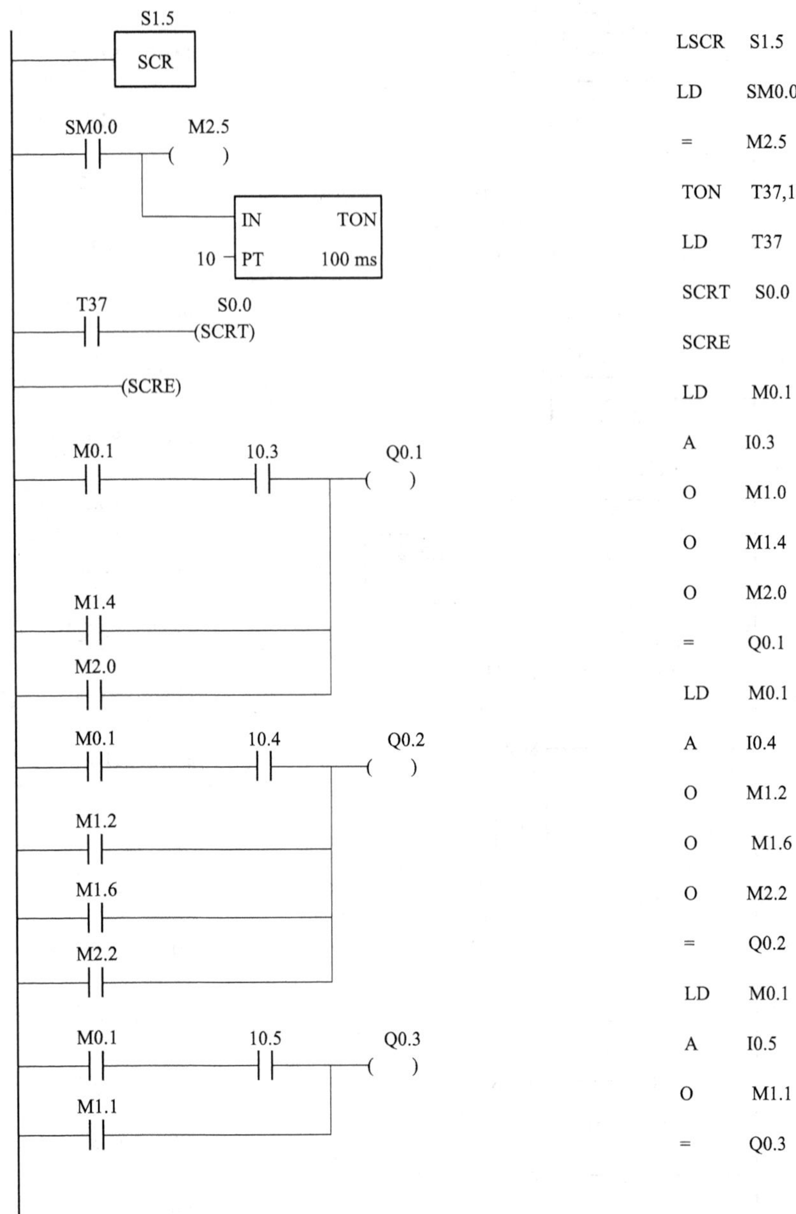

图 8－25　多关节机械手控制系统梯形图及指令表 6

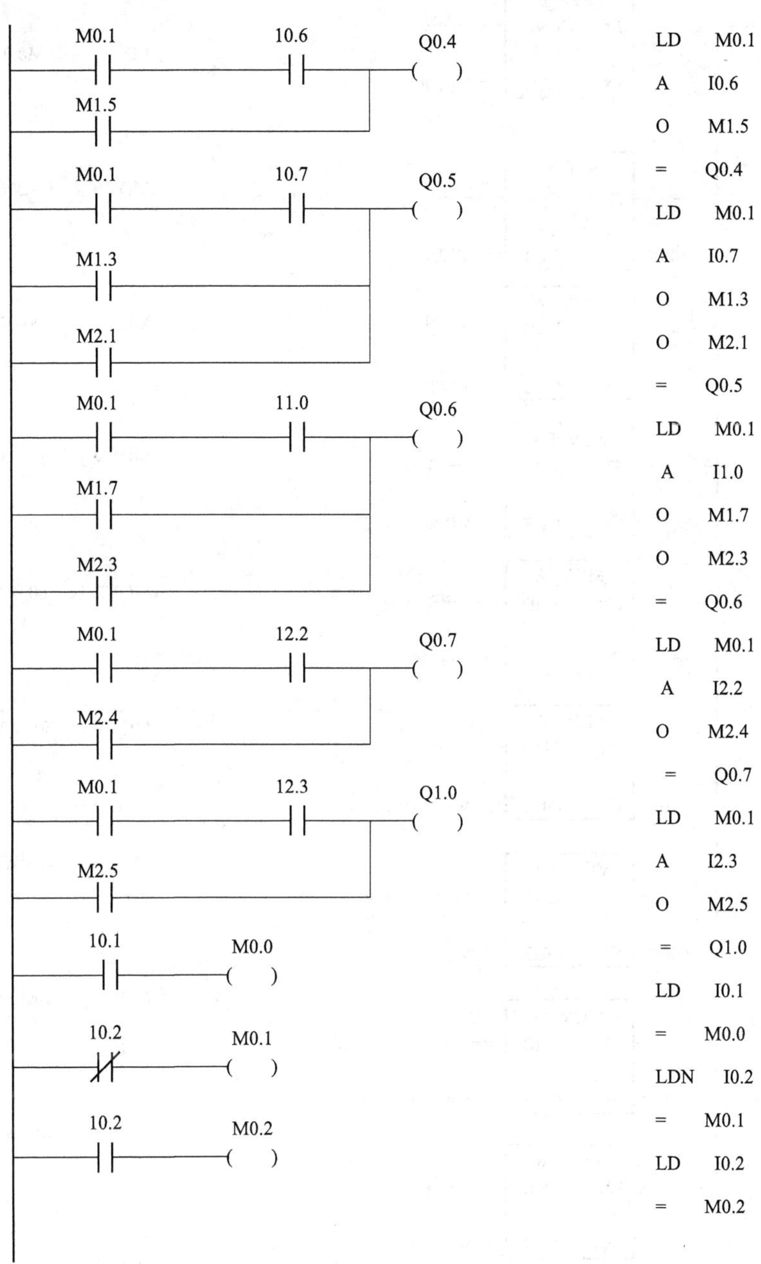

图 8 – 26　多关节机械手控制系统梯形图及指令表 7

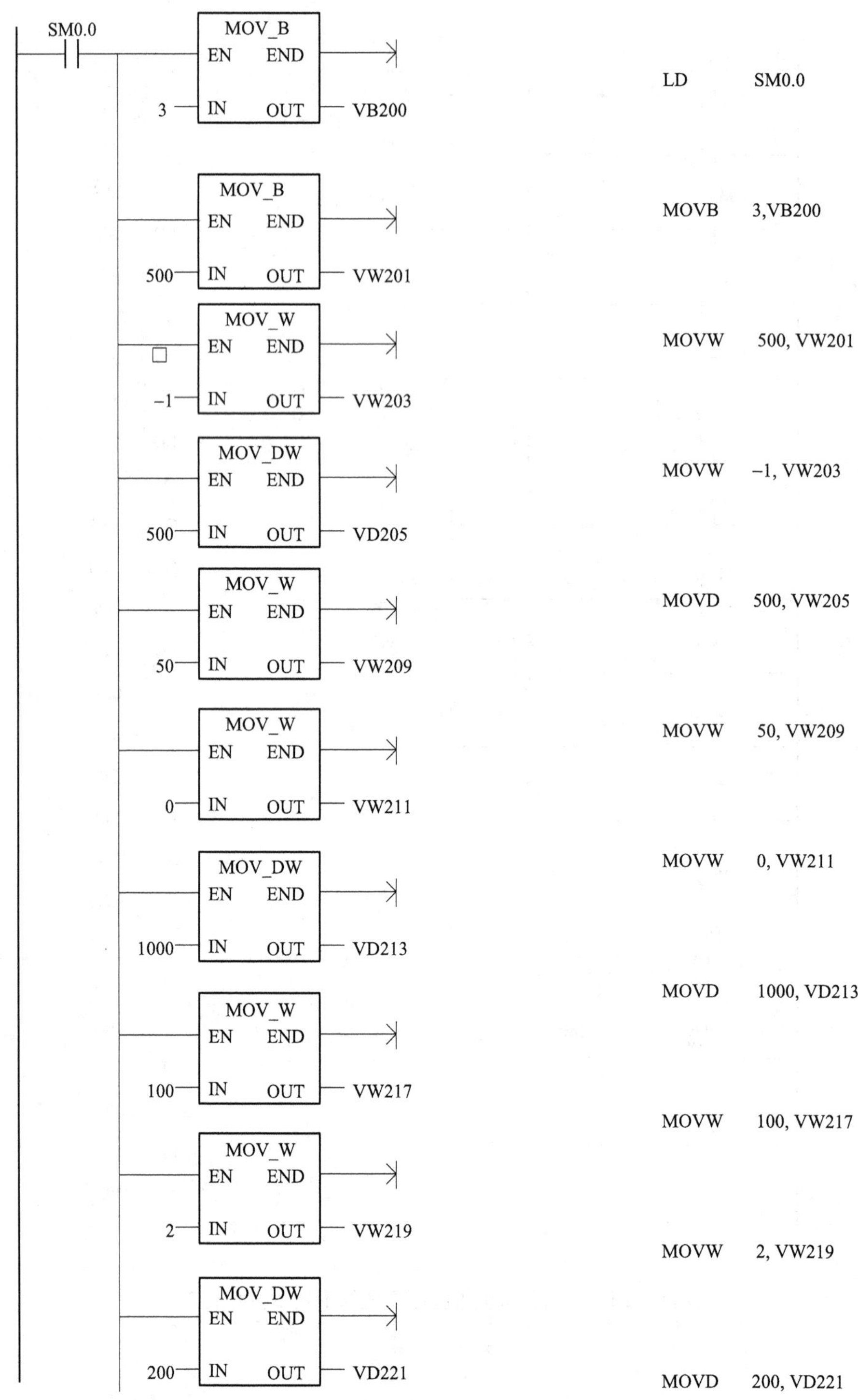

图 8－27　多关节机械手控制系统多段脉冲输出梯形图及指令表

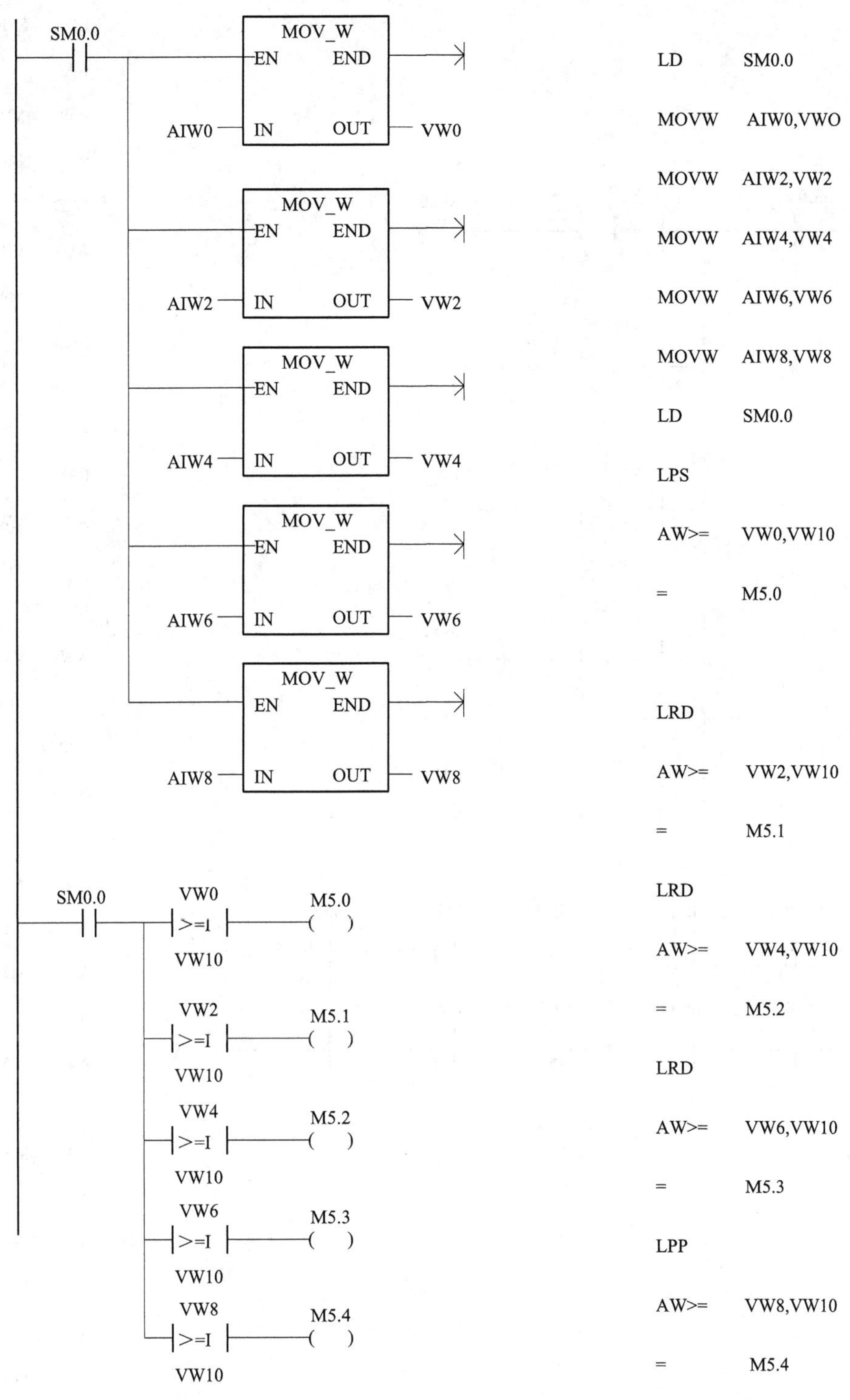

图 8－28　多关节机械手控制系统传感器及指令表 1

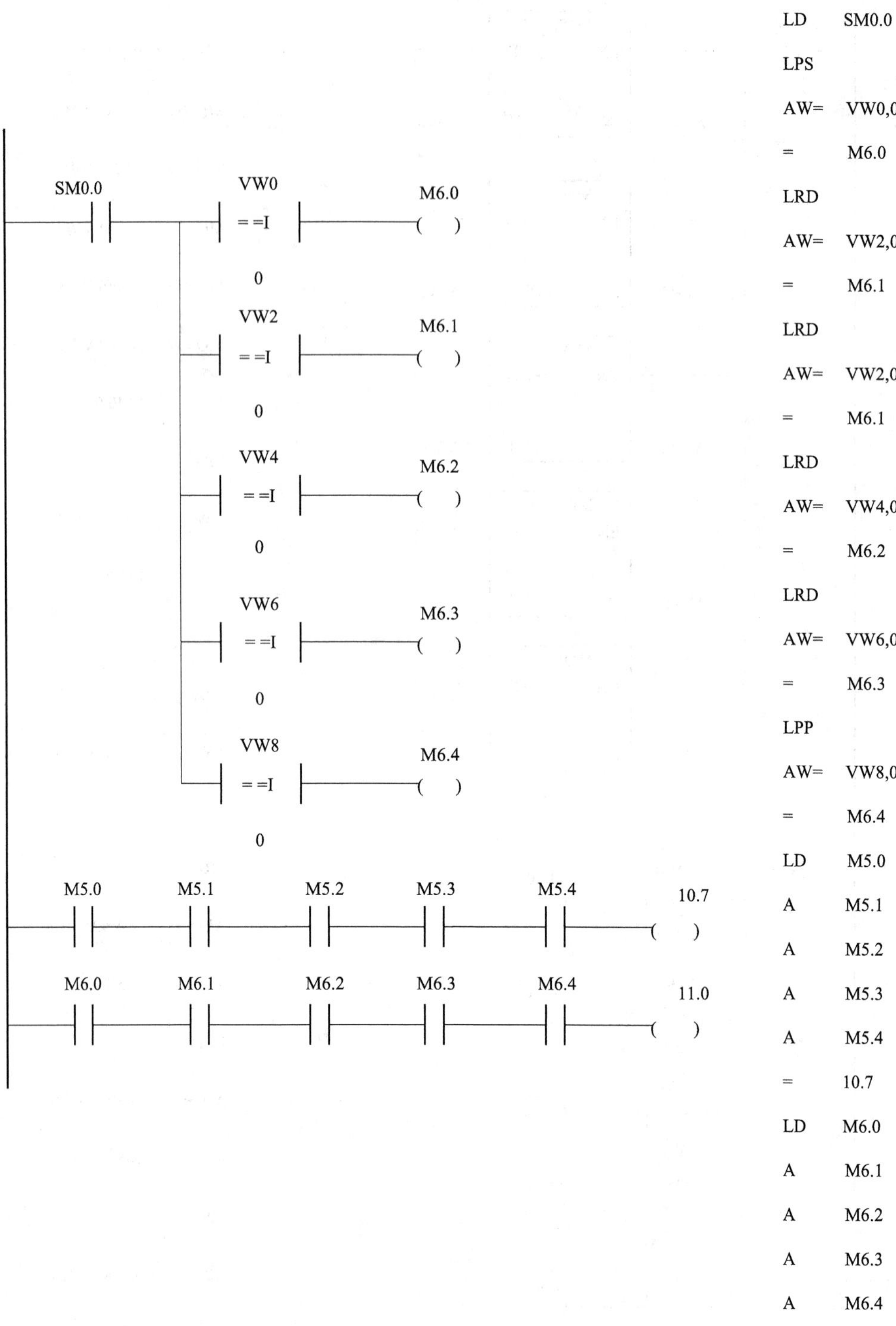

图 8－29　多关节机械手控制系统传感器及指令表 2

附录1 电气控制电路中常用图形符号和文字符号

名称	图形符号	文字符号	名称	图形符号	文字符号	名称	图形符号	文字符号
三极刀开关		QS	三极断路器		QF	可变电阻器		R
按钮动合触点		SB	断电延时缓放线圈		KT	热继电器动断触点		FR
按钮动断触点		SB	通电延时缓吸线圈		KT	热继电器热元件		FR
复合按钮		SB	延时断开动合触点	或	KT	电流互感器	或	TA
位置开关动合触点		SQ	延时断开动断触点	或	KT	直流电动机	M	MD
位置开关动断触点		SQ	延时闭合动合触点	或	KT	三相笼型异步电动机	M 3~	MC
中间继电器动合触点		KA	延时闭合动断触点	或	KT	电抗器		L
中间继电器动断触点		KA	信号灯		HL	电铃		HA
中间继电器线圈		KA	熔断器		FU	负荷开关		QS
过流继电器线圈	I>	KA	单极开关		SA	隔离开关		QS
欠压继电器线圈	U<	KV	接触器动合触点		KM	电磁铁		YA
速度继电器动合触点	n	KS	接触器动断触点		KM	电磁制动器		YB
速度继电器动断触点	n	KS	交流接触器线圈		KM	电磁离合器		YC

注：图形符号标准为 GB 4728—1984；文字符号标准为 GB 7159—1987。

附录2 欧姆龙 CQM1H 的 CPU 单元规格

项 目	规 格	
控制方法	储存程序法	
I/O 控制方法	循环扫描，直接输出/立即中断处理	
编程语言	梯形图	
I/O 容量	CQM1H－CPU11/21：256 点 CQM1H－CPU51/61：512 点	
程序容量	CQM1H－CPU11/21：3.2 K 字 CQM1H－CPU51： 7.2 K 字 CQM1H－CPU61： 15.2 K 字	
数据存储器容量	CQM1H－CPU11/21：3 K 字； CQM1H－CPU51： 6 K 字； CQM1H－CPU61： 12 K 字（DM：6 K 字；EM：6 K 字）	
指令长度	1 步/指令：1～4 字/指令	
指令种类	162 条（14 条基本指令，148 条特殊指令）	
指令执行时间	基本指令：0.375～1.125 μs 特殊指令：17.7 μs（MOV 指令）	
监视时间	0.70 ms	
安装构造	无底板（单元利用连接器水平相连）	
安装	DIN 导轨安装（无需螺丝钉安装）	
CPU 单元内置输入点数	16 点	
最大单元数	I/O 单元或专用 I/O 单元，最多可连 11 个	使用扩展单元，CPU 单元可连接最多 5 个单元，扩展单元可连接 11 个单元
内装板	CQM1H－CPU11/21：无 CQM1H－CPU51/61：2 块板	
通信单元 (Controller Link 单元)	CQM1H－CPU11/21：无 CQM1H－CPU51/61：1 个单元	

续表

<table>
<tr><th colspan="2">项　　目</th><th>规　　格</th></tr>
<tr><td rowspan="3">中断类型</td><td>输入中断（最多4路输入）</td><td>输入中断模式：
响应从外部源到CPU单元内置输入点的输入，执行中断。
计数器模式：
响应由CPU单元内置（4路）输入点接收到的一系列的脉冲（减法计数），中断执行</td></tr>
<tr><td>间隔定时器中断（最多3个定时器）</td><td>定时中断模式：
程序按CPU单元内部定时器的设定，每隔固定时间执行中断。
单触发中断模式：
在CPU单元内部定时器设定时间之后，执行中断</td></tr>
<tr><td>高速计数器中断</td><td>目标值比较：
高速计数器PV值等于一个具体数值时，执行中断。
范围比较：
高速计数器PV值等于一个具体数值时，执行中断。
说明：CPU单元内置输入点，脉冲I/O板或绝对值编码器接口板，有高速计数器输入功能。（高速计数器板无中断功能，但可在内部和外部输出位模式）</td></tr>
<tr><td colspan="2">I/O分配</td><td>从最接近CPU单元的单元起按顺序自动分配I/O（由于无I/O表，编程工具也无须建立I/O表）</td></tr>
</table>

说明：模拟量电源单元也需计算在内。

附录3 CQM1H 系列 PLC 指令系统

■ 顺序指令

顺序输入指令

名　　称	助记符	代　码
LOAD	LD	注释1
LOAD NOT	LD NOT	
AND	AND	
AND NOT	AND NOT	
OR	OR	
OR NOT	OR NOT	
AND LOAD	AND LD	
OR LOAD	OR LD	

顺序输出指令

名　　称	助记符	代　码
OUTPUT	OUT	注释1
OUT NOT	OUT NOT	注释1
KEEP	KEEP	11
DIFFERENTIATE UP	DIFU	13
DIFFERENTIATE DOWN	DIFD	14
SET	SET	注释1
RESET	RSET	注释1

顺序控制指令

名　　称	助记符	代　码
END	END	01
NO OPERATION	NOP	00
INTERLOCK	IL	02
INTERLOCK CLEAR	ILC	03
JUMP	JMP	04
JUMP END	JME	05

■ 逻辑指令

名　　称	助记符	代　码
LOGICAL AND	(@) ANDW	34
LOGICAL OR	(@) ORW	35
EXCLUSIVE OR	(@) XORW	36
EXCLUSIVE NOR	(@) XNRW	37
COMPLEMENT	(@) COM	29

■ 定时器/计数器指令

名　　称	助记符	代　码
TIMER	TIM	注释1
HIGH-SPEED TIMER	TIMH	15
TOTALIZING TIMER	TTIM	注释2/3
COUNTER	CNT	注释1
REVERSIBLE COUNTER	CNTR	12

■ 步进指令

名　　称	助记符	代　码
STEP DEFINE	STEP	08
STEP START	SNXT	09

■ 数据移动指令

名　　称	助记符	代　码
SHIFT REGISTER	SFT	10
REVERSIBLE SHIFT REGISTER	(@) SFTR	84
ONE DIGIT SHIFT LEFT	(@) SLD	74
ONE DIGIT SHIFT RIGHT	(@) SRD	75
ASYNCHRONOUS SHIFT REGISTER	(@) ASFT	(17：注释2)
WORD SHIFT	(@) WSFT	16
ARITHMETIC SHIFT LEET	(@) ASL	25
ARITHMETIC SHIFT RIGHT	(@) ASR	26
ROTATE LEFT	(@) ROL	27
ROTATE RIGHT	(@) ROR	28

■ 增减指令

名　　称	助记符	代　码
INCREMENT	(@) INC	38
DECREMENT	(@) DEC	39

■ 数据控制指令

名　　称	助记符	代　码
PID CONTROL	PID	注释 2
SCALE	(@) SCL	(66：注释 2)
SCALE2	(@) SCL2	注释 2
SCALE3	(@) SCL3	注释 2
AVERAGE VALUE	AVG	注释 2

注释 1：通过编程器键入。

注释 2：扩展指令（在编程前设置功能代码。）

注释 3：新（COM1 不支持）。

注释 4：由 2000 年 6 月 1 日及以后版的 CQM1H CPU 单元支持。

■ 子程序命令

名　　称	助记符	代　码
SUBROUTINE ENTER	(@) SBS	91
SUBROUTINE ENTRY	SBN	92
SUBROUTINE RETURN	RET	93
MACRO	(@) MCRO	99

■ 中断指令

名　　称	助记符	代　码
INTERRUPT CONTROL	(@) INT	(69：注释 2)
INTERVAL TIMER	(@) STIM	(69：注释 2)

■ 高速计数器和脉冲输出指令

名　　称	助记符	代　码
MODE CONTROL	(@) INI	(61：注释2)
PV READ	(@) PRV	(62：注释2)
COMPARE TABLE LOAD	(@) CTBL	(63：注释2)
SET PULSE	(@) PULS	(65：注释2)
CHANGE FREOUENCY	(@) SPED	(64：注释2)
FREQUENCY CONTROL	(@) ACC	注释2
POSITIONING	(@) PLS2	注释2
PWM OUTPUT	(@) PWM	注释2

■ I/O 单元指令

名　　称	助记符	代　码
I/O REFRESH	(@) IORF	97
7－SEGMENT DECOOER	(@) SDEC	78
7－SEGMENT DISPLAY OUTPUT	7SEG	(88：注释2)
DIGITAL SWITCH	DSW	(87：注释2)
TEN KEY INPUT	(@) TKY	(18：注释2)
HEXADECIMAL KEY INPUT	HKY	注释2

■ 数据传输指令

名　　称	助记符	代　码
MOVE	(@) MOV	21
MOVE NOT	(@) MVN	22
MOVE BIT	(@) MOVB	82
MOVE DIGIT	(@) MOVD	83
MULTIPLE BIT TRANSFER	(@) XFRB	注释2
BLOCX TRANSFER	(@) XFER	70
BLOCX SET	(@) BSET	71
DATA EXCHANGE	(@) XCHG	73
SINGLE WORD DISTRIBUTE	(@) DIST	80
DATA COLLECT	(@) COLL	81

■ 串行通信指令

名　　称	助记符	代　码
PROTOCOL MACRO	（@） PMCR	注释 2/3
TRANSMIT	（@） TXD	（48：注释 2）
RECEIVE	（@） RXD	（47：注释 2）
CHANGE SERIAL PORT SETUP	（@） STUP	注释 2/3

■ 网络通信指令

名　　称	助记符	代　码
NETWORK SEND	（@） SEND	90（注释 3）
NETWORK RECEIVE	（@） RECV	98（注释 3）
DELIVER COMMAND	（@） CMND	注释 2/3

■ 信息指令

名　　称	助记符	代　码
MESSAGE	（@） MSG	46

■ 时钟指令

名　　称	助记符	代　码
HOURS TO SECONDS	（@） SEC	注释 2
SECONDS TO HOURS	（@） HMS	注释 2

■ 调试指令

名　　称	助记符	代　码
TRACE MEMORY SAMPLE	TRSM	45

■ 温度控制单元指令

名　　称	助记符	代　码
TRANSFER I/O COMMAND	IOTC	Note 2/4

■ 数据比较指令

名　　称	助记符	代　码
COMPARE	CMP	20
DOUBLE COMPARE	CMPL	(60：注释 2)
SIGNED BINARY COMPARE	CPS	注释 2
SIGNED BINARY DOUBLE COMPARE	CPSL	注释 2
MULTI-WORD COMPARE	(@) MCMP	(19：注释 2)
TABLE COMPARE	(@) TCMP	85
BLOCK COMPARE	(@) BCMP	(68：注释 2)
RANGE COMPARE	ZCP	注释 2
PANGE DOUBLE COMPARE	ZCPL	注释 2

■ 算术指令

名　　称	助记符	代　码
BCD ADD	(@) ADD	30
BCD SUBTRACT	(@) SUB	31
DOUBLE BCD ADD	(@) ADDL	54
DOUBLE BCD SUBTRACT	(@) SUBL	55
BINARY ADD	(@) ADB	50
BINARY SUBTRACT	(@) SBB	51
BINARY DOUBLE ADD	(@) ADBL	注释 2
BINARY DOUBLE SUBTRACT	(@) SBBL	注释 2
BCD MULTIPLY	(@) MUL	32
DOUBLE BCD MULTIPLY	(@) MULL	56
BINARY MULTIPLY	(@) MLB	52
SIGNED BINARY MULTIPLY	(@) MBS	注释 2
SIGNED BINARY DOUBLE MULTIPLY	(@) MBSL	注释 2
BCD DIVIDE	(@) DIV	33
DOUBLE BCD DIVIDE	(@) DIVL	57
BINARY DIVIDE	(@) DVB	53
SIGNED BINARY DIVIDE	(@) DBS	注释 2
SIGNED BINARY DOUBLE DIVIDE	(@) DBSL	注释 2

■ 数据转换指令

名　　称	助记符	代　码
BCD TO BINARY	(@) BIN	23
DOUBLE BCO TO DOUBLE BINARY	(@) BINL	58
BINARY TO BCD	(@) BCD	24
DOUBLE BINARY TO DOUBLE BCD	(@) BCDL	59
2'S COMPLEMENT CONVERT	(@) NEG	注释 2
2'S COMPLEMENT DOUBLE CONVERT	(@) NEGL	注释 2
4 to 16 DECODER	(@) MLPX	76
16 TO 4 ENCODER	(@) DMPX	77
ASCII CODE CONVERT	(@) ASC	86
ASCII TO HEXADECIMAL	(@) HEX	注释 2
COLUMN TO LINE	(@) LINE	注释 2
LINE TO COLUMN	(@) COLM	注释 2

■ 诊断指令

名　　称	助记符	代　码
FAILURE ALARM	(@) FAL	05
SEVERE FAILURE ALARM	FALS	07
FAILURE POINT DETECT	FPD	注释 2

■ 特殊运算指令

名　　称	助记符	代　码
ARITHMETIC PROCESS	(@) APR	注释 2
BIT COUNTER	(@) BCNT	(67：注释 2)
SOUARE ROOT	(@) ROOT	72

■ 浮点运算和转换指令

名　　称	助记符	代　码
FLOATING TO 16 – BIT	(@) FIX	注释 2/3
FLOATING TO 32 – BIT	(@) FIXL	
16 – BIT TO FLOATING	(@) FLT	
32 – BIT TO FLOATING	(@) FLTL	
FLOATING-POINT ADD	(@) +F	
FLOATING-POINT SUBTRACT	(@) –F	
FLOATING-POINT MULTIPLY	(@) ·F	
FLOATING-POINT DIVIDE	(@) /F	
DEGREES TO RADIANS	(@) RAD	
RADIANS TO DEGREES	(@) DEG	
SINE	(@) SIN	
COSINE	(@) COS	
TANGENT	(@) TAN	
ARC SINE	(@) ASIN	
ARC COSINE	(@) ACOS	
ARC TANGENT	(@) ATAN	
SOUARE ROOT	(@) SORT	
EXPONENT	(@) EXP	
LOGARITHM	(@) LOG	

■ 表格数据指令

名　　称	助记符	代　码
DATA SEARCH	(@) SRCH	注释 2
FIND MAXIMUM	(@) MAX	
FIND MINIMUM	(@) MIN	
SUM CALCULATE	(@) SUM	
FCS CALCULATE	(@) FCS	

■ 进位标志指令

名　　称	助记符	代　码
SET CARRY	(@) STC	40
CLEAR CARRY	(@) CLC	41

附录4 CQM1H的内存地址区域结构分配表

<table>
<tr><th colspan="2">数据区</th><th>大小</th><th>字</th><th>位</th><th>功能</th></tr>
<tr><td rowspan="6">IR区</td><td>输入区</td><td>256位</td><td>IR000～IR015</td><td>IR00000～IR01515</td><td>输入位分配给输入单元或专用I/O单元。IR000的16位分配给CPU单元的内置输入点。IR001～IR015分配给连接到CPU的I/O单元或专用I/O单元</td></tr>
<tr><td>输出区</td><td>256位</td><td>IR100～IR115</td><td>IR10000～IR11515</td><td>输出位分配给连接到CPU单元上的输出单元或专用I/O单元</td></tr>
<tr><td rowspan="4">工作区</td><td rowspan="4">2 528位（最小）</td><td>IR016～IR089</td><td>IR01600～IR08915</td><td rowspan="4">工作位无特殊功能，编程时程序可任意使用。工作位最小有2 528位，IR或LR区域的许多位不使用时，可用做工作位。全部可利用位数取决于PLC的配置</td></tr>
<tr><td>IR116～IR189</td><td>IR11600～IR18915</td></tr>
<tr><td>IR216～IR219</td><td>IR21600～IR21915</td></tr>
<tr><td>IR224～IR229</td><td>IR22400～IR22915</td></tr>
<tr><td colspan="2" rowspan="2">Controller Link状态区</td><td>96位</td><td>IR090～IR095</td><td>IR09000～IR09515</td><td>状态区1：存储Controller Link数据状态链接信息</td></tr>
<tr><td>96位</td><td>IR190～IR195</td><td>IR19000～IR19515</td><td>状态区2：存储Controller Link出错和网络构成信息</td></tr>
<tr><td rowspan="2">宏操作数区</td><td>输入区</td><td>64位</td><td>IR096～IR099</td><td>IR09600～IR09915</td><td rowspan="2">当宏指令MCRO（99）使用时，该区域被使用</td></tr>
<tr><td>输出区</td><td>64位</td><td>IR196～IR199</td><td>IR19600～IR19915</td></tr>
<tr><td colspan="2">内装板槽1区</td><td>256位</td><td>IR200～IR215</td><td>IR20000～IR21515</td><td>这些位分配给安装在CQM1H－CPU51/61槽1的内装板
高速计数器板：IR200～IR213
串行通信板：IR200～IR207</td></tr>
<tr><td colspan="2">模拟量设置区</td><td>64位</td><td>IR220～IR223</td><td>IR22000～IR22315</td><td>当CQM1H－AVB41模拟量设置板安装时，可用来存储模拟量设定值</td></tr>
<tr><td colspan="2">高速计数器0 PV</td><td>32位</td><td>IR230～IR231</td><td>IR23000～IR23115</td><td>用于存储高速计数器0的当前值</td></tr>
</table>

续表

<table>
<tr><th colspan="2">数据区</th><th>大　小</th><th>字</th><th>位</th><th>功　　能</th></tr>
<tr><td colspan="2">内装板槽2区</td><td>192位</td><td>IR232～IR243</td><td>IR23200～IR24315</td><td>位分配给安装在槽2的内装板
高速计数器板：IR232～IR243
绝对值编码器接口板：IR232～IR239
脉冲I/O板：IR232～IR239
模拟量I/O板：IR232～IR239</td></tr>
<tr><td colspan="2">SR区</td><td>184位</td><td>SR244～SR255</td><td>SR24400～SR25507</td><td>与标志位和控制位一样具有特定功能</td></tr>
<tr><td colspan="2">HR区</td><td>1 600位</td><td>HR00～HR99</td><td>HR0000～HR9915</td><td>在掉电或操作模式改变时，用来存储数据并保持其ON/OFF状态</td></tr>
<tr><td colspan="2">AR区</td><td>448位</td><td>AR00～AR27</td><td>AR0000～AR2715</td><td>与标志位和控制位一样具有特定功能</td></tr>
<tr><td colspan="2">TR区</td><td>6位</td><td>—</td><td>TR0～TR7</td><td>用于暂时保存程序分支中的ON/OFF状态</td></tr>
<tr><td colspan="2">LR区</td><td>1 024位</td><td>LR00～LR63</td><td>LR0000～LR6315（Controller Link单元）</td><td>用于1:1数据链接（通过RS－232端口或Controller Link单元）</td></tr>
<tr><td colspan="2">定时器/计数器区</td><td>512位</td><td colspan="2">TIM/CNT000－TIM/CNT511（定时器/计数器数）</td><td>定时器和计数器使用相同的编号TIMH（15）可使用定时器编号000到015</td></tr>
<tr><td rowspan="3">DM区</td><td rowspan="2">读/写</td><td>3 072字</td><td>DM0000～DM0371</td><td>—</td><td>读取DM区数据时以字为单位，字的值在掉电时，将被保存</td></tr>
<tr><td>3 072字</td><td>DM3072～DM6143</td><td>—</td><td>仅CQM1H·CPU51/61单元可选用</td></tr>
<tr><td>只读[4]</td><td>425字</td><td>DM6144～DM6568</td><td>—</td><td>不能从程序写入（仅从编程工具写入）。
DM6400～DM6409：Controller Link参数
DM6450～DM6499：路径表
DM6550～DM6559：串行通信板设置</td></tr>
</table>

续表

数据区		大 小	字	位	功 能
DM 区	出错履历[4]	31 字	DM6569 ~ DM6599	—	不能从程序中写入（仅从编程工具写入）存储错误产生的时间和错误代码
	PLC 设置	56 字	DM6600 ~ DM6655	—	不能从程序中写入（仅从编程工具写入），存储控制 PLC 操作的各种参数
EM 区		6 144 字	EM0000 ~ EM6143	—	读取 EM 区数据时，以字为单位，字的值在掉电或改变工作模式时被保存。（仅 CQM1H ~ CPU61CPU 单元）

附 录 5 西门子 S7－200CPU 存储器范围和特性汇总表

描　述	CPU 221	CPU 222	CPU 224	CPU 226
用户程序大小	2 K 字	2 K 字	4 K 字	4 K 字
用户数据大小	1 K 字	1 K 字	2.5 字	2.5 字
输入映像寄存器	I0.0 ~ I15.7	I0.0 ~ I15.7	I0.0 ~ I15.7	I0.0 ~ I15.7
输出映像寄存器	Q0.0 ~ Q15.7	Q0.0 ~ Q15.7	Q0.0 ~ Q15.7	Q0.0 ~ Q15.7
模拟量输入{只读}	—	AIW0 ~ AIW30	AIW0 ~ AIW62	AIW0 ~ AIW62
模拟量输出{只写}	—	AQW0 ~ AQW30	AQW0 ~ AQW62	AQW0 ~ AQW62
变量存储器{V}[1]	VB0.0 ~ VB2047.7	VB0.0 ~ VB2047.7	VB0.0 ~ VB5119.7	VB0.0 ~ VB5119.7
局部存储器{L}[2]	LB0.0 ~ LB63.7	LB0.0 ~ LB63.7	LB0.0 ~ LB63.7	LB0.0 ~ LB63.7
位存储器{M}	M0.0 ~ M31.7	M0.0 ~ M31.7	M0.0 ~ M31.7	M0.0 ~ M31.7
特殊存储器{SM} 只读	SM0.0 ~ SM179.7 SM0.0 ~ SM29.7	SM0.0 ~ SM179.7 SM0.0 ~ SM29.7	SM0.0 ~ SM179.7 SM0.0 ~ SM29.7	SM0.0 ~ SM179.7 SM0.0 ~ SM29.7
定时器	256 {T0 ~ T255}	256 {T0 ~ T255}	256 {T0 ~ T255}	256 {T0 ~ T255}
有记忆接通　延迟 1 ms	T0, T64	T0, T64	T0, T64	T0, T64
有记忆接通　延迟 10 ms	T1 ~ T4, T65 ~ T68	T1 ~ T4, T65 ~ T68	T1 ~ T4, T65 ~ T68	T1 ~ T4, T65 ~ T68
有记忆接通　延迟 100 ms	T5 ~ T31, T69 ~ T95 T32, T96	T5 ~ T31, T69 ~ T95 T32, T96	T5 ~ T31, T69 ~ T95 T32, T96	T5 ~ T31, T69 ~ T95 T32, T96
接通/关断　延迟 1 ms	T33 ~ T36,	T33 ~ T36,	T33 ~ T36,	T33 ~ T36,
接通关断　延迟 10 ms	T97 ~ T100 T37 ~ T63,	T97 ~ T100 T37 ~ T63,	T97 ~ T100 T37 ~ T63,	T97 ~ T100 T37 ~ T63,
接通/关断　延迟 100 ms	T101 ~ T255	T101 ~ T255	T101 ~ T255	T101 ~ T255

续表

描　述	CPU 221	CPU 222	CPU 224	CPU 226
计数器	C0 ~ C255	C0 ~ C255	C0 ~ C255	C0 ~ C255
高速计数器	HC0，HC3，HC4，HC5	HC0，HC3，HC4，HC5	HC0 ~ HC5	HC0 ~ HC5
顺序控制继电器｛S｝	S0.0 ~ S31.7	S0.0 ~ S31.7	S0.0 ~ S31.7	S0.0 ~ S31.7
累加寄存器	AC0 ~ AC3	AC0 ~ AC3	AC0 ~ AC3	AC0 ~ AC3
跳转/标号	0 ~ 255	0 ~ 255	0 ~ 255	0 ~ 255
调用/子程序	0 ~ 63	0 ~ 63	0 ~ 63	0 ~ 63
中断时间	0 ~ 127	0 ~ 127	0 ~ 127	0 ~ 127
PID 回路	0 ~ 7	0 ~ 7	0 ~ 7	0 ~ 7
端口	0	0	0	0.1
1. 所有的 V 存储器都可以存储在永久存储器区。 2. LB60 ~ LB63 为 STEP 7 - Micro/WIN 32 的 3.0 版本或以后的版本软件保留				

附录6　西门子 S7 - 200 CPU 指令系统速查表

布　尔　指　令		
LD	N	装载
LDI	N	立即装载
LDN	N	取反后装载
LDNI	N	取反后立即装载
A	N	与
AI	N	立即与
AN	N	取反后与
ANI	N	取反后立即与
O	N	或
OI	N	立即或
ON	N	取反后或
ONI	N	取反后立即或
LDBx	N1，N2	装载字节比较的结果 N1（x：<，<=，=，>=，>，<>）N2
ABx	N1，N2	与　字节比较的结果 N1（x：<，<=，=，>=，>，<>）N2
OBx	N1，N2	或　字节比较的结果 N1（x：<，<=，=，>=，>，<>）N2
LDWx	N1，N2	装载字比较的结果 N1（x：<，<=，=，>=，>，<>）N2
AWx	N1，N2	与　字比较的结果 N1（x：<，<=，=，>=，>，<>）N2
OWx	N1，N2	或　字比较的结果 N1（x：<，<=，=，>=，>，<>）N2
LDDx	N1，N2	装载双字比较的结果 N1（x：<，<=，=，>=，>，<>）N2
ADx	N1，N2	与　双字比较的结果 N1（x：<，<=，=，>=，>，<>）N2

续表

布尔指令		
ODx	N1，N2	或　双字比较的结果 N1（x：<，<=，=，>=，>，< >）N2
LDRx	N1，N2	装载实数比较的结果 N1（x：<，<=，=，>=，>，< >）N2
ARx	N1，N2	与　实数比较的结果 N1（x：<，<=，=，>=，>，< >）N2
ORx	N1，N2	或　实数比较的结果 N1（x：<，<=，=，>=，>，< >）N2
NOT		堆栈取反
EU ED		检测上升沿 检测下降沿
= =1	N N	赋值 立即赋值
S R SI RI	S BIT，N S BIT，N S BIT，N S BIT，N	置位一个区域 复位一个区域 立即置位一个区域 立即复位一个区域
数学、增减指令		
+I +D +R	IN1，OUT IN1，OUT IN1，OUT	整数、双整数或实数加法 IN1 + OUT = OUT
-I -D -R	IN1，OUT IN1，OUT IN1，OUT	整数、双整数或实数减法 OUT - IN1 = OUT
MUL *R *D. *I	IN1，OUT IN1，OUT IN1，OUT	整数或实数乘法 IN1 * OUT = OUT 整数或双整数乘法
DIV /R /D，/I	IN1，OUT IN1，OUT IN1，OUT	整数或实数除法 IN1/OUT = OUT 整数或双整数除法

续表

数学、增减指令		
SQRT	IN，OUT	平方根
LN	IN，OUT	自然对数
EXP	IN，OUT	自然指数
SIN	IN，OUT	正弦
COS	IN，OUT	余弦
TAN	IN，OUT	正切
INCB	OUT	字节、字和双字增1
INCW	OUT	
INCD	OUT	
DECB	OUT	字节、字和双字减1
DECW	OUT	
DECD	OUT	
PID	Table，Looo	PID回路
定时器和计数器指令		
TON	Txxx，PT	接通延时定时器
TOF	Txxx，PT	关断延时定时器
TONR	Txxx，PT	带记忆的接通延时定时器
CTU	Cxxx，PV	增计数
CTD	Cxxx，PV	减计数
CTUD	Cxxx，PV	增/减计数
实 时 时 钟 指 令		
TODR	T	读实时时钟
TODW	T	写实时时钟
程 序 控 制 指 令		
END		程序的条件结束
STOP		切换到STOP模式
WDR		看门狗复位（300 ms）
JMP	N	跳到定义的标号
LBL	N	定义一个跳转的标号

续表

程序控制指令		
CALL CRET	N l N1. ... l	调用子程序 l N1,...可以有 16 个可选参数 l 从 SBR 条件返回
FOR NEXT	INDX，INIT FINAL	For/Next 循环
LSCR SCRT SCRE	N N	顺控继电器段的启动、转换和结束
传送、移位、循环和填充指令		
MOVB MOVW MOVD MOVR BIR BIW	OUT OUT OUT OUT ZN，OUT ZN，OUT	字节、字、双字和实数传送
BMB BMWI BMD	IN，OUT，N IN，OUT，N IN，OUT，N	字节、字和双字块传送
SWAP	IN	交换字节
SHRB DATA, S BIT,	 N	寄存器移位
SRB SRW SRD	OUT，N OUT，N OUT，N	字节、字和双字右移
SLB SLW SLD	OUT，N OUT，N OUT，N	字节、字和双字左移
RRB RRW RRD	OUT，N OUT，N OUT，N	字节、字和双字循环右移

续表

传送、移位、循环和填充指令		
RLB RLW RLD	OUT，N OUT，N OUT，N	字节、字和双字循环左移
FILL	IN，OUT，N	用指定的元素填充存储器空间
逻 辑 操 作		
ALD OLD		与一个组合 或一个组合
LPS LRD LPP LDS		逻辑堆栈（堆栈控制） 读逻辑栈（堆栈控制） 逻辑出栈（堆栈控制） 装入堆栈（堆栈控制）
AENO		对 ENO 进行与操作
ANDB ANDW ANDD	IN1，OUT IN1，OUT IN1，OUT	对字节、字和双字取逻辑与
ORB ORW ORD	IN1，OUT IN1，OUT IN1，OUT	对字节、字和双字取逻辑与
XORB XORW XORD	IN1，OUT IN1，OUT IN1，OUT	对字节、字和双字取逻辑异或
INVB INVW INVD	OUT OUT OUT	对字节、字和双字取反（1 的补码）
表、查找和转换指令		
ATT	TABLE，DATA	把数据加到表中
LIFO FIFO	TABLE，DATA TABLE，DATA	从表中取数据
FND =	SRC，PATRN，INDX	根据比较条件在表中查找数据

续表

表、查找和转换指令		
FND < > FND < FND >	SRC，PATRN，INDX SRC，PATRN，INDX SRC，PATRN，INDX	
BCDI IBCD	OUT OUT	把 BCD 码转换成整数 把整数转换成 BCD 码
BTI ITB ITD DTI	IN，OUT IN，OUT IN，OUT IN，OUT	Corvert Byte to Inteder Convert Inteaer to Byte 把整数转换成双整数 把双整数转换成整数
DTR TRUNC ROUND	IN，OUT IN，OUT IN，OUT	把双字转换成实数 把实数转换成双字 把实数转换成双整数
ATH HTA ITA DTA RTA	IN，OUT，LEN IN，OUT，LEN IN，OUT，FMT IN，OUT，FM IN，OUT，FM	把 ASCII 码转换成 16 进值格式 把 16 进值格式转换成 ASCII 码 把整数转换成 ASCII 码 把双整数转换成 ASCII 码 把实数转换成 ASCII 码
DECO ENCO	IN，OUT IN，OUT	解码 编码
SEG	IN，OUT	产生 7 段格式
中　断		
CRETI		从中断条件返回
ENI DISI		允许中断 禁止中断
ATCH DTCH	INT，EVENT EVENT	给事件分配中断程序 解除事件

续表

通　讯		
XMT	TABLE，PORT	自由口传送
RCV	TABLE，PORT	自由口接受信息
TODR	TABLE，PORT	网络读
TODW	TABLE，PORT	网络写
GPA	ADDR，PORT	获取口地址
SPA	ADDR，PORT	设置口地址
高　速　指　令		
HDEF	HSC，Mode	定义高速计数器模式
HSC	N	激活高速计数器
PLS	X	脉冲输出

附录7 FX_{2N}功能指令顺序排列

分类	FNCNo.	指令符号	功能	D 指令	P 指令
程序流	00	CJ	有程序跳转	—	○
	01	CALL	子程序调用	—	○
	02	SRET	子程序返回	—	—
	03	IRET	中断返回	—	—
	04	EI	开中断	—	—
	05	DI	关中断	—	—
	06	FEND	主程序结束	—	—
	07	WDT	监视定时器刷新	—	○
	08	FOR	循环区起点	—	—
	09	ENEXT	循环区终点	—	—
传送比较	10	CMP	比较	○	○
	11	ZCP	区间比较	○	○
	12	MOV	传递	○	○
	13	SMOV	移位传递	—	○
	14	CML	反向传递	○	○
	15	BMOV	块传送	—	○
	16	FMOV	多点传送	○	○
	17	XCH	交换	○	○
	18	BCD	BCD 转换	○	○
	19	BIN	BIN 转换	○	○
四则逻辑运算	20	ADD	BIN 加	○	○
	21	SUB	BIN 减	○	○
	22	MUL	BIN 乘	○	○
	23	DIV	BIN 除	○	○
	24	INC	BIN 增 1	○	○
	25	DEC	BIN 减 1	○	○
	26	WAND	逻辑字“与”	○	○
	27	WOR	逻辑字“或”	○	○
	28	WXOR	逻辑字“异或”	○	○
	29	NEG	求补码	○	○

续表

分类	FNCNo.	指令符号	功能	D指令	P指令
循环与移位	30	ROR	循环右移	○	○
	31	ROL	循环左移	○	○
	32	RCR	带进位右移	○	○
	33	RCL	带进位左移	○	○
	34	SFTR	位右移	—	○
	35	SFTL	位左移	—	○
	36	WSFR	字右移	—	○
	37	WSFL	字左移	—	○
	38	SFWR	“先进先出”写入	—	○
	39	SFRD	“先进先出”读入	—	○
数据处理	40	ZRST	区间复位	—	○
	41	DECO	解码	—	○
	42	ENCO	编码	—	○
	43	SUM	ON位总数	○	○
	44	BON	ON位判别	○	○
	45	MEAN	平均值	○	○
	46	ANS	报警器置位	—	—
	47	ANR	报警器复位	—	○
	48	SQR	BIN平方根	○	○
	49	FLT	浮点数与十进制间转换	○	○
高速处理	50	REF	刷新	—	○
	51	REFE	刷新和滤波调整	—	○
	52	MTR	矩阵输入	—	—
	53	HSCS	比较置位（高速计数器）	○	—
	54	HSCR	比较复位（高速计数器）	○	—
	55	HSZ	区间比较（高速计数器）	○	—
	56	SPD	速度检测	—	—
	57	PLSY	脉冲输出	○	—
	58	PWM	脉冲幅度调制	—	—
	59	PLSR	加减速的脉冲输出	○	—

续表

分类	FNCNo.	指令符号	功能	D 指令	P 指令
方便指令	60	IST	状态初始化	—	—
	61	SER	数据搜索	○	○
	62	ABSD	绝对值式凸轮顺控	○	—
	63	INCD	增量式凸轮顺控	—	—
	64	TTMR	示教定时器	—	—
	65	STMR	特殊定时器	—	—
	66	ALT	交替输出	—	—
	67	RAMP	斜坡信号	—	—
	68	ROTC	旋转台控制	—	—
	69	SORT	列表数据排序	—	—
外部设备IO	70	TKY	0～9 数字键输入	○	—
	71	HKY	16 键输入	○	—
	72	DSW	数字开关	—	—
	73	SEGD	7 段编码	—	○
	74	SEGL	带锁存在 7 段显示	—	—
	75	ARWS	方向开关	—	—
	76	ASC	ASCⅡ转换	—	—
	77	PR	ASCⅡ码打印输出	—	—
	78	FROM	特殊功能模块读出	○	○
	79	TO	特殊功能模块写入	○	○
外部设备SER	80	RS	串行数据传送	—	—
	81	PRUN	八进制位并行传送	○	○
	82	ASCI	HEX→ASCⅡ转换	—	○
	83	HEX	ASCⅡ→HEC 转换	—	○
	84	CCD	校正代码	—	○
	85	VRRD	模拟量读取	—	○
	86	VRSC	模拟量开关设定	—	○
	87				
	88	PID	PID 运算	—	—
	89				

续表

分类	FNCNo.	指令符号	功能	D 指令	P 指令
浮点数	110	ECMP	二进制浮点数比较	○	○
	111	EZCP	二进制浮点数区间比较	○	○
	118	EBCD	二进制浮点数→十进制浮点数	○	○
	119	EBIN	十进制浮点数→二进制浮点数	○	○
	120	EADD	二进制浮点数加	○	○
	121	ESUB	二进制浮点数减	○	○
	122	EMUL	二进制浮点数乘	○	○
	123	EDIV	二进制浮点数除	○	○
	127	ESQR	二进制浮点数开平方	○	○
	129	INT	二进制浮点数→BIN 整数	○	○
	130	SIN	浮点数 SIN 运算	○	○
	131	COS	浮点数 COS 运算	○	○
	132	TAN	浮点数 TAN 运算	○	○
时钟运算	147	SWAP	上下字节转换	○	○
	160	TCMP	时钟数据比较	—	○
	161	TZCP	时钟数据区间比较	—	○
	162	TADD	时钟数据加	—	○
	163	TSUB	时钟数据减	—	○
	166	TRD	时钟数据读出	—	○
	167	TWR	时钟数据写入	—	○
	170	GRY	格雷码转换	○	○
	171	GBLN	格雷码逆转换	○	○
	224	LD =	（S1） = （S2）	○	—
	225	LD >	（S1） > （S2）	○	—
接点比较	226	LD <	（S1） < （S2）	○	—
	228	LD < >	（S1） ≠ （S2）	○	—
	229	LD≤	（S1） ≤ （S2）	○	—
	230	LD≥	（S1） ≥ （S2）	○	—
	232	AND =	（S1） = （S2）	○	—

续表

分类	FNCNo.	指令符号	功能	D 指令	P 指令
接点比较	233	AND >	(S1) > (S2)	○	○
	234	AND <	(S1) < (S2)	○	—
	236	AND < >	(S1) ≠ (S2)	○	—
	237	AND≤	(S1) ≤ (S2)	○	—
	238	AND≥	(S1) ≥ (S2)	○	—
	240	OR =	(S1) = (S2)	○	—
	241	OR >	(S1) > (S2)	○	—
	242	OR <	(S1) < (S2)	○	—
	244	OR < >	(S1) ≠ (S2)	○	—
	245	OR≤	(S1) ≤ (S2)	○	—
	246	OR≥	(S1) ≥ (S2)	○	—

参 考 文 献

［1］张鹤鸣，刘耀元．可编程控制器原理及应用教程［M］．北京：北京大学出版社，2007.

［2］SIEMENs SIMATIC S7－200 可编程序控制器系统手册.

［3］Mitsubishi Electric Fx1s、FX_{1N}、FX_{2N}、FX_{2NC}编程手册.

［4］欧姆龙（中国）有限公司　CQM1H　选型样本.

［5］FUJI　ELECTRIC　FUJI　INVERTERS　FVR－G7S.

［6］吴亦锋．可编程序控制器原理与应用速成［M］．第 2 版．福州：福建科学技术出版社，2009.

［7］程玉华．西门子 S7－200 工程应用实例分析［M］．北京：电子工业出版社，2008.

［8］史国生．电气控制与可编程控制器技术［M］．北京：化学工业出版社，2005.

［9］李道霖．电气控制与 PLC 原理及应用（西门子系列）［M］．北京：电子工业出版社，2006.

［10］李宁，陈桂．运动控制系统［M］．北京：高等教育出版社，2006.

［11］程周．电气控制与 PLC 原理及应用［M］．北京：电子工业出版社，2004.

［12］齐占庆，王振臣．机床电气控制技术［M］．第 4 版．北京：机械工业出版社，2009.

［13］吕厚余，邓力．工业电气控制技术［M］．北京：科学出版社，2007.

［14］何延庆．常用 PLC 应用手册［M］．北京：电子工业出版社，2008.

［15］李仁．电气控制技术［M］．第 3 版．北京：机械工业出版社，2008.

［16］常晓玲．电工技术［M］．西安：西安电子科技大学出版社，2004.

［17］范正翘．电力传动与自动控制系统［M］．北京：北京航空航天大学出版社，2003.